Benoît Mafféï Rodolphe Greggio

Après la COP21

Géopolitiques de la transition énergétique

2016

Editions TECHNIP, 1 rue du Bac, 75007 Paris

Chez le même éditeur

Paradis fiscaux – Enjeux géopolitiques, V. Piolet

Géopolitique de l'Afrique, sous la direction de B. Rahmouni Benhida

Les métaux rares, opportunité ou menace ?, F. Fizaine

L'enjeu énergétique dans les Balkans, M. Glamotchak

Géopolitique de la France, O. Kempf

Le nouvel équilibre mondial et les pays émergents, S. Coulom

Politique et géopolitique de l'énergie, S. Furfari

Géopolitique du Caucase, S. Lussac

Géopolitique de l'énergie – Besoins, ressources, échanges mondiaux, J.-P. Favennec

Géopolitique du pétrole, C. de Lestrange, C.-A. Paillard, P. Zelenko

Hydrocarbures et conflits dans le monde, F. Ardillier-Carras, P. Boulanger, D. Ortolland

ISBN 978-2-7108-1174-9

Sommaire

Avant-propos

Faute d'être en mesure, pour le moment, d'implanter des installations industrielles sur d'autres corps astraux, les hommes doivent se contenter d'exploiter les ressources énergétiques présentes sur et dans la Terre. Ils sont placés dans une situation concurrentielle, voire conflictuelle, qui s'intensifie en fonction notamment de l'accroissement de la pression démographique et du développement économique. Même s'il faut se méfier de tout déterminisme simple, l'essor des civilisations dépend de l'exploitation des ressources que leurs environnements naturels recèlent, ou qui sont susceptibles d'être importées. Jusqu'au deuxième choc pétrolier, il existe une corrélation étroite entre la croissance économique et la consommation d'énergie, et ce n'est que grâce à l'implantation de dispositifs électroniques dans les systèmes électro-mécaniques que l'efficacité énergétique a enregistré une augmentation sensible.

Mais les sources d'énergie, du moins les traditionnelles, sont confrontées à une double limite : leur rareté et les atteintes portées aux environnements naturels. Alors que les décennies qui suivent les Trente glorieuses sont surtout dominées par le premier type de préoccupation (la « fin du pétrole » et l'épuisement des matières premières, évoqués notamment par le Club de Rome et dans le rapport Meadows) ainsi que par les inquiétudes liées aux pollutions locales (boues rouges en Méditerranée, pluies acides en Europe centrale, empoisonnement au mercure à Minamata au Japon), le tournant du troisième millénaire voit s'imposer une réflexion plus globale, centrée sur l'impact en termes de changement climatique et donnant lieu à l'organisation de réunions internationales de plus en plus médiatisées, à l'image de la COP21 qui s'est tenue à Paris à la fin de l'année 2015*. Une prise de conscience mondiale de la dimension systémique de la question énergétique en a émergé : la relative abondance temporaire des ressources carbonées, qui représentent 80 % de la consommation mondiale d'énergie, demande à être neutralisée car, faute de renoncer à brûler la majeure partie des réserves en énergies carbonées (probablement jusqu'à 80 %), la température sur Terre pourrait atteindre des niveaux biologiquement, économiquement et socialement insoutenables.

---

* La *Conference of the Parties* réunit tous les ans les États signataires de la CCNUCC (Convention-cadre des Nations unies sur les changements climatiques, signée à Rio en 1992).

Les ressources fossiles sont aussi, à long terme, soumises à une contrainte de finitude. Les réserves exploitables en pétrole seront épuisées d'ici un siècle, ce qui signifie que, dans une cinquantaine d'années, les cours du brut auront atteint des niveaux si élevés qu'ils empêcheront la poursuite de tout développement économique, provoquant des déséquilibres macro-économiques internationaux belligènes. Les ressources en charbon et en gaz naturel sont, certes, plus abondantes et les technologies pour les transformer en carburants existent et ont réalisé des progrès significatifs. Néanmoins, leur emploi ne prolongerait le système énergétique reposant sur les énergies carbonées que de quelques décennies. Cela revient à dire que, même si l'impératif climatique n'existait pas, il serait absolument nécessaire de concevoir de nouveaux dispositifs énergétiques. La transition énergétique est ainsi le principal défi que l'humanité doit relever si, du moins, l'aventure de l'espèce doit se poursuivre.

Sauf à admettre, d'un côté, une augmentation insupportable des températures ou, d'un autre côté, à imaginer un scénario de décroissance volontaire ou une meilleure maîtrise de la démographie (des voies qui ne semblent pas envisagées pour le moment), la solution ne peut provenir que d'une rupture technologique, notamment dans le domaine des nouvelles énergies renouvelables et en matière de fusion et de fission nucléaires, voire dans la filière de l'hydrogène. Le dépassement des impasses auxquelles le destin de l'humanité est confronté implique la réalisation de progrès scientifiques et technologiques de très grande ampleur, seuls à même de conjurer, comme dans le passé, la malédiction des rendements décroissants.

Or les discussions et les négociations sur le réchauffement climatique, essentielles, éludent en grande partie les problématiques énergétiques. De fait, les différentes options proposées pour limiter les émissions de gaz à effet de serre (politiques de sobriété impulsées dans une logique *bottom-up*, capture du dioxyde de carbone, climato-ingénierie) ne relèvent pas des questions traitées dans cet ouvrage. D'autant qu'il conviendrait de les aborder avec la plus grande circonspection. Il est irréaliste de considérer que les réformes de nature socio-politique (comme une démocratisation approfondie des institutions ou l'invention de nouveaux modes de vie collectifs) pourrait avoir un impact décisif sur le déroulement de la transition énergétique : opposer une pseudo-cécité délibérée des élites à une prétendue clairvoyance spontanée des sociétés civiles relève de la pure démagogie. De même qu'imputer au seul système capitaliste la responsabilité des dérèglements climatiques revient à méconnaître les caractéristiques du système soviétique de production, le gaspillage généralisé de ressources énergétiques extraordinairement abondantes et les graves dommages environnementaux, largement irréversibles, dont ce mode d'organisation fut responsable.

Les auteurs de ce livre n'accordent, pareillement, qu'une attention limitée aux politiques publiques visant à résoudre les problématiques environnementales par la règle ou le marché, suivant une distinction désormais classique. Les premières consistent à imposer des règlementations fixant des maxima d'émissions, une solution tenue pour sous-optimale par les économistes. Les secondes essaient de corriger les déficiences des systèmes de prix, et donc à « internaliser les externalités négatives », autrement dit à réintégrer les gains et les pertes liés aux nuisances environnementales qui ne sont pas spontanément pris en compte par les mécanismes de marché (via en particulier des prélèvements fiscaux qui pénalisent l'émission des substances polluantes et qui rentabilisent les dispositifs techniques permettant d'en limiter la diffusion). Confrontés à l'épreuve de la mise en application, ces deux types d'intervention ont dévoilé leurs insuffisances : manipulation des normes techniques par les industriels, comme l'ont montré des exemples récents dans le secteur automobile ; graves dysfonctionnements de la logique de marché, à l'image de l'échec du marché des droits d'émission du dioxyde de carbone en Europe.

C'est pourquoi cet ouvrage privilégie, *a contrario*, un tableau des solutions économiques et technologiques offertes par les différentes sources d'énergie et susceptibles de répondre à la fois aux enjeux de rareté énergétique et de déséquilibre écologique. Il décrit les tentatives réalisées, les réussites partielles, les limites rencontrées, et ce, dans une perspective avant tout géostratégique et non purement technique. Sans oublier que, si par définition le futur est par définition imprévisible, l'augmentation du rendement des différents systèmes producteurs d'énergie suit une trajectoire qui se caractérise par l'addition successive de progrès incrémentaux et se heurte inéluctablement aux limites imposées par les lois de la physique. Dans l'histoire des sciences et des technologies, les innovations de rupture sont rarissimes et postuler que leur survenue permettra de mettre à disposition de l'humanité une énergie abondante et à bas coûts relève, pour le moment, du vœu pieux.

Abréviations utilisées

► Unités de mesure énergétique

bep	:	baril équivalent pétrole
bpj	:	barils par jour
BTU	:	British thermal unit
GWh	:	gigawatt-heure
KWh	:	kilowatt-heure
MWh	:	mégawatt-heure
TBq	:	térabecquerel
tep	:	tonne équivalent pétrole
TPC	:	trillions de pieds cubes

► Institutions, administrations et pays

CCNUCC	:	Convention-cadre des Nations Unies sur les changements climatiques
AIE	:	Agence internationale de l'énergie (division « Énergie » de l'OCDE)
CEI	:	Communauté des États indépendants
COP	:	Conference of the Parties (réunion annuelle des États signataires de la CCNUCC)
EAU	:	Émirats Arabes Unis
EIA	:	Energy Information Administration (rattaché à l'US Department of Energy)
GIEC	:	Groupement international pour l'étude du climat
OCDE	:	Organisation de coopération et de développement économique
OPEP	:	Organisation des pays exportateurs de pétrole
PECO	:	Pays d'Europe centrale et orientale
RDC	:	République Démocratique du Congo

▶ Entreprises d'hydrocarbures des pays développés

BG : British Gas
BP : British Petroleum
ENI : Ente Nazionale Idrocarburi (Italie)

▶ Entreprises publiques d'hydrocarbures des pays émergents et en développement

CNOOC : China National Offshore Oil Corporation (Chine)
CNPC : China National Petroleum Corporation (Chine)
MOGE : Myanma Oil and Gas Enterprise (Birmanie)
NIOC : National Iranian Oil Company (Iran)
NNPC : Nigerian National Petroleum Company (Nigeria)
NOC : National Oil Corporation (Libye)
ONCG Videsh : (Inde)
PDVSA : Petróleos de Venezuela SA (Venezuela)
PEMEX : Petróleos Mexicanos (Mexique)
PTTEP : PTT Exploration and Production (Thaïlande)
SABIC : Saudi Basic Industries Corporation (Arabie Saoudite, industries de base)
SOCAR : State Oil Company of Azerbaijan Republic (Azerbaïdjan)
SONATRACH : Société nationale pour la recherche, la production, le transport, la transformation et la commercialisation des hydrocarbures s.p.a. (Algérie)
TPAO : Türkiye Petrolleri Anonim Ortaklıgı (Turquie)
YPF : Yacimientos Petroliferos Fiscales (Argentine)
YPFB : Yacimientos Petroliferos Fiscales Bolivianos (Bolivie)

▶ Divers

EPR : Evolutionary Power Reactor (ex-European Pressurized Reactor)
GNL (LNG) : gaz naturel liquide (*liquid natural gas*)
NTIC : nouvelles technologies de l'information et de la communication
SCEQE : Système communautaire d'échange de quotas d'émission (marché européen d'échange de quotas de dioxyde de carbone)
STEP : station de transfert d'énergie par pompage

L'indispensable transition énergétique

« Les optimistes et les pessimistes ont un grand défaut qui leur est commun : ils ont peur de la vérité ».

Tristan Bernard

La notion de « transition énergétique » semble être devenue l'horizon indépassable de notre temps, la nouvelle idéologie dominante, voire un mythe projectif qui devrait s'imposer comme principal objet de préoccupation de la communauté internationale. Le sens commun l'assimile à la fin de l'ère des énergies fossiles, rendue inéluctable du fait de leur épuisement progressif, une caractéristique qui les distingue des énergies renouvelables et une vérité d'évidence qui ne souffre aucune contestation si l'humanité n'est pas en mesure d'exploiter les ressources localisées, le cas échéant, sur d'autres planètes dans un avenir plus ou moins lointain.

Si l'on devait poursuivre la tendance des quinze dernières années, il conviendrait de doubler la production mondiale d'énergie en trente ans, tandis que la consommation d'énergie primaire par habitant doublerait en soixante-dix ans. Un pareil rythme de progression n'est pas soutenable : la poursuite du processus de mondialisation et de gigantesque bascule entre nations à l'œuvre se heurte à la contrainte de rareté. Un tel scénario semble de surcroît antithétique avec le maintien de la part du pétrole dans le mix énergétique, compte tenu de l'insuffisance des nouvelles découvertes pour compenser l'épuisement des réserves actuellement en exploitation. Un épuisement qui induit à anticiper une sortie du pétrole à un horizon proche (un siècle dans le meilleur des cas) tandis que les autres énergies fossiles (charbon, gaz naturel, uranium) bénéficieraient de délais supplémentaires. C'est pourquoi des projections réalistes doivent, en premier lieu, prendre en considération une baisse tendancielle du taux de croissance de la consommation d'énergie et donc une amélioration, à long terme, de l'efficacité des systèmes énergétiques et logistiques[1].

L'instrumentalisation de la transition énergétique

La notion de « mythe projectif » est la plus pertinente concernant la transition énergétique. Lorsque Sartre évoque le marxisme comme « *horizon indépassable de (son) temps* », il procède par antiphrase, cherchant à concilier deux philosophies contradictoires : un existentialisme qui considère la liberté de chaque individu comme un absolu et une conception de l'histoire déterministe, matérialiste et holiste.

La notion d'« idéologie dominante » équivaut à l'ensemble des idées imposées par la classe dominante aux catégories dominées afin de justifier leur situation de sujétion. Les élites économiques sont conscientes des enjeux inhérents à la transition énergétique et un consensus tend à émerger au sein de la communauté internationale, alors que les populations sont, dans leur majorité, plus sensibles aux conséquences directes sur leurs conditions matérielles d'existence à court terme.

La contestation de la taxe assise sur les émissions de dioxyde de carbone a surtout été le fait d'une coalition hétéroclite en Bretagne (les « bonnets rouges »), les manifestants appartenant à l'ensemble des groupes professionnels et des sensibilités politiques (à l'exception probable des écologistes).

L'inéluctable raréfaction des énergies fossiles induirait dès à présent un second phénomène, affectant non plus directement les quantités, mais les prix : une des raisons expliquant la faible croissance des économies avancées réside dans le fait que, à la différence de la situation consécutive aux deux premiers chocs pétroliers, les prix des hydrocarbures se sont stabilisés à des niveaux très élevés pendant les trois années (2011-2014) qui marquent la fin du troisième choc et n'ont enregistré que récemment un recul assez important pour restituer des marges de manœuvre aux pays importateurs. Un tel goulet énergétique est aussi l'une des explications du ralentissement actuel du

---

1 L'Agence internationale de l'énergie (International Energy Agency, créée à la suite du premier choc pétrolier, division de l'OCDE en charge des questions énergétiques) publie le *World Energy Outlook*, tandis que l'Energy Information Administration (créée en 1977 et rattachée à l'US Department of Energy) est à l'origine de l'*International Energy Outlook*. L'AIE et l'EIA diffusent périodiquement des scénarios relatifs à l'avenir énergétique mondial. Les projections dépendent des hypothèses retenues, mais les conclusions sont globalement cohérentes : ces deux organismes s'accordent sur une valeur de 1,8 % pour quantifier le rythme moyen d'amélioration de l'efficacité énergétique sur la période 2010-2035, ce qui traduit à la fois la grande inertie des systèmes énergétiques et l'incapacité à anticiper les innovations technologiques de rupture. L'examen rétrospectif des prévisions consignées dans ces rapports amène à distinguer celles qui sont rationnellement fondées et celles qui relèvent de la pure postulation de principe. Ce sont actuellement les prévisions en matière d'indépendance énergétique des Etats-Unis qui sont considérées comme les plus problématiques.

taux de croissance des pays asiatiques en voie d'industrialisation et il finira par brider la volonté de rattrapage de cette partie du monde.

Pourtant, si la transition énergétique est pensée hautement souhaitable, c'est aussi et surtout en raison d'un phénomène moins économique que naturel et climatique : l'élévation des températures moyennes à la surface de la planète. Ce n'est pas tant la question de l'épuisement, au demeurant inéluctable, des ressources naturelles énergétiques qui importe que la limitation des émissions de dioxyde de carbone : l'objectif de protection des équilibres climatiques constituerait dès lors la principale motivation de la transition énergétique, et non l'épuisement des ressources en énergies carbonées. Mais ces deux objectifs sont en réalité complémentaires : si le réchauffement moyen doit être limité à 2° à l'horizon d'un siècle, alors seule une fraction des gisements d'énergies fossiles (entre un quart et un tiers) doit être extraite, ce qui suppose une exploitation mesurée. De plus, tous deux s'inscrivent dans un horizon temporel similaire : le siècle prochain. Faute de quoi, la combustion accélérée des matières premières énergétiques fossiles non seulement rapprocherait le moment de leur épuisement, mais porterait aussi le changement climatique à des niveaux entraînant des conséquences désastreuses pour l'avenir de l'humanité.

Les enjeux climatiques de la transition énergétique

Selon le 5e rapport du GIEC (Groupement international pour l'étude du climat) paru en 2014, la hausse de la température depuis le début de l'ère industrielle s'élève à 0,8°.

Une hausse de 3° de la température terrestre est atteinte si les émissions sont égales à 1 000 gigatonnes de carbone. Comme le carbone contenu dans les réserves d'hydrocarbures et de charbon est estimé à 3 000 gigatonnes, sa combustion totale entraînerait une hausse de 8 à 10°. Afin de se conformer à la norme de progression de la température de 2° d'ici 2100, le total des émissions de dioxyde de carbone devrait donc être compris entre 750 et 1 000 gigatonnes dont, selon les estimations du GIEC, entre la moitié et les deux tiers ont déjà été émis (elles ont augmenté de 60 % depuis 1900).

Les émissions de gaz à effet de serre sont à la fois tributaires du niveau de PIB par habitant et du mix énergétique de chaque pays. Celles de la Chine excèdent celles des États-Unis et de l'Europe réunis. En revanche, ce sont les pays de l'OCDE qui sont responsables de la majeure partie des quantités qui se sont accumulées dans l'atmosphère. Mais, rapporté au nombre d'habitants, ce sont les monarchies pétrolières qui en émettent le maximum.

Le taux de croissance moyenne annuelle des émissions des gaz à effet de serre s'établit à 2,4-2,5 % : en extrapolant les tendances actuelles, le seuil critique devrait être atteint d'ici trente ans selon le scénario le moins favorable.

Les ambivalences de la vision rétrospective : les rythmes particuliers des systèmes énergétiques

Lorsque l'on considère les évolutions présentes et le passé proche, on constate que le système énergétique mondial se caractérise par de grandes inerties et que son évolution est nécessairement lente et enserrée dans des contraintes difficilement contournables : si le changement climatique est avéré, celui du mix énergétique mondial, tel qu'il est actuellement constaté, ne se traduit d'abord que par une redistribution limitée des parts de marché (pour l'essentiel entre énergies carbonées) au profit de la plus nocive pour l'environnement : le charbon.

Mais l'analyse d'un passé plus lointain souligne l'existence d'autres transitions énergétiques et donc la faisabilité d'un tel processus. Si la transition actuelle est assimilable en première approche au passage des énergies de stock aux énergies de flux, celle qui la précède, au XIXe siècle, est inverse : au système énergétique de la société pré-industrielle, reposant sur les énergies renouvelables (vent, eau, photosynthèse, traction animale), furent alors substitués les dispositifs propres aux sociétés industrielles. Plus en amont, la diffusion des moulins à vent et à eau à partir du XIIe siècle en Occident peut également être assimilée à une forme de transition énergétique, permettant le passage d'un monde rural à une civilisation accordant une place grandissante aux échanges marchands entre les campagnes et les villes.

Les causes énergétiques de la guerre de Sept ans

Les systèmes énergétiques des sociétés pré-industrielles reposaient prioritairement sur la biomasse et les forêts étaient assimilables à des réservoirs d'énergie. La possession de grands massifs forestiers fut l'un des grands enjeux des conflits du XVIIIe siècle, notamment la guerre de Sept ans (1756-1763). La conquête de la Silésie, grâce au soutien de l'Angleterre, était primordiale pour la montée en puissance de la Prusse sur le théâtre européen, non seulement afin d'accroître son territoire, exigu et discontinu, mais surtout parce qu'il s'agissait d'une province riche, notamment en forêts, à la différence de ses autres possessions, et qui allait désormais lui permettre de contenir la puissance de la France sur le continent.

Lors du même conflit, la maîtrise des ressources foncières en Amérique du Nord fut un enjeu tout aussi essentiel : si la France, enregistrant alors une forte croissance démographique, avait été en mesure de conserver les grands espaces canadiens, elle aurait pu accroître sa production de blé alors que son territoire devenait trop exigu pour faire face aux besoins alimentaires de sa population (une disette précipitant le déclenchement de la Révolution française). Quelques années plus tard, en perdant ses colonies lors de la guerre d'indépendance des États-Unis (1775-1782), l'Angleterre fut également privée d'un accès direct à un réservoir de matières premières apparemment inépuisable.

En revanche, le concept même de « transition énergétique » mérite d'être questionné : l'énergie est une grandeur physique abstraite et constante, de nature mathématique, qui permet de quantifier les transformations des états de la matière. Une transition énergétique se définit par conséquent comme le passage entre deux états stationnaires de cette matière. Mais ce concept d'état stationnaire, s'il peut se concevoir dans un cadre expérimental pour des phénomènes circonscrits, est beaucoup moins valable dans une approche plus large : tout inerte qu'il soit, le système énergétique mondial est soumis à un processus permanent de transformations incrémentales.

L'incapacité à prévoir l'avenir dans le domaine de l'énergie

Un lieu commun postule que les prévisions réalisées à propos du futur ne sont que de simples conjectures qui n'ont aucune vocation à se réaliser. En fait, comme l'inventivité a toujours été mise au service des aspirations fondamentales de l'humanité, ces dernières finissent par se concrétiser. En revanche, les dispositifs technologiques sont difficiles à envisager *ex ante* : ainsi, ce n'est que rétrospectivement que les objets numériques apparaissent comme ayant permis aux hommes de réaliser certains de leurs rêves et, surtout, de démultiplier leur puissance physique et mentale. C'est pour cette raison que tout exercice de prospective énergétique est une prévision de nature exploratoire et non extrapolative, et bien des évolutions dans ce secteur ont été difficiles à anticiper, du moins pour les analystes non avertis. En est témoin la surprise apparente que l'exploitation des hydrocarbures extraits des roches-mères a pu constituer alors que les technologies d'exploitation par fracturation hydraulique et forages horizontaux étaient connues depuis plusieurs décennies.

Si l'on tourne son regard vers le futur, on relève le même jeu d'ambivalences. Il est avéré que l'économie est animée par des mouvements cycliques, mais il est impossible d'anticiper *a priori* leur configuration ou leur durée, en raison de la singularité propre de ces phénomènes : telle est la limite des raisonnements par analogie en sciences économiques. Ainsi, les erreurs en matière de prévision de consommation des différents types d'énergie constituent une forme de constante statistiquement validée *a posteriori*, du moins pour les horizons de court terme (entre cinq et dix ans). En revanche, les projections à long terme (période 2030-2050) demeurent valides, principalement parce qu'elles prennent en compte les contraintes structurelles, tant physiques qu'économiques.

De même, les prévisions quantitatives de la consommation d'énergie et d'électricité par habitant s'avèrent *ex post* quasi systématiquement démenties par les faits, mais plus souvent pour des horizons de court terme que pour des projections à long terme. Ces paramètres sont tributaires de la dynamique d'ensemble de l'économie mondiale : ainsi, l'apparente maîtrise de la consommation d'énergie dans les pays post-industriels s'explique par la délocalisation d'une partie des industries fortement énergivores vers les contrées émergentes, voire dans certaines nations en développement. Une vision globale du phénomène permet donc *in fine* de lisser les inflexions par trop marquées.

Si l'objectif de la transition énergétique est dépourvu de la moindre ambiguïté (inventer un système énergétique permettant d'assurer la pérennité de la civilisation et donc de perpétuer l'existence de l'espèce humaine), en revanche les modalités concrètes de cette transition demeurent inconnues et imprévisibles. Le cheminement effectif correspond rarement à une transformation organisée au préalable selon des mécanismes prévus par une planification visant à rationaliser et à optimiser son déroulement. Il n'est pas à exclure que ce processus se déroule progressivement, de manière incrémentale, les anciens systèmes énergétiques étant remplacés par de nouvelles installations plus efficaces et produisant une électricité à partir d'énergies renouvelables. Mais il n'est pas à exclure non plus que cette transition énergétique ne soit qu'une succession chaotique de crises plus ou moins profondes et qu'un constat d'échec finisse par s'imposer, auquel cas c'est l'avenir même de l'humanité qui sera en jeu. Faut-il rappeler que, en règle générale, tout processus historique résulte de la combinaison – indéterminable *a priori* – des actions décidées et réalisées afin de faire advenir un futur jugé souhaitable, et des réactions à des événements imprévisibles ?

L'humanité au tournant de son histoire

La transition énergétique est la condition indispensable à la poursuite de la trajectoire de croissance économique et de mondialisation, rendues possibles par une forte augmentation de la consommation d'énergie sur Terre, à un rythme qui ne peut être prolongé qu'à condition que des sources d'énergie abondantes et à bas coûts soient disponibles. De telles sources intarissables et inépuisables existent sur notre planète, mais toutes présentent une caractéristique commune : leur exploitation dans des conditions de sécurité et de compétitivité soutenables implique de réaliser de très importants progrès scientifiques et technologiques. La transition énergétique ne se réalisera que si ces progrès se concrétisent à moyen et long termes.

Pour le moment, les pays post-industriels qui ont décidé de s'engager dans cette course à la technologie n'en sont qu'aux prémices : en particulier, les activités de recherche et développement mobilisent à l'heure actuelle des moyens limités par rapport aux investissements nécessaires pour créer de nouveaux systèmes énergétiques à partir de 2040-2050. Il s'agit bien là d'un processus en devenir et les pays pionniers constituent une avant-garde, même si les nations suiveuses et retardataires bénéficieront de ces progrès technologiques.

Comme souvent, les utopies tendent à projeter dans l'avenir les phénomènes observés dans un passé plus ou moins lointain, voire en partie imaginaire. Si, contrairement aux projections les plus partagées, la transition énergétique devait échouer, ou plutôt se traduire par une raréfaction croissante des ressources en énergie, cela signifierait la disparition progressive des auxiliaires mécaniques, électro-mécaniques, puis électronico-mécaniques, des esclaves énergivores qui facilitent la réalisation des activités humaines. La diminution de la consommation en énergie, si elle pourrait paraître favorable à la stabilisation climatique, serait indissociable de l'entrée dans une longue phase de décroissance économique, et donc du recours régressif à d'anciens systèmes énergétiques : utilisation accrue de l'énergie musculaire humaine (voire généralisation de l'esclavage ou du servage) et de la traction animale (les améliorations génétiques permettant d'accroître les performances des animaux de trait), remise en fonctionnement des systèmes technologiques traditionnels (à base de leviers, de palans, de treuils, de moufles, de poulies, de cordes, d'engrenages et de ressorts) permettant de minimiser la quantité d'énergie musculaire requise pour leur fonctionnement en l'absence de moteur électrique ou à combustion interne. De toute évidence, l'entrée dans une longue phase de décroissance économique serait logiquement incompatible avec la poursuite de la croissance démographique à l'échelle planétaire, sauf à devoir faire face à une accélération de la paupérisation des populations.

Pour reprendre la maxime de l'historien britannique Arnold Toynbee, « *l'histoire humaine n'est que la série des défis qu'elle a dû relever* ». La transition énergétique constitue le principal défi que l'humanité devra affronter dans le courant du siècle à venir. Mais l'auteur ajouta : « *Les civilisations meurent par suicide, non par meurtre* ».

***

Le premier chapitre de cet ouvrage dresse un état de la situation énergétique mondiale telle qu'elle résulte après cette période de forte croissance et d'interdépendance toujours plus poussée entre pays que l'on nomme « mondialisation », et présente une série de tableaux nationaux tendant à souligner le maintien de fortes spécificités et inerties énergétiques.

Au fondement de la deuxième révolution industrielle, associé au moteur à combustion interne pour le moment sans réelle concurrence face à d'autres formes de propulsion, le pétrole demeure au cœur des problématiques énergétiques mondiales. Le deuxième chapitre s'intéresse donc aux mécanismes expliquant les chocs et les contre-chocs pétroliers[2], les déterminants de la formation des prix de l'or noir expliquant leur imprévisibilité, même si son marché est officiellement cartellisé, sans omettre les effets pervers géopolitiques de la rente pétrolière et de ses soubresauts, que l'on nomme « malédiction pétrolière ».

Le troisième chapitre évoque l'économie gazière internationale. Il a souvent été soutenu que le XXIe siècle serait l'âge d'or du gaz naturel et la révolution provoquée par l'exploitation du gaz extrait des roches-mères aux États-Unis semble corroborer cette prédiction. Néanmoins, le marché mondial du gaz naturel est soumis à une rude

---

2 Il actualise à bien des égards un essai sur l'économie pétrolière rédigé en 2014 par les auteurs du présent ouvrage : *Le pétrole – le troisième choc et la malédiction pétrolière*, Éditions Économica, Paris, 2014.

concurrence entre une puissance dominante, la Russie, et de nouveaux venus très compétitifs.

Consacré aux nouvelles ressources renouvelables (éolien, solaire, biomasse, qui se distinguent de l'hydro-électricité, que l'on peut qualifier d'« ancienne » énergie renouvelable et déjà largement valorisée, notamment dans les pays post-industriels), le quatrième chapitre met en évidence les raisons pour lesquelles les pays qui s'étaient engagés dans la voie de la transition énergétique ont fortement ralenti leurs investissements au tournant du troisième millénaire, en particulier dans le secteur de l'éolien. S'il n'est pas à exclure que les progrès technologiques déjà réalisés et à venir ne permettent une relance de ces programmes d'investissement, la baisse actuelle du prix des énergies carbonées rend cette perspective peu probable à court terme.

Le cinquième chapitre aborde le risque de pénurie des métaux dans des sociétés dont les systèmes énergétiques accordent une place croissante à l'électricité, qu'il s'agisse de l'électro-mobilité (qui repose sur le stockage de l'électricité dans des batteries ou des piles à combustible, dont la production requiert des quantités importantes de métaux spécifiques et présents dans des quantités limitées sur la planète) ou de la fabrication de machines aussi complexes que les turbines, utilisées dans les installations éoliennes et qui comprennent également de telles « terres rares ». La pénurie de certains métaux rend hypothétique le basculement vers une civilisation exclusivement fondée sur l'électricité. Si le rendement des panneaux solaires était significativement augmenté et si leur production était assurée dans des conditions technologiques et économiques soutenables, alors l'avenir énergétique de l'humanité se présenterait sous de bien meilleurs auspices.

Le sixième chapitre traite de la transition énergétique en Allemagne, pays considéré comme pionnier dans ce domaine, une position au demeurant plus audacieuse qu'il n'y paraît, étant donné les faibles dotations naturelles du pays en termes d'énergies renouvelables, de sorte que l'on ne peut pas encore savoir si, tout volontariste qu'il soit, le *Sonderweg* d'outre-Rhin deviendra un modèle à imiter ou se transformera en impasse.

C'est à l'Afrique qu'est consacré le septième chapitre. Un continent relativement à l'écart de la mondialisation et qui, ancré dans un mix énergétique traditionnel accordant un rôle prépondérant à la biomasse, n'est pas *a priori* le plus concerné par la transition énergétique, si ce n'est que, par la sobriété énergétique forcée de ses populations et le fort gisement potentiel de ressources renouvelables anciennes (hydro-électricité) et nouvelles (éolien et solaire), il pourrait préfigurer une voie susceptible en partie de résoudre le dilemme entre croissance économique et équilibre environnemental, pour peu que sa croissance démographique soit maîtrisée.

Les futurs à inventer ont d'abord pris forme dans l'imaginaire des hommes, mais le huitième chapitre relève pour le moment davantage de la science-fiction. Il explore les nouvelles sources d'énergie auxquelles l'humanité aura peut-être recours pour poursuivre son existence terrestre : comme les ressources renouvelables auront été analysées précédemment, ces pages se focalisent sur l'évolution de l'énergie nucléaire, qu'il s'agisse de la fission, des réacteurs au thorium, des surgénérateurs ou de la fusion, mais dans une perspective strictement géo-économique et non technologique.

L'approche adoptée dans cet ouvrage privilégie le volet de la production énergétique et donc l'analyse des différentes sources d'énergie, dans une optique géostratégique, par rapport aux problématiques relevant de la consommation d'énergie et des politiques publiques visant à la réduire.

Chapitre 1
Le bilan énergétique de la mondialisation

« Il est bon de ne pas regarder à la dépense de son énergie ».

Jules Renard

Tracer un tableau, aussi bien mondial que régional, du mix énergétique en ce début de XXIe siècle, est une étape indispensable avant que de développer des perspectives plus sectorielles ou locales. Si la progression de la consommation d'énergie s'est ralentie, mettant en évidence une plus grande efficacité énergétique des activités humaines, et si les indicateurs dénotent un fort phénomène de convergence entre pays post-industriels et émergents, le bilan en termes de transition énergétique demeure inégal et la domination des énergies carbonées inentamée. Les choix énergétiques nationaux paraissent toujours enserrés dans de puissantes contraintes limitant, sinon les inflexions stratégiques, du moins le basculement à court terme vers des énergies plus conformes aux objectifs de préservation de l'environnement.

1. Les grandes évolutions de la consommation mondiale d'énergie primaire

1.1. L'augmentation des volumes globaux

Lorsque l'on analyse la séquence de l'histoire de l'économie mondiale qui vient de se dérouler, à partir de la crise asiatique des années 1997-1998, on est d'abord frappé par son caractère exceptionnel. Elle a correspondu en premier lieu à une augmentation soutenue de la consommation (et donc de la production) d'énergie primaire, à un rythme moyen de 2,08 % par an entre 1997 et 2014. Toutefois, un tel taux est inférieur à celui de la croissance annuelle du PIB mondial – estimée globalement à 3,5 % –, ce qui signifie une diminution de l'élasticité de la demande en énergie par rapport à la production totale par comparaison à la décennie précédente, c'est-à-dire une production moins gourmande en énergie. De plus, corrigé du taux de croissance de la population (1,17 %), ce ratio ne s'établit globalement qu'à 0,90 % de progression par an et par tête. De façon générale, la mondialisation du système productif s'est traduite par la hausse de la consommation annuelle d'énergie par habitant sur Terre de 1,52 à 1,79 tep entre 1997 et 2014. Malgré les bouleversements intervenus dans la configuration du système productif mondial, l'augmentation moyenne des conditions matérielles d'existence demeure limitée (tableau 1).

1.2. La convergence relative du poids des grandes régions

Le second trait saillant de la période récente concerne les changements décisifs intervenus dans la répartition entre pays de la consommation d'énergie primaire au niveau mondial, indissociables de la composition organique des activités économiques (en particulier, la part relative de l'industrie) dans les nations concernées (tableau 2).

Tableau 1 – Répartition de la consommation mondiale d'énergie primaire (en %)

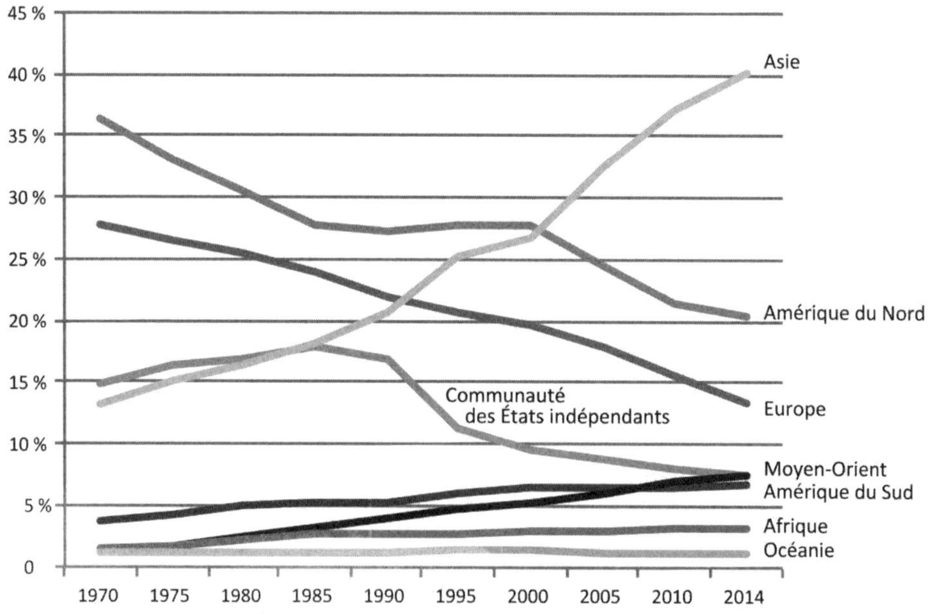

Source : calculs à partir de la *BP Statistical Review*

Tableau 2 – Évolution de la consommation mondiale d'énergie primaire (en tep par habitant)

	1970	1975	1980	1985	1990	1995	2000	2005	2010	2014	Variation
États-Unis	7,94	8,04	7,96	7,37	7,88	8,07	8,40	7,93	7,39	7,23	-0,71
Canada	7,34	8,23	9,07	9,32	9,08	9,56	9,88	10,07	9,26	9,32	1,98
Amérique du Nord	**8,03**	**8,27**	**8,37**	**7,91**	**8,38**	**8,62**	**9,01**	**8,67**	**8,11**	**7,99**	**-0,05**
Mexique	0,66	0,83	1,10	1,23	1,29	1,31	1,43	1,61	1,61	1,60	0,95
Argentine	1,21	1,30	1,39	1,31	1,37	1,54	1,62	1,78	1,96	2,06	0,85
Brésil	0,40	0,61	0,76	0,81	0,86	1,00	1,10	1,13	1,33	1,50	1,10
Venezuela	1,76	2,00	2,45	2,34	2,51	2,70	2,62	2,64	2,65	2,82	1,06
Amérique latine	**0,62**	**0,75**	**0,92**	**0,93**	**0,99**	**1,08**	**1,18**	**1,26**	**1,36**	**1,43**	**0,81**
Allemagne	4,28	4,39	4,95	5,03	4,80	4,08	4,06	4,03	3,95	3,94	-0,34
Espagne	1,32	1,75	1,99	1,99	2,28	2,61	3,28	3,50	3,12	2,84	1,52
France	3,01	3,23	3,61	3,57	3,85	4,05	4,29	4,32	3,88	3,70	0,70
Italie	2,26	2,37	2,56	2,42	2,68	2,83	3,05	3,16	2,86	2,49	0,23
Royaume-Uni	3,91	3,63	3,58	3,56	3,67	3,66	3,75	3,80	3,36	2,92	-0,99
Europe	**2,9**	**3,1**	**3,4**	**3,4**	**3,5**	**3,4**	**3,6**	**3,7**	**3,7**	**3,2**	**-10,34**
Russie	-	-	-	5,71	5,85	4,49	4,27	4,53	4,76	4,75	-0,95
Ukraine	-	-	-	4,61	5,21	2,83	2,73	2,89	2,64	2,22	-2,38
CEI	**3,09**	**3,78**	**4,30**	**4,75**	**4,91**	**3,45**	**3,33**	**3,48**	**3,54**	**3,60**	**0,51**
Moyen-Orient	**0,72**	**0,84**	**1,17**	**1,55**	**1,79**	**2,25**	**2,48**	**2,88**	**3,40**	**3,49**	**2,77**
Afrique	**0,20**	**0,25**	**0,30**	**0,35**	**0,35**	**0,34**	**0,34**	**0,36**	**0,38**	**0,37**	**0,17**
Australie	3,71	4,32	4,73	4,61	5,14	5,42	5,63	5,85	5,53	5,28	1,57
Bangladesh	-	0,02	0,03	0,04	0,06	0,08	0,10	0,12	0,15	0,18	0,15
Chine (Hong-Kong inclus)	0,27	0,36	0,42	0,51	0,60	0,75	0,80	1,38	1,86	2,18	1,92
Corée du Sud	0,46	0,64	1,01	1,29	2,10	3,26	4,03	4,57	5,21	5,38	4,92
Inde	0,12	0,14	0,15	0,18	0,22	0,26	0,30	0,33	0,43	0,49	0,37
Indonésie	0,07	0,10	0,18	0,21	0,29	0,38	0,47	0,55	0,62	0,71	0,64
Japon	2,68	2,95	3,04	3,08	3,50	3,94	4,07	4,15	3,96	3,59	0,91
Thaïlande	0,16	0,22	0,26	0,31	0,55	0,88	1,02	1,37	1,64	1,82	1,66
Asie-Pacifique	**0,35**	**0,41**	**0,47**	**0,51**	**0,60**	**0,71**	**0,77**	**1,02**	**1,22**	**1,28**	**0,93**
Monde	**1,33**	**1,41**	**1,49**	**1,48**	**1,54**	**1,50**	**1,54**	**1,69**	**1,76**	**1,79**	**0,46**

Source : calculs à partir des données communiquées dans la *BP Statistical Review*

Comme pour les autres organismes internationaux, elles font l'objet d'actualisations rétrospectives d'ampleur parfois significative. Ces données ne reflètent que partiellement la situation des pays en développement et de certains pays émergents, puisque l'utilisation de la biomasse de proximité constitue l'unique source d'énergie pour une grande partie de leur population.

La part des pays d'industrialisation ancienne, confrontés à l'attrition de leurs bases productives et donc à la tertiarisation exacerbée de leurs économies[3], ne pouvait que régresser. Si, au début de la période, les États-Unis consommaient près du tiers de l'énergie mondiale, désormais leur prélèvement n'atteint pas les 18 %. Le recul de l'Union européenne est moins prononcé dans la mesure où son système productif et logistique était, dès le départ, plus efficace grâce en particulier à une densité de peuplement bien plus importante que celle des pays-continents, alors que la part du Japon régresse tout aussi sensiblement. Certains pays en phase de rattrapage enregistrent, paradoxalement, un recul notable de leur poids dans la consommation mondiale d'énergie primaire (Pologne), mais la baisse relative des pays-membres de la CEI traduit surtout l'amélioration du rendement énergétique de leurs branches sidérurgiques et métallurgiques ainsi que leur désindustrialisation.

En revanche, la part des pays dits émergents dans la consommation mondiale d'énergie primaire a progressé, le Moyen-Orient et, surtout, l'Asie-Pacifique étant les deux régions qui ont le plus vite convergé vers le niveau moyen de consommation des États-Unis. Chacun des grands pôles géographiques émergents présente cependant un profil bien particulier. L'augmentation du poids du Moyen-Orient est d'abord la conséquence de sa croissance démographique conjuguée à la montée en puissance de son industrie pétrochimique (voire métallurgique) et, bien entendu, de la richesse de son sous-sol en hydrocarbures, notamment dans un contexte porteur comme celui du troisième choc pétrolier. De son côté, l'Asie-Pacifique doit sa vive progression (près de 13 % pendant la phase intensive de la mondialisation) d'abord à son industrialisation[4]. La Chine double sa part (à plus de 23 %) et dépasse désormais les États-Unis ; en revanche, la progression de l'Inde reste plus modeste.

D'autres régions ont connu des augmentations globales plus modérées. Ainsi l'Amérique latine, dont l'essor est d'abord imputable aux progrès du taux de motorisation, à l'image de l'Argentine et du Brésil (où la forte augmentation des

---

3 Le secteur des services, très hétérogène par nature, est affecté par une modification en profondeur des tâches productives, qui ne se traduit pas nécessairement par une augmentation de leur productivité, mais qui, plus sûrement, risque d'entraîner non seulement la transformation, mais encore la suppression de nombreux emplois (et pas exclusivement ceux fondés sur la répétition de tâches standardisées). Il s'agit là d'une des causes structurelles de la crise économique affectant les pays post-industriels, menacés par le scénario d'une reprise de faible ampleur qui ne serait plus guère créatrice nette d'emplois (à faibles et à fortes qualifications), une mise à l'épreuve du modèle du déversement sectoriel de l'emploi jadis développé par Alfred Sauvy.

4 Les pays asiatiques se subdivisent en plusieurs catégories : le pays pionnier en matière d'industrialisation et faisant fonction de modèle à imiter (Japon), les « dragons » ayant décollé au début des années 1980 (Corée du Sud, Hong-Kong, Singapour, Taïwan, voire Malaisie), les pays ayant surmonté la crise des années 1997-1998 (Indonésie, Thaïlande, mais aussi Corée du Sud), les pays-continents enregistrant une forte croissance depuis le début des années 1990 (Chine, Inde), les nations connaissant actuellement un certain essor grâce à l'intensification de la division du travail au sein de l'espace asiatique (Cambodge, Mongolie, Philippines, Sri Lanka, Vietnam). La mondialisation s'est d'abord traduite par une très forte augmentation des échanges entre toutes ces entités nationales.

capacités de production du secteur énergétique ne compense pas la contraction des industries légères et de biens de consommation). Quant à l'Afrique, faiblement industrialisée et motorisée à l'instar des pays les moins développés, elle enregistre une augmentation très lente de sa part dans la consommation mondiale d'énergie.

1.3. Le rapprochement de la consommation énergétique par habitant

Ce rapide tableau rétrospectif de la consommation d'énergie primaire depuis plus d'une quinzaine d'années montre sans détour que les inégalités entre pays en matière de consommation par tête se sont réduites : régression dans le cas des pays d'industrialisation ancienne, progression dans celui des exportateurs de matières premières, comme l'atteste l'augmentation des taux de motorisation de leurs sociétés, ainsi que des nations dont la production manufacturière augmentait fortement, conséquence des délocalisations industrielles, et notamment des unités les plus polluantes.

Industrialisation et progression de la consommation d'énergie par habitant entretiennent cependant des relations ambivalentes. Si la corrélation apparaît positive dans le cas des nouveaux pays industriels asiatiques, l'Amérique latine montre que certaines nations peuvent enregistrer une hausse de leur consommation d'énergie par habitant tout en subissant une désindustrialisation parfois marquée (du fait de la concurrence des importations en provenance des premiers) : l'explication réside dans la progression de la diffusion des véhicules à moteur.

La libéralisation des échanges internationaux a donc abouti, comme le prédisait la théorie néoclassique, à une harmonisation tendancielle des conditions matérielles d'existence entre les pays post-industriels, les nations rentières et les pays émergents, ceux en développement et dépourvus de rentes lucratives en subissant plutôt les effets (tableau 3). Une telle réduction de l'écart en termes de consommation en matières premières énergétiques, mais aussi agricoles et minières, est le reflet et la cause de la convergence des PIB moyens par habitant[5]. C'est pourquoi les différences en matière de dotation en ressources énergétiques sont désormais plus marquées que les écarts en termes de consommation puisque, par exemple, près de 70 % des réserves en pétrole conventionnel et en gaz naturel sont localisées dans un arc de cercle qui part du Moyen-Orient et qui englobe l'Asie centrale, la Sibérie occidentale et orientale.

Pourtant, si l'on élargit l'observation à la période 1970-2014, la consommation moyenne d'énergie par habitant dans le monde est passée de 17 % de celle des États-Unis à 25 %, ce qui est somme toute limité compte tenu de l'ampleur des transformations auxquelles l'économie mondiale a été exposée (en particulier les délocalisations industrielles). L'écart de croissance démographique entre les grandes

---

[5] Les travaux de Maddison (2001) sur l'évolution des revenus moyens par tête sur la très longue durée dans les différentes aires géographiques ont clairement montré qu'ils commencent à diverger de façon significative lors de l'introduction de la machine à vapeur dans les pays occidentaux, donc à partir du XVIIIe siècle.

catégories de pays (post-industriels, émergents, rentiers et en développement) est un facteur explicatif déterminant de la lenteur de ce processus de rattrapage.

Tableau 3 – Inégalités dans la consommation mondiale d'énergie primaire par habitant (indice 100 pour les États-Unis)

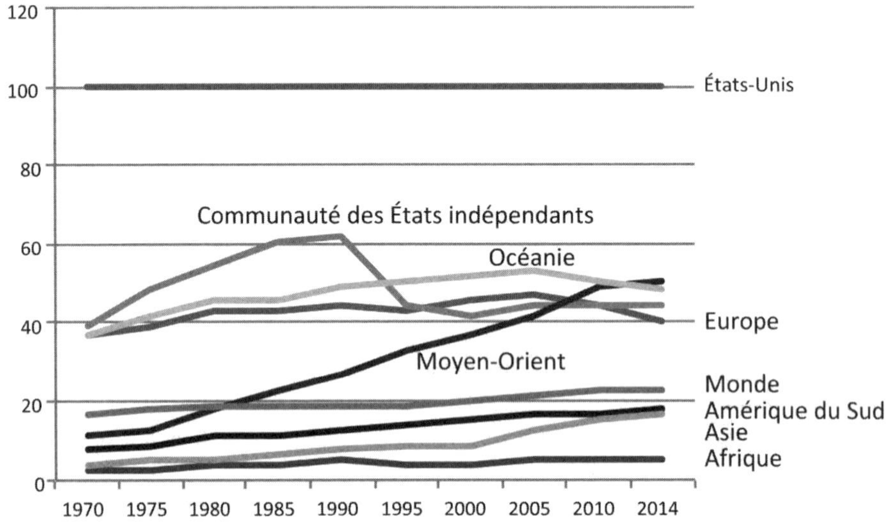

Source : calculs à partir de la *BP Statistical Review*

2. Une transition énergétique relative

2.1. Les translations énergétiques : le déclin du pétrole au profit du gaz et surtout du charbon

La phase de croissance économique exceptionnelle que le monde a enregistrée au début du troisième millénaire (2001-2008) n'a été rendue possible que par la forte augmentation des quantités de charbon brûlées, afin de produire principalement de l'électricité et, accessoirement, d'alimenter l'industrie sidérurgique. De toutes les sources d'énergie, les produits pétroliers enregistrent la plus faible croissance, poursuivant leur déclin relatif[6], et le gaz naturel progresse à un rythme dans l'ensemble égal à celui de l'énergie primaire[7]. De son côté, la part de l'électricité primaire (nucléaire, hydro-

---

6 Il est hautement probable que le pétrole ne sera pratiquement plus utilisé pour la génération de l'électricité dans deux à trois décennies. La décélération de la production (et donc de la consommation) de pétrole est manifeste depuis le deuxième choc pétrolier : si les volumes extraits annuellement atteignent le premier milliard de tonnes en 1960, le deuxième en 1969 et le troisième dès 1977, ce n'est qu'en 2011, soit un tiers de siècle plus tard, que le cap des 4 milliards est franchi.

7 Comme la consommation de pétrole par habitant s'est stabilisée autour de 0,58-0,6 tonne, la production est appelée à suivre tendanciellement le rythme de la croissance démographique.

électricité, nouvelles énergies renouvelables) tend à progresser lentement. L'atome est en recul relatif dans le monde, ce qui fait ressortir toute la singularité du cas français et relativise *de facto* le retard dont le pays pâtirait en matière de développement des énergies nouvelles (et qu'il tend à rattraper rapidement). L'hydro-électrique parvient à consolider ses positions et est promis à un grand avenir en Amérique latine et en Afrique. Quant aux nouvelles énergies renouvelables (éolien, solaire, biomasse), si elles n'occupent encore qu'une place secondaire, leur part est en hausse régulière et assez rapide : l'avenir énergétique de l'humanité dépend des progrès technologiques qu'elles vont connaître (tableaux 4 et 5).

La période de mondialisation intensive du système industriel (1997-2014) n'a été rendue possible que par le déploiement de deux évolutions parallèles : le déclin relatif du nucléaire, compensé par l'essor des énergies renouvelables pour la production d'électricité primaire et dont la transition énergétique en cours de réalisation en Allemagne constituerait dès lors le paradigme, un exemple à suivre pour les autres pays post-industriels ; la progression du charbon venant rattraper le recul relatif du pétrole, de sorte que le poids des énergies fossiles demeure en réalité inchangé.

Tableau 4 – Évolution de la part des sources d'énergie dans la consommation mondiale (en %)

	1970	1975	1980	1985	1990	1995	2000	2005	2010	2014
Combustibles solides	30,1	27,3	27,3	29,0	27,5	26,3	25,3	28,6	29,8	30,0
Produits pétroliers	45,9	47,0	44,9	39,3	38,9	38,3	38,2	35,9	33,4	32,6
Gaz naturel	18,2	18,6	19,5	20,7	21,7	22,4	23,3	22,9	23,8	23,7
Électricité primaire	5,8	7,2	8,3	11,1	11,9	13,1	13,2	12,6	13,0	13,7
- énergie hydraulique	5,4	5,7	5,8	6,2	6,0	6,5	6,4	6,1	6,5	6,8
- énergie nucléaire	0,4	1,4	2,4	4,7	5,6	6,1	6,2	5,7	5,2	4,4
- énergies renouvelables	0,0	0,1	0,1	0,2	0,4	0,4	0,6	0,8	1,4	2,5

Source : calculs à partir de la *BP Statistical Review*

La phase dite de « transition énergétique » et de sortie des hydrocarbures (voire des énergies fossiles) ne se traduit donc pas encore dans les faits. Et il n'existe guère de scénario indiquant que les énergies renouvelables vont occuper une part importante, voire prépondérante, dans le mix énergétique mondial, à brève échéance du moins. Pour le moment, loin des effets rhétoriques dictés par l'agenda politique, on assiste à une simple réorientation des sources d'énergie utilisées pour la génération d'électricité primaire.

La part du pétrole dans le mix énergétique n'a augmenté que dans les pays où la progression du taux de motorisation est significative (pays d'Europe centrale et orientale) ou dans ceux qui ont fortement diminué l'emploi des combustibles solides (Autriche, Belgique, Canada). L'AIE prévoit une production de pétrole de 5 milliards de tonnes à horizon 2035.

Tableau 5 – Évolution de la part des trois sources d'électricité primaire dans la consommation énergétique totale (en %)

Nucléaire	1970	1975	1980	1985	1990	1995	2000	2005	2010	2014
États-Unis	0,3	2,4	3,3	5,2	7,0	7,6	7,8	7,9	8,4	8,3
Canada	0,0	1,4	3,7	5,8	6,5	7,8	5,4	6,4	6,4	7,2
Allemagne	0,5	1,7	3,5	8,7	9,8	10,5	11,5	11,1	9,9	7,1
France	0,8	2,4	7,1	25,7	32,5	36,3	36,9	39,1	38,3	41,5
Italie	0,6	0,6	0,8	1,1	0,0	0,0	0,0	0,0	0,0	0,0
Espagne	0,5	2,7	1,6	8,3	13,8	12,3	10,9	8,5	9,8	9,7
Portugal	0,0	0,0	0,0	0,0	0,0	0,0	0,0	0,0	0,0	0,0
Grèce	0,0	0,0	0,0	0,0	0,0	0,0	0,0	0,0	0,0	0,0
Pologne	0,0	0,0	0,0	0,0	0,0	0,0	0,0	0,0	0,0	0,0
Royaume-Uni	2,7	3,4	4,2	6,9	7,0	9,4	8,6	8,1	6,7	7,7
Russie	-	-	-	2,7	3,1	3,4	4,8	5,2	5,7	6,0
Kazakhstan	-	-	-	0,0	0,0	0,0	0,0	0,0	0,0	0,0
Ukraine	-	-	-	5,2	6,4	10,9	12,9	14,7	16,7	20,0
Australie	0,0	0,0	0,0	0,0	0,0	0,0	0,0	0,0	0,0	0,0
Chine	0,0	0,0	0,0	0,0	0,0	0,3	0,4	0,7	0,7	0,1
Corée du Sud	0,0	0,0	2,0	7,2	13,3	10,3	13,0	15,0	13,2	13,0
Inde	0,5	0,6	0,5	0,8	0,8	0,7	0,4	0,2	0,2	0,3
Indonésie	0,0	0,0	0,0	0,0	0,0	0,0	0,0	0,0	0,0	0,0
Japon	0,3	1,5	5,3	9,3	10,2	13,2	14,0	12,5	13,1	0,0
Malaisie	0,0	0,0	0,0	0,0	0,0	0,0	0,0	0,0	0,0	0,0
Pakistan	0,0	1,4	0,1	0,4	0,3	0,3	0,5	1,0	0,8	1,5
Philippines	0,0	0,0	0,0	0,0	0,0	0,0	0,0	0,0	0,0	0,0
Singapour	0,0	0,0	0,0	0,0	0,0	0,0	0,0	0,0	0,0	0,0
Taïwan	0,0	0,0	7,0	18,7	14,8	12,0	9,8	8,5	8,6	8,6
Thaïlande	0,0	0,0	0,0	0,0	0,0	0,0	0,0	0,0	0,0	0,0
Vietnam	0,0	0,0	0,0	0,0	0,0	0,0	0,0	0,0	0,0	0,0
Argentine	0,0	1,6	1,3	3,3	3,7	3,0	2,3	2,3	2,0	1,5
Brésil	0,0	0,0	0,0	0,7	0,4	0,4	0,7	1,1	1,3	1,2
Mexique	0,0	0,0	0,0	0,0	0,6	1,6	1,3	1,4	0,7	1,1
Pérou	0,0	0,0	0,0	0,0	0,0	0,0	0,0	0,0	0,0	0,0
Afrique du Sud	0,0	0,0	0,0	1,6	2,3	2,8	3,1	2,4	2,3	2,8
Monde	**0,4**	**1,4**	**2,4**	**4,7**	**5,6**	**6,1**	**6,2**	**5,7**	**5,2**	**4,4**

Hydro-électricité	1970	1975	1980	1985	1990	1995	2000	2005	2010	2014
États-Unis	3,5	4,0	3,5	3,7	3,4	3,3	2,7	2,6	2,6	2,6
Canada	22,5	23,6	23,1	29,3	26,6	26,9	26,6	25,3	25,1	25,8
Allemagne	1,3	1,2	1,2	1,1	1,1	1,5	1,7	1,3	1,5	1,5
France	8,4	8,0	8,1	7,2	5,6	7,0	6,0	4,5	5,7	6,0
Italie	8,2	6,1	6,4	6,7	4,6	5,3	5,7	4,4	6,7	8,7
Espagne	14,4	9,5	9,0	9,2	6,5	5,1	6,0	2,7	6,7	6,7
Portugal	20,7	16,6	17,0	19,5	12,4	9,2	10,3	4,1	14,5	15,0
Grèce	6,7	3,0	5,0	3,4	1,7	3,0	2,6	3,4	5,4	3,9
Pologne	0,5	0,5	0,6	0,7	0,7	0,9	1,1	0,5	0,7	0,5
Royaume-Uni	0,5	0,4	0,4	0,4	0,5	0,5	0,5	0,5	0,4	0,7
Russie	-	-	-	4,4	4,4	6,0	6,0	6,1	5,7	5,8
Kazakhstan	-	-	-	1,7	2,2	3,7	4,7	4,1	3,7	3,2
Ukraine	-	-	-	1,0	0,9	1,6	1,9	2,1	2,4	1,9
Australie	5,0	5,7	4,4	4,3	3,8	3,7	3,3	3,0	3,0	2,7
Chine	2,6	3,1	3,1	3,9	4,1	4,7	4,9	5,0	6,5	8,0
Corée du Sud	1,9	1,7	1,2	1,6	1,6	0,4	0,5	0,4	0,3	0,3
Inde	10,6	11,0	12,2	8,8	8,3	7,3	1,7	1,2	1,0	1,0
Indonésie	10,6	3,0	1,1	1,8	2,5	2,3	2,3	2,0	2,6	1,9
Japon	5,9	5,5	5,5	5,0	4,6	3,6	3,6	3,4	4,1	4,3
Malaisie	8,5	6,0	3,5	5,8	4,2	4,2	3,3	1,7	2,0	2,9
Pakistan	7,1	11,2	14,2	14,9	13,9	13,8	8,9	11,2	9,3	9,8
Philippines	4,6	4,9	6,3	11,4	9,1	6,7	7,0	6,9	6,4	6,1
Singapour	0,0	0,0	0,0	0,0	0,0	0,0	0,0	0,0	0,0	0,0
Taïwan	8,7	7,9	2,5	3,7	2,7	1,6	1,1	0,8	0,8	0,8
Thaïlande	8,0	7,4	2,5	5,2	3,7	2,9	2,2	1,5	1,2	1,0
Vietnam	3,5	4,5	6,1	6,5	19,2	23,0	18,7	12,2	14,1	20,7
Argentine	1,2	3,5	8,6	11,8	9,2	12,1	12,8	13,0	11,6	10,8
Brésil	24,4	25,4	31,7	36,9	37,4	37,0	36,9	36,7	35,1	28,2
Mexique	10,2	6,9	5,0	6,2	5,0	5,3	5,3	3,6	4,5	4,5
Pérou	14,3	16,2	18,1	25,4	26,6	27,1	30,8	30,4	23,9	21,3
Afrique du Sud	0,0	0,5	0,4	0,2	0,3	0,1	0,2	0,3	0,4	0,2
Monde	**5,4**	**5,7**	**5,8**	**6,2**	**6,0**	**6,5**	**6,4**	**6,1**	**6,5**	**6,8**

Énergies renouvelables	1970	1975	1980	1985	1990	1995	2000	2005	2010	2014
États-Unis	0,0	0,0	0,1	0,1	0,7	0,8	0,8	0,9	1,7	2,8
Canada	0,0	0,0	0,1	0,2	0,4	0,5	0,7	0,8	1,3	1,5
Allemagne	0,1	0,1	0,1	0,1	0,1	0,2	0,8	2,9	5,9	10,2
France	0,2	0,2	0,2	0,2	0,2	0,2	0,3	0,4	1,3	2,7
Italie	0,8	0,7	0,6	0,5	0,5	0,6	0,9	1,7	3,4	10,0
Espagne	0,0	0,0	0,1	0,2	0,2	0,3	1,2	3,7	8,7	12,1
Portugal	0,7	0,6	0,7	1,0	0,9	1,2	1,6	3,1	10,8	14,6
Grèce	0,0	0,0	0,0	0,0	0,0	0,0	0,3	0,9	2,2	7,7
Pologne	0,0	0,1	0,1	0,1	0,0	0,0	0,1	0,4	1,8	4,1
Royaume-Uni	0,0	0,0	0,0	0,0	0,1	0,2	0,5	1,2	2,4	7,0
Russie	-	-	-	0,0	0,0	0,0	0,0	0,0	0,0	0,0
Kazakhstan	-	-	-	0,0	0,0	0,0	0,0	0,0	0,0	0,0
Ukraine	-	-	-	0,0	0,0	0,0	0,0	0,0	0,0	0,4
Australie	0,1	0,2	0,1	0,1	0,2	0,2	0,2	1,0	1,6	3,3
Chine	0,0	0,0	0,0	0,0	0,0	0,1	0,1	0,1	0,5	1,8
Corée du Sud	0,0	0,0	0,0	0,0	0,0	0,0	0,0	0,0	0,2	0,4
Inde	0,0	0,0	0,0	0,0	0,0	0,1	0,1	0,1	0,3	0,5
Indonésie	0,0	0,0	0,0	0,0	0,5	0,7	1,1	1,2	1,4	1,3
Japon	0,0	0,0	0,1	0,8	0,6	0,7	0,8	1,2	1,4	2,6
Malaisie	0,0	0,0	0,0	0,0	0,0	0,0	0,0	0,0	0,4	0,3
Pakistan	0,0	0,0	0,0	0,0	0,0	0,0	0,0	0,0	0,0	0,1
Philippines	0,0	0,0	3,8	10,2	8,2	6,6	10,2	8,2	8,2	6,8
Singapour	0,0	0,0	0,0	0,0	0,2	0,3	0,3	0,5	0,4	0,2
Taïwan	0,0	0,0	0,0	0,0	0,2	0,2	0,5	0,7	1,0	1,1
Thaïlande	0,0	0,0	0,0	0,0	0,0	0,1	0,2	0,4	0,7	1,2
Vietnam	0,0	0,0	0,0	0,0	0,0	0,0	0,0	0,0	0,1	0,1
Argentine	0,0	0,0	0,1	0,1	0,1	0,0	0,3	0,5	0,7	0,8
Brésil	0,5	0,4	0,6	0,8	0,9	1,0	1,3	2,0	2,8	5,2
Mexique	0,0	0,2	0,3	0,4	1,1	1,6	1,2	1,4	1,3	1,9
Pérou	0,0	0,8	0,2	0,5	0,4	0,3	0,3	0,7	0,9	1,1
Afrique du Sud	0,0	0,0	0,0	0,0	0,0	0,0	0,1	0,1	0,1	0,5
Monde	**0,0**	**0,1**	**0,1**	**0,2**	**0,4**	**0,4**	**0,6**	**0,8**	**1,4**	**2,5**

Source : calculs à partir de la *BP Statistical Review*

Si l'on considère que la part des énergies renouvelables dans la consommation d'énergie totale mesure l'avancement dans la transition énergétique, alors les grands pays les plus engagés dans cette voie sont l'Allemagne, l'Italie, l'Espagne et le Portugal, la Grèce[8] et le Royaume-Uni, des pays européens riverains de la mer du Nord et de la Méditerranée.

Il est souvent mentionné que la principale source d'énergie du futur réside dans l'augmentation de l'efficacité énergétique des systèmes de production, de transport et de logement, en d'autres termes dans les économies d'énergie[9]. Si les pays de la CEI pouvaient aligner leurs consommations énergétiques sur celles des pays les plus efficients, ils disposeraient de surplus beaucoup plus importants à exporter. D'ailleurs, l'exemple des pays d'Europe centrale et orientale ayant rejoint l'Union européenne montre que l'augmentation de l'efficacité énergétique permet de concilier maîtrise de la consommation d'énergie et hausse du niveau de vie, même dans les périodes de rattrapage économique. Mais les investissements à réaliser sont, le plus souvent, considérables et ils ne peuvent être rentabilisés qu'à long terme. En ce sens, si la création d'infrastructures énergétiques dans des pays en développement ou émergents suffit parfois à transformer les conditions d'existence des populations (du fait même qu'elles rendent possible l'accès à l'électricité), dans les pays post-industriels ou rentiers, en revanche, les améliorations apportées aux infrastructures existantes ne peuvent être que de nature incrémentale.

---

8 La baisse de la consommation d'énergie en Grèce entre 2007 et 2014 est comparable à la contraction de son PIB (environ un quart). L'avancement de la Grèce dans la voie de la transition énergétique procède partiellement d'une illusion statistique, dans la mesure où la production d'électricité générée par les énergies renouvelables est tributaire des conditions climatiques, et où leur part dans le mix énergétique s'accroît automatiquement lorsque la consommation totale d'énergie diminue. Cette remarque est valide aussi, certes dans des proportions variables, pour les pays européens ayant traversé une crise économique de forte intensité et qui ont effectivement procédé à des investissements dans les énergies renouvelables (principalement l'Espagne, l'Irlande, l'Italie et le Portugal).

9 Trois types de politiques dans le domaine des économies d'énergie doivent être distinguées :

- les politiques de sobriété (réduire l'utilisation d'objets technologiques existants ou, à technologie stable, choisir les produits les moins énergivores : il s'agit d'une action sur les comportements de consommation) ;
- les politiques d'efficience énergétique (orienter le progrès technique vers des processus de fabrication ou des produits requérant moins énergie) ;
- les politiques d'efficience écologique (viser une moindre émission de gaz à effet de serre ou de polluants).

Concernant l'automobile, dans le premier cas, il s'agira d'utiliser un modèle de taille plus réduite, de limiter ses déplacements ou de se reporter vers des solutions telles que le covoiturage ou l'auto-partage ; dans le deuxième cas, de promouvoir des modèles optimisant la consommation de carburants traditionnels (ou exigeant de moindres ressources énergétiques lors de leurs industrialisation) ; la dernière voie consiste à se reporter sur des motorisations dites « propres ».

C'est pourquoi l'idée d'une reconstruction *ex nihilo* d'un système énergétique relève purement et simplement d'une pensée mythique ou magique, tout comme celle d'en créer un qui serait isolé des mutations affectant ce secteur d'activité.

2.2. Les raisons de l'inertie des mix énergétiques

L'inertie à long terme des mix énergétiques s'explique par le fait qu'ils sont tributaires de leurs conditions de construction, contrairement aux évolutions de court terme qui répondent à l'arbitrage entre les sources d'énergie en fonction de leur disponibilité et de leur prix relatif.

En premier lieu, il faut considérer la valorisation prioritaire des sources d'énergie présentes sur le territoire national. Cette loi d'airain ne souffre guère d'exception en raison de la fonction centrale que ces matières premières occupent dans le commerce international : leur importation est facteur de dépendance, surtout lorsque leurs prix sont élevés et, en étant la cause de déficits extérieurs pour les économies à faible compétitivité, elle constitue une entrave à la croissance, du moins lorsque les limites à l'endettement extérieur sont atteintes.

Mais la structure de la consommation énergétique d'un pays est également déterminée par son niveau de développement économique. De ce point de vue, les énergies renouvelables offrent des opportunités remarquables permettant d'enclencher le décollage économique : c'est l'une des raisons permettant de considérer que les nations en développement situées dans les zones équatoriales – voire tropicales – pourraient connaître un véritable essor économique dans les années à venir, même si une telle perspective demeure lointaine et si les coûts de l'électricité produite actuellement à partir des énergies renouvelables ne sont pas cohérents avec les pouvoirs d'achat moyens des populations locales.

La taille des pays est aussi un paramètre crucial : la transition énergétique est moins difficile pour les pays faiblement étendus. Certes, les installations permettant de générer de l'électricité à partir d'énergies renouvelables permettent théoriquement de créer des systèmes énergétiques décentralisés, mais l'un des principaux handicaps pour leur diffusion réside dans les investissements à réaliser afin de relier les zones de production et de consommation.

Enfin, les gouvernements jouent un rôle considérable dans ce domaine : en menant des politiques volontaristes à long terme, ils engagent l'avenir de leurs pays pour des décennies, puisque les investissements engagés dans les systèmes énergétiques sont colossaux et ne peuvent être amortis que sur de longues périodes. Ainsi, la plupart des grandes nations ont en commun de remettre en question progressivement la place des énergies carbonées, ce qui est d'autant moins difficile qu'elles ont délocalisé une partie de leurs activités industrielles dans les contrées émergentes, même si ce n'est qu'entre 2030 et 2050 que les grandes décisions en matière de choix énergétiques seront prises.

Les stratégies énergétiques découlent d'arbitrages complexes réalisés dans des environnements incertains. Expression simultanée de choix librement opérés et de contraintes subies, elles peuvent, en première instance, être interprétées comme des compromis situés au croisement de variables géologiques, technologiques, géographiques et géopolitiques d'une part, et de stratégies pour les dépasser ou les contourner d'autre part. C'est ce faisceau de facteurs qui explique que les mix énergétiques, loin de toute notion réductrice d'« optimum énergétique », sont nécessairement diversifiés, du moins dans une certaine mesure.

Au-delà du bilan consolidé à l'échelle mondiale, il est donc pertinent de dresser une typologie des modèles de consommation énergétique des principaux pays, susceptible de compléter la description générale du système énergétique actuel, même si ce sont bien les progrès scientifiques et technologiques réalisés dans les pays post-industriels qui permettront de sortir des apories actuelles, à condition toutefois d'être diffusés dans l'ensemble des régions du monde.

3. Les modèles énergétiques du monde occidental

3.1. Les grands pays anglo-saxons : la domination des hydrocarbures

Le système énergétique des États-Unis (tableau 6) se caractérise par une inertie moins grande que l'on aurait pu anticiper, d'autant que les variations relatives correspondent à des quantités considérables, y compris pour les énergies renouvelables dont la progression est plutôt lente et irrégulière. La croissance de la part du gaz naturel depuis 1995, principale évolution du mix énergétique, compense le déclin du charbon : le gaz de schiste l'a remplacé en partie pour alimenter les centrales électriques et il permet au pays d'atteindre l'autonomie gazière (sans oublier la création d'un flux d'exportation de charbon en direction de l'Europe). Parallèlement, l'extraction du pétrole contenu dans les roches-mères (pétrole de schiste) a permis de réduire la dépendance pétrolière de ce pays[10].

De même, la forte progression de la production des pétroles extraits des sables bitumineux de l'Alberta (plus du tiers en une décennie) explique l'arrêt du déclin du pétrole dans le bilan énergétique du Canada, tandis que le recul du charbon est imputable à la hausse de la production d'électricité primaire (surtout l'hydro-électricité). Les difficultés rencontrées au Venezuela expliquent, en partie, le repli des multinationales, y compris chinoises, vers les sables bitumineux. Mais, dans la mesure où les techniques utilisées pour valoriser ces sables bitumineux présentent de grandes similarités avec celles mises en œuvre pour exploiter les huiles extra-lourdes de la ceinture de l'Orénoque, il est vraisemblable que ces multinationales seront en mesure d'exploiter le potentiel pétrolier vénézuélien le jour où Caracas mènera une politique favorable à leurs intérêts[11].

---

10 Les hydrocarbures (pétrole et gaz) dits « de schiste » ne présentent pas de caractéristique physico-chimique particulière ; en revanche, au lieu de s'être accumulés dans une roche réservoir comme les hydrocarbures conventionnels, ils se sont retrouvés piégés plus en profondeur, dans la roche-mère où ils se sont formés.

11 Les sables bitumineux sont extraits dans des mines à ciel ouvert, ce qui, lorsqu'elles seront épuisées, rendra nécessaire l'exploitation des gisements enfouis à des profondeurs variables,

Tableau 6 – Mix énergétique des grands pays anglo-saxons (en %)

États-Unis	1970	1975	1980	1985	1990	1995	2000	2005	2010	2014
Combustibles solides	19,0	18,6	21,4	25,1	24,5	23,9	24,6	24,4	23,0	19,7
Produits pétroliers	43,4	45,7	43,5	40,5	39,2	37,5	38,2	40,0	37,2	36,4
Gaz naturel	33,7	29,3	28,1	25,4	25,1	26,9	25,9	24,2	27,1	30,2
Électricité primaire	3,9	6,5	6,9	9,0	11,1	11,7	11,2	11,4	12,7	13,7

Canada	1970	1975	1980	1985	1990	1995	2000	2005	2010	2014
Combustibles solides	10,8	8,3	10,2	11,4	10,8	9,4	10,1	9,5	8,0	6,4
Produits pétroliers	45,8	43,4	41,3	30,4	31,7	28,9	29,7	30,8	32,1	31,0
Gaz naturel	20,9	23,3	21,6	22,9	24,0	26,4	27,5	27,1	27,1	28,2
Électricité primaire	22,5	25,0	26,9	35,3	33,5	35,3	32,7	32,5	32,9	34,5

Australie	1970	1975	1980	1985	1990	1995	2000	2005	2010	2014
Combustibles solides	38,9	36,3	37,6	40,6	41,9	41,7	44,1	45,1	41,0	35,6
Produits pétroliers	52,6	49,0	43,5	38,3	36,8	36,5	35,2	34,2	35,3	37,1
Gaz naturel	3,4	8,8	14,4	16,6	17,3	17,9	17,1	16,7	19,0	21,4
Électricité primaire	5,1	5,9	4,5	4,5	4,0	3,8	3,5	4,0	4,7	5,9

Source : calculs à partir de la *BP Statistical Review*

Enfin, la situation de l'Australie est paradoxale : la part du pétrole augmente en fin de période, tandis que la production nationale accentue son déclin ; celle du charbon recule et celle du gaz poursuit un *trend* ascendant de long terme, alors que Canberra devient l'un des principaux exportateurs mondiaux pour ces deux ressources, principalement à destination de l'Asie industrielle (la surabondance du gaz de schiste sur le marché nord-américain ayant cependant conduit à différer certains projets d'exploitation des gisements sous-marins, destinés à exporter du gaz naturel liquéfié). La production d'électricité primaire a significativement crû depuis une décennie grâce aux énergies renouvelables (photovoltaïque) et elle pourrait se substituer au charbon dans une bien plus large proportion. Compte tenu de l'importance de ses ressources en uranium, le pays pourrait même renoncer à son hostilité de principe à l'énergie nucléaire et développer cette filière afin de réduire ses émissions de gaz à effet de serre, bien que ce projet soit hypothétique.

L'Australie comme le Canada sont donc devenus d'importants exportateurs de matières premières énergétiques alors que, dans le cadre de la division internationale

---

représentant environ les quatre cinquièmes du potentiel total. Le coût de la ressource en sera significativement renchéri.

du travail pré-existante à la seconde mondialisation, cette fonction était plutôt dévolue aux pays en développement ou rentiers. Une inversion de position lourde de conséquences tant elle risque de remettre en question toute stratégie d'innovation technologique, voire toute poursuite des activités de recherche fondamentale et appliquée. De plus, ces deux pays sont devenus d'importants émetteurs de gaz à effet de serre (comme consommateurs et exportateurs de matières premières énergétiques).

3.2. Les grands pays d'Europe de l'Ouest : chute du pétrole et essor des renouvelables

Les grands pays de l'Ouest du Vieux continent réagissent de façon différente au déclin du pétrole (tableau 7).

En Allemagne, la baisse de la part du pétrole est compensée par l'augmentation de l'électricité primaire, mais l'essor des énergies renouvelables ne suffira pas à faire face intégralement à la réduction de la production d'électricité d'origine nucléaire programmée après l'accident de Fukushima[12]. La concomitance entre la décision d'abandonner l'atome et la conclusion d'un partenariat gazier à long terme avec la Russie (réalisation du gazoduc sous-marin Nord Stream afin d'acheminer le gaz russe en Allemagne tout en contournant les pays baltes et la Pologne) n'est donc pas anodine.

Si la part des hydrocarbures régresse lentement, le système énergétique français se caractérise en revanche par l'importance de l'électricité primaire d'origine nucléaire. L'identité politique et économique de la France est indissociable de son ambition atomique : censé mettre à l'abri le pays d'un désastre militaire comparable à celui subi en mai 1940, le nucléaire, massivement utilisé dans le domaine civil, lui a été indispensable pour surmonter sa pénurie chronique en matières premières énergétiques. C'est la raison pour laquelle son abandon total ou même partiel est d'autant plus improbable que le troisième choc pétrolier, couplé à la désindustrialisation, a profondément déséquilibré le commerce extérieur hexagonal. En particulier, la France est devenue structurellement importatrice nette d'électricité lors des pointes de consommation hivernales, en raison de l'importance du chauffage électrique.

12 Les raisons de l'abandon de l'énergie nucléaire en Allemagne s'expliquent principalement par l'histoire de cette industrie : le thème de la sortie de l'atome est, certes, très populaire dans l'électorat, mais le gouvernement allemand préfère consacrer la quasi-totalité des investissements futurs aux énergies renouvelables et à la transition énergétique, sans essayer de maintenir la compétitivité d'un secteur en perte de vitesse. De fait, l'abandon de l'énergie nucléaire est quasiment irréversible et Berlin n'a d'autre issue que de réussir sa transition énergétique. En renonçant aux usages civils de l'atome, l'Allemagne a procédé à une véritable « anabase » énergétique (cf. chapitre 6).

Tableau 7 – Mix énergétique des grands pays d'Europe de l'Ouest (en %)[13]

Allemagne	1970	1975	1980	1985	1990	1995	2000	2005	2010	2014
Combustibles solides	48,6	39,9	39,5	41,4	37,4	27,2	25,6	24,5	23,9	24,9
Produits pétroliers	45,2	44,8	41,2	35,0	36,2	40,5	38,9	36,8	35,7	35,9
Gaz naturel	4,4	12,3	14,4	13,6	15,3	20,1	21,5	23,4	23,2	20,5
Électricité primaire	1,8	3,0	4,8	9,9	11,0	12,2	14,0	15,4	17,2	18,7

France	1970	1975	1980	1985	1990	1995	2000	2005	2010	2014
Combustibles solides	22,7	14,6	16,0	12,4	8,7	6,2	5,6	5,1	4,6	3,8
Produits pétroliers	61,8	64,8	56,5	42,8	40,9	37,8	37,3	35,5	33,4	32,4
Gaz naturel	6,1	10,0	12,1	11,8	12,1	12,5	13,9	15,4	16,7	13,6
Électricité primaire	9,5	10,6	15,4	33,1	38,3	43,5	43,2	44,0	45,3	50,2

Italie	1970	1975	1980	1985	1990	1995	2000	2005	2010	2014
Combustibles solides	8,2	7,4	8,7	10,9	9,1	7,6	7,1	8,9	8,2	9,0
Produits pétroliers	72,1	71,5	67,7	61,0	60,5	58,9	53,1	46,7	42,2	38,0
Gaz naturel	10,1	13,6	15,8	19,7	25,3	27,7	33,1	38,3	39,6	34,3
Électricité primaire	9,6	7,4	7,8	8,4	5,1	5,9	6,6	6,1	10,1	18,6

Royaume-Uni	1970	1975	1980	1985	1990	1995	2000	2005	2010	2014
Combustibles solides	44,3	35,3	35,3	31,2	30,8	22,1	16,4	16,4	14,8	15,7
Produits pétroliers	47,8	45,4	40,1	38,4	39,2	38,2	35,1	36,4	35,2	36,9
Gaz naturel	4,7	15,6	20,0	23,1	22,3	29,6	38,9	37,4	40,5	31,9
Électricité primaire	3,2	3,8	4,6	7,3	7,7	10,1	9,6	9,8	9,5	15,4

Source : calculs à partir de la *BP Statistical Review*

Il aurait été impossible que l'électricité d'origine nucléaire connaisse un développement comparable en France et en Allemagne : cette dernière possède une rente naturelle (les combustibles solides) et il est difficile de justifier son abandon au profit d'une source d'énergie certes présentée, dans les années 1950 et 1960, comme une voie d'avenir. En revanche, en France, l'économie charbonnière était beaucoup moins développée et, dès les années 1960, il a fallu trouver une issue à l'épuisement

13 En ce qui concerne l'Union européenne (à laquelle sont rattachées la Norvège et la Suisse), les sources à partir desquelles l'électricité est produite sont les suivantes : charbon à 23,7 %, pétrole à 1,9 %, gaz naturel à 20,8 %, nucléaire à 25,9 %, hydro-électricité à 16,8 %, biomasse à 3,2 %, éolien à 5,7 %, et solaire à 2 %. Le total des énergies renouvelables atteint 27,7 % (hydro-électricité comprise).

des réserves. La forte croissance de la demande en électricité fut donc couverte par des centrales thermiques alimentées au fioul, avant de l'être par les centrales nucléaires – ce qui explique aussi le fait que les énergies renouvelables y enregistrent une croissance certes notable, mais lente.

L'économie italienne est dépendante des produits pétroliers. Leur déclin, relativement rapide, est compensé, dans un contexte de faible croissance économique, par l'ensemble des sources d'énergie traditionnelles et alternatives (à l'exception de l'énergie nucléaire abandonnée dès 1987, l'impact émotionnel de l'accident de Tchernobyl expliquant le résultat négatif du référendum et la fermeture des quatre centrales). Le renoncement à la construction du gazoduc South Stream a empêché Rome de conclure un partenariat gazier à long terme avec la Russie, mais les énergies renouvelables connaissent un essor remarquable depuis une décennie.

Du choix du nucléaire au rôle des territoires d'Outre-mer dans la transition énergétique en France

Le choix énergétique effectué par les autorités françaises dès les années 1950 (voire les années 1930) explique le retard pris par l'Hexagone en matière de transition énergétique : si sa pauvreté relative en énergies fossiles peut être tenue pour l'une des causes de son retard économique, à l'instar des autres pays de l'Europe méditerranéenne, le choix de l'uranium ne constitue en aucun cas une solution à validité universelle, puisqu'il s'agit aussi d'une énergie fossile. Certes, l'abandon progressif de cette voie décidé par plusieurs autres pays contribue indirectement à la compétitivité du secteur électrique français, puisque la demande en uranium – et donc son prix – diminueront au fur et à mesure de la fermeture de centrales nucléaires.

La Guadeloupe constitue toutefois une zone d'expérimentation pour les énergies renouvelables, qui couvrent actuellement 15 % de sa consommation d'électricité, mais avec des objectifs ambitieux de 50 % en 2020, 75 % en 2030 et 100 % en 2050, même s'il a été imposé un maximum de 30 % au recours instantané aux énergies renouvelables pour la production d'électricité afin de limiter la dépendance à des sources d'énergie intermittentes, une caractéristique qui constitue une véritable entrave pour les investissements dans ce secteur.

La seule centrale française utilisant le fluide géothermal, « La Bouillante », est localisée en Guadeloupe : l'extension de ses capacités de production (jusqu'à 50 MW contre 16 MW actuellement) pourrait lui permettre de couvrir de 30 à 40 % de la consommation en électricité de l'île. Les collectivités territoriales d'Outre-mer bénéficient de la péréquation nationale des tarifs de l'électricité, alors qu'elle y est majoritairement produite à partir d'énergies fossiles beaucoup plus chères. La hausse locale de la demande en électricité est imputable à trois causes : la croissance démographique, le développement économique et la diffusion d'équipements énergivores (climatiseurs). L'île de La Réunion, pour sa part, concentre une fraction importante des capacités photovoltaïques implantées sur le territoire français.

Au Royaume-Uni, alors que les ressources en pétrole de la mer du Nord déclinent, de sorte que le pays est devenu importateur net depuis 2006, le mix énergétique se caractérise toujours par une dépendance marquée aux hydrocarbures – fortes importations de gaz naturel liquéfié du Qatar – et au charbon, ainsi que par la place limitée impartie à l'électricité primaire, même si elle enregistre des progrès grâce aux énergies renouvelables. Ces dernières sont le reflet d'une politique d'indépendance énergétique qui reprend de la vigueur. Londres a relancé son programme nucléaire avec la construction de deux réacteurs de type EPR en 2013 et pris un ensemble de mesures visant à stimuler la prospection en matière d'hydrocarbures extraits des roches-mères (pétrole et gaz de schiste), dans l'espoir notamment de réduire le déficit commercial du pays et de reproduire le renouveau que l'économies britannique a connu dans les années 1980 grâce à la mise en exploitation des gisements d'hydrocarbures. Il n'est plus possible de contrer un déclin industriel tendanciel par le développement des seuls services financiers.

3.3. Les pays d'Europe centrale : la gestion de l'héritage soviétique

Les systèmes énergétiques des pays d'Europe centrale et orientale présentent un ensemble de traits communs qui découlent, en partie, d'héritages de la période soviétique (tableau 8).

La part relative des combustibles solides (charbon et lignite) tend à décroître, mais elle reste significative dans des contrées disposant de gisements importants (Pologne, République tchèque, Bulgarie). Ces ressources ont fait l'objet d'une exploitation intensive sous le régime communiste et les États ont fermé les sites les plus déficitaires (parfois encore exploités de façon clandestine) mais, compte tenu de la contrainte extérieure, il est exclu qu'ils puissent y renoncer. En revanche, le poids des produits pétroliers est, pour certains pays, tendanciellement croissant en raison de l'augmentation du taux de motorisation, en dépit de la hausse des cours du brut tout au long de la décennie passée. Cette contrainte pétrolière constitue une entrave pesante pour leur processus de rattrapage.

À l'exception de la Pologne, tous ces pays possèdent des centrales nucléaires : les autorités soviétiques ont considéré, dans les années 1970, que l'atome permettrait de remédier à la rareté des ressources énergétiques de leurs satellites, les hydrocarbures extraits en URSS étant en priorité destinés à être vendus aux pays capables de les payer en devises convertibles. Moscou, qui n'a eu de cesse de consolider ses débouchés pour ses exportations de matières premières énergétiques dans les pays européens, étend dorénavant ses ambitions au nucléaire. Rosatom a racheté en 2014 la participation de 34 % détenue par l'allemand E.ON dans le consortium finlandais Fennovoima (en charge de la construction de la centrale de Hanhikivi) et consolide la coopération avec la Hongrie grâce à l'obtention du chantier visant à doubler la capacité de la centrale de Paks, moyennant l'accord d'une ligne de crédit de 11 milliards € (et Gazprom a promis des conditions favorables lors de la renégociation du contrat d'approvisionnement en gaz).

Tableau 8 – Mix énergétique des principaux pays d'Europe centrale (en %)

Pologne	1970	1975	1980	1985	1990	1995	2000	2005	2010	2014
Combustibles solides	82,9	80,0	79,2	79,2	75,8	74,3	65,1	61,1	56,7	55,3
Produits pétroliers	10,5	12,9	13,3	13,0	15,0	15,5	22,5	24,6	26,8	24,9
Gaz naturel	6,1	6,6	6,8	7,1	8,4	9,3	11,2	13,4	14,0	15,3
Électricité primaire	0,5	0,6	0,7	0,8	0,7	1,0	1,1	1,0	2,5	4,6

Rép. tchèque	1970	1975	1980	1985	1990	1995	2000	2005	2010	2014
Combustibles solides	82,0	75,2	71,3	71,5	67,1	56,8	52,4	45,0	42,1	39,2
Produits pétroliers	15,4	21,3	21,5	19,9	16,9	19,4	19,8	22,1	21,1	22,4
Gaz naturel	1,7	2,7	6,1	6,9	9,8	15,8	18,8	19,0	19,2	16,5
Électricité primaire	0,9	0,8	1,0	1,7	6,2	8,0	9,0	14,0	17,6	21,9

Slovaquie	1970	1975	1980	1985	1990	1995	2000	2005	2010	2014
Combustibles solides	55,8	45,8	41,3	39,4	36,8	30,9	23,4	22,2	22,3	22,6
Produits pétroliers	34,0	41,6	34,1	28,8	23,4	18,6	18,6	20,1	22,4	23,3
Gaz naturel	6,4	9,2	16,8	19,7	25,0	29,4	31,9	31,0	28,7	22,3
Électricité primaire	3,8	3,3	7,8	12,1	14,8	21,2	26,1	26,6	26,6	31,9

Hongrie	1970	1975	1980	1985	1990	1995	2000	2005	2010	2014
Combustibles solides	51,5	35,5	30,6	27,1	22,8	18,8	16,3	11,1	11,0	11,3
Produits pétroliers	33,1	44,9	42,7	36,8	34,0	31,0	29,0	27,1	26,9	30,2
Gaz naturel	15,3	19,5	26,5	30,7	31,7	37,2	40,9	48,8	45,1	37,7
Électricité primaire	0,1	0,2	0,1	5,4	11,5	13,0	13,8	13,0	17,0	20,9

Roumanie	1970	1975	1980	1985	1990	1995	2000	2005	2010	2014
Combustibles solides	18,2	18,6	18,7	23,1	20,7	21,7	20,0	21,5	19,9	17,2
Produits pétroliers	27,2	26,2	28,1	23,3	30,4	27,2	26,6	25,7	24,9	26,8
Gaz naturel	53,0	51,4	48,9	49,4	44,9	43,5	41,1	38,7	34,7	31,4
Électricité primaire	1,6	3,8	4,3	4,2	4,0	7,6	12,2	14,2	20,5	24,7

Bulgarie	1970	1975	1980	1985	1990	1995	2000	2005	2010	2014
Combustibles solides	44,9	37,6	31,9	35,3	35,5	35,6	35,5	35,0	38,6	36,3
Produits pétroliers	50,3	53,1	49,1	36,3	27,6	22,7	22,7	24,6	21,8	21,2
Gaz naturel	2,0	4,3	11,2	16,2	21,7	20,9	16,2	14,3	12,9	13,2
Électricité primaire	2,7	5,0	7,9	12,2	15,2	20,7	25,7	26,1	26,7	29,4

Source : calculs à partir de la *BP Statistical Review*

Enfin, les progrès dans le secteur des énergies renouvelables sont parfois notables, l'appartenance de ces pays à l'Union européenne les incitant à s'engager dans cette voie, même si de nombreux projets contreviennent au droit européen de l'environnement, comme les quelque 500 mini-centrales hydrauliques à la capacité inférieure à 10 MW dans les Carpates, en Roumanie.

De fait, le tropisme pro-européen se heurte à la volonté des gouvernements de fournir à leurs populations une énergie abondante et bon marché tout en préservant une certaine indépendance, ce qui conduit à privilégier les énergies fossiles domestiques (charbon) et le nucléaire, ainsi que l'exploitation du pétrole. Alors que le potentiel éolien de la Pologne en mer Baltique demeure en grande partie inexploité, les pays riverains de la mer Noire fondent de grands espoirs sur les opérations de prospection pétrolière qui s'y déroulent actuellement. Si tous ces pays n'avaient pas été inclus dans le camp soviétique et s'ils avaient connu un développement comparable à celui de leurs voisins ouest-européens, ils seraient devenus d'importants importateurs de pétrole dès les années 1960.

3.4. L'Europe du Sud et le Proche-Orient : une forte dépendance aux hydrocarbures

Les pays du Sud de l'Europe (tableau 9) traversent une crise profonde car ils ont été exposés aux conséquences du troisième choc pétrolier et ont toujours été dépendants des importations d'hydrocarbures. La part du charbon tend plutôt à régresser (même s'il demeure une source d'énergie essentielle en Turquie, pays émergent ayant connu une forte croissance de sa production industrielle, et en Israël). Le poids des produits pétroliers diminue également, conséquence de la détérioration des conditions de vie des populations locales, même si l'Espagne demeure centrale pour les multinationales de l'automobile qui bénéficient des mesures prises pour rétablir sa compétitivité.

En revanche, le gaz naturel a effectué une percée remarquable, remplaçant, pour une large part, le charbon pour la production d'électricité : la péninsule ibérique est reliée par un gazoduc aux gisements algériens, tandis que les découvertes effectuées dans les eaux territoriales de la Grèce, de Chypre, d'Israël et du Liban pourraient réduire leur dépendance aux importations gazières.

Tableau 9 – Mix énergétique des grands pays d'Europe du Sud et du Proche-Orient (en %)

Espagne	1970	1975	1980	1985	1990	1995	2000	2005	2010	2014
Combustibles solides	22,0	17,1	16,7	23,5	21,6	18,5	16,2	13,5	4,8	9,0
Produits pétroliers	63,0	68,6	70,1	56,0	52,3	56,2	54,0	52,1	48,4	44,7
Gaz naturel	0,2	2,1	2,4	2,8	5,6	7,6	11,8	19,6	21,7	17,8
Électricité primaire	14,9	12,3	10,7	17,7	20,5	17,7	18,0	14,9	25,1	28,5

Portugal	1970	1975	1980	1985	1990	1995	2000	2005	2010	2014
Combustibles solides	7,4	4,7	3,3	6,2	17,0	20,5	15,0	13,1	6,4	10,2
Produits pétroliers	71,2	78,1	79,0	73,3	69,7	69,1	64,5	64,6	50,4	46,3
Gaz naturel	0,0	0,0	0,0	0,0	0,0	0,0	8,6	15,0	18,0	13,8
Électricité primaire	21,4	17,2	17,7	20,5	13,3	10,4	12,0	7,2	25,2	29,7

Grèce	1970	1975	1980	1985	1990	1995	2000	2005	2010	2014
Combustibles solides	25,5	38,2	23,0	32,3	33,2	31,3	28,5	26,4	25,1	24,7
Produits pétroliers	67,8	58,8	72,0	64,0	64,6	65,6	62,8	62,2	57,1	54,2
Gaz naturel	0,0	0,0	0,0	0,4	0,6	0,1	5,7	7,1	10,3	9,4
Électricité primaire	6,7	3,0	5,0	3,4	1,7	3,0	3,0	4,3	7,6	11,6

Turquie	1970	1975	1980	1985	1990	1995	2000	2005	2010	2014
Combustibles solides	35,5	28,5	28,8	38,0	34,7	28,0	31,0	25,9	28,3	28,6
Produits pétroliers	58,9	64,8	60,6	53,2	47,5	47,9	41,8	35,8	28,6	27,0
Gaz naturel	0,0	0,0	0,0	0,1	6,5	10,3	17,7	27,9	31,6	34,9
Électricité primaire	5,6	6,7	10,6	8,6	11,3	13,7	9,5	10,4	11,4	9,5

Israël	1970	1975	1980	1985	1990	1995	2000	2005	2010	2014
Combustibles solides	0,0	0,0	0,0	22,0	21,3	25,5	31,6	36,8	33,0	28,5
Produits pétroliers	97,7	99,1	100,0	77,5	78,4	74,3	68,3	56,2	46,3	42,1
Gaz naturel	2,3	0,9	0,0	0,6	0,3	0,1	0,0	6,9	20,5	28,3
Électricité primaire	0,0	0,0	0,0	0,0	0,0	0,0	0,1	0,0	0,1	1,1

Source : calculs à partir de la *BP Statistical Review*

Madrid, qui a renoncé à construire de nouvelles centrales nucléaires dès 1984, est en pointe dans le développement des énergies renouvelables, alors que leur potentiel demeure sous-valorisé dans les autres pays méditerranéens. Les investissements réalisés dans ce secteur constituent pourtant l'une des causes des déséquilibres macroéconomiques nationaux, en particulier le surendettement des caisses d'épargne, d'autant que les subventions versées aux entreprises produisant de l'électricité éolienne et solaire ont été significativement réduites afin de tenter de maîtriser le déficit des finances publiques (la bulle dans les énergies renouvelables a toutefois été d'ampleur bien moindre que celle affectant le secteur immobilier). Le cas de l'Espagne, ainsi que dans une moindre mesure du Portugal et de la Grèce, montre que la transition énergétique implique des investissements lourds qui, s'ils peuvent être hors de portée des pays les plus pauvres, déstabilisent les économies des pays à revenu intermédiaire.

La Turquie, devenue un *hub* énergétique pour l'Europe, demeure tributaire des importations d'hydrocarbures de Russie, d'Iran et d'Inde pour les produits raffinés, du Kazakhstan, du Kurdistan iraquien et de l'Arabie Saoudite. Mais, si les prospections effectuées actuellement en mer Noire s'avéraient fructueuses, elle pourrait réduire sa dépendance. Si cette mer se révélait aussi riche en hydrocarbures que la Caspienne ou la mer du Nord, les équilibres en Europe en seraient bouleversés.

Quant à Israël, sa situation énergétique a connu de profondes transformations. Si la part du charbon se maintient et si celle des produits pétroliers s'est fortement rétractée lors de la dernière décennie, la progression du gaz naturel est rapide (la production domestique en forte croissance se substitue aux importations en provenance d'Égypte, interrompues par de fréquents attentats et qui ont longtemps fait l'objet de contestations politiques et juridiques avant leur suspension), alors que les énergies renouvelables restent embryonnaires. Compte tenu de l'importance des ressources gazières et à condition de développer fortement l'énergie solaire, ce pays pourrait devenir exportateur net d'énergie. En revanche, bien que possédant, selon toute vraisemblance, des armes atomiques, Israël n'exploite pas de centrale nucléaire à des fins commerciales. Trois raisons ont été avancées pour expliquer cet apparent paradoxe : un territoire trop exigu pour localiser une installation nucléaire à une distance suffisante des zones à fort peuplement, une demande en électricité trop longtemps insuffisante pour absorber la production d'un réacteur (les possibilités d'exportation étant limitées en raison des contextes géopolitique, mais aussi géoéconomique, à cause du faible pouvoir d'achat des populations des pays limitrophes) et les risques d'attaque terroriste (une centrale nucléaire représentant une cible idéale pour un missile ou un aéronef détourné).

Il est pourtant légitime de se demander si l'énergie nucléaire ne constituerait pas une solution adaptée pour des pays proche et moyen-orientaux à très forte croissance démographique et aux ressources énergétiques en voie d'épuisement ou limitées (Égypte, Jordanie, Liban). Les Émirats Arabes Unis et l'Iran (voire l'Arabie Saoudite) pourraient reproduire le modèle espagnol (des usines de dessalement alimentées par électricité d'origine nucléaire) qui pourrait également s'appliquer à tous les pays de la région frappés de stress hydrique, d'autant qu'il s'agit s'installations énergivores malgré l'efficacité grandissante des systèmes de filtration. Toutefois, le recours au nucléaire implique au préalable une relative pacification de cette région, ne serait-ce que pour optimiser les réseaux de distribution du courant.

4. Les modèles énergétiques des autres espaces géopolitiques

Au-delà des frontières du monde occidental au sens large, d'autres ensembles énergétiques spécifiques peuvent être distingués.

4.1. La CEI : rente et gaspillage

Les systèmes énergétiques des pays membres de la Communauté des États indépendants (tableau 10) restent interconnectés, même si la création de nouvelles infrastructures de transport visent prioritairement à permettre à ces nations de renforcer leur indépendance, tant pour leur consommation domestique que pour le développement de leurs exportations (et, donc, à échapper aux réseaux des oléoducs et des gazoducs hérités de l'ère soviétique, ainsi qu'aux lignes de transport d'électricité), du moins pour ceux qui possèdent des matières premières énergétiques. Tous ces pays ont pris un grand retard dans le développement des sources renouvelables.

La sous-optimalité du système énergétique des pays membres de la CEI, un des pires legs de la période soviétique, les incite à gaspiller leurs rentes, au demeurant anormales d'un strict point de vue géologique. À bien des égards, la longévité du régime communiste fut d'abord redevable aux extraordinaires rentes dont l'URSS tira profit dès les années 1920 et qui représentaient la majeure partie de ses exportations. La relance du programme nucléaire russe, destinée à réduire la quantité d'hydrocarbures utilisée pour la production d'électricité, couplée aux investissements considérables requis pour diminuer la consommation d'une économie très énergivore, pourraient cependant limiter l'emprise du gaz naturel. Mais ces pays ne disposent pas des moyens de reconstruire un système énergétique sobre et efficace, ce qui entrave leur entrée dans la transition énergétique, d'autant que la volonté politique fait manifestement défaut. Le système énergétique de la Russie se caractérise ainsi par une grande inertie et ce n'est qu'en théorie que la valorisation des ressources végétales issues de la forêt boréale lui permettrait d'augmenter la part des énergies renouvelables puisque, dans les faits, une grande partie de la population résidant dans les zones rurales et forestières y puise depuis toujours la majeure partie de ses ressources énergétiques (relativisant les statistiques nationales dans ce domaine).

Tableau 10 – Mix énergétique de la CEI (en %)

CEI	1970	1975	1980	1985	1990	1995	2000	2005	2010	2014
Combustibles solides	41,6	35,5	29,6	25,3	22,4	20,1	18,4	16,9	17,0	16,3
Produits pétroliers	32,7	36,2	36,9	32,0	29,6	22,0	19,6	18,7	18,8	20,7
Gaz naturel	21,7	24,5	28,4	36,1	40,9	49,0	51,3	52,8	52,5	51,2
Électricité primaire	4,0	3,7	5,1	6,6	7,2	8,9	10,7	11,6	11,7	11,8

Russie	1970	1975	1980	1985	1990	1995	2000	2005	2010	2014
Combustibles solides	-	-	-	24,2	21,1	18,0	17,1	14,6	13,4	12,5
Produits pétroliers	-	-	-	30,2	29,1	22,9	19,8	19,5	19,9	21,7
Gaz naturel	-	-	-	38,5	42,4	49,7	52,3	54,7	55,3	54,0
Électricité primaire	-	-	-	7,2	7,5	9,4	10,8	11,3	11,4	11,8

Kazakhstan	1970	1975	1980	1985	1990	1995	2000	2005	2010	2014
Combustibles solides	-	-	-	56,5	54,0	54,1	63,6	62,3	64,4	63,5
Produits pétroliers	-	-	-	30,6	29,0	23,6	19,4	22,5	18,9	23,9
Gaz naturel	-	-	-	11,2	14,7	18,6	12,4	11,2	12,9	9,4
Électricité primaire	-	-	-	1,7	2,2	3,7	4,7	4,1	3,7	3,2

Ukraine	1970	1975	1980	1985	1990	1995	2000	2005	2010	2014
Combustibles solides	-	-	-	32,9	27,8	29,0	29,0	27,5	31,6	33,0
Produits pétroliers	-	-	-	27,5	23,6	13,0	8,9	10,0	10,4	10,1
Gaz naturel	-	-	-	33,5	41,3	45,5	47,2	45,6	38,8	34,6
Électricité primaire	-	-	-	6,2	7,3	12,5	14,9	16,8	19,1	22,3

Biélorussie	1970	1975	1980	1985	1990	1995	2000	2005	2010	2014
Combustibles solides	-	-	-	6,1	5,4	4,3	4,1	2,5	2,5	3,6
Produits pétroliers	-	-	-	71,3	63,7	47,7	34,1	30,5	28,8	38,5
Gaz naturel	-	-	-	22,7	30,9	48,0	61,8	66,9	68,4	57,7
Électricité primaire	-	-	-	0,0	0,0	0,0	0,0	0,1	0,2	0,3

Azerbaïdjan	1970	1975	1980	1985	1990	1995	2000	2005	2010	2014
Combustibles solides	-	-	-	0,4	0,4	0,0	0,0	0,0	0,0	0,0
Produits pétroliers	-	-	-	40,2	37,8	47,2	55,5	39,0	30,1	34,6
Gaz naturel	-	-	-	57,9	61,1	50,2	41,4	56,1	62,6	63,1
Électricité primaire	-	-	-	1,4	0,7	2,5	3,0	5,0	7,3	2,3

Ouzbékistan	1970	1975	1980	1985	1990	1995	2000	2005	2010	2014
Combustibles solides	-	-	-	7,7	8,6	3,0	2,0	2,7	2,4	3,9
Produits pétroliers	-	-	-	25,8	21,1	14,4	14,0	11,1	8,3	6,0
Gaz naturel	-	-	-	63,8	67,1	79,6	81,3	83,2	84,1	85,5
Électricité primaire	-	-	-	2,7	3,1	3,0	2,6	3,0	5,2	4,6

Turkménistan	1970	1975	1980	1985	1990	1995	2000	2005	2010	2014
Combustibles solides	-	-	-	2,5	2,7	0,1	0,0	0,0	0,0	0,0
Produits pétroliers	-	-	-	37,8	33,6	27,3	26,7	26,1	22,0	20,3
Gaz naturel	-	-	-	58,6	62,5	72,6	73,3	73,9	78,0	79,7
Électricité primaire	-	-	-	1,1	1,2	0,0	0,0	0,0	0,0	0,0

Source : calculs à partir de la *BP Statistical Review*

Ne sont pas indiqués les pays pauvres en énergie et dépendants des approvisionnements extérieurs (Arménie, Géorgie, Kirghizistan, Moldavie, Tadjikistan), ce qui limite considérablement leurs marges de manœuvre au sein de la CEI.

Bien que fort différentes, les stratégies des deux autres grandes ex-républiques de l'URSS, l'Ukraine et le Kazakhstan, poursuivent le même but d'optimisation du solde commercial. Depuis une décennie, Kiev a réduit la part du gaz naturel au profit du charbon et du nucléaire : le coût des importations gazières explique une grande partie de son important endettement, notamment vis-à-vis des banques russes, ce qui constitue une des sources du conflit entre les deux pays. Quant à Astana, il consomme principalement ses ressources charbonnières, son pétrole, dont la production est appelée à connaître en théorie une forte augmentation avec l'entrée en exploitation du gisement supergéant[14] de Kashagan situé au bord de la Caspienne (l'objectif à horizon 2020 est de 100 millions de tonnes par an), étant en priorité destinées à l'exportation.

Les ressources des autres pays d'Asie centrale (localisées en Ouzbékistan et, surtout, au Turkménistan) sont encore peu exploitées. Elles sont cependant convoitées par la Chine, le gaz de cette région – qui occupe une place croissante dans le mix énergétique de ces pays – pouvant lui permettre de ne pas devenir trop dépendante des importations en hydrocarbures sibériens grâce à la mise en concurrence de la Russie et du Turkménistan, même si les deux fournisseurs potentiels sont placés dans une situation asymétrique. Par ailleurs, la progression de la part du gaz naturel au détriment du pétrole en Azerbaïdjan semblerait traduire une certaine modernisation de cette économie rentière.

Différents par leur culture (l'Estonie est proche de la Finlande, la Lettonie de la Suède et la Lituanie de la Pologne), les trois pays baltes le sont tout autant dans le domaine

[14] Un gisement « géant » est supposé receler plus de 70 Mt de pétrole, un « supergéant » plus de 700 Mt. Ces catégories de gisements représentent environ 1 % des 47 500 gisements découverts à l'heure actuelle et ils couvrent à eux seuls presque les trois quarts de la production mondiale (120 gisements en concentrant la moitié).

énergétique, même s'ils ne peuvent faire abstraction de leur proximité avec la Russie. La Lituanie disposait – avant sa fermeture fin 2009 – d'une centrale nucléaire qui procurait jusqu'aux trois quarts de sa production d'électricité (un record mondial avec la France), ainsi que d'une raffinerie rachetée par le groupe pétrolier polonais PKN Orlen en 2006. La Lettonie bénéficie d'un important potentiel hydraulique qui assure plus de la moitié de la production d'électricité. Quant à l'Estonie, la combustion de schistes bitumineux dans les deux centrales de la région de Narva y couvre 90 % des besoins électriques et 60 % de la demande en énergie (Eesti Energia, leader mondial dans le traitement de cette forme d'hydrocarbures, les transforme en carburants). Mais, compte tenu des importantes émissions de dioxyde de carbone issues d'un tel processus, l'Estonie développe les énergies renouvelables : l'exploitation de la forêt procure des débris végétaux et, au large de l'île d'Hiiumaa, trois parcs d'éoliennes sont en cours d'équipement qui devraient comprendre à terme 200 installations (avec une puissance unitaire comprise entre 3 et 6 MW) dont l'électricité sera pour partie exportée vers la Finlande par deux câbles sous-marins (Estlink-1 et Estlink-2).

Toutefois, au-delà de leurs spécificités, les pays baltes restent animés par une certaine hostilité commune envers la Russie, tout en demeurant toujours tributaires, pour une part certes variable, des importations de matières premières énergétiques de leur puissant voisin. La transition énergétique leur permettra peut-être de s'émanciper de cette dépendance tout en constituant un ressort de croissance, grâce à l'éolien et à la biomasse (d'autant que la contrainte extérieure enserre leurs trajectoires de rattrapage).

4.2. L'Asie de l'Est et du Sud : entre modèle charbonnier et pauvreté en ressources

Comme lors de la première révolution industrielle du XIXe siècle, c'est l'usage intensif du charbon – désigné alors comme le « pain de l'industrie » – qui est au fondement de la mondialisation actuelle et donc de la croissance industrielle en Chine, voire en Inde et en Indonésie (tableau 11). Ainsi, le modèle chinois du début du XXIe siècle aura reproduit celui de Manchester, qui reposait sur une mobilisation efficace d'une main-d'œuvre industrieuse dans le cadre d'un système productif dépendant de la combustion du charbon. Cependant, depuis la grande récession mondiale de 2008-2009, le modèle chinois de développement est un peu moins extraverti : c'est le secteur de la construction qui est devenu le relais de croissance, et non les exportations de biens manufacturés à destination des pays post-industriels.

Si le charbon demeure prépondérant, le déclin relatif des produits pétroliers est compensé par une hausse progressive du gaz naturel (une industrie très capitalistique) et de l'électricité primaire, au sein de laquelle le poids de l'hydro-électricité est bien plus important que celui des énergies renouvelables, malgré les investissements réalisés dans le solaire et l'éolien. L'entrée en service du barrage des Trois-Gorges, entre 2006 et 2009, a ajouté une capacité de production considérable de 22 500 MW : c'est le plus puissant barrage au monde devant celui d'Itaipu à la frontière entre le Brésil et le

Paraguay. Au total, le mix énergétique de la Chine est plus déséquilibré que celui de l'Inde, mais les quantités en jeu y sont beaucoup plus importantes.

La rareté de leurs ressources énergétiques explique *a contrario* que les trois pays relevant de la sphère civilisationnelle indienne ne soient pas en mesure de devenir de véritables puissances industrielles à l'échelle mondiale, à l'instar de l'Empire du Milieu. Le bilan énergétique de l'Inde ne reflète pas la réalité d'une situation dans laquelle la biomasse constitue la principale source d'énergie pour la grande majorité des populations rurales, comme dans tous les pays peuplés d'Asie et ceux peu ou pas intégrés à l'économie mondiale, principalement africains. L'utilisation des hydrocarbures y est surtout répandue dans les zones urbaines et, malgré un certain développement des énergies renouvelables, l'électricité est en grande majorité produite à partir de la combustion de charbon. Le Bangladesh utilise en priorité la seule ressource dont il dispose, le gaz naturel, et la grande pauvreté énergétique de ce pays surpeuplé explique sa spécialisation dans l'industrie textile, fortement créatrice d'emplois non qualifiés, mais peu énergivore. Le Pakistan compense le déclin du pétrole par un recours accru au gaz naturel. Après avoir longtemps bénéficié de livraisons pétrolières à des conditions privilégiées de la part de l'Arabie Saoudite, il a désormais conclu d'importants contrats d'importation de gaz (dont il est par ailleurs un producteur significatif) avec l'Iran.

Quant aux nouveaux pays industriels asiatiques, la contrainte énergétique constitue une entrave à la poursuite de leur développement et ils misent de plus en plus sur le gaz naturel comme source d'énergie domestique. Autrefois exportatrices de pétrole, l'Indonésie (ancien membre de l'OPEP) et la Malaisie utilisent dorénavant leurs ressources nationales déclinantes pour leur propre usage et c'est le charbon qui compense le recul des produits pétroliers (comme aux Philippines). En revanche, ces deux pays sont devenus d'importants exportateurs de gaz naturel liquéfié tandis que le potentiel des énergies renouvelables, encore peu exploité, est considérable (photovoltaïque, biomasse, géothermie). Mais la Malaisie est un nouveau pays industriel, alors que l'Indonésie connaît un décollage tardif (son industrie naissante est fortement concurrencée par celle de la Chine et des autres pays asiatiques à très bas salaires comme le Bangladesh, le Cambodge, l'Inde et le Vietnam) et demeure un important exportateur de matières premières. La pauvreté en ressources énergétiques, à l'exception de la géothermie qui demeure peu valorisée, mais à fort potentiel, est l'un des facteurs expliquant le retard des Philippines par rapport à l'Indonésie. De son côté, dépourvue de rente énergétique (à l'exception d'une production locale de pétrole qui couvre un tiers de ses besoins domestiques), la Thaïlande est devenue un pays industriel important – c'est le pays d'accueil privilégié des investissements japonais dans l'automobile et l'électronique – en ayant massivement recours aux hydrocarbures. Le mix énergétique du Vietnam est plus équilibré, mais ce pays possède des ressources énergétiques significatives sur son territoire (charbon, pétrole, hydro-électricité) et l'essor du gaz naturel compense le déclin du pétrole.

Tableau 11 – Mix énergétique des pays asiatiques émergents (en %)

Chine	1970	1975	1980	1985	1990	1995	2000	2005	2010	2014
Combustibles solides	80,5	71,5	72,0	76,2	76,6	74,7	69,1	73,0	69,9	65,7
Produits pétroliers	15,6	22,8	21,7	17,7	17,2	18,5	23,0	18,8	18,2	17,9
Gaz naturel	1,3	2,6	3,1	2,2	2,0	1,8	2,5	2,5	4,1	5,6
Électricité primaire	2,6	3,1	3,1	3,9	4,1	5,1	5,4	5,7	7,7	10,8

Inde	1970	1975	1980	1985	1990	1995	2000	2005	2010	2014
Combustibles solides	57,9	58,8	55,3	54,7	52,8	52,9	48,8	50,3	51,0	56,5
Produits pétroliers	30,1	28,5	30,9	32,7	32,1	31,8	35,9	33,2	30,5	28,3
Gaz naturel	0,9	1,2	1,0	3,0	6,0	7,2	8,0	8,8	11,1	7,1
Électricité primaire	11,1	11,5	12,8	9,6	9,1	8,1	7,3	7,7	7,4	8,1

Indonésie	1970	1975	1980	1985	1990	1995	2000	2005	2010	2014
Combustibles solides	1,0	0,7	1,0	2,6	6,6	7,3	13,2	20,1	26,1	34,8
Produits pétroliers	76,0	80,7	73,4	64,1	61,1	55,8	54,2	50,1	44,2	42,3
Gaz naturel	12,5	15,6	24,5	31,6	29,3	34,0	29,3	26,6	25,8	19,8
Électricité primaire	10,6	3,0	1,1	1,8	3,0	3,0	3,4	3,2	4,0	3,2

Pakistan	1970	1975	1980	1985	1990	1995	2000	2005	2010	2014
Combustibles solides	9,9	5,2	5,0	6,7	7,5	5,9	4,6	6,6	6,9	6,6
Produits pétroliers	49,2	40,9	35,3	37,9	38,6	42,1	42,4	24,6	29,7	30,7
Gaz naturel	33,7	41,3	45,5	40,1	39,7	37,8	43,6	56,6	53,3	51,4
Électricité primaire	7,1	12,5	14,3	15,3	14,3	14,2	9,4	12,1	10,1	11,4

Bangladesh	1970	1975	1980	1985	1990	1995	2000	2005	2010	2014
Combustibles solides	-	6,5	4,1	1,1	4,2	3,3	2,7	2,8	3,5	3,6
Produits pétroliers	-	58,2	51,8	40,4	29,4	30,1	27,0	22,9	17,2	20,4
Gaz naturel	-	30,2	39,8	54,7	63,5	65,6	69,0	73,3	78,5	75,4
Électricité primaire	-	5,1	4,3	3,8	3,0	0,9	1,4	1,0	0,8	0,6

Malaisie	1970	1975	1980	1985	1990	1995	2000	2005	2010	2014
Combustibles solides	0,5	0,2	0,5	2,2	6,1	5,0	4,9	10,2	19,2	17,5
Produits pétroliers	90,9	88,7	75,4	64,9	58,3	56,3	44,3	41,5	38,0	38,7
Gaz naturel	0,2	5,1	20,7	27,1	31,4	34,5	47,4	46,6	40,3	40,6
Électricité primaire	8,5	6,0	3,5	5,8	4,2	4,2	3,3	1,7	2,4	3,3

Philippines	1970	1975	1980	1985	1990	1995	2000	2005	2010	2014
Combustibles solides	0,3	0,5	1,2	10,9	6,8	6,8	17,0	20,8	27,8	34,9
Produits pétroliers	95,1	94,6	88,7	67,5	76,0	79,8	65,8	53,9	46,2	42,7
Gaz naturel	0,0	0,0	0,0	0,0	0,0	0,0	0,0	10,3	11,5	9,5
Électricité primaire	4,6	4,9	10,1	21,6	17,2	13,3	17,2	15,1	14,5	12,9

Thaïlande	1970	1975	1980	1985	1990	1995	2000	2005	2010	2014
Combustibles solides	2,6	1,5	3,1	9,8	11,8	12,5	11,9	12,6	14,9	15,1
Produits pétroliers	89,4	91,1	94,4	67,9	65,3	65,0	54,6	52,5	44,9	43,6
Gaz naturel	0,0	0,0	0,0	17,2	19,2	19,5	31,2	33,0	38,3	39,0
Électricité primaire	8,0	7,4	2,5	5,2	3,7	3,0	2,3	1,9	1,9	2,2

Vietnam	1970	1975	1980	1985	1990	1995	2000	2005	2010	2014
Combustibles solides	17,1	43,8	50,8	54,8	35,0	29,7	26,4	29,3	31,6	32,2
Produits pétroliers	79,5	51,7	43,1	38,0	45,2	46,0	46,7	39,7	35,2	31,6
Gaz naturel	0,0	0,0	0,0	0,6	0,6	1,3	8,1	18,8	19,1	15,5
Électricité primaire	3,5	4,5	6,1	6,5	19,2	23,0	18,7	12,2	14,1	20,7

Source : calculs à partir de la *BP Statistical Review*

Le changement du régime de croissance de la Chine et ses répercussions sur les pays émergents

Le recentrement de la croissance du pays s'explique par plusieurs facteurs. Tout d'abord, le mercantilisme est à terme un non-sens et les autorités chinoises ont compris qu'il était absurde d'accumuler des réserves de change et des créances sur des acteurs de moins en moins solvables en raison même de la politique économique mise en œuvre par Pékin. Il n'est pas de l'intérêt de la Chine d'aggraver les déséquilibres affectant l'économie mondiale et ses excédents extérieurs sont d'ailleurs revenus à des niveaux plus soutenables. En deuxième lieu, il n'est pas du tout certain que ses industries mènent majoritairement une stratégie de montée en gamme : le contenu en valeur ajoutée des exportations chinoises a tendance à stagner, même si la part des produits vendus sous marque chinoise augmente et si l'industrie du pays n'est plus exclusivement assimilable au sous-traitant industriel des pays avancés. Troisièmement, les autorités chinoises doivent trouver une occupation professionnelle aux masses qui ont quitté les zones rurales surpeuplées, sans toutefois être autorisées à se transformer en urbains et à acquérir les droits accordés à cette catégorie de citoyens : l'économie de la construction est une grande pourvoyeuse en emplois non ou peu qualifiés. Même s'il est conscient des dysfonctionnements macro-économiques résultant des surinvestissements dans l'industrie, l'immobilier et les infrastructures, le gouvernement chinois a pour priorité de maintenir une certaine paix sociale dans le pays.

Le rythme de croissance de l'économie chinoise ralentit durablement parce que son insertion dans l'économie internationale a atteint un maximum, à la fois en raison d'une perte de compétitivité (du fait des fortes augmentations salariales accordées à partir de la crise de 2008-2009 pour tenter de stimuler la demande intérieure) et d'une incapacité de son système industriel à monter en gamme et à produire des objets à plus forte intensité technologique et de meilleure qualité. Les mouvements de délocalisation à destination des pays asiatiques à moindres coûts salariaux tendent donc à s'accélérer, ce qui conduit à une reconfiguration de la division internationale du travail dans l'espace asiatique.

Ainsi, l'une des raisons pour lesquelles l'Iran a accepté l'accord de juillet 2015 relatif au contrôle du développement de ses armes nucléaires réside dans le fait que son gouvernement veut éviter que son économie ne connaisse un destin comparable à celle de l'ancienne Union Soviétique : la désarticulation entre un complexe militaro-industriel qui prélève une part excessive des ressources et une industrie produisant des biens de consommation de médiocre qualité et technologiquement obsolètes. De fait, le système industriel chinois n'a pas été en mesure de se substituer aux multinationales occidentales. Seule la coopération avec ces dernières peut permettre aux entreprises iraniennes de rattraper leurs retards technologiques, en particulier dans le secteur automobile.

Les difficultés de rattrapage des pays émergents

La trajectoire de croissance des pays émergents se heurte à des obstacles structurels qui entravent leur processus de rattrapage vis-à-vis des contrées les plus avancées. Si le taux de croissance de l'Inde dépasse dorénavant celui de la Chine, le sous-continent demeure celui de la pauvreté de masse. Les pays émergents exportateurs de matières premières (Argentine, Brésil, pays andins, pays du Moyen-Orient, Indonésie, Kazakhstan, Russie) pâtissent de la contraction de la demande chinoise et du reflux des cours des matières premières qui en résulte. D'autres pays, plus ou moins émergents, sont confrontés au surendettement (Turquie, Ukraine, mais également Brésil, Chine et Russie) et à des situations de belligérance. C'est pourquoi la propriété automobile sera nécessairement confinée aux élites et à la partie supérieure des classes moyennes de ces pays : dans le meilleur des cas, le taux mondial d'accès à l'automobile passerait ainsi de 20 % à 30 %. D'ailleurs, de façon paradoxale, l'augmentation du parc automobile dans les pays émergents suppose que les inégalités économiques et sociales s'y maintiennent à des niveaux bien plus élevés que dans les nations post-industrielles. Il convient, néanmoins, de remarquer que le développement de la civilisation automobile passe également par la diffusion à large échelle des transports collectifs : ainsi, la mobilité de la population migrante en Chine (*ming-gong*) est assurée par d'importantes flottes d'autobus qui permettent aux travailleurs journaliers de se déplacer de ville en ville en fonction des opportunités de travail (en particulier dans le secteur du BTP).

Pour ces pays très peuplés, la consommation d'énergie par habitant est étroitement corrélée à leur niveau de développement et donc à la fonction qui leur est impartie dans le système asiatique de division du travail. La décision unilatérale prise en 2012 par le gouvernement du Laos de débuter les travaux du barrage géant de Xayaburi sur le Mékong devrait avoir, en cas d'achèvement de cet ouvrage, des conséquences considérables sur l'économie de l'énergie de l'ensemble de cette partie du monde.

4.3. Les pays asiatiques développés : une dépendance énergétique persistante

Plus au nord, les pays asiatiques de plus ancienne industrialisation ont réussi à asseoir une réelle puissance économique en dépit de contraintes énergétiques persistantes (tableau 12).

L'accident de la centrale nucléaire de Fukushima en 2011 a eu un impact sensible sur le bilan énergétique du Japon. À la suite de cet événement, Tokyo a décidé de suspendre le fonctionnement de ses quarante-huit réacteurs afin de contrôler leur sécurité. En conséquence, les centrales thermiques classiques alimentées principalement au gaz naturel ont été remises en service, ce qui explique la hausse des importations de gaz naturel liquéfié (+20,1 millions de tep entre 2010 et 2013), et le déclin du pétrole a été stoppé. Cette situation est provisoire, compte tenu de la hausse du prix du gaz naturel dans la zone pacifique et des déficits commerciaux qu'elle génère. Mais Tokyo a opportunément bénéficié des investissements colossaux réalisés dans l'industrie du gaz par le Qatar (initialement destinés à couvrir les besoins des États-Unis qui, entretemps, ont eu recours à leurs gaz non conventionnels), même si, réciproquement, il n'est pas excessif de considérer que la suspension de la production d'électricité nucléaire au Japon a permis au Qatar (ainsi qu'aux multinationales associées à la construction et au fonctionnement du complexe industriel de Ras Laffan[15]) de rentabiliser ses investissements beaucoup plus rapidement que prévu.

Le modèle énergétique nippon est réputé pour son efficacité et sa sobriété : il consomme un quart de moins d'énergie par unité de PIB que les États-Unis. Les contraintes logistiques sont certes différentes, mais la situation actuelle du Japon a pour intérêt de montrer qu'une nation hypermoderne peut maîtriser sa consommation d'électricité, via les économies d'énergie et grâce au canal des prix : l'arrêt des centrales nucléaires a conduit à l'augmentation des prix de l'électricité en moyenne de 30 % pour les entreprises et de 20 % pour les particuliers.

La Corée du Sud diminue sa dépendance au pétrole en augmentant ses importations de charbon et de gaz naturel, mais la part de l'électricité primaire stagne malgré le poids du nucléaire. Les ambitions affichées par Séoul dans le domaine du renouvelable ne se sont pas encore concrétisées, même si des villes « intelligentes » ont vu le jour dans la péninsule. Taïwan, de son côté, a compensé la diminution de sa consommation de pétrole en ayant recours au charbon et au gaz naturel, tandis que la part de l'électricité primaire (essentiellement nucléaire)[16] se maintient. L'incapacité

---

15 Situé à 75 km au nord de Doha, Ras Laffan est un vaste complexe industriel s'étendant sur plus de 100 km². Avec l'équipement du gisement pétrolifère « supergéant » de Kashagan au Kazakhstan, il a représenté le plus important investissement industriel au cours de la première décennie du troisième millénaire.

16 Ces trois pays (Japon, Corée et Taïwan), pauvres en énergies fossiles, ont développé d'importantes industries nucléaires à finalité civile alors qu'ils sont directement soumis à la menace atomique chinoise (voire nord-coréenne). Ils sont considérés comme des « puissances du seuil », autrement dit des pays capables de se doter d'armes nucléaires dans des délais relativement limités en cas de menace extérieure mettant en péril leur existence. On ne trouve

politique à délimiter les zones économiques exclusives en mer de Chine empêche, de toute façon, l'exploitation des gisements d'hydrocarbures sous-marins.

Tableau 12 – Mix énergétique des pays asiatiques développés (en %)

Japon	1970	1975	1980	1985	1990	1995	2000	2005	2010	2014
Combustibles solides	21,5	16,5	16,2	19,8	17,6	17,5	19,2	22,9	24,5	27,7
Produits pétroliers	71,2	74,1	66,9	55,8	57,0	54,5	49,8	46,7	40,1	43,2
Gaz naturel	1,1	2,3	6,1	9,3	10,0	10,6	12,6	13,3	16,8	22,2
Électricité primaire	6,2	7,1	10,8	15,0	15,4	17,5	18,4	17,1	18,6	6,9

Corée du Sud	1970	1975	1980	1985	1990	1995	2000	2005	2010	2014
Combustibles solides	39,4	35,5	34,2	41,8	27,1	19,1	22,7	24,8	29,8	31,0
Produits pétroliers	58,7	62,8	62,6	49,5	55,0	64,5	54,8	47,4	41,2	39,5
Gaz naturel	0,0	0,0	0,0	0,0	3,0	5,6	9,0	12,4	15,2	15,7
Électricité primaire	1,9	1,7	3,2	8,8	14,9	10,8	13,5	15,5	13,8	13,7

Taïwan	1970	1975	1980	1985	1990	1995	2000	2005	2010	2014
Combustibles solides	29,3	12,7	14,5	20,4	21,9	25,3	32,3	35,7	36,5	36,5
Produits pétroliers	56,6	70,1	69,6	54,3	56,9	55,5	50,1	46,3	41,5	39,2
Gaz naturel	5,4	9,4	6,4	2,9	3,5	5,3	6,3	8,0	11,6	13,8
Électricité primaire	8,7	7,9	9,5	22,4	17,7	13,8	11,4	10,0	10,4	10,5

Source : calculs à partir de la *BP Statistical Review*

4.4. L'Amérique latine : une région de contrastes marqués

Inégalement dotés en énergie, les pays d'Amérique centrale et méridionale affichent pour le moment un bilan économique moyennement convaincant (tableau 13).

C'est l'endettement colossal contracté lors des deux premiers chocs pétroliers qui a enrayé le processus de développement du Brésil, alors que ce pays enregistrait une forte croissance dans les années 1950 et 1960. Confronté à une redoutable contrainte énergétique, Brasilia n'a depuis cessé d'investir massivement dans des projets ambitieux. L'exploitation des gisements pétrolifères sous-marins découverts au large de ses côtes, dont l'équipement a pris le relais des chantiers de Kashagan et de Ras Laffan lors de la deuxième décennie du siècle en tant que principal investissement industriel

aucune automaticité entre la fabrication des armes atomiques et l'exploitation de l'énergie nucléaire à des fins civiles : néanmoins, les compétences acquises dans ce secteur sont nécessairement à finalité duale et la quasi-totalité des pays « du seuil » exploite des centrales nucléaires purement commerciales.

au monde[17], a fait du pays une grande puissance pétrolière et lui permet dorénavant de contourner en partie la contrainte énergétique, tout en expliquant la progression sensible du taux de motorisation domestique (même si ce sont les exportations de matières premières vers la Chine – fer, soja – qui ont permis à ce pays de desserrer la contrainte extérieure).

La prochaine mise en service du barrage de Belo Monte, deuxième plus grand barrage du pays, avec une puissance de 11 200 MW, derrière Itaipu (14 000 MW, exploité avec le Paraguay) et devant Tucurui (8 300 MW), devrait accroître la production nationale d'électricité d'environ 11 %[18]. Enfin, pour contrer son manque chronique en carburant et sa récurrente pénurie de devises pour en financer l'importation, le Brésil a fortement accru les surfaces consacrées à la culture de la canne à sucre destinée à produire de l'éthanol, même si, compte tenu du rendement énergétique médiocre de ce biocarburant, il est légitime de s'interroger sur l'intérêt d'utiliser des terres agricoles à cette fin. Mais l'utilisation combinée des biocarburants et des carburants fossiles pourrait, à terme, stimuler la croissance d'un pays confronté à une désindustrialisation prématurée (principalement en raison de la concurrence des nouveaux pays industriels asiatiques), voire, grâce à ses ressources considérables en biomasse, en faire un des pionniers en matière de transition énergétique.

La situation énergétique en Argentine apparaît plus problématique que celle de son voisin du Nord. Le pays est confronté à un sous-développement de ses infrastructures énergétiques, un obstacle constant à son rattrapage économique, qui se caractérise par de faibles inflexions dans la répartition de ses sources d'énergie. Devant faire face à l'épuisement progressif de ses hydrocarbures conventionnels (localisés surtout en Patagonie), il s'est lancé dans l'exploitation des hydrocarbures de schiste[19].

---

17 Ces champs sont situés dans une zone qui s'étend sur 800 km de long et 200 de large entre le bassin de Campos et celui de Santos et, pour y accéder, il faut traverser une colonne d'eau d'au moins 2 km, puis des couches salines d'une hauteur comparable.

18 Les autres grands barrages du Brésil sont Paulo Afonso (4 280 MW, en exploitation depuis 1955), Jirau (3 750 MW, en construction), Ilha Solteira (3 400 MW, en exploitation depuis 1974), Xingo (3 160 MW, en exploitation depuis 1994), Santo Antonio (3 150 MW, en construction) et Itumbiara (2 080 MW, en exploitation depuis 1980).

19 Privatisé en 1997, l'espagnol Repsol racheta l'argentin Yacimientos Petroliferos Fiscales en 1999 et donna naissance à la principale multinationale hispanique du pétrole, Repsol-YPF. Mais, en 2012, le gouvernement a nationalisé la partie argentine, reprochant au groupe espagnol de privilégier les investissements au Brésil au détriment de l'Argentine. L'exploitation des hydrocarbures non conventionnels disséminés sur une zone de 300 000 km^2 et s'étendant sur quatre régions (Neuquen, Rio Negro, Mendoza, La Pampa) pourrait inverser cette situation. YPF a conclu deux accords avec Chevron (2013 et 2014) pour des investissements évalués à 2 milliards $ et un accord avec le malaisien Petronas en 2014 (avec des investissements sur cinq ans évalués à 1 milliard $). Le volume des hydrocarbures de schiste récupérable serait estimé à plusieurs milliards de barils.

Tableau 13 – Mix énergétique des pays latino-américains (en %)

Amérique latine (avec Mexique)	1970	1975	1980	1985	1990	1995	2000	2005	2010	2014
Combustibles solides	4,6	3,9	3,9	4,9	4,8	4,7	4,5	5,4	5,5	5,2
Produits pétroliers	70,3	69,3	64,8	57,0	56,0	53,7	51,8	47,6	46,6	46,6
Gaz naturel	14,6	13,9	15,9	18,1	17,6	18,4	20,0	23,8	24,7	26,0
Électricité primaire	10,6	13,0	15,5	20,0	21,5	23,2	23,6	23,2	23,1	22,2

Mexique	1970	1975	1980	1985	1990	1995	2000	2005	2010	2014
Combustibles solides	3,2	4,1	3,0	3,2	3,2	4,2	4,6	9,3	9,4	7,5
Produits pétroliers	58,9	64,4	64,6	63,2	66,8	63,3	61,9	52,6	48,4	44,5
Gaz naturel	27,7	24,4	27,1	27,0	23,3	24,0	25,8	31,7	35,6	40,4
Électricité primaire	10,2	7,2	5,3	6,6	6,7	8,5	7,8	6,4	6,6	7,6

Argentine	1970	1975	1980	1985	1990	1995	2000	2005	2010	2014
Combustibles solides	3,3	3,0	2,3	1,5	2,0	1,7	1,0	1,2	1,2	1,5
Produits pétroliers	76,7	67,4	61,4	47,1	44,1	37,8	33,8	30,1	35,3	36,0
Gaz naturel	18,8	24,5	26,4	36,3	40,9	45,3	49,8	52,9	49,2	49,5
Électricité primaire	1,2	5,1	10,0	15,1	13,0	15,1	15,5	15,8	14,3	13,1

Brésil	1970	1975	1980	1985	1990	1995	2000	2005	2010	2014
Combustibles solides	6,6	5,0	6,4	9,2	7,7	7,7	7,3	6,2	5,6	5,2
Produits pétroliers	68,3	68,6	60,3	50,4	51,3	51,0	49,3	45,5	46,0	48,2
Gaz naturel	0,2	0,6	1,0	2,1	2,2	2,9	4,5	8,5	9,3	12,1
Électricité primaire	24,9	25,8	32,3	38,4	38,8	38,3	38,9	39,8	39,2	34,6

Chili	1970	1975	1980	1985	1990	1995	2000	2005	2010	2014
Combustibles solides	17,2	11,9	12,8	13,2	20,0	13,0	13,1	9,7	14,9	19,3
Produits pétroliers	61,7	61,0	59,7	51,7	50,9	53,2	43,9	41,2	50,8	47,6
Gaz naturel	7,9	7,2	7,6	8,2	11,7	8,1	23,6	26,4	15,7	12,3
Électricité primaire	13,1	19,8	19,9	26,9	17,4	25,6	19,4	22,6	18,6	20,8

Colombie	1970	1975	1980	1985	1990	1995	2000	2005	2010	2014
Combustibles solides	22,5	15,0	14,4	15,3	15,5	12,6	10,3	9,3	12,0	10,9
Produits pétroliers	53,6	56,0	46,5	43,3	40,8	45,4	41,4	37,9	35,7	37,2
Gaz naturel	11,7	12,2	18,2	19,2	16,3	14,7	20,4	21,1	24,5	25,4
Électricité primaire	12,3	16,8	20,8	22,1	27,4	27,3	27,9	31,7	27,8	26,5

Equateur	1970	1975	1980	1985	1990	1995	2000	2005	2010	2014
Combustibles solides	0,0	0,0	0,0	0,0	0,0	0,0	0,0	0,0	0,0	0,0
Produits pétroliers	85,3	85,3	90,7	82,0	75,5	76,8	76,6	81,0	80,3	78,7
Gaz naturel	4,7	7,0	1,3	3,2	4,1	4,2	3,4	3,2	4,0	3,7
Électricité primaire	9,9	7,7	8,0	14,9	20,5	18,9	20,0	15,8	15,7	17,6

Pérou	1970	1975	1980	1985	1990	1995	2000	2005	2010	2014
Combustibles solides	0,8	0,6	0,6	0,9	1,2	2,5	4,2	5,6	4,1	4,3
Produits pétroliers	78,7	75,4	74,3	67,3	67,2	66,7	62,1	53,2	45,4	45,1
Gaz naturel	6,1	7,0	6,8	5,9	4,6	3,3	2,6	10,2	25,7	28,2
Électricité primaire	14,3	17,0	18,3	25,8	27,0	27,4	31,1	31,0	24,8	22,4

Venezuela	1970	1975	1980	1985	1990	1995	2000	2005	2010	2014
Combustibles solides	0,1	1,1	0,4	0,4	1,0	0,0	0,2	0,0	0,3	0,2
Produits pétroliers	56,8	55,2	54,4	48,5	40,9	38,3	37,7	40,1	42,1	45,7
Gaz naturel	37,9	35,3	36,2	38,4	40,8	41,9	39,6	35,0	34,9	31,8
Électricité primaire	5,1	8,4	9,0	12,6	17,3	19,7	22,5	24,8	22,7	22,2

Source : calculs à partir de la *BP Statistical Review*

Ce n'est pourtant pas l'extrême inégalité des dotations énergétiques des pays du continent qui explique leurs situations économiques pour le moins contrastées. C'est en restructurant son système de sous-traitance industrielle, et non en accroissant ses investissements dans les hydrocarbures (l'ouverture aux multinationales étant supposée relancer sa production pétrolière et gazière *onshore* et *offshore*), que le Mexique a redressé sa compétitivité économique. À l'inverse, alors qu'ils disposent d'un potentiel important pour les énergies renouvelables, les pays de la zone caraïbe aspirent surtout à découvrir des gisements sous-marins d'hydrocarbures (ainsi Cuba).

Le cas le plus archétypique – et caricatural – d'un tel découplage est incarné par le Venezuela. Bien qu'il possède les réserves pétrolières les plus importantes au monde dans la ceinture de l'Orénoque, le pays s'est enfoncé dans une crise énergétique, économique, financière et politique de plus en plus inextricable, tout en demeurant dans l'incapacité de valoriser son immense potentiel hydro-électrique, de sorte que le manque d'infrastructures et les sécheresses provoquent des pénuries de courant. L'avènement du régime chaviste a marqué la fin de l'*apertura petrolera* (coopération technologique et économique avec les multinationales occidentales pour la valorisation de son potentiel gigantesque en hydrocarbures) et a conduit Caracas à se tourner vers Pékin et Moscou, tant pour financer ses investissements que pour trouver des débouchés alternatifs à l'exportation (devant, à terme, se substituer au marché nord-américain) et développer des partenariats technologiques. Une telle stratégie s'est soldée par un échec : les prêts consentis par la Chine sont garantis par des livraisons de pétrole. De plus, à la suite de la catastrophe de Fukushima, le régime chaviste a annulé la commande d'une centrale nucléaire signée en 2010 avec la Russie.

En revanche, les pays andins sont, de façon générale, pauvres en énergie. Le Chili, pourtant sujet à de fréquentes coupures d'électricité, vient de renoncer à construire cinq barrages (dont le projet d'Hidroaysen qui aurait pu produire 2 750 MW) : il s'agissait de préserver le potentiel touristique de la partie méridionale du pays, sans compter que les pertes en ligne auraient été considérables, puisque les grands centres de consommation sont situés à plusieurs milliers de kilomètres de la Patagonie. Font exception l'Équateur (au potentiel pétrolier limité et qui a par conséquent décidé d'exploiter les champs pétrolifères situés en Amazonie, mettant un terme à l'initiative ITT-Yasuni)[20] et, surtout, la Colombie dont l'essor économique est imputable à ses ressources pétrolières et charbonnières. À la différence de la plupart des pays dotés de gisements pétrolifères, l'accroissement de la production de pétrole n'y a pas provoqué une recrudescence de la conflictualité interne : les volumes extraits ont longtemps été limités et les enjeux de la guerre civile endémique depuis la fin des années 1940 ne portent pas en priorité sur l'accaparement de sa rente. Et Bogotá est le dixième producteur mondial de charbon et le cinquième exportateur (près de 90 % des volumes sont exportés) avec, à la différence du pétrole dont les gisements s'épuisent, des réserves suffisantes pour un siècle.

La majorité des nations andines a tendance à développer l'usage du gaz plutôt que de faire appel aux énergies renouvelables, d'autant plus que, à l'exception du Mexique devenu importateur net de gaz naturel, l'espace latino-américain est globalement autonome pour cette source d'énergie (certains pays étant devenus exportateurs comme la Bolivie et le Pérou). En revanche, à l'instar du Moyen-Orient, l'Amérique latine est certes riche en pétrole, mais pauvre en charbon (sauf la Colombie), ce qui explique aussi que ces deux zones soient restées à l'écart de la première révolution industrielle. Le potentiel en énergies renouvelables est très important, comme le montre le développement récent de l'éolien au Brésil, mais elles demeurent trop onéreuses, le

---

20 Le gouvernement équatorien avait demandé en 2007 à la communauté internationale un financement censé compenser sa renonciation à exploiter trois gisements pétroliers (Ishpingo, Tambococha, Tiputini, d'où le sigle ITT) situés dans le parc national de Yasuni, en Amazonie équatorienne. Cette initiative a échoué (moins de 1 % des fonds demandés ayant été collecté) et la mise en exploitation a débuté en 2013. La situation économique de l'Équateur demeure très difficile.

recours croissant du Chili au charbon constituant, à bien des égards, une stratégie atypique.

La richesse en minerais ne peut pas compenser ce déficit énergétique, comme l'atteste le cas du Pérou dont les rentes minières sont bien moins lucratives que les énergétiques. Une autre rente qui caractérise les pays d'Amérique du Sud, la cocaïne, ne saurait non plus remplacer l'énergie. Son économie, qui s'est développée aussi bien dans les pays exportateurs de charbon (Colombie), de pétrole (Colombie, Équateur) et de gaz naturel (Bolivie, Pérou), est créatrice de nombreux emplois dans le secteur informel et les profits afférents sont répartis – certes de manière inégale – entre un nombre élevé de personnes. En revanche, les hydrocarbures, tout en étant peu créateurs d'emplois, génèrent des ressources essentielles pour l'équilibre macro-économique de ces pays, puisque les États captent la majeure partie de la rente. Ce raisonnement s'applique également au Mexique où l'économie de la drogue demeure un secteur fournissant des moyens d'existence à une fraction importante de la population (dont près de la moitié survit dans le secteur informel), tandis que l'entreprise pétrolière nationale, PEMEX, surendettée et enregistrant de lourdes pertes, procure le tiers des recettes de l'Etat fédéral. Avant la réforme récente du secteur pétrolier du pays, PEMEX était d'ailleurs considéré comme une véritable annexe du Trésor mexicain et un important contributeur au financement de sa classe politique, comme dans l'ensemble de l'Amérique latine (voire des pays possédant une industrie pétrolière).

Enfin, il convient de mentionner le cas exceptionnel du Costa Rica, dont la quasi-totalité de l'électricité provient de sources renouvelables (hydro-électricité pour 74,7 %, géothermie pour 12,9 %, éolien pour 10,2 %, biomasse pour 0,8 %). Toutefois, ce pays enregistre une forte croissance de sa consommation d'électricité en raison de son développement industriel (en particulier dans l'électronique et les NTIC[21]), dont la poursuite risque d'être entravée par une pénurie en énergie.

4.5. L'Afrique : une forte contrainte énergétique potentiellement surmontable

Le mix énergétique de l'Afrique (tableau 14) est stable (le gaz naturel se substituant tendanciellement au charbon) et seule l'augmentation des prix du pétrole a permis au Nigeria de détrôner l'Afrique du Sud comme première économie du continent[22]. La dépendance de Pretoria au charbon n'a pas significativement régressé, ce qui constitue une limite considérable à son potentiel de croissance, malgré le développement récent des énergies renouvelables (fermes solaires, parcs éoliens). La précarité de l'équilibre extérieur de l'Afrique du Sud est une entrave aux importations d'hydrocarbures, ce qui

21 Nouvelles technologies de l'information et de la communication.

22 Lors des deux premiers chocs pétroliers, le Nigeria a été le théâtre d'un début d'industrialisation anarchique qui a tourné court lors du contre-choc, à partir de 1985. Il n'est pas à exclure que, instruit par ce précédent, Lagos ne mette en œuvre une réelle stratégie de développement industriel qui ne se limite pas aux secteurs énergétique, des matériaux de construction et des biens de consommation.

fait qu'entre un cinquième et un quart de l'essence consommée dans le pays est produit à partir du charbon selon des procédés générateurs d'importantes émissions de dioxyde de carbone[23].

Tableau 14 – Mix énergétique des pays africains (en %)

Afrique	1970	1975	1980	1985	1990	1995	2000	2005	2010	2014
Combustibles solides	42,1	38,7	32,3	35,5	33,8	32,4	30,1	27,1	25,7	23,5
Produits pétroliers	49,5	49,0	48,3	44,4	43,4	43,4	43,6	42,3	42,2	42,7
Gaz naturel	2,0	4,7	12,2	13,7	16,1	17,5	18,9	23,4	24,8	25,7
Électricité primaire	6,4	7,6	7,2	6,4	6,7	6,8	7,4	7,2	7,4	8,1

Afrique du Sud	1970	1975	1980	1985	1990	1995	2000	2005	2010	2014
Combustibles solides	76,1	74,6	77,4	79,9	77,9	75,0	73,8	72,3	73,4	70,6
Produits pétroliers	23,9	24,9	21,7	18,1	19,2	21,1	21,8	22,4	21,1	23,0
Gaz naturel	0,0	0,0	0,4	0,3	0,3	1,0	1,0	2,6	2,8	2,9
Électricité primaire	0,0	0,5	0,4	1,8	2,6	3,0	3,4	2,8	2,7	3,5

Algérie	1970	1975	1980	1985	1990	1995	2000	2005	2010	2014
Combustibles solides	2,6	0,4	0,4	3,7	2,3	2,2	1,8	1,8	0,8	0,3
Produits pétroliers	64,4	55,0	34,6	34,1	32,6	30,1	31,6	33,8	38,2	34,6
Gaz naturel	28,8	43,4	64,7	61,6	64,9	67,5	66,5	64,0	60,9	64,9
Électricité primaire	4,2	1,2	0,4	0,6	0,1	0,2	0,0	0,4	0,1	0,2

Egypte	1970	1975	1980	1985	1990	1995	2000	2005	2010	2014
Combustibles solides	5,7	5,7	3,4	2,9	2,5	2,0	2,0	1,5	0,6	0,9
Produits pétroliers	79,4	79,1	73,4	74,3	69,7	61,3	55,1	47,9	45,0	44,9
Gaz naturel	1,0	0,4	10,9	15,8	21,3	29,8	36,4	45,7	50,4	50,2
Électricité primaire	13,9	14,8	12,4	7,0	6,5	6,8	6,6	4,8	4,0	4,1

Source : calculs à partir de la *BP Statistical Review*

[23] Conformément aux lois fondamentales de la physique, les carburants de synthèse présentent systématiquement des bilans énergétiques inférieurs aux carburants issus du raffinage du pétrole, qu'ils soient obtenus à partir de la transformation d'énergies carbonées solides, liquides ou gazeuses, ou qu'ils soient élaborés à partir de ressources végétales renouvelables. Cette loi d'airain explique, entre autres, le fait que les biocarburants sont pour l'essentiel utilisés comme simples additifs.

Le développement économique de l'Afrique est actuellement entravé par la contrainte énergétique. Le continent possède des ressources en charbon limitées – à l'exception de l'Afrique du Sud, du Botswana et du Mozambique[24] –, à la différence de l'Inde et, surtout, de la Chine. Quant au recours à l'électricité d'origine nucléaire, il n'est possible que dans les grands pays disposant d'un marché suffisamment vaste pour absorber la production des centrales (Afrique du Sud, Algérie, Égypte, Maroc, Nigeria)[25].

En revanche, son potentiel pour les énergies renouvelables, principalement le solaire et l'hydro-électricité, voire les usages industriels de la biomasse, est considérable, mais seulement 7 % du potentiel hydro-électrique est valorisé. L'Éthiopie a entrepris de construire le « Grand Ethiopian Renaissance Dam » sur le Nil bleu, d'une puissance de 6 000 MW pour 4,8 milliards $, avec l'assentiment du Caire et de Khartoum. Lorsqu'il sera opérationnel, l'Éthiopie sera le premier producteur africain d'électricité. Si le barrage de Grand Inga sur le fleuve Congo devait être construit, ses 40 000 MW pourraient alimenter une grande partie de l'Afrique australe en électricité. Il n'est pas absurde de penser que l'Afrique représente le modèle pour le développement à venir de l'humanité, car son système énergétique est soumis à une contrainte de sobriété par nécessité, les populations[26] sont accoutumées à utiliser les énergies renouvelables (biomasse) produites localement et, au final, le continent ne consomme qu'une faible fraction des énergies fossiles qu'il produit.

L'Afrique exporte la majeure partie des énergies fossiles qu'elle extrait de son sous-sol, y compris les nouveaux producteurs pétroliers du golfe de Guinée, comme le Ghana. La Chine devrait représenter le principal débouché pour le pétrole du lac Albert en Ouganda, alors que l'huile soudanaise a fait l'objet d'une âpre compétition entre la Chine et l'Inde, voire la Malaisie, même si l'hostilité entre les deux États soudanais et les guerres au sein de la nouvelle entité sudiste en ont entravé la production et l'exportation. Sauf dans le cas où l'Afrique amorce un véritable essor manufacturier, les

---

24 Au Mozambique, les investissements pour créer les infrastructures portuaires – à Beira et Nacala – et ferroviaires nécessaires pour exploiter les gisements sont estimés au minimum à 12 milliards $. Au Botswana, le coût de la ligne ferroviaire reliant les gisements de charbon au port de Walvis Bay en Namibie est d'un ordre de grandeur comparable. Ces deux pays espèrent exporter leur charbon vers la Chine et l'Inde, mais comme la capacité d'absorption des nouveaux pays industriels asiatiques n'est pas illimitée, ils se trouveront en concurrence directe avec les grands exportateurs actuels (Australie, Indonésie, voire Colombie et Kazakhstan).

25 Les choix de mode de génération de l'électricité déterminent l'organisation des réseaux. Le recours aux grands barrages ou aux centrales nucléaires impliquent la construction de très importants systèmes de transport reliant les centres de production aux zones de consommation, notamment urbaines. En revanche, les modes de production décentralisés (panneaux solaires couplés à de petites unités hydro-électriques) peuvent parfaitement fournir de l'électricité aux zones rurales, y compris dans les pays développés et les pays émergents.

26 Selon l'AIE, environ 620 millions d'Africains, 615 millions d'Asiatiques, 24 millions de Latino-américains, 19 millions d'habitants au Moyen-Orient et 1 million de personnes dans le reste du monde n'ont pas accès aux sources d'énergie modernes (soit près d'un cinquième de la population mondiale).

nouveaux pays industriels asiatiques constitueront aussi les débouchés les plus vraisemblables pour les considérables ressources énergétiques découvertes au Mozambique (gisements géants en gaz naturel *offshore*, charbon pour plus de 3 milliards de tonnes près de Moatize). Maputo pourrait devenir une nouvelle puissance énergétique dans un avenir plus ou moins lointain, à condition toutefois que les investissements nécessaires soient réalisés (en règle générale, les multinationales préfèrent développer la production *offshore* sur ce continent).

L'économie pétrolière en Afrique subsaharienne

Les pays africains subsahariens producteurs de pétrole sont actuellement au nombre de quatorze : Afrique du Sud, Angola, Cameroun, Congo-Brazzaville, Congo-Kinshasa, Côte d'Ivoire, Gabon, Ghana, Guinée équatoriale, Nigeria, les deux Etats soudanais et le Tchad. Ils pourraient être rejoints dans un avenir plus ou moins proche par le Libéria, l'Ouganda, Sao Tomé & Principe, le Sierra Leone (voire le Mali, le Niger et la Guinée-Bissau). Le développement de l'exploitation offshore joue un rôle déterminant : si le Ghana est devenu un nouveau pays producteur de pétrole (en léger déclin depuis le pic de 2012, passant de 5,60 à 4,87 millions de tonnes en 2013 et à 4,77 millions de tonnes en 2014), c'est, entre autres, parce que le gisement Jubilee est localisé offshore, et les zones au large des rivages du Liberia et de la Côte d'Ivoire font actuellement l'objet de prospection. En revanche, l'exploitation des ressources au fond des grands lacs de l'Est du continent est problématique. La région est en proie à des troubles endémiques, les débouchés locaux sont limités (faiblesse des installations industrielles et des taux de motorisation) et le transport du pétrole implique la construction d'infrastructures onéreuses (même si les exemples du Nigeria et du Soudan montrent à l'évidence que les oléoducs constituent de véritables aubaines pour les Etats, voire une source de revenus potentiels pour les populations des zones traversées). Les gisements localisés au fond du lac Albert sont supposés contenir au moins 3 milliards de barils de pétrole. Les investissements requis pour les exploiter sont importants : complexe de production (géré par Total), raffinerie (construite par la CNPC), oléoduc en direction du port de Mombasa, accroissement des capacités locales de production d'électricité (barrages de Karuma et d'Isimba). De plus, l'apparent épuisement prématuré des gisements situés sous le lac Tchad montre que ces estimations doivent être appréhendées avec circonspection.

Mais si la construction d'infrastructures électriques et énergétiques est la condition *sine qua non* du développement de l'Afrique, les investissements requis sont colossaux (estimés au minimum à 1 000 milliards $). Puisque les énergies renouvelables pourraient constituer un vecteur de son industrialisation, il serait imaginable d'implanter dans les pays charbonniers des unités de production de panneaux solaires. Mais un tel modèle de développement remettrait en cause la division internationale du travail imposée par la Chine, devenue la première importatrice mondiale de matières premières énergétiques et minérales et qui ne délocalise, pour le moment, que quelques activités à faible valeur ajoutée dans des contrées asiatiques limitrophes

(Cambodge, Inde, Indonésie et Vietnam) ou dans son propre *hinterland* de préférence aux provinces maritimes. Il est difficilement imaginable pour le moment que les groupes chinois constituent le vecteur de l'industrialisation des pays africains : Pékin demeure obnubilé par les troubles sociaux qui risquent d'éclater dans le pays en cas de forte récession, donc de la mise au chômage des migrants d'origine rurale et des éventuelles répercussions politiques qui pourraient en résulter.

4.6. Le Moyen-Orient : une dépendance aux hydrocarbures partiellement remise en question

Les pays rentiers n'ont aucune incitation à mener des politiques d'économies d'énergies et de développement des énergies alternatives. C'est pourquoi le Moyen-Orient (tableau 15) demeure incapable de diversifier ses sources d'énergie, en particulier de recourir massivement au solaire, malgré les effets d'annonce et les faux-semblants : c'est l'une des facettes de la « malédiction » pétrolière. Mais si ces pays ne possédaient pas d'hydrocarbures, leur insertion dans l'économie mondiale serait problématique et le développement des pays post-industriels et industriels aurait été impossible.

La substitution partielle du gaz naturel au pétrole dans cette région du monde s'explique par le recours massif au gaz pour produire de l'électricité au détriment du pétrole (mieux valorisé comme carburant et matière première pour l'industrie pétrochimique[27]). Tous ces pays ont intérêt à réserver le pétrole, ses dérivés et ses sous-produits à l'exportation. Ainsi, l'Égypte compense son déclin pétrolier en accroissant sa consommation de gaz. Néanmoins, une grande partie des campagnes n'y a pas accès, ce qui a nourri un certain ressentiment populaire à l'encontre des exportations gazières à destination d'Israël. La production domestique de gaz est devenue insuffisante pour faire fonctionner à pleine capacité les usines de liquéfaction de Damiette et d'Idku, dont la production a été faible en 2014 (des installations qui pourraient dorénavant être alimentées par des approvisionnements en provenance d'Israël). Mais BP a annoncé, en mars 2015, vouloir réaliser un investissement de 12 milliards $ pour exploiter un champ gazier situé à l'ouest du delta du Nil. Le pays, en proie à une grave crise politique, sociale et économique, bénéficierait dès à présent de livraisons gratuites de pétrole de la part de Riyad et de gaz naturel en provenance de Doha[28].

---

27 Selon les données publiées par l'AIE dans *Electricity Information 2014*, certains pays ont massivement recours à la combustion du pétrole pour produire de l'électricité : Liban (92 %), Jamaïque (91 %), Cuba (87 %), Jordanie (81 %), Koweït (64 %), Arabie Saoudite (55 %), Libye (39 %), Iraq (37 %), Syrie (37 %), Pakistan (36 %), Iran (27 %), Israël (20 %), Mexique (19 %), Argentine (15 %), Venezuela (15 %). Le taux anormalement élevé du Japon (17,5 %) est la conséquence de la fermeture des centrales nucléaires après l'accident de Fukushima. Cet indicateur est assez pertinent pour mesurer l'obsolescence du système énergétique des pays concernés. Mais il convient de distinguer les pays pétroliers incapables d'optimiser l'exploitation de leurs ressources gazières (dont une partie est torchée) et les nations pauvres en énergie qui préfèrent la combustion du pétrole à celle du charbon pour produire de l'électricité.

28 La préservation de l'alliance stratégique avec Riyad suppose cependant que Le Caire ne tisse pas des liens trop étroits avec Doha, qui incarne une ligne politique relativement indépendante

Tableau 15 – Mix énergétique des pays du Moyen-Orient (en %)

Moyen-Orient	1970	1975	1980	1985	1990	1995	2000	2005	2010	2014
Combustibles solides	0,6	1,6	0,9	1,4	1,1	1,5	1,8	1,8	1,4	1,2
Produits pétroliers	84,2	77,9	74,9	72,6	65,5	61,3	57,8	52,6	48,9	47,5
Gaz naturel	14,2	19,1	22,5	24,9	32,5	36,4	39,9	44,7	49,2	50,6
Électricité primaire	1,1	1,4	1,7	1,1	0,8	0,8	0,4	0,9	0,6	0,8
Arabie Saoudite	**1970**	**1975**	**1980**	**1985**	**1990**	**1995**	**2000**	**2005**	**2010**	**2014**
Combustibles solides	0,0	0,0	0,0	0,0	0,0	0,0	0,0	0,0	0,0	0,0
Produits pétroliers	93,4	88,3	77,4	73,4	64,2	60,7	62,0	57,9	61,0	59,3
Gaz naturel	6,6	11,7	22,6	26,6	35,8	39,3	38,0	42,1	38,9	40,7
Électricité primaire	0,0	0,0	0,0	0,0	0,0	0,0	0,0	0,0	0,0	0,0
EAU	**1970**	**1975**	**1980**	**1985**	**1990**	**1995**	**2000**	**2005**	**2010**	**2014**
Combustibles solides	0,0	0,0	0,0	0,0	0,0	0,0	0,0	0,2	0,8	1,4
Produits pétroliers	13,9	29,6	53,4	49,3	50,3	48,3	41,0	39,7	35,7	38,1
Gaz naturel	86,1	70,4	46,6	50,7	49,7	51,7	59,0	60,1	63,5	60,4
Électricité primaire	0,0	0,0	0,0	0,0	0,0	0,0	0,0	0,0	0,0	0,0
Iran	**1970**	**1975**	**1980**	**1985**	**1990**	**1995**	**2000**	**2005**	**2010**	**2014**
Combustibles solides	2,4	4,6	3,4	1,7	0,9	1,1	1,0	0,9	0,6	0,5
Produits pétroliers	76,8	78,0	80,9	79,6	68,5	65,8	54,3	45,4	38,1	37,0
Gaz naturel	16,9	14,6	12,2	16,4	28,6	31,2	44,0	52,1	60,4	60,8
Électricité primaire	3,9	2,8	3,6	2,3	1,9	1,9	0,7	1,7	1,0	1,8
Koweït	**1970**	**1975**	**1980**	**1985**	**1990**	**1995**	**2000**	**2005**	**2010**	**2014**
Combustibles solides	0,0	0,0	0,0	0,0	0,0	0,0	0,0	0,0	0,0	0,0
Produits pétroliers	70,6	52,0	54,2	68,0	58,9	45,9	57,7	64,0	62,3	55,1
Gaz naturel	29,4	48,0	45,8	32,0	41,1	54,1	42,3	36,0	37,7	44,9
Électricité primaire	0,0	0,0	0,0	0,0	0,0	0,0	0,0	0,0	0,0	0,0
Qatar	**1970**	**1975**	**1980**	**1985**	**1990**	**1995**	**2000**	**2005**	**2010**	**2014**
Combustibles solides	0,0	0,0	0,0	0,0	0,0	0,0	0,0	0,0	0,0	0,0
Produits pétroliers	9,3	10,1	12,9	26,9	23,2	12,6	18,9	18,9	19,5	20,1
Gaz naturel	90,7	89,9	87,1	73,1	76,8	87,4	81,1	81,1	80,5	79,9
Électricité primaire	0,0	0,0	0,0	0,0	0,0	0,0	0,0	0,0	0,0	0,0

Source : calculs à partir de la *BP Statistical Review*

par rapport au royaume wahhabite (comme l'atteste son soutien aux Frères musulmans en Égypte, alors que l'Arabie Saoudite est un fidèle soutien de l'armée égyptienne et qu'elle finance en partie son programme d'armement).

De même, comme il n'est pas autorisé à valoriser son immense potentiel gazier (ses exportations d'hydrocarbures étant toujours frappées par un embargo qui ne sera levé que progressivement), Téhéran utilise de plus en plus le gaz pour couvrir ses besoins domestiques, en particulier comme carburant. Puisque la demande de pétrole augmente lentement, la hausse des exportations iraniennes poussera les prix à la baisse et s'effectuera au détriment des autres exportateurs. Le Qatar, les EAU, Oman et l'Algérie ont quasiment supprimé la combustion du pétrole pour la génération d'électricité, mais le Qatar se caractérise par une augmentation tendancielle du poids du pétrole par rapport au gaz naturel dans son mix énergétique.

Pourtant, le Moyen-Orient semble amorcer un véritable tournant en direction du nucléaire. La construction d'une centrale sur le site de Braka aux Émirats Arabes Unis par un consortium sud-coréen, une novation majeure pour la péninsule arabique, revêt une dimension géopolitique manifeste. C'est la première fois depuis 1992 qu'un pays accède au club des pays exploitant le nucléaire civil à des fins purement commerciales. Plusieurs hypothèses peuvent être avancées pour expliquer cette décision. Il s'agit en priorité de faire face à la forte croissance prévisionnelle de la consommation d'électricité. Les EAU mettent en œuvre une véritable politique de développement : Abu Dhabi a l'ambition de se doter d'industries de haute technologie (aéronautique, électronique), tandis que Dubaï a développé d'importantes activités dans le secteur tertiaire (pôle commercial international, gestion des infrastructures aéroportuaires et portuaires, télécommunications, immobilier de standing, tourisme et loisirs). Certes, la confédération aurait pu opter en faveur de solutions alternatives (turbines à gaz, centrales solaires). Mais, évitant ainsi de dépendre d'importations de gaz en provenance d'Arabie Saoudite ou du Qatar (voire d'Iran) et adoptant un modèle énergétique que l'on pourrait qualifier d'espagnol (des usines de dessalement de l'eau de mer alimentées en électricité d'origine nucléaire), les Émirats Arabes Unis économisent en outre leurs réserves en hydrocarbures (dont seul Abu Dhabi dispose en abondance au sein de la confédération), ce qui permet de préserver et de prolonger le pouvoir de l'OPEP sur le marché du pétrole tout en maîtrisant les émissions de dioxyde de carbone.

Une telle décision peut, en outre, être interprétée comme une réponse à la fourniture par la Russie d'une centrale nucléaire à l'Iran : le réacteur civil de Bouchehr, qui devrait permettre à Téhéran aussi de diversifier ses modes de production d'électricité. Dès lors, il n'est pas abusif d'évoquer une course au nucléaire civil dans cette partie du monde, prélude peut-être à une diffusion d'armes nucléaires dans les pays riverains du golfe Persique, en dehors des zones sous contrôle des États-Unis et des pays qui y envoient patrouiller des sous-marins dotés de missiles nucléaires.

Mais il n'est pas à exclure que, compte tenu de la proximité entre l'Arabie Saoudite et Abu Dhabi, il y ait eu concertation avec Riyad, puisque les EAU se sont engagés à ne pas mettre en œuvre un processus d'enrichissement de l'uranium et à placer le cycle de combustion et de retraitement des matières fissiles sous le contrôle de Washington afin de prévenir tout risque de dissémination des armes atomiques dans la péninsule arabique[29]. De plus, l'accord conclu entre les grandes puissances et Téhéran en juillet 2015 gèle le développement du potentiel nucléaire militaire iranien, en prolongeant le délai nécessaire pour produire une quantité minimale de matière fissile.

Il est probable que, d'ici quelques années, la situation du golfe Persique soit comparable à celle prévalant en mer de Chine : un ensemble de pays possédant des centrales nucléaires à usage civil, mais susceptibles de devenir des puissances « du seuil ». Dès à présent, l'Iran a atteint cet état de développement de ses propres armes nucléaires, ce qui rétablit une certaine parité entre le monde sunnite et le monde chiite (les monarchies pétrolières ayant probablement financé le programme nucléaire militaire du Pakistan, puissance sunnite de revers, ce qui légitime le complexe obsidional de Téhéran). La paix dans le golfe Persique serait alors assurée, tout comme en mer de Chine et lors de la confrontation entre l'OTAN et le Pacte de Varsovie, car les acteurs dominants possèdent des armes nucléaires qui sanctuarisent leurs territoires nationaux (ce qui n'exclut nullement le développement de conflits conventionnels au Moyen-Orient).

5. Les qualités contestables des mix énergétiques des petits pays européens « vertueux »

Qu'il s'agisse des grandes puissances d'industrialisation ancienne ou des pays émergents, des nations rentières ou des zones économiquement sous-développées, les choix en termes de mix énergétique ont pu certes évoluer, mais ils se révèlent difficiles à subvertir, du moins à court et moyen termes. Il existe néanmoins de petits groupes de pays qui pourraient *a priori* remettre en question cette inertie énergétique. Les pays[30] européens les plus engagés dans la transition énergétique (pour lesquels les énergies renouvelables – hors hydro-électricité – représentent plus de 15 % de la production d'électricité primaire en 2014) sont l'Allemagne, l'Autriche, la Belgique, le Danemark, l'Espagne, la Finlande, la Grèce, l'Irlande, l'Italie, les Pays-Bas, le Portugal et le Royaume-Uni, un groupe auquel la Nouvelle-Zélande se rattache. Une liste où, d'évidence, les « petits » pays européens sont surreprésentés. C'est pourquoi réfléchir plus avant sur le mix énergétique des pays scandinaves, des nations alpines, voire de l'ensemble Belgique-Pays-Bas ou d'îles de taille moyenne situées en zone tempérée et développées économiquement (autant de contrées bénéficiant d'une image de

---

29 La Russie va doter la Turquie de quatre réacteurs nucléaires, après en avoir vendu un à l'Iran : mais, pour les mêmes raisons de lutte contre la prolifération des armes nucléaires dans la région, la première s'engagerait à livrer à la seconde le combustible nucléaire et à en assurer le retraitement. D'autres pays cherchent également à développer la production d'électricité nucléaire (Algérie, Kazakhstan, Maroc, Nigeria ou Thaïlande). Un accord a été conclu en février 2015 entre Le Caire et Moscou portant sur la construction de la première centrale nucléaire égyptienne à El-Dabaa, suivi un mois plus tard par un accord similaire entre Amman et Moscou.

30 À l'exception de ceux dont la population est inférieure à 2 millions d'habitants.

progressisme et de vertu) peut permettre d'approfondir la notion de contrainte et de transition énergétique.

5.1. Les pays nordiques

La Suède semble le pays le plus avancé dans la voie de la transition énergétique (tableau 16). Elle se caractérise par un niveau très élevé de production d'électricité primaire grâce à la valorisation de son potentiel hydraulique et au nucléaire. Stockholm a mis en place un important programme d'investissement dans les énergies renouvelables, dont la part dans la production d'électricité primaire augmente fortement (généralisation du chauffage urbain alimenté par la combustion des débris végétaux). Mais le modèle suédois n'est pas reproductible car il repose sur l'exploitation de dotations naturelles fort généreuses (hydro-électricité, biomasse issue d'un patrimoine forestier considérable), sur un consensus social qui n'existe pas ailleurs (acceptation d'une taxe sur les émissions de dioxyde de carbone à un taux dissuasif, mais dont les secteurs exportateurs sont exemptés), sur une sensibilité prononcée aux enjeux environnementaux (non hostile à la prolongation de la durée d'exploitation des centrales nucléaires[31]) et sur une propension marquée à l'innovation technologique.

Les autres pays nordiques ont chacun un profil particulier. Le Danemark valorise l'énergie éolienne pour compenser l'épuisement actuel de ses gisements d'hydrocarbures. C'est l'exploitation de ces gisements qui lui a permis de desserrer la contrainte extérieure qui a souvent entravé son processus de croissance. La Finlande se trouve dans une situation moins favorable : dépourvue de rente, elle n'a pas d'autre alternative que de développer la filière nucléaire. La Norvège possède des rentes exceptionnelles (hydrocarbures, hydro-électricité, produits de la mer) et la part des hydrocarbures progresse tendanciellement dans son bilan énergétique au détriment de l'hydro-électricité, même si celle-ci est si abondante que ce pays est devenu l'un des principaux débouchés pour les véhicules à motorisation électrique avec une part de marché estimée à 20 % contre moins de 0,5 % en Allemagne et en France.

Il apparaît donc que les pays nordiques, loin d'être spécialement vertueux, ne constituent pas une exception significative au tableau géographique d'ensemble qui a été dressé. Ces contrées exploitent logiquement en priorité leurs ressources et valorisent leurs énergies renouvelables. Leur mix énergétique, qui vise à la fois à renforcer leur compétitivité – ce sont des économies très ouvertes – et à préserver la qualité de leurs environnements naturels, témoigne de la contradiction partielle de tels objectifs.

---

31 Une centrale nucléaire a cependant été fermée en 1999 et en 2005 (Bärsebeck pour les réacteurs 1 et 2). Le vote parlementaire a été acquis en 2010 par 174 voix contre 170, ce qui relativise la vision du « consensus à la suédoise ». Un projet de stockage souterrain des déchets radioactifs est en cours d'étude à horizon 2022 à Östhammar près de la centrale de Forsmark, à 150 km au nord de Stockholm.

Tableau 16 – Mix énergétique des pays nordiques (en %)

Suède	1970	1975	1980	1985	1990	1995	2000	2005	2010	2014
Combustibles solides	3,7	4,5	3,7	5,7	4,6	4,6	4,2	4,6	4,5	3,8
Produits pétroliers	72,8	59,5	53,8	36,8	33,0	32,9	31,5	31,1	31,2	27,9
Gaz naturel	0,0	0,0	0,0	0,2	1,2	1,4	1,3	1,3	2,7	1,6
Électricité primaire	23,5	35,9	42,5	57,3	61,3	61,1	63,0	63,0	61,5	66,6
- énergie hydraulique	23,4	29,6	29,1	31,1	31,3	29,5	35,2	29,9	29,2	28,3
- énergie nucléaire	0,0	6,1	13,0	25,4	29,2	30,5	25,8	29,7	25,6	28,7
- énergies renouvelables	0,1	0,2	0,4	0,8	0,8	1,1	2,0	3,4	6,7	9,6
Danemark	**1970**	**1975**	**1980**	**1985**	**1990**	**1995**	**2000**	**2005**	**2010**	**2014**
Combustibles solides	11,4	11,5	31,1	39,3	35,6	31,3	19,9	18,9	19,9	15,1
Produits pétroliers	88,6	88,4	68,8	57,5	52,7	51,1	51,7	46,8	42,7	44,6
Gaz naturel	0,0	0,0	0,0	3,1	10,6	15,5	22,0	22,9	22,9	16,5
Électricité primaire	0,0	0,0	0,0	0,2	1,1	2,0	6,4	11,4	14,5	23,9
- énergie hydraulique	0,0	0,0	0,0	0,0	0,0	0,0	0,0	0,0	0,0	0,0
- énergie nucléaire	0,0	0,0	0,0	0,0	0,0	0,0	0,0	0,0	0,0	0,0
- énergies renouvelables	0,0	0,0	0,0	0,2	1,1	2,0	6,4	11,4	14,5	23,9
Norvège	**1970**	**1975**	**1980**	**1985**	**1990**	**1995**	**2000**	**2005**	**2010**	**2014**
Combustibles solides	3,9	3,7	3,2	3,2	2,0	2,4	2,1	1,6	1,5	1,4
Produits pétroliers	37,0	30,4	31,2	26,1	23,6	23,0	20,3	22,1	25,5	22,1
Gaz naturel	0,0	0,0	2,4	3,1	4,8	6,5	7,9	8,7	8,8	9,0
Électricité primaire	59,1	65,8	63,2	67,6	69,5	68,1	69,7	67,6	64,1	67,4
- énergie hydraulique	59,1	65,8	63,2	67,6	69,4	68,0	69,6	67,2	63,4	66,2
- énergie nucléaire	0,0	0,0	0,0	0,0	0,0	0,0	0,0	0,0	0,0	0,0
- énergies renouvelables	0,0	0,0	0,0	0,0	0,1	0,1	0,1	0,4	0,7	1,2
Finlande	**1970**	**1975**	**1980**	**1985**	**1990**	**1995**	**2000**	**2005**	**2010**	**2014**
Combustibles solides	14,1	12,2	20,4	19,7	18,7	19,9	15,3	14,1	20,2	15,7
Produits pétroliers	71,5	68,4	58,3	46,3	42,5	37,1	37,0	37,5	33,7	32,7
Gaz naturel	0,0	3,6	3,5	3,5	8,4	10,5	11,7	12,2	11,5	8,4
Électricité primaire	14,3	15,8	17,8	30,5	30,4	32,5	36,0	36,2	34,6	43,2
- énergie hydraulique	14,3	15,8	10,5	12,0	9,5	10,9	11,4	10,6	9,4	11,5
- énergie nucléaire	0,0	0,0	7,3	18,5	16,8	16,2	17,8	18,2	16,9	20,7
- énergies renouvelables	0,0	0,0	0,0	0,0	4,1	5,4	6,8	7,4	8,3	11,0

Source : calculs à partir de la *BP Statistical Review*

Ainsi, la Norvège cherche à renouveler ses réserves d'hydrocarbures en explorant une zone arctique aux équilibres écologiques fragiles. Et, tout comme la Finlande et la Suède, il s'agit d'un vieux pays minier que la montée des cours depuis une décennie a incité à relancer cette activité. Si, confronté aussi à l'épuisement de ses gisements de mer du Nord, le Danemark a développé, de façon *a priori* plus respectueuse de l'environnement, l'énergie éolienne *onshore* et *offshore*, son coût de revient est encore élevé de sorte qu'une telle stratégie détériore la compétitivité globale de l'économie, sans compter que Copenhague doit recourir aux énergies carbonées pour pallier l'insuffisance de production lorsque les conditions climatiques sont défavorables (absence de vent ou tempête).

Pareillement, si la Suède et la Finlande, dépourvues d'hydrocarbures, exploitent leurs richesses hydrauliques et végétales en misant beaucoup sur la filière biomasse, et cela dans des conditions climatiques particulièrement rigoureuses, il s'agit d'une opportunité qui n'est offerte qu'aux territoires peu densément peuplés et possédant d'importants massifs forestiers (le Canada et la Russie pourraient néanmoins les imiter). De même, ces deux pays ont développé l'électricité nucléaire. Or, cette source d'énergie est compétitive pour autant que la recherche fondamentale soit confiée à d'autres pays (ce qui est le cas) et que les dépenses liées au démantèlement des centrales frappées d'obsolescence (ou occasionnées par le renforcement de leur sécurité) ne soient pas directement répercutées sur les consommateurs finals, à condition donc d'externaliser et de socialiser une partie plus ou moins importante des coûts (ce qui est le cas aussi). En effet, tout calcul des prix de revient pour une source d'énergie donnée dépend des conventions retenues pour internaliser les externalités.

Au-delà de leur propension générale à utiliser tout d'abord les énergies les plus présentes sur leur territoire, le cas des pays nordiques illustre donc les liens paradoxaux tissés de façon générale entre politique énergétique et contrainte extérieure. Les importations en énergie constituent une part importante, voire prépondérante, de la contrainte extérieure pour les contrées dépourvues de ressources dans ce domaine et l'un des principaux facteurs entravant le rattrapage des pays émergents ou en développement (en revanche, comme les hydrocarbures représentent entre un quart et un tiers selon leurs prix des flux commerciaux internationaux, leurs échanges permettent de rendre solvables les pays qui les exportent). Le renforcement de cette contrainte extérieure conduit dès lors les nations à exploiter en priorité les ressources énergétiques qu'elles possèdent ou maîtrisent. Mais un tel choix peut en retour provoquer une perte de compétitivité économique si les prix de revient sont supérieurs aux coûts des énergies importées. La compétitivité du secteur exposé à la concurrence internationale ne pourra alors être préservée que si les prix des énergies domestiques sont subventionnés et donc si leurs coûts sont partiellement socialisés. Dans ce cas, l'autarcie énergétique se traduira par une diminution du PIB par habitant et donc par un prélèvement sur les revenus des populations.

Mais cette approche strictement économique doit être complétée par deux considérations complémentaires. D'une part, seuls les pays dont les économies sont en mesure de dégager des excédents extérieurs de manière structurelle sont véritablement à même de procéder à des arbitrages en fonction des prix entre l'exploitation domestique et l'importation des ressources énergétiques (l'appartenance à l'Union économique et monétaire a doté les pays d'Europe du Sud d'une monnaie forte qui leur a permis, durant la période 2000-2007, d'augmenter sensiblement leur endettement à bas taux d'intérêt, et donc de contourner la contrainte extérieure pendant la phase ascendante du cycle d'endettement). D'autre part, seules les grandes multinationales occidentales possèdent les technologies permettant d'optimiser l'extraction, le traitement, le transport et la distribution de l'énergie ; donc les pays possédant les rentes énergétiques sont toujours tributaires des transferts de technologie que ces multinationales voudront bien consentir : c'est la raison pour laquelle la nationalisation des industries domestiques pétrolières et gazières s'est souvent transformée en fiasco. Une telle dépendance technologique se retrouve, en grande partie, dans les énergies renouvelables et les techniques utilisées pour accroître l'efficacité énergétique. C'est pourquoi les solutions aux défis énergétiques devront être appliquées au niveau mondial et les stratégies autarciques sont des impasses, tant pour les États que pour les sociétés nationales spécialisées dans l'énergie.

5.2. Les pays alpins

Un peu plus au sud, le cas des deux républiques alpines (la Suisse et l'Autriche) est intéressant dans la mesure où, à l'instar des nations nordiques, elles ont une image de modernité et de vertu énergétique et présentent des spécialisations économiques complémentaires (tableau 17). À la différence de la Suisse, l'Autriche possède une importante industrie sidérurgique et métallurgique, ce que montre la part supérieure du charbon dans son mix énergétique. Le poids des produits pétroliers est en revanche légèrement plus élevé en Suisse, signe d'un niveau de vie par habitant plus important, même si Vienne possède OMV, l'unique groupe pétrolier originaire d'un pays appartenant à l'espace germanique, relié par des liens capitalistiques étroits à Abu Dhabi[32]. Comme l'Autriche a, dès la construction de sa première centrale nucléaire, renoncé à avoir recours à ce type d'énergie, elle utilise le gaz importé de Russie pour la production d'électricité, ainsi que le charbon. La Suisse reste tributaire du nucléaire, même si son abandon est programmé pour 2034 (le Conseil National a décidé en 2011 que les centrales seront fermées après une durée d'exploitation conforme aux exigences de sécurité – 50 ans – et qu'aucune unité ne serait prévue en remplacement). Tous les pays germaniques ne sont donc pas animés par une hostilité d'ampleur comparable à l'égard du nucléaire, même si les mouvements environnementaux y ont été particulièrement actifs dans les années 1970.

32 À l'instar de l'Arabie Saoudite, Abu Dhabi a procédé à d'importants investissements dans le secteur de la pétrochimie. L'IPIC, son fonds d'investissement, possède 64 % du capital de Borealis (matières plastiques) avec OMV (36 %), 100 % de l'espagnol Cepsa depuis 2011, 20,8 % du japonais Cosmo Oil depuis 2007, 100 % du canadien Nova Chemicals depuis 2009 (matières plastiques et pétrochimie), 24,9 % de l'autrichien OMV depuis 1994, et 40 % du pakistanais Pak-Arab Refinery Company (avec l'Etat pakistanais à 60 %).

Certes, les deux pays ont valorisé au maximum leurs potentiels hydro-électriques respectifs qui constituent une véritable rente expliquant, pour partie, leur essor économique lors de la deuxième révolution industrielle et la compétitivité de leurs économies. Néanmoins, l'Autriche a davantage développé les énergies renouvelables que la Suisse durant la décennie passée, alors que le potentiel technologique suisse est bien supérieur, mais la part de la production d'électricité primaire a peu varié en une décennie, le renouvelable ne faisant que compenser le déclin relatif de l'hydro-électricité en Autriche.

Tableau 17 – Mix énergétique des pays alpins (en %)

Autriche	1970	1975	1980	1985	1990	1995	2000	2005	2010	2014
Combustibles solides	22,5	15,4	13,6	16,5	14,6	11,3	11,0	11,1	9,3	8,3
Produits pétroliers	42,6	45,3	45,1	37,2	38,6	36,9	36,4	38,7	37,2	38,7
Gaz naturel	12,4	16,5	16,6	19,1	20,6	23,1	22,4	24,9	25,2	20,7
Électricité primaire	22,6	22,9	24,7	27,2	26,3	28,7	30,2	25,4	28,3	31,4
- énergie hydraulique	22,5	22,7	24,4	26,4	25,4	27,3	29,1	22,9	24,1	24,9
- énergie nucléaire	0,0	0,0	0,0	0,0	0,0	0,0	0,0	0,0	0,0	0,0
- énergies renouvelables	0,1	0,2	0,3	0,8	0,9	1,4	1,1	2,5	4,2	6,5
Suisse	**1970**	**1975**	**1980**	**1985**	**1990**	**1995**	**2000**	**2005**	**2010**	**2014**
Combustibles solides	3,2	1,0	1,4	1,9	1,3	0,7	0,5	0,5	0,5	0,5
Produits pétroliers	61,5	56,3	51,9	45,8	47,4	42,3	41,7	44,2	39,2	36,8
Gaz naturel	0,2	2,3	3,5	4,8	6,1	7,9	8,3	10,0	10,4	9,3
Électricité primaire	35,2	40,3	43,2	47,4	45,2	49,1	49,5	45,3	49,9	53,3
- énergie hydraulique	32,4	32,8	30,6	27,6	25,0	28,5	28,5	25,5	28,1	29,4
- énergie nucléaire	2,8	7,5	12,5	19,5	19,9	20,2	20,4	18,9	20,7	21,9
- énergies renouvelables	0,0	0,0	0,1	0,3	0,3	0,4	0,6	0,9	1,1	2,0

Source : calculs à partir de la *BP Statistical Review*

En conséquence, il est erroné de prétendre que les deux pays alpins sont véritablement engagés dans la voie de la transition énergétique, eux qui ne font en aucun cas montre du même volontarisme dans ce domaine que l'Allemagne. Différents de la représentation qu'ils donnent, ces deux exemples nationaux illustrent le fait que, bien souvent, les petits pays se caractérisent par une inertie énergétique particulièrement forte, du moment qu'ils ne disposent pas d'une base industrielle complète et qu'ils sont tributaires des importations, tant des matières premières que des technologies permettant de produire l'énergie.

La nucléophobie des Autrichiens

C'est par référendum, en 1978, que les Autrichiens ont décidé de ne pas mettre en service la centrale de Zwentendorf, qui venait d'être achevée par le principal constructeur de réacteurs nucléaires aux États-Unis, le groupe Bechtel. Il est vrai que les accidents mortels survenus en 1976 et en 1977 à la centrale de Bohunice en Slovaquie avaient causé de vives inquiétudes au sein de la population (au demeurant, ce dernier site fut fermé en 1979). L'interdiction de l'énergie nucléaire est inscrite dans la constitution de l'Autriche depuis 1999, mais le pays est entouré de voisins, à l'exception notable de l'Italie, ayant recours à cette filière (majoritairement des réacteurs de conception soviétique). C'est pourquoi une hypothèse complémentaire peut être avancée pour expliquer ce refus du nucléaire par l'Autriche : la volonté de l'ancienne capitale impériale de se distinguer de ses ex-possessions, appartenant alors au camp soviétique et utilisant une énergie perçue comme « communiste ».

D'ailleurs, les Français n'ont pas toujours une conscience claire du fait que leur système dual (un pouvoir exécutif nucléocratique qui possède la compétence exclusive pour l'emploi des armes nucléaires, sans contrôle ni du pouvoir législatif, ni du pouvoir juridique constitutionnel ; un mix énergétique dans lequel l'électricité nucléaire occupe une position hégémonique et sans équivalent dans les autres pays) rapproche les structures du secteur énergétique de l'Hexagone davantage de celles de la Russie que de celles d'un pays occidental, et qu'il représente un véritable repoussoir pour une fraction significative des populations des pays germanophones, foncièrement pacifistes et nucléophobes. Il convient toutefois de rappeler qu'après l'installation des missiles à moyenne portée (SS20 sur le territoire de la RDA, Pershing en RFA), le pays le plus nucléarisé au monde fut l'actuelle Allemagne, véritable victime de la course aux armements atomiques à laquelle les deux blocs se livraient à l'époque.

5.3. Les plats-pays

La comparaison entre le mix énergétique de la Belgique et celui des Pays-Bas est tout aussi instructive (tableau 18). Ces deux économies sont d'autant plus dépendantes des produits pétroliers qu'elles abritent sur leurs territoires d'importantes plateformes de raffinage[33] et de puissantes industries pétrochimiques. Le charbon maintient son poids relatif aux Pays-Bas, alors qu'il a fortement diminué en Belgique (une grande partie de l'industrie sidérurgique a été fermée). Mais la principale différence réside dans le fait que la Belgique produit son électricité prioritairement à partir de l'énergie nucléaire, alors que les Pays-Bas ont recours à des centrales électriques alimentées au gaz

[33] Dans un contexte de baisse régulière de la demande en produits pétroliers, elles sont concurrencées par les raffineries localisées en Amérique du Nord qui bénéficient d'une intégration verticale plus poussée (approvisionnement en pétrole de schiste et en huile extraite des sables bitumineux, dont les coûts de revient sont néanmoins élevés), ainsi que par les installations ultramodernes du Moyen-Orient (Yanbu en Arabie Saoudite, Ruwais à Abu Dhabi), au Brésil (Abreu e Lima dans l'Etat de Pernambouc), ainsi qu'en Inde et au Chine (mais qui sont prioritairement destinées à faire face à la croissance de leurs marchés domestiques respectifs).

naturel (le gisement de Groningue ne devrait pas être épuisé avant un demi-siècle) et qu'ils ne possèdent plus qu'une seule centrale nucléaire, Borssele, même si le gouvernement néerlandais a annoncé une relance de son programme en 2015.

Tableau 18 – Mix énergétique de la Belgique et des Pays-Bas (en %)

Belgique	1970	1975	1980	1985	1990	1995	2000	2005	2010	2014
Combustibles solides	35,4	19,6	21,9	23,5	20,2	15,3	12,5	7,9	5,4	6,5
Produits pétroliers	57,0	57,9	53,3	43,0	45,5	49,0	48,7	51,5	50,8	51,9
Gaz naturel	7,4	18,8	18,6	16,1	15,5	18,7	21,0	22,8	25,0	23,0
Électricité primaire	0,1	3,6	6,2	17,4	18,8	17,1	17,8	17,7	18,7	18,6
- énergie hydraulique	0,1	0,1	0,1	0,1	0,1	0,1	0,2	0,1	0,1	0,1
- énergie nucléaire	0,0	3,5	5,9	17,1	18,4	16,6	17,1	16,7	16,0	13,2
- énergies renouvelables	0,0	0,0	0,2	0,2	0,3	0,4	0,5	0,9	2,6	5,3
Pays-Bas	**1970**	**1975**	**1980**	**1985**	**1990**	**1995**	**2000**	**2005**	**2010**	**2014**
Combustibles solides	8,1	3,4	5,4	9,1	11,3	10,7	9,0	8,5	7,9	11,1
Produits pétroliers	64,8	49,8	52,3	42,3	47,0	46,3	48,9	52,0	47,7	48,8
Gaz naturel	26,9	45,5	40,8	47,2	40,4	41,5	40,2	36,8	40,8	35,6
Électricité primaire	0,2	1,3	1,5	1,4	1,3	1,5	1,8	2,7	3,6	4,4
- énergie hydraulique	0,0	0,0	0,0	0,0	0,0	0,0	0,0	0,0	0,0	0,0
- énergie nucléaire	0,2	1,0	1,2	1,3	1,0	1,1	1,0	0,9	0,9	1,1
- énergies renouvelables	0,0	0,3	0,3	0,1	0,3	0,4	0,8	1,8	2,7	3,3

Source : calculs à partir de la *BP Statistical Review*

La Belgique est dans une situation plus critique que son voisin et sa crise énergétique résulte de la combinaison de quatre facteurs :

- l'abandon prématuré du nucléaire sans que des solutions de substitution satisfaisantes aient été mises en œuvre en temps voulu ;
- le développement insuffisant des énergies renouvelables, d'autant que le potentiel pour ce pays enclavé, plat et bénéficiant d'un ensoleillement réduit, est limité (la Belgique et les Pays-Bas ont néanmoins mis l'accent sur les biocarburants et l'énergie éolienne) ;
- la dépendance inentamée aux importations d'hydrocarbures, alors même que le pari sur la production d'électricité à partir du gaz naturel a été momentanément perdu en raison de la politique énergétique des États-Unis (libérant de grandes quantités de charbon extraites à bas coût et écoulées sur le marché européen à vil prix) ;
- des économies d'énergie insuffisantes, mais d'autant plus difficiles à réaliser que le renouvellement du parc immobilier est particulièrement lent et que

l'industrie automobile constitue toujours un pilier de l'économie européenne (la résorption de ses surcapacités de production sur le Vieux continent a entraîné la fermeture de plusieurs sites en Belgique).

L'approvisionnement du pays en électricité est rendu plus difficile en raison de l'abandon par l'Allemagne du nucléaire, de l'amoindrissement des capacités exportatrices de la France et de l'arrêt – transitoire – des centrales à gaz rendues non compétitives par l'effondrement des prix du charbon importé des États-Unis. C'est pourquoi, s'il avait été décidé en 2003 que les sept réacteurs nucléaires (quatre à Doel et trois à Tihange) devaient fermer en 2015 (mais plusieurs d'entre eux ont été mis à l'arrêt en raison de dysfonctionnements, en particulier des microfissures dans les cuves des réacteurs et des fuites d'huile au niveau des turbines)[34], le gouvernement actuel d'outre-Quiévrain n'a eu d'autre alternative que de prolonger la durée d'exploitation des deux centrales de dix ans (la Belgique pouvant compter, en outre, sur une centrale thermique d'une capacité de 450 MW, localisée aux Pays-Bas).

Tous ces facteurs constituent autant de limites non seulement pour la Belgique, mais aussi pour ses voisins. Par un effet de loupe, le cas belge semble résumer l'ensemble des difficultés auxquelles l'Europe est confrontée du point de vue énergétique et son présent pourrait préfigurer le destin du continent tout entier. Bruxelles, dont l'économie est totalement intégrée à celle de ses partenaires et qui possède un réseau énergétique complètement interconnecté à ceux de ses voisins, légitimerait l'existence d'une politique européenne de l'énergie, même si sa mise en œuvre est limitée par la diversité des mix énergétiques des pays membres et même si ces derniers sont animés par des tropismes géopolitiques pour le moins divergents, comme l'a montré l'échec du projet de gazoduc Nabucco et les relations qu'ils entretiennent individuellement avec la Russie.

Mais une telle politique commune contreviendrait au fondement de toute stratégie énergétique. Chaque pays n'a d'autre choix que d'exploiter les ressources (y compris technologiques) qu'il possède compte tenu du poids des matières premières énergétiques dans ses importations (surtout s'il ne possède pas d'autre rente ou si son système productif n'est pas suffisamment compétitif pour s'insérer favorablement dans l'ordre économique international né de la seconde mondialisation)[35]. Les pays du

---

34 D'autant que la taxe nucléaire rend l'exploitation peu rentable, même si un tel prélèvement est tout à fait légitime du moment où les centrales sont amorties et qu'elles sont la propriété d'un groupe français (GDF-Suez) régulièrement accusé de ne pas répercuter la baisse des coûts de production sur les prix finals. Des fissures ont également été décelées sur un réacteur de la plus ancienne centrale nucléaire encore en fonctionnement dans le monde, celle de Beznau en Suisse alémanique.

35 Il n'est pas certain qu'un affrontement direct entre pays exportateurs et pays importateurs de matières premières énergétiques conduirait à une réelle amélioration de leurs relations. De ce point de vue, la fixation de leurs prix par voie marchande constitue un progrès décisif par rapport aux accords interétatiques d'approvisionnement (une solution à laquelle certains pays émergents, comme la Chine, ont recours), d'autant que la détermination des termes de l'échange repose nécessairement sur des référents extérieurs (à défaut d'être la résultante des rapports de force).

Benelux n'échappent pas à cette règle : les Pays-Bas possèdent une rente qui fait défaut aux deux autres ; inversement, la Belgique a développé deux branches industrielles, l'automobile et l'industrie pharmaceutique, qui l'ont aidée à contourner la contrainte extérieure. Même dans des ensembles géo-économiques aussi restreints, il existe un lien entre la spécialisation industrielle et la possession – ou non – de rentes.

5.4. Les îles de taille moyenne à économie développée

L'Irlande et la Nouvelle-Zélande (tableau 19) possèdent des PIB par habitant comparables, mais des spécialisations économiques très différentes : les exportations de l'Irlande sont majoritairement composées de produits chimiques (surtout des médicaments) et celles de la Nouvelle-Zélande d'abord de denrées alimentaires (essentiellement des produits laitiers). Les parts du charbon et des produits pétroliers diminuent en Irlande et en Nouvelle-Zélande au profit du gaz et de l'électricité primaire. Il est logique que la Nouvelle-Zélande valorise son potentiel en hydro-électricité, mais ces deux pays se caractérisent d'abord par une forte augmentation de la part dévolue aux énergies renouvelables, rendue possible parce qu'il s'agit d'îles non situées en zones tropicales ou équatoriales, mais fortement ventées.

Tableau 19 – Mix énergétique des pays développés correspondant à des îles de taille moyenne (en %)

Irlande	1970	1975	1980	1985	1990	1995	2000	2005	2010	2014
Combustibles solides	33,4	24,1	22,1	29,1	34,5	26,1	17,9	16,8	13,3	14,6
Produits pétroliers	63,8	74,2	66,9	45,8	44,8	51,4	56,5	58,6	50,3	47,8
Gaz naturel	0,0	0,0	8,8	22,9	19,1	21,1	23,7	21,9	30,9	27,1
Électricité primaire	2,8	1,7	2,2	2,2	1,6	1,5	1,9	2,7	5,5	10,5
- énergie hydraulique	2,8	1,7	2,2	2,2	1,6	1,4	1,3	0,9	0,9	1,2
- énergie nucléaire	0,0	0,0	0,0	0,0	0,0	0,0	0,0	0,0	0,0	0,0
- énergies renouvelables	0,0	0,0	0,0	0,0	0,0	0,1	0,6	1,8	4,6	9,3
Nouvelle-Zélande	**1970**	**1975**	**1980**	**1985**	**1990**	**1995**	**2000**	**2005**	**2010**	**2014**
Combustibles solides	16,3	13,9	10,9	8,7	7,6	6,9	6,0	12,2	7,1	7,1
Produits pétroliers	46,0	42,2	38,1	28,8	30,4	32,3	33,0	37,3	35,7	34,8
Gaz naturel	1,2	3,0	7,1	24,0	24,7	21,8	27,1	17,2	19,6	20,8
Électricité primaire	36,5	40,9	44,0	38,5	37,2	39,0	33,9	33,3	37,7	37,4
- énergie hydraulique	33,2	37,1	40,7	35,6	33,5	35,5	29,6	28,1	28,4	26,5
- énergie nucléaire	0,0	0,0	0,0	0,0	0,0	0,0	0,0	0,0	0,0	0,0
- énergies renouvelables	3,3	3,8	3,3	2,9	3,7	3,5	4,3	5,2	9,3	10,9

Source : calculs à partir de la *BP Statistical Review*

***

Si la présentation des choix énergétiques nationaux et régionaux a parfois pu paraître fastidieuse, elle est indispensable car elle permet, outre de souligner la multiplicité des profils sur Terre, de proposer une interprétation de cette phase de développement de l'économie internationale que l'on nomme « mondialisation » à l'aune de l'histoire des systèmes énergétiques. Tout modèle productif se définit par une combinaison de facteurs de production choisis en fonction de leurs prix relatifs. Dans les faits, le monde occidental a opté pour un processus continu de substitution du capital au travail non qualifié, seul véritable garant d'une hausse continue et tendancielle de la productivité, un processus qui suppose cependant une énergie abondante et bon marché. Or, cette loi d'airain a été remise en cause au cours de la période récente.

Alors que, dans la seconde partie des années 1960, le Japon avait supplanté la RFA comme deuxième économie mondiale, l'émergence des nouveaux pays industriels asiatiques (les fameux « dragons » : Corée du Sud, Hong-Kong, Singapour, Taïwan) dans les années 1980 n'avait pas modifié la hiérarchie de la puissance économique mondiale. En revanche, la disparition, au tournant du siècle, de l'antagonisme entre le capitalisme et le communisme a libéré des masses considérables d'offreurs de travail. La mondialisation est d'abord la conséquence de la transformation des régimes communistes asiatiques (chinois, mais également vietnamien et cambodgien), tandis que les autres économies régionales très peuplées (Inde, pays d'Asie du Sud et du Sud-Est) étaient disposées – certes avec le maintien d'importantes protections douanières et réglementaires, principalement en Inde – à s'intégrer dans le système mondial de production et d'échanges. Un processus analogue est à l'œuvre en Europe centrale et orientale, mais à une échelle bien moindre car la chute du communisme dans cette partie du monde a porté sur des effectifs de travailleurs bien inférieurs et la CEI demeure en priorité une zone rentière accueillant pour l'essentiel des investissements étrangers dans le secteur énergétique[36].

La mise à disposition d'une telle quantité de travailleurs industrieux et peu onéreux a modifié le processus multiséculaire de substitution du travail par le capital. La transformation des régimes communistes en Asie et en Europe centrale et orientale, en permettant la mobilisation efficace de la main-d'œuvre de ces pays, a conduit les multinationales à utiliser les forces musculaires et les capacités mentales des populations actives nouvellement intégrées dans le système des échanges internationaux, au lieu de mener à son terme la stratégie d'automatisation de leurs

---

36 La conclusion en 2014 d'un accord d'association commerciale entre l'Union européenne et l'Ukraine (ainsi qu'avec la Géorgie et la Moldavie) constitue une véritable novation. Ce pays présente des caractéristiques identiques à celles de la Pologne : une population nombreuse, bien formée et, dans sa grande majorité, désireuse de s'intégrer au monde occidental. Mais, alors que les deux entités avaient un niveau de vie comparable au début des années 1990, le PIB par habitant de l'Ukraine stagne depuis un quart de siècle, tandis que celui de la Pologne a été globalement multiplié par 3 bien que l'augmentation de la consommation d'énergie par habitant ait été contenue.

systèmes productifs dans les pays post-industriels (encore que certaines technologies, comme les imprimantes 3D, s'en rapprochent). Les neuf dixièmes des biens manufacturés au coût unitaire inférieur à 20 $ sont dorénavant produits dans les pays asiatiques industriels émergents. En revanche, l'Afrique et l'Amérique latine n'ont jamais rempli une fonction dans la division internationale du travail équivalente à celle de ces pays. Pourtant, si l'Amérique latine subit actuellement un processus prématuré de désindustrialisation (mais dans une proportion moindre que les pays de l'OCDE, d'Europe centrale, orientale et de la CEI), la question du devenir économique – et donc énergétique – de l'Afrique demeure en suspens.

De fait, le système productif qui résulte de la mondialisation est hétérogène et composite : il juxtapose des usines le plus souvent (mais pas toujours) automatisées, localisées dans des pays post-industriels et des installations utilisant, dans des proportions variables, le facteur « travail » issu des pays émergents et en développement[37]. Si ces unités n'avaient pas été ainsi délocalisées, elles auraient fait l'objet, dans la majorité des cas, d'une automatisation encore plus poussée, un processus énergivore. Il ne s'agit donc pas d'une simple inflexion dans la loi d'airain de substitution du travail par le capital, mais d'une véritable rupture du principe fondamental sur lequel repose le progrès technologique. Et, du point de vue énergétique, c'est la raison pour laquelle la mondialisation des systèmes industriels et logistiques n'a entraîné qu'une augmentation contenue de la consommation globale en énergie (même si ce processus s'est opéré au détriment de la croissance des pays développés).

---

37 De la même façon, les agricultures des pays en développement et émergents sont, en règle générale, faiblement mécanisées car il convient de fixer sur place les populations rurales excédentaires en leur fournissant des moyens d'existence minimaux.

Chapitre 2
L'or noir en résistance : l'entrée progressive dans l'ère de l'après-pétrole

« Contrôlez le pétrole
et vous contrôlerez les nations ».
Henry Kissinger

Le troisième choc pétrolier avait réactivé la thématique du début de la fin de l'ère de l'or noir : le déclin du pétrole paraissait imminent, le *peak oil*, sinon dépassé, du moins atteint à brève échéance. Pourtant, l'année 2014 a été marquée par un renversement aussi inattendu que brutal : un nouveau contre-choc pétrolier de grande ampleur qui a divisé par deux les cours du baril en six mois[38]. Le monde redécouvre soudain la surabondance pétrolière, alimentée par une recrudescence de la concurrence et le retour sur le devant de la scène des deux ex-grands rivaux de la guerre froide, qui semble renvoyer à long terme toute perspective de pénurie. Mais, tandis que les mécanismes de la « malédiction pétrolière » paraissent loin d'être surmontés, ce contre-choc peut paraître à bien des égards un simple répit et un nouveau renversement des rapports de force entre offre et demande pourrait intervenir plus tôt que prévu.

38 Il semblerait d'ailleurs que les prix maxima aient atteint un plateau : 100-120 $ le baril pour le pétrole, 80-90 $ la tonne pour le charbon au port de Rotterdam, 5-8 $ le million de BTU pour le marché des États-Unis du gaz naturel.

1. Aux origines du nouveau contre-choc pétrolier

De même que le troisième choc pétrolier a été en grande partie dû au décalage entre la forte croissance de la demande de pétrole en provenance des nouveaux pays industriels asiatiques et le ralentissement de la progression des capacités de production disponibles, l'actuel contre-choc est lié au renversement de ces tendances : la combinaison de la langueur de la demande (en baisse aux États-Unis et en Europe, en décélération dans les nouveaux pays industriels d'Asie) et du dynamisme de l'offre explique le recul spectaculaire des cours (tableau 20).

1.1. La forte reprise des investissements

La forte progression de l'offre s'explique tout d'abord par la relance des investissements durant la phase ascendante du cycle pétrolier (2001-2008), qui a suscité la formation de surcapacités de production (notamment en Arabie Saoudite, en Iraq et au Kazakhstan), tout en permettant de relativiser les assertions au sujet de l'épuisement tendanciel à court terme de la ressource. La vague d'investissements s'est aussi traduite par des avancées technologiques spectaculaires dans trois domaines :

- l'augmentation des taux de récupération de l'huile dans les gisements (inférieurs à 10 % au début de l'exploitation pétrolière, supérieurs à 35 % en moyenne à l'heure actuelle grâce aux techniques de récupération assistée) ;
- l'exploitation en haute mer à des profondeurs sans cesse repoussées (comme le montre l'exploit technologique réalisé au large des côtes brésiliennes par Petrobras[39]) ;
- la valorisation des pétroles non conventionnels [40] (gains de productivité importants aussi bien pour les pétroles de roche-mère aux États-Unis que pour ceux de synthèse élaborés à partir des sables bitumineux du Canada).

---

39 L'objectif affiché par Petrobras est d'atteindre une production de 2,75 millions de b/j d'ici 2017. La baisse des cours internationaux risque de porter préjudice à une telle ambition. Néanmoins, le Brésil n'a pas vocation à devenir un exportateur de pétrole : sa production vise prioritairement à répondre à la demande domestique. L'équilibre extérieur du Brésil étant précaire, la production domestique sera probablement développée, aussi déficitaire soit-elle, si elle permet d'économiser des devises étrangères. Les deux premiers chocs pétroliers ont considérablement accru la dette extérieure du Brésil et ont précipité la crise liée au surendettement au début des années 1980. La crise politique et financière qui frappe actuellement Petrobras n'a pas affecté la production (+11,2 % avec 122 millions de tonnes en 2014).

40 Alors que leurs propriétés physico-chimiques ne diffèrent guère de celles des huiles conventionnelles, les pétroles non conventionnels ont des coûts de production très élevés en raison des technologies d'extraction mises en œuvre (hydrocarbures extraits des roches-mères, pétrole de synthèse élaboré à partir des sables bitumineux, pétrole extrait à de grandes profondeurs sous-marines). Les hydrocarbures non conventionnels se caractérisent d'abord par la quantité d'énergie requise pour leur production et, donc, par le rendement énergétique des installations industrielles.

Tableau 20 – Évolution de la répartition par continent de la production et de la consommation de pétrole (en %)

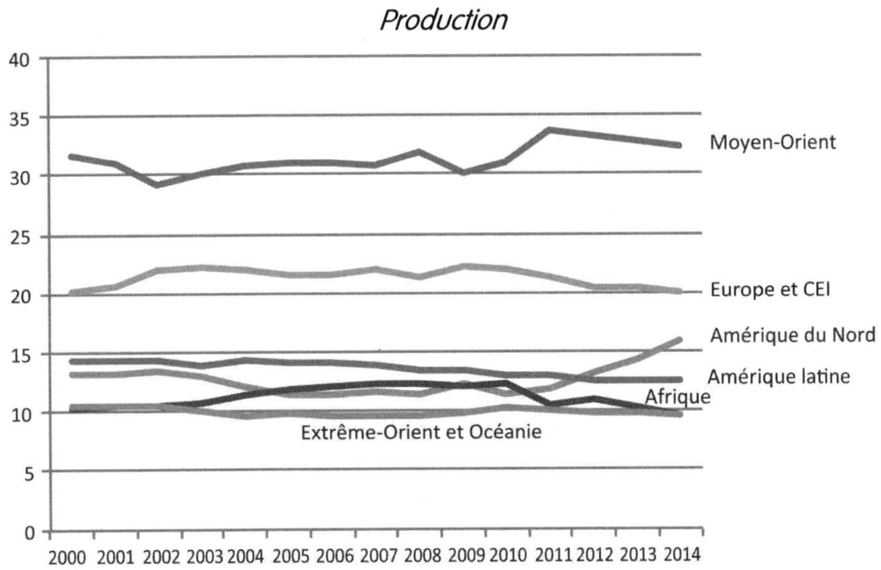

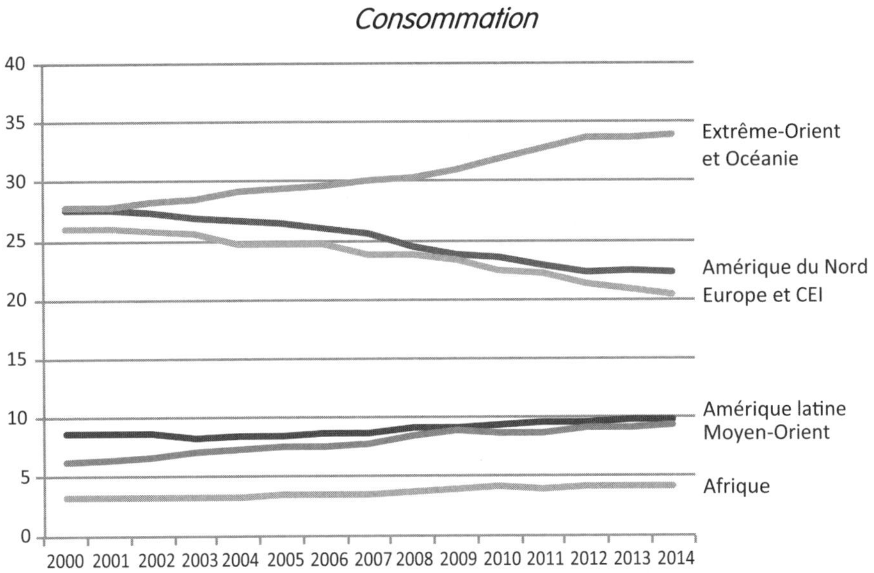

Source : calculs à partir de la *BP Statistical Review*

Ayant reconstitué leur *spare capacity*[41], les monarchies pétrolières ont retrouvé toute leur puissance de *swing producers*, une fonction de producteur d'appoint au demeurant non dénuée d'ambiguïté : compensation des chutes de production – considérées comme temporaires – des autres membres du cartel de l'offre (comme il a été observé dans le cas de la Libye), mais aussi, plus largement, ajustement de la production additionnelle de manière à ne pas provoquer des variations trop marquées des prix, et ce, à la hausse comme à la baisse.

1.2. La réaction à la menace des énergies de substitution

L'inversion de tendance constatée en 2014 s'explique aussi par la nécessité de contrer les énergies de substitution, rendues plus attirantes par les cours élevés du brut. Quitte à remettre en cause, du moins à court terme, les politiques de maximisation du *fiscal break-even point* et de redistribution massive de la rente, à l'image de l'objectif longtemps officiellement affiché par Riyad de stabiliser le prix autour de 100 $ le baril, un niveau censé apaiser les tensions sociales dans une péninsule arabique frappée par un chômage structurel de masse, tant dans le royaume wahhabite que dans ses autres composantes.

Même si les prix des hydrocarbures ne se sont pas maintenus assez longtemps à des niveaux suffisamment élevés pour rendre les énergies renouvelables rentables, la mise au point de substituts au pétrole pour ses nombreux usages constitue la principale menace à terme pour l'industrie pétrolière, au point de remettre en cause son existence même. Le danger pourrait bientôt concerner le principal usage du pétrole : le carburant. Les progrès récemment enregistrés dans la production de carburants de synthèse à partir du gaz naturel et du charbon auraient provoqué une baisse significative de leurs coûts au point de les rendre compétitifs par rapport à l'essence. La plus grande usine au monde de production de carburant à partir du gaz naturel a été construite par Shell (Pearl GTL) au Qatar (un investissement de 20 milliards $), où elle est venue compléter l'unité Oryx GTL gérée en collaboration avec Sasol-Chevron GTL (le sud-africain Sasol est le leader mondial de la fabrication de carburant à partir de charbon). Ainsi, la rivalité entre Riyad et Doha repose sur un enjeu économique fondamental, l'avenir du pétrole et elle n'est pas exclusivement imputable à des divergences politiques se traduisant par un soutien apporté à des factions sunnites extrémistes antagonistes.

---

41 La *spare capacity* (AIE-EIA) correspond à des volumes de production additionnels qui pourraient être atteints dans un délai de 30 jours et maintenus pendant 90 jours au moins. En conséquence, il s'agit de capacités de production mobilisables à très court terme et sans effectuer d'investissements. Depuis 2009, l'Arabie Saoudite a conservé une capacité excédentaire de 1,5 à 2,5 millions de b/j. Elle pourrait croître dans les années à venir, lui permettant d'atteindre une capacité d'exportation de 11 à 11,5 millions de b/j.

1.3. Une assise pour la reprise économique mondiale

Le contre-choc de 2014 est lié à la nécessité de relancer la croissance mondiale à court terme. La mondialisation, et donc la reconfiguration du système productif mondial au profit de certains pays émergents, n'ont été rendues possibles que par la combinaison des délocalisations industrielles et du troisième choc pétrolier. Les gigantesques transferts financiers que ce choc a occasionnés ont profité autant aux pays rentiers qu'aux nouveaux pays industriels asiatiques, lesquels ont bénéficié du recyclage direct et indirect d'une fraction importante de la rente pétrolière. Le troisième choc pétrolier a constitué une formidable aubaine pour la Chine et la Corée du Sud, pourtant grands importateurs d'hydrocarbures. Cela n'a pas été le cas pour l'Amérique latine, soumise à un processus de désindustrialisation (prématuré) au même titre que les pays de l'OCDE, tandis que les contrées en développement dépourvues de matières premières en ont été les principales victimes. La situation des autres pays émergents ou en développement est plus contrastée, en fonction des modalités spécifiques de leur insertion dans l'économie mondiale.

Il n'en demeure pas moins que le recul significatif et durable des cours mondiaux du pétrole constitue désormais le principal facteur permettant de relancer la croissance de l'économie mondiale à court terme et donc la demande de brut, y compris dans les pays émergents qui consomment une part croissante du pétrole. La plus longue phase de croissance de l'économie des États-Unis (1992-2001) a été redevable à la combinaison de deux facteurs : l'abondance en hydrocarbures à bas prix, conséquence de la première guerre du Golfe, et la révolution des NTIC.

1.4. Les fractures géopolitiques

Des raisons de nature plus géopolitique doivent enfin être mentionnées pour comprendre le recul récent des cours du baril. En premier lieu, les antagonismes entre les pays producteurs de pétrole, et notamment l'absence de discipline qui en découle entre les membres du cartel des pays exportateurs, qui l'empêche de donner la pleine mesure de sa toute puissance théorique. La structure et le fonctionnement de l'OPEP doivent être questionnés, à la lumière de la situation de chacun des pays-membres. Si les quotas de production ont été introduits par l'organisation à partir de 1982 afin de rétablir l'équilibre entre une offre excessive et une demande atone en période de désinflation brutale (les effets du premier choc pétrolier ayant été annulés par l'augmentation des prix des biens importés par les pays pétroliers du fait de la vague d'inflation qui frappa alors l'OCDE), et si les règles en vigueur au sein de l'OPEP prévoient que les décisions soient prises à l'unanimité, en pratique de tels quotas ont été respectés de façon inégale. L'organisation a ainsi maintenu un mode de fonctionnement proche de celui de ses origines, lorsqu'elle se bornait à une concertation, voire à une entente, sur les prix et non sur les quantités.

L'OPEP demeure traversée par de nombreuses lignes de fractures, aussi bien idéologiques et civilisationnelles qu'économiques, traduites par des rivalités pour en assurer le leadership, en particulier entre les deux principaux membres fondateurs, l'Arabie Saoudite et le Venezuela (la production de Riyad détrônant celle de Caracas à partir de 1971, un passage de relais significatif entre une puissance montante et l'autre en déclin). La structure inégalitaire de l'offre joue un rôle crucial au sein du cartel. Il y a, d'un côté, des monarchies pétrolières (donc l'Arabie Saoudite) aux réserves gigantesques et aux gisements présentant des coûts de production défiant toute concurrence, qui font office de *swing producers* et fixent les prix. Et, d'un autre côté, on trouve des *free riders* aux comportements opportunistes et faisant reporter le poids de l'ajustement par les quantités sur la seule Arabie Saoudite. À ce critère productif, vient s'ajouter une deuxième source de clivage : l'importance des besoins socio-économiques, proportionnelle au poids démographique. Alors que, sur la période 1982-2005, l'Arabie Saoudite a peu dépassé ses quotas (112 %), l'Algérie, bien moins dotée en ressources et confrontée à une crise interne à l'origine d'une guerre civile de plus d'une décennie, a extrait en moyenne 164 % de son quota[42].

L'une des raisons expliquant la baisse actuelle des prix réside dans le fait que la production pétrolière des pays de l'OPEP en proie à des guerres civiles se maintient (en 2014, la production de l'Iraq a augmenté de 4,6 %, atteignant pour la première fois 160 millions de tonnes). Si elle recule, son importance relative demeure marginale : depuis 2011, la production a diminué des deux tiers en Libye, s'élevant à 23 millions de tonnes en 2014. C'est pourquoi, compte tenu de la saturation actuelle du marché de pétrole, il n'existe aucune urgence à apporter une solution à la crise libyenne, même si ce pays est réputé posséder les plus importantes réserves en pétrole d'Afrique (*onshore* et *offshore*, en particulier dans le golfe de Syrte).

Les stratégies de *free riding* dépassent cependant le cadre de l'OPEP : la plupart des exportateurs de pétrole tendent à mener des politiques strictement opportunistes, maximisant production et exportation tout en bénéficiant de la pseudo-cartellisation imposée par l'organisation. C'est la Russie qui mérite le qualificatif de *free rider* par excellence et apparaît comme ayant bénéficié le plus des effets induits par le troisième choc pétrolier, bien qu'elle n'ait aucune prise sur la détermination du cours de la ressource, à l'instar des autres *free riders*. Alors que, pendant la période 1997-2014, la part des exportations de l'OPEP est restée constamment inférieure à son niveau de 2000 (63,5 %), les pays de la CEI doublaient leur mise (de 10,5 % en 1997 à 22,3 % en 2014), au détriment des exportateurs de l'OCDE et des autres exportateurs non membres de l'OPEP. Avec l'Amérique du Nord, la Russie incarne la politique de reconquête la plus déterminée dans le domaine du pétrole au cours de la période

42 Le critère du respect nominal des quotas n'est cependant pas toujours significatif : déplétion des réserves (Équateur), embargos sur les exportations (Libye, 107 % du quota, Iran 109 %), difficultés pour atteindre les volumes fixés (Venezuela). Les cas de dépassement caractérisé sont, en revanche, attribuables à des stratégies délibérées : certaines monarchies pétrolières généreusement dotées n'ont pas hésité à contourner leurs obligations, soit pour s'affirmer en tant que puissance montante (Abu Dhabi avec 123 %), soit pour contrer un certain déclin (Koweït avec 117 %). De plus, elles remplissent un rôle par délégation que Riyad ne veut pas directement assumer. L'ampleur des détournements de production (*bunkering*), estimés entre 7 à 15 % de la production *onshore*, ôte toute signification au ratio du Nigeria (109 %).

récente : pendant deux années (2009, 2010), sa part de marché à l'exportation aurait même excédé celle de l'Arabie Saoudite[43] (tableau 21).

Dans la mesure où la demande de pétrole croît globalement au rythme de la croissance démographique, les variations des parts de marché constituent au final un jeu à somme nulle. Parmi les acteurs majeurs, la montée en puissance de la Russie, de l'Iraq, du Canada de l'Angola, du Qatar, du Kazakhstan, de la Colombie et de l'Azerbaïdjan s'effectue au détriment du Venezuela, de l'Iran, de la Norvège, du Mexique, de l'Algérie, d'Oman et de la Libye. Et, au sein des petits producteurs, les gains des uns (Ghana, Guinée équatoriale, Turkménistan) compensent les pertes des autres (Gabon, Brunei, Syrie, Yémen). Parfois, le recul de certains pays leur a fait perdre le statut d'exportateur (Argentine, Égypte, Indonésie, Malaisie, Vietnam). En conséquence, l'équilibre du marché pétrolier mondial implique que la levée de l'embargo sur les exportations iraniennes entraîne des pertes de parts de marché pour ses concurrents.

Abstraction faite des biocarburants, des condensats, des liquides de gaz naturel et des gains résultant de l'amélioration des processus de raffinage, la hausse du taux d'indépendance pétrolière est spectaculaire pour les États-Unis, comme pour le Brésil (tableau 22). En revanche, le Royaume-Uni est devenu importateur net en 2006, l'Argentine en 2013, l'Égypte en 2010, l'Indonésie en 2003, la Malaisie en 2011 et le Vietnam en 2010. La situation de dépendance de la Chine et de l'Inde s'aggrave au fur et à mesure de leur industrialisation et de l'augmentation de leur taux de motorisation. Les pays asiatiques d'industrialisation plus ancienne (Corée du Sud, Japon, Taïwan) ne se trouvent pas à la pointe de la transition énergétique.

2. Les deux grandes tentatives de subversion de la hiérarchie pétrolière

Le renouveau pétrolier de l'Amérique du Nord et de la CEI, face au déclin des autres grandes régions, est incontestable : en 2014, la production cumulée des États-Unis, de la CEI et de l'Arabie Saoudite a retrouvé son niveau de 1992, soit 41,1 % de la production mondiale. Toutefois, la recherche d'autonomie pétrolière a été un but constamment poursuivi par Washington. Il est donc important de s'attarder sur les stratégies des deux anciennes superpuissances de la guerre froide et sur leur tentative de rebattre les cartes de la géo-économie pétrolière, sans oublier cependant que le Moyen-Orient demeure le principal pôle exportateur de pétrole conventionnel à long terme.

---

43 En revanche, l'AIE n'envisage d'augmentation significative de la capacité de production que pour trois membres de l'OPEP : l'Iraq (passant de 3,9 en 2015 à 4,7 millions de b/j en 2020), la Libye (de 0,5 à 1 million de b/j) et les EAU (de 2,9 à 3,2 millions de b/j), celui de l'Algérie diminuant de 1,1 à 0,9 million de b/j.

Tableau 21 – Évolution des parts de marché des pays exportateurs de pétrole (en %)

	2000	2001	2002	2003	2004	2005	2006	2007	2008	2009	2010	2011	2012	2013	2014
Arabie Saoudite	20,1	18,2	17,7	19,3	18,3	19,1	18,4	17,6	18,1	16,1	16,3	18,7	19,0	18,9	18,7
Russie	6,0	11,2	13,3	14,3	15,0	15,4	15,7	16,5	16,1	17,6	17,6	17,5	17,3	17,9	18,0
Koweït	5,1	4,7	4,3	4,8	4,7	4,9	5,1	5,0	5,2	4,8	4,7	5,6	6,0	6,0	6,0
EAU	5,5	5,0	4,7	5,0	4,8	4,9	5,2	5,0	5,0	4,6	4,8	5,5	5,5	6,0	6,0
Iraq*	5,5	5,0	4,1	2,0	3,3	2,7	3,1	3,4	4,0	4,3	4,2	4,9	5,5	5,5	5,7
Canada	1,8	1,7	2,0	2,1	2,0	1,9	2,3	2,4	2,3	2,7	2,7	3,0	3,6	4,2	5,0
Venezuela	7,1	6,8	6,3	5,9	6,4	6,2	6,2	6,1	5,9	5,7	5,3	5,0	4,7	4,6	4,7
Nigeria*	4,7	4,6	4,5	4,6	4,7	4,5	4,2	4,0	3,6	4,0	4,5	4,4	4,1	3,9	4,0
Angola*	1,9	1,8	2,2	2,0	2,4	2,9	3,0	3,6	4,1	4,0	4,1	3,8	3,8	3,9	3,7
Iran	6,4	5,9	5,4	6,1	6,0	5,6	5,4	5,5	5,4	5,2	5,7	5,6	4,0	3,3	3,5
Norvège	7,9	7,6	7,5	6,9	6,2	5,7	5,2	4,9	4,7	4,6	4,1	3,9	3,5	3,4	3,5
Qatar	2,0	1,9	1,7	1,9	2,1	2,2	2,3	2,4	2,6	2,7	3,0	3,3	3,4	3,5	3,4
Kazakhstan	1,5	1,6	2,0	2,0	2,2	2,3	2,4	2,5	2,7	3,2	3,3	3,2	3,0	3,2	3,2
Mexique	4,3	4,5	4,8	4,9	4,5	4,2	4,1	3,6	2,9	2,8	2,7	2,5	2,3	2,4	2,4
Algérie	3,1	2,8	3,1	3,3	3,2	3,3	3,3	3,3	3,2	2,9	2,7	2,6	2,3	2,2	2,2
Oman*	2,4	2,3	2,1	1,8	1,6	1,6	1,5	1,5	1,5	1,7	1,8	1,9	1,9	1,9	1,9
Colombie	1,3	1,1	1,0	0,9	0,8	0,7	0,8	0,8	0,9	1,2	1,4	1,6	1,6	1,8	1,8
Azerbaïdjan	0,4	0,5	0,6	0,5	0,5	0,7	1,2	1,7	1,8	2,2	2,2	1,9	1,8	1,8	1,7
Equateur	0,8	0,8	0,7	0,7	0,9	0,9	0,9	0,9	0,8	0,8	0,7	0,8	0,7	0,8	0,8
Congo*	0,7	0,6	0,6	0,5	0,5	0,5	0,6	0,5	0,5	0,6	0,7	0,7	0,7	0,7	0,7
Guinée éq.*	0,3	0,5	0,6	0,6	0,7	0,7	0,7	0,7	0,7	0,7	0,6	0,5	0,6	0,6	0,6
Gabon*	0,7	0,6	0,6	0,6	0,6	0,6	0,5	0,5	0,5	0,6	0,6	0,6	0,5	0,5	0,5
Libye*	3,1	3,1	2,9	2,8	2,9	3,1	3,2	3,3	3,3	3,1	3,0	0,5	2,7	1,6	0,5
Soudan*	0,3	0,3	0,4	0,4	0,5	0,5	0,6	0,9	0,8	0,9	0,9	0,5	0,1	0,3	0,4
Turkmén.	0,2	0,2	0,2	0,2	0,2	0,2	0,2	0,2	0,2	0,2	0,2	0,2	0,2	0,2	0,3
Brunei*	0,5	0,5	0,5	0,5	0,4	0,4	0,4	0,4	0,4	0,4	0,4	0,3	0,3	0,3	0,3
Yémen*	1,0	1,0	1,0	0,9	0,8	0,8	0,7	0,6	0,6	0,6	0,6	0,4	0,3	0,2	0,2
Trinité & Tobago	0,3	0,3	0,3	0,4	0,3	0,3	0,4	0,3	0,3	0,3	0,3	0,2	0,2	0,2	0,2
Tchad*	0,0	0,0	0,0	0,0	0,3	0,4	0,3	0,3	0,3	0,2	0,2	0,2	0,2	0,1	0,1
Danemark	0,4	0,4	0,4	0,4	0,4	0,4	0,3	0,3	0,2	0,2	0,2	0,1	0,1	0,0	0,0
Cameroun*	0,2	0,1	0,1	0,1	0,1	0,1	0,1	0,1	0,1	0,1	0,1	0,0	0,0	0,0	0,0
Syrie*	1,1	1,1	1,3	1,1	0,7	0,6	0,4	0,4	0,3	0,2	0,2	0,0	0,0	0,0	0,0

Argentine	1,1	1,2	1,3	1,2	1,0	0,8	0,8	0,6	0,5	0,4	0,2	0,1	0,0	-	-
Malaisie	0,6	0,5	0,4	0,4	0,4	0,3	0,2	0,1	0,2	0,1	0,2	-	-	-	-
Égypte	0,6	0,6	0,6	0,5	0,4	0,2	0,2	0,1	0,1	0,0	-	-	-	-	-
Vietnam	0,4	0,4	0,4	0,3	0,4	0,3	0,2	0,1	0,1	0,1	-	-	-	-	-
Indonésie	0,9	0,7	0,3	-	-	-	-	-	-	-	-	-	-	-	-
OPEP	63,5	58,8	55,0	55,7	56,3	56,6	56,4	60,0	61,2	58,2	59,1	60,5	61,7	60,2	59,3
CEI	8,0	13,6	16,1	17,1	17,9	18,6	19,5	20,9	20,8	23,3	23,3	22,8	22,3	23,2	23,2

** Pays dont la consommation intérieure est estimée forfaitairement.*

Source : calculs à partir de la *BP Statistical Review*

2.1. Les États-Unis et l'Amérique du Nord, le retour programmé à l'indépendance énergétique

Les États-Unis sont actuellement l'épicentre des évolutions pétrolières mondiales, ayant enregistré récemment la plus forte hausse de production. S'établissant à près de 520 millions de tonnes en 2014 (une progression de 72 % depuis 2008), leur production dépasse le précédent pic atteint en 1984 (avec 502,3 millions de tonnes). Selon l'Energy Information Administration, les USA seraient même redevenus le premier producteur mondial de pétrole en 2014, si l'on incluait les condensats, les liquides de gaz naturel et les gains de raffinage.

Le regain de la production pétrolière américaine, et plus largement nord-américaine, doit avant tout être replacé dans le cadre d'une stratégie de reconquête de l'indépendance énergétique. Sur un plan macro-économique, un tel objectif contribue à réduire les déficits récurrents de la balance commerciale des États-Unis. D'un point de vue géopolitique, surtout, Washington a pris acte des échecs essuyés par sa politique étrangère depuis plus d'une décennie : tentative de déstabilisation du régime chaviste au Venezuela, invasion de l'Iraq et mise en place d'un gouvernement plus favorable à ses intérêts, incapacité à maîtriser la transition politique en Libye, ambiguïtés permanentes des relations avec Riyad et tentation de renverser l'alliance au profit de Téhéran, arbitrage entre la protection accordée à Israël et une politique moins défavorable aux intérêts du monde arabe, pression constante exercée par les États latino-américains pour que Washington reconnaisse Cuba (et qui sont parvenus à leurs fins). Les aléas géopolitiques inhérents aux pays exportateurs de pétrole, moyen-orientaux, africains et sud-américains ont donc poussé la puissance dominante à viser un repli dans son pré carré et la valorisation partielle du potentiel vénézuélien et iranien a favorisé l'exploitation des huiles non conventionnelles d'Amérique du Nord, sans qu'il ne soit porté préjudice aux autres exportateurs.

Tableau 22 – Évolution des taux d'indépendance pétrolière (production / consommation, en %)

	2000	2001	2002	2003	2004	2005	2006	2007	2008	2009	2010	2011	2012	2013	2014
États-Unis	39,3	39,0	38,6	36,9	34,7	32,9	32,7	32,9	34,5	38,7	39,2	41,4	48,3	53,9	62,2
Royaume-Uni	160,7	148,7	148,6	134,2	116,7	102,1	93,0	96,6	91,9	91,7	85,7	73,1	62,8	58,6	57,3
Australie	98,1	89,7	89,8	76,5	65,5	62,6	56,3	58,1	56,2	52,7	57,1	48,0	45,6	38,9	42,6
Argentine	200,8	224,0	239,3	230,7	210,7	190,4	180,6	158,1	147,8	138,9	118,3	108,2	103,4	95,7	95,7
Brésil	72,6	75,8	85,7	91,6	87,7	94,1	97,7	93,1	90,6	96,3	93,3	91,3	87,9	81,2	85,7
Égypte	143,1	144,2	147,5	143,0	129,9	111,2	115,7	110,6	106,2	102,5	96,6	102,8	98,6	96,7	89,7
Chine (+ Hong-Kong)	69,5	68,6	64,0	59,5	52,0	53,2	50,4	48,3	48,7	46,8	44,5	42,4	41,5	40,3	39,4
Inde	32,2	31,9	31,1	30,4	30,4	28,6	28,1	26,4	26,1	24,9	26,6	26,3	24,5	24,2	23,2
Indonésie	132,5	124,2	110,4	99,5	90,0	88,5	85,8	78,6	81,8	78,6	72,7	64,3	60,9	58,4	55,8
Malaisie	149,5	139,6	131,3	128,4	129,6	123,7	113,2	109,9	115,5	110,2	111,5	94,7	92,8	84,8	86,2
Thaïlande	20,3	22,0	21,3	22,7	20,1	24,4	27,5	29,2	32,0	31,8	31,2	31,0	31,4	31,9	30,7
Vietnam	199,3	190,4	175,4	167,6	165,9	155,2	144,0	121,9	108,1	114,3	97,9	91,1	99,4	96,1	94,9

Source : calculs à partir de la *BP Statistical Review*

Mais l'essor du pétrole d'Amérique du Nord n'aurait pas pu avoir lieu sans de considérables progrès technologiques. De plus en plus souvent exclues de l'exploitation des gisements aux coûts de production les moins élevés, les multinationales américaines (et, plus largement, occidentales) ont été confinées aux champs requérant la mise en œuvre des technologies les plus complexes et donc les plus coûteuses – d'où la baisse tendancielle de la rentabilité de leurs dépenses d'exploration et de prospection. Des sables bitumineux du Canada aux hydrocarbures de schiste des États-Unis et aux (éventuels) gisements arctiques, tels sont leurs nouveaux horizons, autant de diverses déclinaisons de pétrole non conventionnel. Il faut cependant reconnaître que seules ces entreprises pétrolières peuvent exploiter de manière optimale certaines de ces huiles (sables bitumineux, *offshore* profond, brut lourd de la ceinture de l'Orénoque) puisqu'elles détiennent de façon quasi-exclusive les technologies indispensables à leur valorisation. En 2014, plus de la moitié de la production domestique des États-Unis est composée, à part égales, de pétrole de schiste (non conventionnel « géologique ») et de pétrole sous-marin (non conventionnel « géographique »).

La révolution des pétroles extraits des roches-mères aux États-Unis et ses ambivalences

Le développement de l'exploitation *offshore* n'est pas l'axe prioritaire : autorisés dans le centre et l'ouest du golfe du Mexique, pour autant que l'administration décide de vendre de nouveaux permis d'exploration, les forages demeurent interdits le long de la côte du Pacifique, sur la côte atlantique entre le New Jersey et le Canada et dans certaines zones de l'Alaska (Bristol Bay, mer de Beaufort[44]). De plus, les compagnies pétrolières paraissent peu intéressées par une telle exploration : 12 millions d'hectares qui leur ont été concédés ne font pas l'objet d'une véritable prospection. Néanmoins, des permis d'exploration ont été accordés en Alaska et en Arctique.

En revanche, l'exploitation du pétrole de roche-mère a connu une véritable révolution depuis le tournant du siècle (tableaux 23 et 24). Un « miracle », et donc un renouveau pétrolier du pays, qu'il est pourtant nécessaire de relativiser. Tout d'abord, à cause de la forte concentration géographique de la production, facteur de volatilité potentielle : les deux principaux gisements de pétrole de schiste (Bakken dans le Nord Dakota – bassin de Williston – et Eagle Ford au Texas – bassin du Western Gulf) représentent plus de 80 % de la production de ce type de pétrole aux États-Unis et les cinq premiers gisements – incluant ceux du bassin de Permian dans le Texas occidental – plus de 90 %. Et les modèles économiques relatifs à l'exploitation de ces huiles ainsi que des pétroles situés à très grande profondeur d'eau sont ambivalents, avec des taux

---

[44] Il est difficile de distinguer les motifs environnementaux de ceux relevant de la sécurité nationale invoqués pour justifier cette interdiction. Il n'est pas à exclure que les réserves qui se trouvent éventuellement au large des côtes des États-Unis (10 à 20 milliards de barils) ne seront exploitées que lorsque la pénurie en hydrocarbures deviendra véritablement perceptible.

de récupération faibles (5 à 10 % contre 30 à 35 %) et des rumeurs récurrentes de déclin rapide après le pic de production.

Tableau 23 – Comparaison entre l'exploitation des hydrocarbures en grande profondeur d'eau (*deep offshore*) et celle des hydrocarbures de schiste

	Deep offshore	Hydrocarbures de schiste
Nombre de puits	Dizaines	Milliers à dizaines de milliers
Production par puits	Milliers à dizaines de milliers de b/j	Quelques centaines de b/j
Durée de vie d'un puits	20 ans	5 à 10 ans
Coût d'un puits	100 millions $	Quelques millions $
Part du coût du forage	30%	70 à 90 %
Réserves	5 à 15 millions de barils	200 000 à 500 000 barils

Malgré la baisse de la consommation domestique de pétrole (-11 % entre 2005 et 2014, d'un pic de 939,8 à 836,1 millions de tonnes), le taux d'indépendance pétrolière *stricto sensu* des États-Unis n'atteint que 62,2 % en 2014 (tableau 25).

Certes, l'élargissement du périmètre au Mexique, et plus largement à l'Amérique du Nord, serait susceptible de modifier favorablement le tableau. Ainsi, si le Mexique parvenait à relancer fortement sa production *offshore* (exploitation du bassin de Perdido), le continent américain pourrait devenir à long terme autonome pour les hydrocarbures, mais aussi exportateur net de charbon et de gaz naturel (si les ressources canadiennes arctiques en gaz de schiste et en gaz naturel sont exploitées). Toutefois, la crise de l'industrie pétrolière mexicaine s'est traduite par une priorité accordée à l'approvisionnement du marché intérieur et par une baisse importante des exportations à destination des États-Unis. Les USA constituent d'ailleurs de moins en moins le débouché normal des exportations du pétrole latino-américain (à l'exception de la Colombie, dont les ressources sont toutefois limitées à moyen terme) : dorénavant, moins de 30 % de la production pétrolière du Mexique et du Venezuela y est exporté. Dans le cas du Venezuela, il s'agit du résultat d'une politique délibérée, mais aucun des deux pays ne serait en mesure d'accroître significativement ses exportations vers le premier marché mondial, pour des raisons principalement techniques et non politiques. C'est pourquoi Washington a accordé la priorité à son voisin septentrional et aux sables bitumineux de l'Alberta au détriment des importations en provenance de la CEI, de l'Europe occidentale (Norvège), du Mexique, du Venezuela ainsi que de l'OPEP et, en particulier, des pays riverains du golfe de Guinée (Angola, Gabon et surtout Nigeria).

Tableau 24 – Caractéristiques de la valorisation du pétrole de schiste

Paramètres technologiques	Les schistes constituent une structure feuilletée comprenant les produits résultant de la décomposition des organismes vivants.
	Les roches-mères (qui contiennent les hydrocarbures « autochtones » ou non conventionnels, n'ayant pas migré de leur lieu de formation, par opposition aux hydrocarbures « allochtones », qui sont piégés dans des réservoirs après migration) sont une structure poreuse et très peu perméable (1 000 à 100 000 fois inférieure à celle d'un mauvais réservoir conventionnel).
	Les gisements sont disposés en couches peu épaisses (à la différence des gisements conventionnels) et ils s'étendent sur de très vastes surfaces (250 000 km² pour Marcellus en Pennsylvanie, 30 000 km² pour Barnett au Texas, 1 000 000 de km² pour Barzhenov en Sibérie occidentale, contre 5 000 km² pour Ghawar en Arabie Saoudite et 3 000 km² pour Kashagan).
	Les forages horizontaux permettent d'augmenter significativement la surface d'exposition des puits aux hydrocarbures.
	Les hydrocarbures ne peuvent être extraits qu'en cassant les structures des roches (méthode utilisée dès le Moyen âge) et qu'en créant des fissures par lesquels les hydrocarbures s'échappent.
	La fracturation de la roche est obtenue en envoyant, sous très forte pression, un mélange comprenant de l'eau à 90 %, des projectiles pour maintenir les fissures ouverts à 9 % (sable, petites billes), des agents de viscosité et des agents antibactériens à 1 % (pour éviter la décomposition des hydrocarbures).
	Le très grand nombre de produits utilisés (environ 2 500, dont 150 substances chimiques, incluses 29 reconnues cancérigènes) s'explique par le caractère empirique de l'exploitation aux États-Unis dans une première phase (20 produits en moyenne étant utilisés pour chaque forage individuel).
	Les gisements des hydrocarbures de schiste s'épuisent à des rythmes très rapides (baisse de production de 30 à 40 % par an) avec des productions faibles (quelques centaines de bep par jour contre plusieurs milliers de bep pour les hydrocarbures conventionnels), ce qui implique la démultiplication des puits pour remplacer ceux devenus prématurément improductifs.
	La recherche publique est très peu mobilisée pour évaluer les impacts des techniques utilisées pour exploiter les hydrocarbures de schiste (étude des effets environnementaux consécutifs à la très forte densification des puits de forage et de production).
Paramètres économiques	Les gisements des hydrocarbures de schiste sont dispersés selon une répartition moins inégale que les gisements des hydrocarbures conventionnels.
	La réalité des gisements – dont l'existence est prédite à partir de calculs théoriques – ne peut être confirmée que par la réalisation de forages.
	De l'étude de la faisabilité technique (nature des roches-mères et configuration des réservoirs) est déduite la rentabilité de l'exploitation des ressources (par exemple, l'exploitation des gisements d'hydrocarbures de schiste en Pologne n'est pas rentable compte tenu des coûts des forages sur un continent densément peuplé).
	L'exploitation des hydrocarbures de schiste a été facilitée par le code minier des États-Unis (le sous-sol appartenant au propriétaire du sol, les autorisations d'effectuer des forages sont rétribuées).

	La situation économique du secteur des hydrocarbures aux États-Unis diffère radicalement de celle prévalant dans les autres parties du monde (le droit minier et la propriété du sous-sol, les coûts des forages de 3 à 5 fois inférieurs et la réalisation d'un très grand nombre de forages sans analyse approfondie préalable, le différentiel de densité de peuplement, la localisation sur leur territoire de 2 000 engins de forage sur les 2 400 existant dans le monde).
	Les avantages fiscaux (système du *carry-back*) ont Isoutenu la production de gaz de schiste aux États-Unis (l'effondrement en 2012 des cours du gaz naturel sur le marché domestique des États-Unis rendant cette activité *a priori* non rentable, sauf à produire simultanément des liquides).
	Les taux de récupération sont très différents (5 à 10 % pour le pétrole de schiste contre 30 à 35 % pour le pétrole conventionnel, 15 à 20 % pour le gaz de schiste contre 70 à 80 % pour le gaz naturel conventionnel).
	L'exploitation des hydrocarbures de schiste aux États-Unis implique une standardisation des procédés des nombreux forages (les succès compensant les échecs, ce qui explique la concentration intervenue dans ce secteur). Ce secteur a récemment enregistré d'importants gains de productivité.
Paramètres environnementaux	Pollution visuelle du fait du mitage des paysages (aux Etats-Unis, 15 000 puits en 2005 pour une production de 20 milliards de m^3 de gaz de schiste, 500 000 puits en 2011 pour une production de 220 milliards de m^3 de gaz de schiste). Moindre emprise au sol que le solaire et l'éolien.
	Effets négatifs sur la santé humaine (absence d'étude épidémiologique, mais indices convergents confirmant la toxicité de l'exploitation des hydrocarbures de schiste pour les populations résidant dans les zones de forage).
	Risques de micro-séismes résultant directement de la fracturation hydraulique, voire de pollution des nappes phréatiques (endommagement des gaines de ciment entraînant la percolation des fluides vers les eaux souterraines).
	Utilisation de très grandes quantités d'eau qui doit être recyclée et retraitée, car elle contient des hydrocarbures, des résidus polluants, des sels, des métaux lourds et des radio-nucléïdes. Le rejet dans l'environnement est exclu.
	Émission involontaire de méthane (fuites) lors des opérations de forage, d'extraction et de production*, les quantités rejetées dépendant de l'expertise des opérateurs (le méthane ayant un effet de 70 à 100 fois supérieur au dioxyde de carbone pour le réchauffement climatique).
	Nuisances liées à un trafic routier intense (rejet de poussières, émission de gaz à effets de serre, endommagement des routes, nuisances olfactives et sonores) et aux installations de production et de transport.
	Émissions de dioxyde de carbone générées par la combustion de méthane très inférieures à celles générées par la combustion du charbon pour la production d'électricité : le bilan exhaustif des émissions des gaz à effet de serre doit prendre en compte de nombreux paramètres et être comparé aux solutions alternatives.

* La critique pertinente ne porte pas sur l'importance des fuites de méthane lors de l'exploitation des hydrocarbures de schiste, mais sur l'importance relative de ces fuites par rapport à celles observées dans les sites de production gazière utilisant des méthodes traditionnelles d'extraction, de traitement, de transport et de commercialisation. Le torchage du gaz, associé lors de la production de pétrole par des méthodes conventionnelles, est également générateur de dioxyde de carbone.

Tableau 25 – Structure des importations de pétrole des États-Unis (en %)

Pays fournisseurs	2000	2001	2002	2003	2004	2005	2006	2007	2008	2009	2010	2011	2012	2013	2014
Moyen-Orient	**26,2**	**28,2**	**23,9**	**24,8**	**23,7**	**21,9**	**21,7**	**21,4**	**23,9**	**18,6**	**18,4**	**21,1**	**25,0**	**25,6**	**25,0**
Arabie Saoudite	16,6	17,1	16,5	17,7	14,7	14,2	14,0	14,4	15,3	10,8	11,7	13,2	15,9	17,0	15,7
Iraq	6,7	8,3	4,9	4,8	6,3	5,1	5,3	4,7	6,3	4,9	4,4	5,0	5,4	4,3	4,8
Koweït	2,9	2,6	2,4	2,2	2,4	2,3	1,8	1,8	2,1	2,0	2,1	2,2	3,6	4,2	4,3
Amérique	**49,1**	**48,8**	**51,1**	**49,6**	**51,0**	**51,0**	**52,0**	**51,0**	**50,6**	**54,4**	**54,3**	**57,8**	**60,9**	**64,1**	**69,7**
Canada	14,5	14,2	15,4	15,7	15,7	15,8	17,5	18,5	19,6	21,2	21,0	24,4	27,9	32,7	38,6
Mexique	14,8	15,3	16,8	16,6	16,2	15,7	16,0	14,4	12,4	12,4	12,8	12,6	11,7	11,3	10,9
Venezuela	14,1	14,5	13,8	12,8	13,5	12,9	11,9	12,1	11,2	11,1	10,4	10,2	11,3	10,3	10,5
Afrique	**14,3**	**13,9**	**11,7**	**14,6**	**18,7**	**20,6**	**21,6**	**23,5**	**21,4**	**20,8**	**21,3**	**16,6**	**11,7**	**8,3**	**4,0**
Algérie	0,0	0,1	0,3	1,1	2,0	2,1	3,3	4,1	3,0	2,9	3,3	1,8	1,3	0,3	0,1
Angola	3,2	3,4	3,5	3,8	3,0	4,5	5,1	5,0	5,2	5,0	4,2	3,8	2,6	2,6	1,9
Gabon	1,6	1,5	1,6	1,4	1,4	1,3	0,6	0,6	0,6	0,7	0,5	0,4	0,5	0,3	0,2
Nigeria	9,4	8,8	6,3	8,4	10,5	10,4	10,1	10,6	9,3	8,5	10,5	8,4	4,7	3,0	0,8
Extrême-Orient	**1,5**	**1,0**	**1,4**	**0,9**	**1,2**	**1,1**	**1,1**	**0,8**	**1,1**	**0,9**	**0,8**	**0,6**	**0,5**	**0,5**	**0,5**
Europe Occidentale	**6,4**	**5,5**	**8,1**	**5,5**	**3,7**	**3,3**	**2,2**	**1,5**	**1,1**	**1,8**	**1,6**	**1,0**	**0,5**	**0,5**	**0,3**
Norvège	3,2	2,9	3,7	1,8	1,4	1,1	0,9	0,5	0,3	0,6	0,3	0,6	0,3	0,2	0,1
Royaume-Uni	3,2	2,6	4,4	3,7	2,3	2,2	1,3	1,0	0,8	1,1	1,3	0,4	0,2	0,3	0,1
CEI	**2,4**	**2,6**	**3,8**	**1,5**	**1,6**	**2,1**	**1,4**	**1,8**	**2,0**	**3,5**	**3,7**	**3,0**	**1,5**	**0,9**	**0,6**
OPEP	**50,2**	**52,1**	**44,8**	**47,4**	**50,0**	**47,1**	**47,2**	**53,7**	**55,4**	**48,4**	**49,4**	**47,2**	**47,5**	**45,5**	**41,2**
Part de la production du Venezuela exportée aux États-Unis	40,3	41,8	41,4	42,3	40,3	38,6	35,2	36,6	33,2	32,2	33,0	32,6	34,6	28,9	27,7
Part de la production du Mexique exportée aux États-Unis	39,6	40,7	43,3	42,8	43,3	42,8	44,4	42,0	38,9	38,2	40,6	39,1	34,9	30,8	29,3
Taux d'indépendance pétrolière des États-Unis	39,3	39,0	38,6	36,9	34,7	32,9	32,7	32,9	34,5	38,7	39,2	41,4	48,3	53,9	62,2

Source : AIE, *Oil Information 2014*

L'opacité de l'exploitation pétrolière dans le golfe de Guinée

La situation des gisements à très grande profondeur localisés dans le golfe de Guinée est spécifique. L'Angola est l'un des principaux terrains d'action pour les multinationales pétrolières : depuis 2011, ExxonMobil y a extrait 99 000 b/j, BP 123 000, Chevron 139 000, Total 135 000 et ENI 98 000. L'objectif du gouvernement angolais est de maintenir un niveau de production avoisinant 2 millions de b/j (bassins du bas Congo, de Kwanza et de Benguela). Le montant des investissements prévus pour développer 12 projets *offshore* d'ici 2020 est estimé à 30 milliards $.

Compte tenu des similarités géologiques avec les zones *offshore* du Brésil, il n'est pas à exclure que l'Angola devienne un acteur pétrolier de premier plan dans les décennies à venir : dans le bassin de Kwanza, des gisements situés dans des couches antésalifères sont prospectés, et il semblerait que des dizaines de découvertes prometteuses aient été réalisées en eaux profondes et très profondes. Mais l'Angola ne les annonce qu'avec parcimonie afin de ne pas modifier les équilibres prévalant au sein des systèmes pétrolier et gazier mondiaux, ces découvertes jouant un rôle important pour les multinationales présentes car elles peuvent améliorer les taux de remplacement de leurs réserves, qu'elles sont tenues de porter à la connaissance des actionnaires. Au final, l'exploitation pétrolière dans le golfe de Guinée est frappée d'une grande opacité, même si Luanda est devenu un important fournisseur en pétrole de la Chine.

L'exploitation des sables bitumineux au Canada

Même si le pays possède des gisements de pétrole de schiste dans le bassin sédimentaire de l'ouest du territoire (Alberta, Manitoba, Saskatchewan, Colombie britannique), dans le prolongement de ceux du Dakota, plus des deux tiers de la production pétrolière du Canada sont constitués par de l'huile de synthèse élaborée à partir des sables bitumineux et les trois quarts de ces volumes proviennent de l'Alberta. Avec le pétrole de schiste extrait aux États-Unis, il explique les 300 millions de tonnes de production additionnelle en Amérique du Nord. Les investissements prévus pour la valorisation de ces sables bitumineux pour la décennie à venir sont estimés à plus de 140 milliards $, pour une production pouvant passer à horizon 2030 de 1,7 à 5,9 millions de b/j, un objectif néanmoins très ambitieux. Même si des projets de diversification géographique des exportations sont envisagés (vers l'Europe et surtout vers les pays industriels asiatiques), le Canada demeure d'abord le réservoir en matières premières des États-Unis, avec qui le relie un réseau logistique de plus en plus imbriqué. Les États-Unis reçoivent le pétrole et le gaz canadiens de cinq oléoducs et de vingt-cinq gazoducs répartis tout au long de la frontière (tableau 26). Les exportations canadiennes de matières premières énergétiques utilisent également les voies routières, les voies d'eaux et le chemin de fer.

C'est pourquoi le pétrole supplémentaire extrait des sables bitumineux sera exporté avant tout aux États-Unis. Le renoncement au marché européen est logique dans la mesure où la demande y est déjà satisfaite par la CEI, le Moyen-Orient et l'Afrique. Comme les besoins du Vieux continent sont déclinants, il est difficile d'y gagner des parts de marché avec une huile dont le coût de revient n'est pas compétitif comparativement aux bruts conventionnels déjà importés. Ce sont toutefois les arguments environnementaux (préservation des biotopes des baleines bélugas dans l'estuaire du Saint-Laurent, ainsi que des phoques et des rorquals) qui sont mis en avant pour donner l'illusion que le renoncement à la construction de nouvelles infrastructures pétrolières est une concession accordée aux environnementalistes[45].

---

45 Le projet de TransCanada consistait à construire un port pétrolier à Cacouna, sur l'estuaire du Saint-Laurent, pouvant accueillir jusqu'à cinq pétroliers géants par semaine, relié à l'Alberta par un oléoduc de 4 600 km et d'une capacité de 1,1 million de b/j, pouvant être prolongé jusqu'à la

Tableau 26 – Principaux oléoducs reliant le Canada aux États-Unis

Oléoducs	Opérateurs	Situation	Capacité (b/j)	Répartition (%)
Enbridge Mainline	Enbridge (Canada)	En fonctionnement	1 868 000	44,87
Express	Kinder Morgan (USA)	En fonctionnement	280 000	6,73
Trans Mountain	Kinder Morgan (USA)	En fonctionnement	300 000	7,21
Alberta Clipper	Enbridge (Canada)	En fonctionnement depuis 2010	450 000	10,81
Keystone	TransCanada (Canada)	En fonctionnement depuis 2010	435 000	10,45
Keystone XL	TransCanada (Canada)	Projet non achevé aux États-Unis	830 000	19,94

Le scénario d'exportation du pétrole de l'Alberta vers le Pacifique et l'Asie est en revanche beaucoup plus crédible car il est indispensable à l'équilibre économique du projet : c'est pourquoi le contournement des obstacles environnementaux pourrait dans ce cas se révéler plus aisé. La construction du pipeline Northern Gateway (1 200 km, tableau 27), destiné à franchir les Rocheuses en reliant Bruderheim (Alberta) à Kitimat en Colombie britannique, se heurte à des plaintes déposées par des associations de défense de la nature et par les Premières Nations[46], dont l'oléoduc devrait traverser les territoires ancestraux. Mais une telle opposition pourrait être surmontée, puisque le tribunal suprême du Canada a reconnu, pour la première fois en 2014, les Premières Nations en tant que propriétaires des domaines fonciers qu'elles occupent depuis des temps immémoriaux, même si elles ne possèdent pas de titre de propriété. Or, il s'agit d'une décision judiciaire indispensable au versement de droits de transit : comme aux États-Unis, l'exploitation des matières premières constitue un levier décisif pour améliorer les conditions matérielles d'existence des populations d'origine amérindienne, voire pour préserver leurs cultures traditionnelles, la grande majorité des membres de ces peuples indigènes étant marginalisée et précarisée. Mais c'est en Alberta que l'exploitation des sables bitumineux détruit le plus gravement les écosystèmes : non seulement les modes d'existence des autochtones sont bouleversés, mais aussi les atteintes à la santé des populations sont irrémédiables.

façade atlantique (Saint-Jean dans le Nouveau-Brunswick). L'investissement total, évalué à 11 milliards $, était très difficile à rentabiliser.

46 Peuples amérindiens représentant les deux tiers du million d'autochtones vivant au Canada.

Tableau 27 – Comparaison entre les oléoducs Keystone XL et Northern Gateway

Caractéristiques	Keystone XL	Northern Gateway
Objectif	Transport du pétrole extrait des sables bitumineux de l'Alberta (Hardisty) vers les plateformes de raffinage situées le long du golfe du Mexique (Houston, Port Arthur) via Cushing (Oklahoma), ainsi que du pétrole de schiste extrait dans le Nord Dakota (Bakken) pour une capacité de 100 000 b/j.	Transport des sables bitumineux dilués (bitume et condensat) de l'Alberta (Bruderheim) vers la côte pacifique (port de Kitimat) afin de les exporter vers les pays asiatiques.
Débit	830 000 b/j.	525 000 b/j (doublement de l'oléoduc possible pour le transport des condensats).
Coût	7 milliards de $ (5,4 milliards aux États-Unis et 1,6 milliard au Canada) pour 3 461 km (TransCanada).	7,9 milliards de $ (Enbridge) pour 1 177 km (520 km en Alberta et 657 en Colombie britannique), mais conflit entre l'Alberta et la Colombie britannique pour le partage des redevances et des droits de transit.
Avantages	Réduction des importations hors ALENA (accord de libre échange entre les États-Unis, le Canada et le Mexique) et capture des ressources pétrolières canadiennes au détriment des autres importateurs potentiels (Asie, Europe). Substitut aux pétroles lourds du Venezuela et du Moyen-Orient. Gains annuels pour l'économie des États-Unis estimés entre 100 et 600 millions de $.	Réduction de la dépendance aux exportations canadiennes de pétrole vers les États-Unis et exportations vers la zone dans laquelle la demande en pétrole enregistre la plus forte croissance (nouveaux pays industriels asiatiques). Allocation de ressources aux Premières Nations non financées par des prélèvements obligatoires.
Inconvénients	Destruction des sites d'exploitation des sables bitumineux et de leur environnement naturel (faune et flore). Émission massive de gaz à effet de serre lors de leur traitement. Menaces sur l'aquifère de Ogallala au Nebraska (principale nappe phréatique utilisée pour irriguer un cinquième de la production agricole des États-Unis).	Menaces sur les écosystèmes de Colombie britannique (forêt tempérée humide) et les pêcheries (saumon). Risques en cas de naufrage des pétroliers dans une mer froide (220 rotations de pétroliers par an dans des zones où la navigation comporte de nombreux dangers dont l'étroitesse des passages). Nombreuses fuites constatées sur les oléoducs déjà exploités par Enbridge. Construction de deux tunnels pour traverser les chaînes côtières et franchissement d'un millier de cours d'eau dans les montagnes Rocheuses.
Décision	Autorisation présidentielle requise puisque l'infrastructure relie les États-Unis à un pays étranger. Approbation définitive par le Congrès le 15 février 2015. Véto présidentiel le 26 février 2015.	Autorisation accordée par l'exécutif canadien en juin 2014 moyennant le respect de 209 conditions (début des travaux prévu fin 2015 pour une exploitation éventuelle en 2018).

Au final, même si ces projets d'exportation au-delà des océans se réalisent, c'est avant tout la synergie entre les deux pays-continents d'Amérique du Nord qui s'en trouvera approfondie, à condition que l'ensemble des obstacles écologiques et économiques soit un jour surmonté, en particulier l'amélioration significative du rendement énergétique de l'exploitation des schistes bitumineux (actuellement, une quantité d'énergie correspondant en moyenne à 2 barils de pétrole est consommée pour en produire 3, soit un apport nettement supérieur à celui requis pour la production de l'huile extra-lourde du Venezuela ou le traitement des sables bitumeux du Canada, avec des technologies proches)[47]. Dans ce cas, les États-Unis connaîtront une révolution pétrolière[48] encore plus radicale que la valorisation des hydrocarbures de schiste.

2.2. La Russie : poursuite de la stratégie traditionnelle de free riding

La politique américaine pour une plus grande indépendance pétrolière a pour pendant la stratégie russe de renationalisation de l'industrie des hydrocarbures et de maximisation des volumes produits et exportés.

La nationalisation et la concentration de l'industrie pétrolière russe

Si la consommation interne demeure élevée, à long terme le taux d'exportation du pétrole suit un *trend* haussier : 3 % en 1950, 30 % entre 1960 et 1990, un minimum de 20 % en 1992, puis une progression continue jusqu'à un maximum de 72 % en 2009, avec une stabilisation autour de 70 % pour les pays composant l'ancienne Union Soviétique. À bien des égards, la longévité du régime communiste est imputable à la rente pétrolière dont l'URSS bénéficia dès les années 1920, responsable du déséquilibre du marché mondial du pétrole par ses exportations à prix cassés et à l'origine de la cartellisation du marché par les Sept sœurs en 1928 et de la création de l'OPEP en 1960. Tout en n'exerçant aucune véritable influence sur la formation des cours, sauf à provoquer leur baisse temporaire en maximisant inconsidérément sa production, la Russie continue de remplir sa fonction traditionnelle de *free rider*, de passager clandestin bénéficiant de la pseudo-cartellisation du marché.

Depuis le début des années 2000, afin de profiter au mieux d'une telle manne, le Kremlin a procédé à une renationalisation du secteur pétrolier sur son territoire, de sorte que la part de production réalisée directement par les opérateurs étrangers est tombée à 2,1 %, même si la structure actionnariale des grandes entreprises russes de l'énergie n'est que partiellement connue (Lukoil, Surgutneftgas). La majorité du capital de Rosneft

---

47 Les émissions de gaz à effet de serre générées par ce type d'huile s'élèvent de 3 à 4,5 fois plus que pour une exploitation pétrolière conventionnelle.

48 Le total des ressources mondiales en hydrocarbures contenus dans les schistes bitumineux pourrait atteindre jusqu'à 1 000, voire 1 500, milliards de barils dans le monde, dont une majorité (entre la moitié et les trois quarts) serait localisée dans le *Rocky Mountain Energy Corridor* (Utah, Colorado, Wyoming) aux États-Unis. À titre de comparaison, les estimations des réserves de pétrole extrait des roches-mères s'élèvent à 58 milliards de barils selon l'EIA, soit environ deux années de consommation mondiale actuelle.

et de Gazprom est détenue par l'État russe (ce qui implique que les 19,75 % possédés par BP dans le capital de Rosneft, à la suite du rachat forcé de BP-TNK, sont assimilables à un « investissement dormant »). ConocoPhillips n'est plus actionnaire de Lukoil depuis 2011 (après avoir possédé jusqu'au cinquième de son capital) et la montée de Total dans le capital de Novatek (18 %), pour exploiter le gisement gazier de Yamal, est stoppée[49]. Néanmoins, les gisements de Sakhaline sont toujours détenus par des consortiums internationaux, même si l'entreprise publique Rosneft est devenue majoritaire dans Sakhaline II depuis 2006[50].

Un processus tout aussi puissant de concentration a été mis en œuvre, puisque les quatre premières entreprises (Rosneft, Lukoil, Surgutneftegas, Gazprom), qui réalisaient la moitié de la production au milieu des années 1990, atteignent actuellement les quatre cinquièmes (tableau 28). Depuis le rachat de TNK-BP, Rosneft représente 40 % des volumes nationaux : c'est l'opérateur pétrolier dont le volume de production est le plus élevé, si l'on excepte Saudi Aramco (mais, à la différence de ce dernier, il fait l'objet d'une cotation boursière). En revanche, on ne doit pas le considérer comme l'entreprise russe la plus avancée sur le plan technologique, Lukoil ayant bénéficié des transferts de technologies de la part de son ancien actionnaire ConocoPhillips. Il n'est pas à exclure que la volonté de Rosneft d'imposer une fusion au groupe pétrolier Bashneft (3 % de la production russe de pétrole, mais présent aussi dans les télécommunications) n'ait pour finalité d'augmenter ses réserves en pétrole et d'accroître ainsi sa puissance, alors que, surendetté après la reprise de TNK-BP, il a dû faire appel à l'État russe pour l'aider à faire face à ses échéances[51]. Les autres producteurs sont des groupes industriels auxquels le pétrole fournit parfois des revenus importants.

Mais la renationalisation du pétrole russe peut paraître contradictoire avec les défis de long terme auxquels cette industrie se trouve confrontée dans le pays.

Le déplacement des sites productifs et les contraintes logistiques

La répartition géographique de la production (tableau 29) est un bon indicateur de l'ampleur des investissements à réaliser pour maintenir et développer le potentiel pétrolier du pays. Trois domaines peuvent être distingués :

- Les *brownfields*, zones de production déjà ancienne, à cheval entre Europe et Asie[52], sont souvent en déclin, leur taux d'épuisement moyen étant estimé à 50 %

49 Yamal LNG est développé conjointement par Novatek (60 %), Total (20 %) et le chinois CNPC (20 %).

50 Sakhaline I est détenu par Exxon (30 %), Sakhaline Oil & Gas Development (Japon, 30 %), ONGC Videsh (Inde, 20 %) et Rosneft (20 %, via Sakhalinmoneftegas à 11,5 % et Rn-Astra à 8,5 %). Sakhaline II est contrôlé par Gazprom (50 %), Shell (27,5 %), Mitsui (12,5 %) et Mitsubishi (10 %).

51 Rosneft s'est trouvé dans l'impossibilité de refinancer sa dette sur les marchés financiers, moins en raison de sa situation intrinsèque que du fait de l'application des sanctions internationales adoptées en rétorsion de l'annexion de la Crimée.

52 Ils comprennent la zone de Khanty-Mansiisk en Sibérie occidentale (50 % de la production actuelle avec environ 230 champs en production, particulièrement dans l'oblast de Tiumen, dont 66 en déclin), ainsi que les champs historiques de la partie européenne (région de la

(plus des deux tiers pour les gisements localisés dans la partie européenne de la Russie), et leur relance dépend du recours aux techniques de récupération secondaire et aux nouvelles technologies d'extraction.

- Les *greenfields* sont situés en Sibérie orientale (*oil-bearing belt*)[53], mais leur potentiel n'est, pour le moment, en aucun cas comparable à celui de la Sibérie occidentale.
- Les *bluefields* désignent les champs encore plus éloignés[54].

Tableau 28 – Évolution de la répartition de la production russe de pétrole par entreprises (en %)

	Rosneft	Lukoil	TNK	Surgut-neftegas	Gazprom Neft & Gazprom	Tatneft	Slavneft	Bashneft	Russneft	Ioukos	Autres
1995	3,91	18,89	9,12	10,75	9,45	8,14	4,23	5,86	-	15,31	14,34
1996	4,32	17,94	8,31	10,96	9,30	8,31	4,32	5,32	-	15,28	15,94
1997	4,25	18,63	7,84	11,11	8,82	8,17	4,25	4,90	-	15,36	16,67
1998	4,29	18,81	7,26	11,55	8,58	7,92	3,96	4,29	-	14,85	18,49
1999	3,93	19,34	7,54	11,8	8,52	7,87	3,93	3,93	-	14,43	18,71
2000	4,02	19,20	8,98	12,69	8,36	7,43	3,72	3,72	-	15,48	16,40
2001	4,02	20,69	9,77	12,64	8,91	7,18	4,02	3,45	-	16,67	12,65
2002	3,95	19,47	10,00	12,89	9,74	6,58	3,95	3,16	-	18,42	11,84
2003	4,51	17,10	10,21	12,83	9,98	5,94	4,28	2,85	0,48	19,24	12,58
2004	4,79	18,30	15,25	13,07	10,02	5,45	4,79	2,61	1,53	18,74	5,45
2005	15,74	18,72	15,96	13,62	9,79	5,32	5,11	2,55	2,55	5,32	5,32
2006	17,05	17,88	17,46	13,72	11,85	5,20	-	2,49	3,12	4,57	6,66
2007	22,40	18,53	16,29	13,03	11,41	5,30	-	2,44	2,85	-	7,75
2008	23,36	18,03	16,19	12,70	11,07	5,33	-	2,46	2,87	-	7,99
2009	21,46	18,62	16,19	12,15	10,12	5,26	-	2,43	2,63	-	11,14
2010	22,18	17,82	16,04	11,88	10,50	5,15	-	2,77	2,57	-	11,09
2011	22,31	16,63	16,05	11,94	10,57	5,09	-	2,94	2,74	-	11,73
2012	23,73	16,19	16,20	11,86	10,84	5,02	-	2,98	2,86	-	10,32

Source : estimations à partir des rapports annuels

Volga avec Zhirnov et Korobkov, région de l'Oural avec Aktashko, Arlan, Kushol, Orenbourg et surtout Romashkino).

53 Gisements de Yurubcheno-Tokhomskoe et de Vankor (près de Krasnoïarsk), Butuobin et Yaraktinsk (près d'Irkoutsk), Verkhne-Echinskaya (près d'Anadyr).

54 Sibérie du Nord (zones *onshore* et *offshore* de Timan-Petchora) et île de Sakhaline.

Tableau 29 – Répartition de la production russe de pétrole par régions (en %)

Régions	%	Principaux champs pétrolifères
Sibérie occidentale	61,67	Samotlor & Prioskoye Nord (20 % de la production russe), Mamontovskoye, Salymskoye, Bolshoye, Nazym, Surgut, Salym, Ust-Balyk, Sosnino, Myldzhin, Urengoye
Oural-Volga	22,41	Romashkinskoye, Aktashko, Arlan, Kushkol, Orenbourg, Elskoye, Korobkov, Zhirnov
Sibérie orientale	3,57	Vankorskoye, Verkhnechonskoye, Yurubchino-Tokhomskoye, Rakushechnoye, Sarmatskoye, Zapadno Rakushechnoye
Sakhaline	2,74	Chaivo (Sakhaline I) / Piltun-Astokhskoye, Lunksoye (Sakhaline II) / Kirinskoye, Veninskoye (Sakhaline III) / Okha, Ekhabi, Odoptu, Arkutun-Dagi
République de Komi	2,51	-
Arkhangelsk	2,41	Arkhangelsk
Irkoutsk	1,95	Butuobin, Yaraktinsk
Yakoutie	1,29	Urengoy
Nord du Caucase	0,62	Uzen, Uyrii Korchagin, Khvalynksoye
Enclave de Kaliningrad	0,25	-
Timan-Petchora et mer de Barents	0,58	Usa, Khylchuikoye, Prirazlomnoye

Source : Oil & Gas Journal

Il n'est certes pas à exclure que tous ces fronts pionniers soient appelés à connaître une forte croissance dans les décennies à venir. La production a progressé depuis dix ans dans la zone de Timan-Petchora, dans la République de Komi et dans la région autonome des Nenets, ainsi que sur l'île de Sakhaline où la grande qualité des hydrocarbures l'a emporté sur les difficultés techniques d'exploitation, ce qui explique qu'elle est toujours confiée à des consortiums internationaux. Le terminal pétrolier de Varandey, situé en mer de Barents, a été implanté en 2009 et, quatre ans plus tard, la première plateforme pour l'exploitation pétrolière en zone arctique a été lancée par Gazprom, dans la mer de Petchora[55]. La Russie considère toujours que sa puissance à venir dépend de sa capacité à maîtriser l'espace arctique, comme l'atteste la demande d'extension de sa zone économique exclusive présentée en août 2015 à l'ONU et portant sur 1,2 million de km^2.

[55] Gisement de Prirazlomnoye, avec une production annuelle de 7 millions de tonnes et des réserves totales estimées à 77 millions de tonnes.

Tableau 30 – Répartition des réserves en pétrole et en gaz en Russie par zone géographique (en %)

	Réserves en pétrole	Réserves en gaz conventionnel
Sibérie occidentale	53,5	41
Sibérie orientale et Extrême-Orient	13,5	19
Plateau continental	12,4	32
Partie européenne de la Russie	20,6	8

Source : *Oil & Gas Journal*

Pourtant, le renouvellement des réserves exploitables (tableau 30), et donc la valorisation des nouveaux gisements sibériens et arctiques aussi bien *onshore* qu'*offshore*[56], sont soumis à des conditions climatiques extrêmes, ce qui explique le coût élevé de ces hydrocarbures face à ceux originaires du Moyen-Orient. Cela suppose aussi des investissements supérieurs à ceux effectués pendant les deux dernières décennies. Alors que quelques dizaines de milliards $ d'investissement sont nécessaires pour maintenir et développer le potentiel productif de la péninsule arabique (de l'Iraq, voire de l'Iran également), les sommes requises par le secteur énergétique russe sont évaluées à plusieurs centaines de milliards $ si le pays veut simplement préserver ses parts de marché. La rentabilité de l'activité en est d'autant dégradée, même si les oléoducs sont largement amortis[57]. De plus, le recours à des technologies que les entreprises nationales ne maîtrisent pas ou bien insuffisamment, et dont seuls les *Majors* contrôlent l'emploi dans des conditions optimales, est indispensable, ce qui confronte le nationalisme énergétique du gouvernement Poutine à une contradiction majeure : l'impossibilité de s'isoler de l'industrie mondiale des hydrocarbures[58].

C'est sans doute pour tenir compte de ces difficultés que le plan de développement des hydrocarbures à horizon 2030, adopté en 2009 par les autorités fédérales, vise non à augmenter, mais à stabiliser la capacité de production pétrolière pour les deux décennies à venir, puisque le volume atteint en 2014 (534,1 millions de tonnes) correspond à l'estimation haute retenue pour 2030, contrairement à la forte progression anticipée du gaz (tableau 31). Si le déclin des principales zones actuelles d'extraction est

---

56 Les réserves *offshore* de la Russie sont probablement localisées en mer Noire, mais surtout dans l'ensemble des mers arctiques, de la mer de Barents à la mer des Tchouktches.

57 Déjà sous l'URSS, le principal objectif de l'industrie soviétique étant de procurer de précieuses devises convertibles grâce à l'exportation des hydrocarbures en dehors du Comecon, la maîtrise des coûts exprimés en roubles ne constituait pas un véritable objectif de gestion.

58 C'est le cas en Arctique, pour l'*offshore* de la mer Noire, ainsi que dans le pétrole de schiste, dont le pays possèderait d'importants gisements (Barzhenov en Sibérie occidentale, estimé à 75 milliards de barils selon l'EIA, bassin de l'Oural et de la Volga, Sud de la Russie). En 2013, le taux de la taxe d'extraction a été réduit à zéro pour le pétrole extrait des roches-mères, incitant quelques multinationales (Exxon, Shell, BP, Total, Statoil) à former des *joint-ventures* avec Rosneft pour l'exploiter.

prévu (Tyumen, Volga, Oural), la relance de la production dans le Caucase peut cependant sembler surprenante, et l'augmentation prévue de la part de la Sibérie orientale est particulièrement ambitieuse. La volonté russe de concurrencer efficacement les États-Unis et le Moyen-Orient dans le domaine pétrolier pourrait s'avérer un vœu pieux ou une manipulation idéologique. Mais proposer des plans de développement de la production dépourvus de fondement géologique ou économiquement irréalistes est une manœuvre à laquelle les gouvernements et les entreprises ont habituellement recours. De plus, le potentiel gazier de la Russie est bien plus important que le potentiel pétrolier et les gisements russes de gaz présentent souvent des avantages comparatifs (coûts directs d'exploitation), abstraction faite de leur éloignement géographique.

Tableau 31 – Programmation de la production annuelle de pétrole en Russie à l'horizon de 2030

En millions de tonnes	2010-2015	2015-2020/2022	2020/2022-2030
Zone Nord-Ouest	32-35	35-36	42-43
Volga	49-50	44-45	34-36
Oural	45-47	36-41	25-29
Caucase	7-11	19-20	21-22
Région de Tyumen	282-297	275-300	291-292
Région de Tomsk	12-13	11-12	10-11
Sibérie orientale	21-33	41-52	69-75
Extrême-Orient	23-25	30-31	32-33
Russie	**486-495**	**491-537**	**530-535**
En %	**2010-2015**	**2015-2020/2022**	**2020/2022-2030**
Zone Nord-Ouest	6,8%	6,9%	8,0%
Volga	10,1%	8,7%	6,6%
Oural	9,4%	7,5%	5,1%
Caucase	1,7%	3,8%	4,0%
Région de Tyumen	59,0%	55,9%	54,7%
Région de Tomsk	2,5%	2,2%	2,0%
Sibérie orientale	5,5%	9,0%	13,5%
Extrême-Orient	4,9%	5,9%	6,1%
Russie	**100,0%**	**100,0%**	**100,0%**

Source : *Russian Energy Strategy to 2030*
(publié par le gouvernement russe le 13 novembre 2009)

Dans ces conditions, la Russie constitue certes un champ d'action crucial pour les multinationales, mais ces dernières ont tendance à faire montre d'une grande prudence. Déjà, une tendance au désinvestissement était constatée avant l'entrée en vigueur des sanctions imposées par les pays occidentaux à la suite de l'annexion de la Crimée et du soutien apporté aux forces sécessionnistes dans l'Est de l'Ukraine. Et, compte tenu des risques spécifiques encourus dans les zones arctiques, certaines entreprises pétrolières (comme Total) s'abstiennent, pour le moment, de prospecter et d'exploiter des gisements localisés sous la banquise.

En conséquence, si à court terme la place de la Russie sur le marché pétrolier international est trop importante pour qu'il soit possible de trouver des sources alternatives d'approvisionnement, à long terme il n'est pas impossible que des investissements massifs en Iran et au Venezuela ne puissent développer des capacités de production excluant partiellement Moscou du marché pétrolier mondial (tableau 32). Mais ruiner la Russie est une stratégie risquée eu égard à son potentiel militaire, conventionnel et nucléaire : il est donc improbable qu'une phase de dislocation, d'appauvrissement et d'humiliation analogue à celle de la décennie 1990 se reproduise. Il ne s'agirait certes que d'un retour logique de balancier : compte tenu de la configuration actuelle du système pétrolier mondial, il apparaît que c'est l'échec de la politique d'*apertura petrolera* provoquée par l'accession au pouvoir du colonel Chavez au Venezuela, à partir de 1998, qui a permis à la Russie d'occuper sa position actuelle. Un esprit retors en déduirait que le régime chaviste a délibérément entravé le développement de l'économie pétrolière vénézuélienne pour permettre à Moscou de s'insérer dans des conditions favorables au sein du système économique mondial. Un esprit plus averti ne manquerait pas de rappeler que l'actuel régime en Russie s'est installé alors que ce pays venait de connaître une décennie chaotique liée à la transition économique et qu'il a fondé initialement sa relative popularité en redistribuant une fraction des revenus procurés par le troisième choc pétrolier. Cet esprit plus avisé en serait amené à conclure que le contre-choc pétrolier pourrait provoquer une grave crise politique en Russie.

3. La nécessaire hiérarchisation de l'offre

Comme tout marché, celui du pétrole est hiérarchiquement structuré. La surabondance productive de ces dernières années a rendu d'autant plus nécessaire un strict ordonnancement de cette offre qu'il faut déterminer l'ordre dans lequel les réserves seront exploitées et consommées, en fonction de logiques aussi bien économiques que spécifiquement géopolitiques.

Tableau 32 – Exportations de pétrole russe vers quelques pays européens

	Volumes (en milliers de tonnes)					Part du pétrole russe dans la consommation nationale (en %)				
	2010	2011	2012	2013	2014	2010	2011	2012	2013	2014
Allemagne	33 895	35 328	34 703	31 446	30 024	29,4	31,5	31,1	27,7	26,9
Belgique	14 791	14 169	12 067	13 168	12 428	42,9	44,9	41,0	43,7	41,5
Espagne	8 770	9 504	8 899	8 925	8 134	12,6	13,9	13,9	15,1	13,7
Finlande	10 562	9 920	9 391	9 911	8 667	101,7	103,1	103,4	111,4	101,3
France	10 883	9 547	8 317	6 682	5 241	12,9	11,5	10,4	8,4	6,8
Hongrie	5 847	5 984	5 567	5 192	5 589	87,3	93,3	94,1	88,9	92,8
Italie	14 661	14 002	14 944	16 342	12 695	20,1	19,9	23,3	26,9	22,4
Pays-Bas	17 422	16 200	15 945	15 906	12 128	38,0	35,2	36,5	38,4	30,6
Pologne	21 308	22 027	23 578	22 271	22 173	79,8	82,8	91,8	93,5	93,2
Royaume-Uni	4 974	6 348	7 394	5 391	2 745	6,8	8,9	10,4	7,8	4,0
Rép. tchèque	4 945	4 102	4 545	4 213	4 164	53,8	45,4	50,9	49,4	45,4
Turquie	3 283	2 131	2 113	1 467	608	10,3	6,9	6,7	4,4	1,8
Total	**318 000**	**319 300**	**302 000**	**300 100**	**294 800**	**100,0**	**100,0**	**100,0**	**100,0**	**100,0**

Source : calculs des auteurs à partir des rapports annuels de l'AIE sur le pétrole (*Oil Information*)

3.1. Une sélection par les coûts de production

Dans un contexte de sur-offre, le premier paramètre à retenir est celui du coût marginal d'extraction de la ressource, qui se ventile entre quelques $ le baril, pour les gisements les plus faciles à exploiter et dont les infrastructures sont largement amorties comme au Moyen-Orient, et plusieurs dizaines de $ (voire une centaine) pour les champs les plus périphériques soumis à des contraintes climatiques et géologiques spécifiques : *offshore* profond, Arctique, bruts requérant des processus de transformation très onéreux (tableau 33). Mais la géologie, tout en jouant un rôle considérable, n'est pas nécessairement le déterminant principal dans le processus de sélection des gisements à exploiter. Elle doit composer avec des facteurs géopolitiques, qui peuvent se traduire par une hausse des coûts d'exploitation, voire par une interdiction d'accès à la ressource.

Toute décision en matière d'exploitation pétrolière résulte de la prise en compte de trois séries de paramètres :

- la faisabilité technique, sachant que les multinationales ont tout intérêt à valoriser des gisements présentant des difficultés spécifiques, ce qui légitime leur fonction dans le système pétrolier international),
- la rentabilité économique, sous réserve de distinguer les flux financiers libellés en monnaie nationale et en devises à statut international,

- les conséquences politiques : exploiter un gisement d'hydrocarbures permet de doter un gouvernement de moyens d'action qu'aucune autre ressource ne saurait lui procurer.

C'est donc la combinaison des facteurs techniques, économiques et politiques qui explique en fin de compte la formation des prix du pétrole.

Tableau 33 – Estimation des coûts de production des différentes catégories de pétrole conventionnel et non conventionnel ($ par baril)

	Estimations moyennes basses	Estimations moyennes hautes
Onshore		
Moyen-Orient	17	19
Russie	50	54
Offshore		
Plateau continental	41	43
Eaux profondes	52	53
Eaux très profondes	56	57
Arctique	75	150
Pétroles non conventionnels		
Sables bitumineux	70	74
Huile lourde	47	49
Pétrole extrait des roches-mères*	62	65

* Les coûts de production du pétrole de schiste pour les gisements localisés aux États-Unis s'étendraient de 40 à 70 $ le baril (environ 80 % des gisements ayant des coûts compris entre 55 et 65 $ le baril). Toutefois, on constate que la production a fortement augmenté en 2014, alors que les prix étaient orientés à la baisse : les exploitants ont manifestement réalisé des gains de productivité substantiels en standardisant les méthodes de forage et d'exploitation.

Source : synthèse des estimations effectuées par des banques d'investissement et des sociétés d'analyse indépendantes des entreprises pétrolières

Ces estimations ne sont que des valeurs moyennes et ne tiennent pas compte des gains de productivité et des effets d'apprentissage. Toute modélisation de l'exploitation des gisements pétroliers est par nature dynamique. Dans une industrie hautement capitalistique, les politiques d'amortissement ont un impact décisif sur la rentabilité des entreprises pétrolières.

3.2. Une régulation conditionnée par des mises à l'écart de nature politique

La position prééminente des monarchies pétrolières, et donc de l'Arabie Saoudite (tableau 34), a été étayée par d'autres voies que la géologie même si, en règle générale, leurs coûts de production figurent parmi les plus bas au monde. Ce sont des limitations géopolitiques imposées par les États occidentaux (soutenus par ces mêmes monarchies pétrolières) qui ont paradoxalement permis au cartel de l'offre d'imposer une certaine discipline parmi ses membres.

Tableau 34 – Investissements de capacité dans les monarchies pétrolières

Arabie Saoudite	Production actuelle (en b/j)	Projets d'investissement
Ghawar	5,8 millions	Réduire la pression sur le gisement supergéant de Ghawar en utilisant des techniques de récupération assistée et en développant d'autres champs.
Safaniya (*offshore*)	1,2 million	
Khurais	1,2 million	Augmentation de 0,3 million de b/j (2017).
Manifa (*offshore*)	0,9 million	
Shaybah	0,75 million	Augmentation de 0,25 millions de b/j (2017).
Mazalij & Abou Jifan	entrés en production en 2010-2011	
Koweït	**Objectifs (en b/j)**	**Projets d'investissement**
Ratqa (pétrole lourd du Nord du Koweït)	60 000 en 2017-2018	Investissement de 4,5 milliards $ pour réduire la pression sur le gisement supergéant d'Ahmadi-Burgan.
	120 000 en 2020	
	270 000 en 2025	
Champs du Nord (Abdall, Al-Ratqa, Raudhatain, Sabriya)	Augmentation de la capacité de 300 000 (pour atteindre 1 000 000)	
Jurassic (Nord du Koweït)	Augmentation de la capacité de 300 000 à 350 000	
Abu Dhabi	**Production actuelle (en b/j)**	**Projets d'investissement**
Bu Hasa	550 000	Accroissement total de 200 000 b/j en 2014.
Sahil-Asab-Shah	430 000	
Bab-Murban	360 000	
Bida al-Qemzan	225 000	Accroissement de 75 000 b/j en 2016.
Zakoum supérieur	500 000	Accroissement de 250 000 b/j en 2016 et 1 000 000 b/j en 2024.
Zakoum inférieur	300 000	Accroissement de 125 000 b/j.
Oum Chaïf	230 000	Accroissement de 50 000 b/j en 2018.
Al-Dabliya	100 000	
Rumaitha-Shanayel-Satah	20 000	Accroissement de 100 000 b/j en 2017.

Qatar	Production actuelle (en b/j)	Projets d'investissement
Al Shaheen	300 000	Exploité par Maersk (investissement de 2,5 milliards $ pour maintenir le niveau de production).
Dukhan	225 000	Exploité par Qatar Petroleum (plan de développement mené par Exxon).
Idd al-Shargi	100 000	Exploité par Occidental Petroleum (investissement prévu de 3 milliards $ pour maintenir la production en utilisant les techniques de récupération assistée).
Bul Hanine	45 000	Exploité par Qatar Petroleum.
Maydan Mahzam	22 000	Exploité par Qatar Petroleum.
Al-Khaleej	19 000	Exploité par Total (investissement prévu de 6 milliards $ pour porter la production à 90 000 b/j en 2017).
Al-Rayyan	8 000	Exploité par Occidental Petroleum.
Al-Karkara	7 000	Exploité par Qatar Petroleum.
Al-Bundug	6 500	Exploité par Bunduq Oil Company (en association avec Abu Dhabi).

Source : Oil & Gas Journal

Les mises à l'écart de membres de l'OPEP

Tandis que l'apport du pétrole russe demeure indispensable pour faire face à la demande mondiale dans des conditions qui ne remettent pas en cause les grands équilibres globaux, deux membres de l'OPEP, l'Iran et le Venezuela, au potentiel pourtant très important, ont été en partie exclus du marché international. Rétrospectivement, il apparaît que le maintien des cours mondiaux du pétrole au niveau aberrant de 110 $ par baril entre 2011 et 2013 n'a pu être obtenu que parce que les exportations iraniennes ont été frappées par un embargo et que le Venezuela, souffrant d'un manque chronique d'investissements, a rencontré des difficultés croissantes pour remplir son quota (sans oublier le fort recul de la production de certains exportateurs en proie à des guerres civiles comme la Libye ou le Soudan). Les monarchies pétrolières (et notamment les EAU et le Qatar) ont, en conséquence, consolidé leurs positions.

Mais une telle mise à l'écart demeure partielle. La baisse de la part relative de la production de l'Iran demeure limitée malgré l'embargo : les sanctions ont été calibrées de manière à interrompre les relations économiques avec l'Amérique du Nord et l'Europe, tout en préservant une partie des flux vers l'Asie (Chine, Inde, Taiwan, Japon, Corée du Sud, Turquie). Dans le cas contraire, la pénurie en pétrole aurait généré des hausses de prix insoutenables à une échelle plus globale, l'asphyxie de l'Iran provoquant indirectement et progressivement celle de l'économie mondiale (d'ailleurs, la progression de la production de l'Iraq – Kurdistan inclus – est, pour le moment, moins élevée qu'initialement anticipé). Un pays aussi important que l'Iran ne peut pas être mis complètement et durablement au ban de la communauté internationale.

De plus, la situation du Venezuela est spécifique dans la mesure où l'origine du déclin de son industrie pétrolière est endogène et réside dans la réorientation de sa politique étrangère vers des pays (Chine, Russie) dont les opérateurs ne disposent pas de l'expertise requise pour l'aider à exploiter le brut extra-lourd de la ceinture de l'Orénoque. Ainsi, le nationalisme pétrolier du Venezuela a abouti à substituer une dépendance vis-à-vis de Washington à une autre vis-à-vis de Pékin (Caracas, en proie à une grave crise financière, a dû gager les prêts consentis par la Chine sur ses réserves de pétrole et les rembourser directement en nature, les termes de l'échange demeurant inconnus).

Avec des réserves d'un ordre de grandeur comparable à celles de l'Arabie Saoudite, le Venezuela est menacé de faillite et sa part de production se rétracte sur la longue durée. Or, ce pays aurait pu massivement relancer ses volumes si la politique d'*apertura petrolera* menée entre 1995 et 1998 par la classe politique traditionnelle avait été poursuivie[59]. Consciente de l'impasse dans laquelle PDVSA se trouvait si cette société n'était pas autorisée à se procurer les technologies lui permettant de valoriser les pétroles extra-lourds et si l'industrie des hydrocarbures nationale ne bénéficiait pas d'investissements extérieurs massifs, elle a été supplantée par un mouvement chaviste nostalgique du « socialisme tropical ». Les monarchies pétrolières et Moscou apparaissent rétrospectivement comme les principaux bénéficiaires de l'éclipse, sans doute temporaire mais *a priori* durable, de Caracas (comme de Téhéran et Tripoli, mais dans une moindre mesure). Il en va de même pour certains nouveaux exportateurs faisant montre d'un grand dynamisme (Angola, Azerbaïdjan, Canada, Colombie, Kazakhstan). Encore une fois, les sanctions internationales se sont révélées être un moyen imparable pour redistribuer les cartes du jeu pétrolier mondial.

Le cantonnement relatif des républiques d'Asie Centrale

Les ex-républiques soviétiques d'Asie centrale et du Caucase, plus ou moins enclavées géographiquement, font aussi partie de ces contrées que le concert des nations dominantes essaie de tenir à l'écart du marché, enrayant ainsi une montée en puissance pourtant programmée. La Russie en particulier n'a aucun intérêt à devoir affronter la concurrence des anciennes républiques-sœurs, tant pour le pétrole que pour le gaz : elle se trouve en position de force puisqu'elle contrôle le réseau d'oléoducs et de gazoducs légué par l'ère soviétique et ces pays souvent enclavés n'ont d'autre option que de construire de nouvelles infrastructures logistiques, du moins lorsqu'ils en ont la possibilité.

---

59 La hausse de la production de pétrole au Venezuela entre 1995 et 1998 (passant de 152,4 à 179,6 millions de tonnes) fut considérée comme la cause de l'effondrement des cours mondiaux, atteignant un minimum en 1998 (12,8 $ le baril) et expliquant, en partie, le défaut de paiement de l'État russe sur sa dette et les graves difficultés de l'Arabie Saoudite.

Pionnier dans l'exploitation du pétrole (50 % de la production mondiale à la fin du XIXe siècle sous la bannière de Moscou), l'Azerbaïdjan pâtit de l'héritage soviétique tout en ayant réussi à s'en émanciper : l'exploitation du pétrole pendant la période de l'URSS y a provoqué une gigantesque catastrophe environnementale, probablement irréversible [60] , mais les autorités ont mis en place une véritable politique d'internationalisation [61] et n'ont pas hésité à faire massivement appel aux *Majors* occidentales qui ont permis de relancer la production. Entré en fonction en 2006, l'oléoduc Bakou-Tbilissi-Ceyhan, reliant la Caspienne à la Méditerranée, permet d'exporter un million de b/j via la Turquie, en contournant les territoires russe et arménien. Depuis 1997, les investissements de BP, Shell, ConocoPhillips, Unocal (repris par Chevron en 2005) et Total dans le développement des champs *offshore* de la mer Caspienne se sont élevés à plus de 60 milliards $ et l'association avec la société nationale SOCAR, dans le cadre d'accords de partage de production, a permis à Bakou d'échapper à la mainmise des intérêts russes.

Mais d'autres pays d'Asie centrale n'ont pu s'affranchir des contraintes logistiques imposées par l'enclavement. C'est pourquoi, afin d'échapper à la pression de Moscou, le Kazakhstan se tourne de plus en plus vers la Chine : depuis 2011, un oléoduc de 2 200 km relie les champs pétrolifères de la Caspienne au Xinjiang chinois, permettant à Astana d'exporter 20 millions de tonnes de pétrole par an tout en évitant le réseau des pipelines russes. Pékin pourrait être associé à la seconde phase de développement du site de Kashagan (selon toute vraisemblance, pas avant 2020-2025). Mais ce sont aussi les réseaux ferrés chinois et kazakh qui sont dorénavant reliés, permettant aussi l'exportation du pétrole par wagons citernes. Et il n'est pas à exclure que la « nouvelle route de la soie » ne soit utilisée pour transporter, entre autres, du pétrole vendu contre des biens de consommation importés de Chine.

Quant au pétrole turkmène, extrait au large des côtes caspiennes, il est évacué vers l'ouest par Bakou et commercialisé par l'azerbaïdjanais SOCAR Trading. Cependant, comme au Kazakhstan, l'option chinoise est très présente : le groupe CNPC a signé deux accords (2002, 2005) pour explorer le territoire turkmène et trois autres (2005, 2006, 2008) pour explorer la région de la mer d'Aral en Ouzbékistan. Mais, si le potentiel pétrolier de ces deux pays demeure encore peu valorisé, il est également mal connu.

---

60 La trentaine de combinats de Sumqayit (pétrochimie, chimie, métallurgie) s'est transformée en une vaste friche industrielle de 350 km^2, extrêmement polluée et fort difficile à réhabiliter. Les étangs de la région de Bakou sont saturés d'installations rouillées et de déchets pétroliers. Le coût de la réhabilitation de la presqu'île est estimé forfaitairement à 20 milliards $ et la seule rénovation du système d'adduction d'eau potable et d'évacuation des eaux usées dans la région de la capitale impliquerait 7 milliards $ d'investissements.

61 La SOCAR (State Oil Company of the Azerbaidjan Republic) a repris des réseaux de stations-services en Géorgie et en Suisse et le fonds pétrolier SOFAZ (estimé à 33 milliards $) a acquis en 2013 le réseau de distribution du gaz de Grèce (DEPA).

Les enjeux géopolitiques de l'exploitation de Kashagan

Une forme de consensus implicite au sein de la communauté internationale (OCDE, Russie, Chine, Inde, OPEP, nouveaux pays industriels asiatiques) pour contenir la montée en puissance des pays d'Asie centrale, et donc pour leur concéder une place limitée sur le marché mondial de l'énergie, n'est pas à exclure. La commercialisation des hydrocarbures extraits du gisement supergéant de Kashagan doterait l'actuel gouvernement du Kazakhstan de fonds évalués à plusieurs dizaines de milliards $ par an pendant au moins deux décennies. Kashagan (75 km sur 45 km, à une profondeur de 4,5 km) est la plus importante découverte effectuée depuis Prudhoe Bay en Alaska en 1968 : il recèlerait 38 milliards de barils, dont 11 à 13 milliards récupérables, et 490 milliards de m^3 de gaz naturel. En phase de plateau, sa production aurait dû atteindre 1,5 million de b/j à partir de 2020. Sa mise en production a été fixée en 2005, 2008, 2010, 2011, puis en 2012. De nombreux arguments techniques ont été invoqués pour justifier cette série de retards (taille du gisement, faible profondeur d'eau, fragilité de l'environnement, gel de la mer Caspienne plusieurs mois par an, amplitude thermique entre l'hiver et l'été de -40° à +40°, pression très forte des réservoirs, présence d'hydrogène sulfuré, haut degré d'acidité du gaz naturel). En septembre 2013, la première extraction de pétrole a été réalisée, mais la production a été stoppée un mois plus tard en raison – officiellement – de fuites dans le système des canalisations et de leur corrosion prématurée du fait d'une teneur excessive de souffre. La commercialisation des hydrocarbures extraits à Kashagan accentuerait les déséquilibres du marché mondial des hydrocarbures.

Toutes ces exclusions (parfois partielles) font le jeu de Moscou. La Russie, et dans une moindre mesure l'Azerbaïdjan et le Kazakhstan (dont l'ascension a été toutefois enrayée), ont aussi bénéficié du déclin de la production de la Norvège, du Mexique et des petits pays exportateurs d'Afrique, d'Amérique latine (à l'exception de la Colombie) et d'Asie. Il est probable que la Russie ait été indirectement la principale bénéficiaire de la crise frappant le Venezuela, tout comme l'URSS était parvenue à contrer la montée en puissance de la Libye sur le marché pétrolier, qui la concurrençait directement en tant que fournisseur des pays d'Europe du Sud (l'apogée de sa production remontant à 1970 avec un record de 161,7 millions de tonnes). Le coup d'État de 1969 à Tripoli avait porté au pouvoir un régime qui relevait de la sphère d'influence soviétique et qui a fortement restreint ses ambitions pétrolières.

À rebours des approches qui mettent l'accent sur la rareté de la ressource, la géopolitique du pétrole peut donc aussi être interprétée comme une lutte permanente pour conquérir des parts de marché dans un système pétrolier mondial qui serait menacé de saturation si les différents producteurs ne parvenaient pas à maintenir une certaine discipline. Si le Venezuela, l'Iran et la Libye avaient été en mesure de développer leur potentiel pétrolier, alors la position de la péninsule arabique serait bien moins prééminente et la Russie se trouverait dans une situation nettement moins favorable.

La contagion de la crise vénézuélienne à la Colombie

L'essor économique actuel de la Colombie est imputable à trois facteurs : la hausse de la production de pétrole qui permet de desserrer la contrainte extérieure, mais sans atteindre un niveau suffisant pour enclencher le mécanisme de « malédiction pétrolière » ; la pacification relative du pays, l'épicentre de l'économie de la cocaïne s'étant déplacé vers le Pérou ; l'attrition de la base productive du Venezuela qui offre de nouveaux débouchés à Bogotá, d'autant que l'émigration de ressortissants colombiens vers le Venezuela a contribué à atténuer l'impact de la forte croissance démographique de la Colombie.

C'est pourquoi la crise pétrolière mondiale non seulement réduira les recettes publiques de l'État colombien, mais aura aussi des répercussions sur le secteur privé en raison de la baisse de la demande vénézuélienne. De plus, Caracas a entrepris d'expulser des citoyens colombiens présents sur certaines parties de son territoire, accusés de pratiquer la contrebande (en forte hausse en raison des contrôles des prix et des changes instaurés au Venezuela).

3.3. Les marges de manœuvre relatives des multinationales du pétrole

Une telle politique d'élimination poursuivie par certains pays pétroliers – et leurs alliés géopolitiques – au détriment des nations exportatrices considérées comme les plus menaçantes ou les moins désirables n'est cependant pas toujours destinée à être couronnée de succès. Il est souvent avancé que, par le biais de l'actuel contre-choc, Riyad entend ruiner la production des pétroles à coûts de production élevés, en particulier l'huile extraite des schistes et des sables bitumineux en Amérique du Nord. Cette approche, si elle n'est pas totalement erronée, méconnaît la détermination politique des États-Unis d'accroître fortement leur indépendance énergétique, comme le montre la forte progression de l'extraction en 2014. Les petits producteurs américains d'hydrocarbures de schiste bénéficient de crédits fiscaux substantiels et ils seront repris par de grandes entreprises en cas de faillite. Quant à la production, très capitalistique, du pétrole extrait des sables bitumineux, c'est une carte forcée pour des *Majors* qui ne disposent guère, pour le moment, de projets alternatifs d'investissements présentant des perspectives comparables (du moins tant que les sanctions frappant l'Iran et la Russie ne sont pas levées).

Les multinationales d'origine occidentale, qui se sont vues bloquer l'accès à la plupart des réserves les plus facilement exploitables (soit par interdiction formelle, soit du fait d'une exposition à de graves risques géopolitiques), ont été contraintes de se replier sur des gisements aux coûts de revient de plus en plus élevés et plus complexes à exploiter, même si elles peuvent y déployer tout leur savoir-faire technologique – elles sont de toute façon les seules à pouvoir mettre ces gisements en valeur.

Le maintien de la rentabilité de l'exploitation de ces champs suppose cependant que l'écart entre l'offre et la demande sur le marché mondial ne se creuse pas de façon inconsidérée. C'est ce qui explique pourquoi les multinationales agissent dans le sens de la maîtrise de l'offre, de sorte à maintenir des cours suffisants pour rentabiliser leurs activités. D'où des stratégies de communication tendant parfois à occulter leurs éventuelles découvertes : du point de vue boursier, toute annonce de nouveau gisement n'est pas dénuée d'ambivalences (si la croissance de la production peut s'ensuivre, la chute des cours peut aussi en découler).

4. La persistance de la malédiction pétrolière

Le contre-choc pétrolier qui se dessine à partir de 2014 devrait *a priori* éloigner les perspectives de « malédiction pétrolière », expression qui désigne un ensemble de conséquences négatives du point de vue économique, social et politique frappant les pays où l'afflux de recettes procurées par l'exportation des hydrocarbures a créé un enrichissement aussi soudain que considérable. En réalité, la baisse significative des cours, si elle réduit les marges de manœuvre financières au point de remette en question le *fiscal break-even point* (c'est-à-dire bouleverser les perspectives financières sur lesquelles l'équilibre budgétaire avait été construit), est partiellement compensée par le maintien des volumes à des niveaux record, sans compter que les habitudes acquises en termes de choix des investissements, et plus largement d'allocation des ressources, demeurent ancrées dans la durée.

4.1. Une malédiction à multiples facettes

Rarement une notion comme la « malédiction pétrolière » a été source d'autant d'ambiguïtés et de malentendus. Tous les pays du tiers monde aspirent à découvrir des gisements d'hydrocarbures sur leurs territoires car ils procurent des revenus qu'aucune autre matière première n'est en mesure de générer. Le pétrole constitue la principale source de recettes pour la quasi-totalité des pays qui l'exportent et le paramètre essentiel pour l'équilibre de leurs balances commerciales et de leurs budgets publics respectifs, à l'exception du Mexique [62] (lequel possède une véritable économie industrielle grâce à la sous-traitance et aux délocalisations) et du Canada (malgré l'accélération de la désindustrialisation consécutive à la crise de 2008-2009). De par leur combinaison, plusieurs effets sont cependant susceptibles de remettre en cause l'élan économique escompté.

---

62 La transformation du secteur pétrolier mexicain est indispensable pour éviter que ce pays ne devienne, à moyen terme, un importateur net de pétrole (il l'est déjà pour le gaz). PEMEX doit d'abord être considéré comme un compte annexe du Trésor mexicain, ce qui explique l'accumulation des déficits et les fonds propres négatifs de cette société publique. La réforme vise à doter cette entreprise nationale d'une véritable autonomie de gestion et à la soustraire aux charges indues, ainsi qu'aux prélèvements fiscaux excessifs (le secteur des hydrocarbures fournit actuellement un tiers des ressources fiscales de l'État mexicain), afin qu'elle puisse dégager des ressources propres suffisantes pour autofinancer ses investissements.

Une désarticulation économique

En premier lieu, une profonde désarticulation technico-économique du pays peut surgir. Les exportations d'hydrocarbures se traduisent par une revalorisation du taux de change qui dégrade la compétitivité-prix externe du pays, érode les exportations et stimule les importations, fragilisant dès lors les autres secteurs de l'économie. Ces derniers seront d'autant plus sacrifiés que l'importance des investissements dans le domaine de l'énergie produit des effets d'éviction (en capital, domestique ou étranger, en travail qualifié) à leur détriment, à l'exception de la filière des hydrocarbures au sens large[63], et cela pour des créations d'emplois peu nombreuses.

Il peut cependant arriver que les ressources procurées par les hydrocarbures soient dirigées vers d'autres horizons productifs. Or, toute diversification industrielle en dehors des secteurs énergétique et métallurgique[64] contrevient aux lois d'airain de la division internationale du travail, tandis que les investissements à l'étranger (achat ou location de terres agricoles, développement de véritables multinationales, stratégies de placement financier)[65] sont encore moins pourvoyeurs d'emplois, seuls les services étant en mesure d'en fournir assez pour endiguer l'explosion du chômage parmi les ressortissants nationaux.

Le recyclage de la rente peut l'orienter vers des secteurs générateurs de déséquilibres potentiels : « éléphants blancs » dans le domaine des infrastructures[66], BTP propice à de multiples dérives[67], programmes d'équipement militaire démesurés[68].

---

63 Le cas des monarchies pétrolières est particulièrement instructif. Ces pays vont concentrer sur leurs territoires un dixième de l'industrie pétrochimique mondiale d'ici 2020. Et leurs compagnies aériennes, de création récente, sont d'autant plus compétitives qu'elles bénéficient d'approvisionnements en carburants à des coûts dont leurs concurrentes occidentales ou asiatiques sont exclues (les EAU jouent un rôle décisif dans le développement d'Airbus, en tant que client et que financier).

64 Les cours des métaux sont très étroitement corrélés avec ceux du pétrole. Les pays de la péninsule arabique ont développé une importante sidérurgie car cette dernière est un important débouché et fournisseur pour le secteur des hydrocarbures.

65 À l'image de l'Arabie Saoudite. La culture du blé sur le territoire saoudien devrait prendre fin en 2016 afin de préserver les ressources très limitées des nappes phréatiques. Les achats de terres à l'étranger (Brésil, Canada, Éthiopie, Soudan, Ukraine) sont estimés à 11 milliards $. Le royaume est à l'origine du développement de la SABIC, un des principaux acteurs internationaux de la pétrochimie.

66 Des programmes souvent confiés, à l'image d'un grand nombre de nations africaines, à des entreprises originaires de pays post-industriels ou émergents, pour des raisons aussi bien d'expertise que de coûts.

67 La stimulation artificielle du secteur de la construction, si elle permet une certaine redistribution de la rente et l'absorption des liquidités monétaires excédentaires en circulation, se prête au surdimensionnement du parc immobilier, favorise la corruption, induit la création de bulles sur les marchés d'actifs, sans que les effets positifs sur l'emploi local ne soient avérés (création de flux d'immigration plus ou moins clandestine). Un des premiers objectifs des programmes immobiliers, notamment ceux de prestige, est la consolidation d'une identité politique pour des nations parfois récentes.

Les placements à l'étranger sont souvent le reflet de pratiques de corruption à large échelle, venant alimenter la constitution de patrimoines privés opaques. Une redistribution plus vertueuse de la rente, en faveur des catégories les plus pauvres de la population, n'est pas sans danger, à l'instar du Venezuela chaviste : subventionnement de l'essence favorable à la contrebande ainsi qu'aux seuls détenteurs de véhicules à moteur, alimentation de flux d'importation de produits manufacturés[69], parfois aussi stimulation des comportements natalistes. Telles sont les contreparties de l'achat de la paix sociale.

Les cours des matières premières sont régis par des cycles dont la durée est imprévisible et l'amplitude fortement marquée : les hydrocarbures ne font pas exception. C'est pourquoi, paradoxalement, la malédiction de la rente va de pair avec la malédiction de sa disparition périodique : l'alternance des phases de prospérité et de paupérisation des nations n'en est que plus accentuée.

Les déséquilibres socioculturels

À ces dysfonctionnements économiques typiques de pays rentiers bénéficiant de *windfall profits* (profits d'aubaine), vient s'ajouter tout un ensemble d'effets pervers socioculturels, qui se traduisent par le creusement de multiples inégalités : de revenus (d'autant plus que la dollarisation des économies, favorisée par les rentrées en devises des recettes du pétrole, accroît la segmentation entre les groupes sociaux), entre sexes (l'effet « richesse » rend l'emploi féminin moins nécessaire au sein du couple, surtout dans les pays marqués par une distinction nette des rôles sociaux entre l'homme et la femme) et géographiques (la redistribution de la rente étant souvent marquée par de fortes inégalités régionales).

Les exemples de montée des tensions et des conflits sont innombrables et la situation politique de l'ensemble des pays exportateurs de pétrole présente des incertitudes. Même les nations réputées les plus démocratiques ont fait l'objet d'une déstabilisation politique (la Norvège) ou limitent la liberté d'expression (le Canada, à propos des conséquences sur l'environnement et la santé des habitants de l'exploitation des sables bitumineux). Le principal risque concerne les crises politiques frappant les dictatures à la mort de leurs dirigeants et les conflits claniques qui peuvent s'ensuivre[70]. L'expression de « guerre du pétrole » n'a pas perdu son actualité, même s'il

---

68 Les achats d'armement semblent désormais contenus par rapport à la période consécutive aux deux premiers chocs pétroliers (crainte d'un surcroît d'influence de la part des militaires pouvant mener à un coup d'État), mais certains pays font exception (Arabie Saoudite, Iran). Par ailleurs, le secteur de la sécurité constitue un gisement d'emplois peu ou pas qualifiés pour les nationaux désœuvrés, notamment dans les pays connaissant une forte croissance démographique.

69 Il ne suffit pas de provoquer un renchérissement des prix des biens importés en raison de la dépréciation du taux de change de la monnaie nationale pour susciter la création d'une offre domestique compétitive.

70 Les pays pouvant être concernés sont : Algérie, Angola, Azerbaïdjan, Congo, Gabon, Guinée équatoriale, Kazakhstan, Tchad, Turkménistan, voire Arabie Saoudite et Russie.

semblerait que ces conflits prennent désormais la forme de guerres civiles. La malédiction pétrolière doit être comprise au sens d'aliénation psychologique et de destruction des modes de vie traditionnels, dans des pays écartelés entre attirance irrépressible pour la modernité, notamment auprès des jeunes générations, et nostalgie face à la perte irréversible du monde de la tradition.

Le caractère intrinsèquement belligène du pétrole et la guerre civile au Yemen

Les perspectives de guerres civiles sont rendues possibles par l'oisiveté de jeunes générations nombreuses et écartées du marché du travail, par la large diffusion de matériels militaires (notamment de « basse intensité ») et par la vulnérabilité des cibles (infrastructures de production et surtout de transport). En règle générale, la mainmise sur les ressources en hydrocarbures est rarement la cause directe de situation de belligérance. Mais, s'il n'est pas toujours à l'origine de certaines guerres, le pétrole permet de les faire durer et de fournir aux États les moyens de réaliser leurs objectifs géopolitiques.

Le cas de la guerre actuelle au Yémen permet d'illustrer ce cadre d'analyse. Elle oppose l'ancien président Ali Abdallah Saleh, soutenu par les milices houthistes et une partie de l'armée, à son successeur Abd Rabo Mansour et aux forces armées qui lui sont restées loyales. La première faction est réputée bénéficier de l'appui de l'Iran, tandis qu'une coalition de neuf pays arabes, sous l'égide de l'Arabie Saoudite, soutient la partie adverse. Le Yémen serait alors un nouveau théâtre de belligérance entre les mondes sunnite et chiite. Les aspects pétroliers du conflit sont manifestes : Riyad ne peut risquer que l'Iran prenne le contrôle d'un État limitrophe de l'Arabie Saoudite et qu'un pays relevant de la sphère chiite contrôle le détroit de Bab-el-Mandeb, voire l'accès au canal de Suez, une des principales voies d'acheminement du pétrole. Plus largement, le régime wahhabite considère que la constitution d'un arc chiite (Hezbollah au Liban, minorité alaouite en Syrie, majorité chiite en Iraq, mouvement houthiste au Yémen) vise à encercler les monarchies pétrolières, ce qui corrobore leur complexe obsidional (cet arc chiite a permis, de fait, à Téhéran de rompre son relatif isolement).

La fragilité du décollage du Nigeria est emblématique des distorsions induites par l'apparente richesse pétrolière. Le recyclage d'une partie de la rente a permis l'émergence d'un véritable capitalisme dans le pays, qui ne se limite plus à la transformation des matières premières agricoles (riz, sucre), mais qui devient plus industriel : ciment, projet de nouvelles capacités de raffinage puisque Lagos reste tributaire de l'importation dans ce domaine, quitte à remettre en cause les intérêts des importateurs. Mais l'organisation de l'industrie pétrolière et gazière du pays demeure toujours aussi chaotique. Les capacités théoriques de raffinage (450 000 b/j) sont supérieures à celles effectivement disponibles : les unités de production sont incapables de fournir le diesel nécessaire au fonctionnement des dizaines de milliers de groupes électrogènes qui pallient l'incurie complète de la compagnie nationale d'électricité. Car c'est bien la pénurie chronique d'électricité qui constitue à court terme le premier handicap au développement de ce pays, dont les masses rurales connaissent une dégradation continue de leur niveau de vie depuis plusieurs années.

4.2. La relativisation du concept de « malédiction pétrolière »

Si l'expression est utilisée de façon extensive, la « malédiction pétrolière » *stricto sensu* ne se constate que lorsque le développement des industries pétrolières et gazières s'effectue au détriment d'autres secteurs industriels préexistants. Elle a été observée aux Pays-Bas lors de la mise en exploitation du gisement de Groningue dans les années 1950, au Venezuela après les deux premiers chocs pétroliers et elle frappe actuellement le Canada (dont une grande partie du système industriel est intégrée à celui de la *rust belt*[71] des États-Unis), autant de pays qui possédaient un véritable tissu industriel. En revanche, il est erroné d'affirmer qu'elle aurait affecté l'Algérie puisque sa prétendue industrialisation de la période 1973-1980 était en grande partie factice. Quant à la Russie, son cas est spécifique dans la mesure où, plus que du surdimensionnement du secteur des hydrocarbures, elle est d'abord victime des legs du régime soviétique.

L'exemple russe permet de nuancer le côté négatif du tropisme pétrolier et gazier. Les ressources que le troisième choc a procurées au pays sont insuffisantes pour financer les investissements requis afin de le doter d'une base industrielle réellement compétitive (hors transformation des métaux, seul secteur moderne avec l'industrie extractive et l'armement dont les exportations résultent davantage des orientations politiques des acheteurs). Il n'est pas certain que Moscou ait intérêt à transformer son agriculture car son secteur primaire, encore archaïque, fournit un grand nombre d'emplois non qualifiés aux populations rurales. Plutôt que de chercher à lutter contre le gaspillage (la consommation d'énergie par habitant est sans commune mesure avec le niveau de vie moyen des populations) et donc à rénover tout le réseau des oléoducs et des gazoducs (entre 10 et 15 % de la production gazière de Gazprom est perdue), il est donc plus rentable pour le Kremlin de lancer de nouveaux complexes de production de pétrole et de gaz car il n'existe aucune autre voie pour la Russie afin de s'intégrer dans l'économie mondiale. Compte tenu des caractéristiques propres à l'économie russe et de l'absence de perspective de développement alternatif (faiblesse des investissements productifs, aussi bien dans les branches à faible contenu en valeur ajoutée qu'à haute intensité technologique, et dans les infrastructures), la stagnation des prix du pétrole continuera d'entraîner mécaniquement un ralentissement de la croissance de ce pays.

Il peut même arriver que les dépenses d'investissement dans l'industrie des hydrocarbures requièrent de tels montants qu'en dépit de la rente perçue les pays n'aient d'autre solution rationnelle que de limiter leurs investissements domestiques et de privilégier les placements à l'étranger. De fait, toutes les nations exportatrices de

---

71 La *rust belt*, au nord-est des États-Unis, s'étend de Chicago jusqu'aux côtes de l'océan Atlantique. Elle doit son appellation à la crise que son industrie lourde a connu (sidérurgie et métallurgie en premier lieu) à partir des années 1970.

pétrole ne sont pas « rentières » : seuls l'Arabie Saoudite, le Koweït, les Émirats Arabes Unis, la Norvège, le Qatar, voire Brunei, méritent ce qualificatif. Cet effet d'éviction existe également pour les pays engagés dans la réalisation de gigantesques programmes d'investissement pour assurer leur indépendance énergétique (cas du Brésil).

Une des variables essentielles – mais souvent passée sous silence – pour déterminer le niveau de la rente et évaluer la possibilité de contourner la « malédiction pétrolière » est constituée par le paramètre démographique. Si l'on compare le PIB par habitant des pays arabes ou moyen-orientaux possédant des hydrocarbures et fortement peuplés (l'Algérie : 12 990 $ par habitant en 2013, l'Iraq : 15 220 $ et l'Iran : 15 600 $) avec ceux de pays arabes dépourvus de rente (l'Égypte : 10 850 $, la Jordanie : 11 660 $, le Liban 17 390 $, la Tunisie : 10 960 $), on voit que l'écart est limité et qu'il provient du gonflement nominal du PIB dû à l'augmentation des cours du pétrole. Même un pays rentier comme l'Arabie Saoudite est frappé par des taux anormaux de chômage et de pauvreté (y compris parmi ses ressortissants nationaux) qui découlent de son importante croissance démographique. Pareillement, la cause de la crise du Venezuela est la conséquence de la forte augmentation de sa population depuis un demi-siècle et l'explosion démographique du Nigeria limite mécaniquement toute amélioration sensible des conditions matérielles d'existence.

5. L'inévitable retour des tensions sur le prix du pétrole à long terme

Il n'est pourtant pas exclu que la rente pétrolière ne reconquière le terrain perdu depuis la mi-2014, et qu'au troisième choc ne succède, à plus ou moins brève échéance, un nouveau rebond du prix du baril. Comme la rareté physique de la ressource n'est pas à l'origine de l'augmentation des cours du baril, il est nécessaire d'analyser d'autres hypothèses, de nature financière et géopolitique.

5.1. Le rôle secondaire de la spéculation financière

La littérature académique la plus récente écarte l'idée d'un impact significatif de la financiarisation des échanges pétroliers (c'est-à-dire le développement des marchés à terme) sur la formation des prix du pétrole[72], tandis que les modèles basés sur l'analyse économique fondamentale apportent une contribution certaine, bien que non décisive, à la prévision des cours au comptant. Certes, l'augmentation de la financiarisation des échanges pétroliers est statistiquement validée, ainsi que le rôle croissant des actifs liés au pétrole pour les arbitrages entre les classes d'actifs. Mais il n'existe pas de preuve que les modifications des positions des *traders* soient un prédicteur valide pour les

---

72 D'après la synthèse effectuée par Fattouh Bassam et Kilian Lutz, *The Role of speculation in Oil Markets: What Have We Learned so Far?*, Centre for Economic Policy Research, Discussion Paper No 8916, March 2012.

changements des prix des contrats à terme portant sur le pétrole (sauf à considérer que ces mêmes *traders* modifient également leurs positions en fonction des fondamentaux). Il n'existe pas davantage de preuve que les prix à terme du pétrole améliorent les prévisions portant sur l'évolution des cours au comptant. S'il a été possible de mettre en évidence des vagues spéculatives en 1979, 1986, 1990 et à la fin de 2002, il est apparu que la spéculation n'est pas un déterminant important pour expliquer la formation des prix du pétrole entre 2003 et la mi-2008. L'influence des prix à terme sur le comportement des consommateurs d'essence est quasiment inexistante.

Mais l'absence de preuve statistique de la spéculation dans la formation des cours du baril ne saurait impliquer que la financiarisation du marché pétrolier ne joue aucun rôle, en particulier concernant la volatilité des primes de risque (même si cela n'a guère d'incidence sur le plan macro-économique). En réalité, les analyses souffrent d'un double biais : méthodologique et empirique. Les tests statistiques utilisent les données constatées sur les marchés à terme organisés, des données publiques par opposition à celles portant sur les transactions effectuées sur les marchés de gré à gré (*over the counter*, qui se sont développées parallèlement aux premiers) qui sont privées et dont les modèles ne peuvent tenir aucun compte. Par ailleurs, ces approches demeurent inopérantes pour expliquer la formation de la dernière bulle sur le marché du pétrole, entre mars et août 2008. La rhétorique argumentaire à laquelle les intervenants eurent alors recours pour justifier la hausse des cours reposait sur des contre-vérités aisément réfutables par les spécialistes du marché du pétrole : l'épuisement prévisible des ressources à court terme, les achats de précaution de la Chine avant les Jeux Olympiques de Pékin et l'accélération de la croissance de la demande de pétrole en provenance des pays émergents importateurs. En réalité, le ralentissement du rythme de la croissance de l'économie chinoise, déjà nettement perceptible à cette époque, permettait d'anticiper une inversion des tendances dominantes sur le marché du brut, alors que la forte augmentation des capacités de production allait mettre un terme au décalage entre l'offre et la demande, à l'origine du déclenchement et de la forme du troisième choc pétrolier. Mais l'histoire des marchés financiers montre que c'est précisément lorsque l'offre devient abondante qu'il est opportun de créer des systèmes de représentation permettant de prolonger provisoirement et artificiellement des tendances sur le point d'être invalidées.

En somme, la financiarisation des échanges (mesurée dans le cas présent par le rapport entre les échanges portant sur le « pétrole-papier » et ceux portant sur le « pétrole physique ») accroît sensiblement la volatilité des cours à très court terme – un processus classique d'*overshooting* (surréaction) qui amplifie aussi bien les mouvements haussiers que baissiers –, mais ne modifie qu'à la marge les fondamentaux de l'offre et de la demande et, par conséquent, les prix d'équilibre de la matière première. C'est en période de changement des systèmes de représentation dominants (les paradigmes que les intervenants invoquent pour justifier leurs changements de position) que la surréaction se manifeste de façon particulière, les intervenants adoptant des positions exagérées et les prix fluctuant en conséquence, entre les valeurs maximales (approchant les cours les plus élevés atteints lors de la phase haussière) et minimales (correspondant aux coûts marginaux des sites de production les moins efficaces sollicités pour faire face à la demande). Mais la comparaison avec la volatilité des matières premières qui ne font pas l'objet de cotation sur les marchés à terme et les marchés de produits dérivés montre que, généralement, les fluctuations de leurs prix sont encore plus marquées. Cela est également avéré pour les autres catégories d'actifs, qu'il s'agisse des biens immobiliers, des matières premières agricoles et minérales ou des œuvres d'art : toute bulle est appelée à connaître tôt ou tard une résorption lorsque les anticipations à la hausse s'inversent, quand les investisseurs ne croient plus que les prix vont continuer à monter et que certains deviennent vendeurs.

5.2. Des rivalités géopolitiques déterminantes à court et moyen termes et qui pourraient s'aggraver

Rechercher la clé de la détermination des cours du pétrole en invoquant des facteurs géopolitiques pourrait *a priori* permettre de mieux avancer dans leur compréhension : l'aggravation des tensions est un puissant facteur de remontée des cours à moyen terme.

La majorité des gisements pétrolifères au Moyen-Orient est localisée dans des zones côtières à peuplement arabe chiite, dans des pays gouvernés soit par des régimes sunnites (province du Hasa en Arabie Saoudite, mais également dans les autres monarchies pétrolières), soit par des pouvoirs chiites (région de Bassora en Iraq, province du Khouzistan en Iran). Dans ce dernier cas, une autre fracture peut se présenter, de nature plus civilisationnelle puisque les Arabes du Khouzistan, bien que chiites, sont intégrés dans un pays qui se définit aussi par son identité persane (même si seulement la moitié de la population de l'Iran l'est ethniquement).

Mais c'est l'Iraq qui est depuis de longues années le principal épicentre des liens complexes entre pétrole et conflits au Moyen-Orient. Seuls les gisements localisés en zone de peuplement chiite (au sud) et kurde (au nord-est) sont véritablement exploités. De redoutables menaces n'ont pas manqué de planer sur les premiers : si les forces sunnites de l'État islamique de l'Iraq et du Levant s'étaient emparées des champs supergéants du Sud du pays en 2014 (Rumaila, West Qurna I & II, Majnoon, Zubair), les cours mondiaux du baril auraient atteint des niveaux jusqu'alors inconnus. L'intervention conjointe des forces aériennes des États-Unis et des troupes d'élites de l'Iran a opportunément stoppé l'avancée de l'État islamique vers Bagdad et vers les gisements du Sud du pays.

Quant aux champs en territoire kurde iraquien, le gouvernement autonome du Kurdistan a pu développer une production pétrolière en s'appuyant sur les quelque 50 multinationales (dont Exxon) qui y ont réalisé, depuis 2005, des investissements estimés à 20 milliards $. Cette région de peuplement sunnite y puise la garantie d'une autonomie politique, voire d'une indépendance future (un éventuel État kurde n'étant économiquement viable que s'il est en mesure d'exploiter ses ressources en hydrocarbures et d'avoir le contrôle de leur commercialisation), en s'appuyant paradoxalement sur la Turquie qui représente le principal débouché de son brut.

L'importance des enjeux géopolitiques, si elle est incontestable, ne doit cependant pas être exagérée. Ainsi, l'OPEP n'a pas manifesté d'hostilité pour la politique expansionniste menée actuellement par la Russie, trop divisée entre pro-russes (Algérie, Angola, Équateur, Iran, Venezuela) et anti-russes (monarchies pétrolières) pour présenter un front uni contre le deuxième exportateur mondial de pétrole. Il est donc trop simple d'affirmer que les monarchies pétrolières favorisent le repli actuel des prix du pétrole pour nuire à la Russie en raison de son soutien apporté au régime syrien : la situation diffère radicalement de celle de 1985-1986. D'ailleurs, l'Arabie Saoudite et la Russie entretiennent une importante coopération technique dans le domaine des hydrocarbures et de l'énergie nucléaire.

De plus, les guerres actuelles en Iraq, en Libye, en Syrie et au Yémen, qui ont abouti au *break-up* de ces pays, n'ont pas toujours eu d'influence sur le marché international du pétrole. Les crises géopolitiques, même lorsqu'elles revêtent une importance majeure, n'entraînent donc pas nécessairement une perturbation du système pétrolier mondial. Au contraire, elles contribuent même à sa stabilisation en limitant les quantités mises en vente, en particulier lors des périodes où l'offre est structurellement supérieure à la demande. Un rappel que toute approche par trop déterministe et réductrice est vouée à l'échec. Ainsi, si toutes les causes développées pour expliquer la formation des cours du pétrole peuvent se targuer d'une certaine véracité, seule leur hiérarchisation permet de comprendre, après coup, celles qui s'imposent. Le contre-choc qui succède au choc pétrolier s'explique toujours et avant tout par le déséquilibre entre l'offre (conséquence des investissements réalisés pendant la phase haussière des cours) et la demande.

5.3. Un retour de la rareté de la ressource ?

Enfin, l'hypothèse du pic pétrolier pourrait ressurgir à moyenne échéance. Certains pays connaissent déjà un tel scénario de déclin tendanciel de leur production pétrolière. À la différence de la situation prévalant lors du contre-choc pétrolier de 1985-1986, les volumes extraits par la Norvège et le Mexique sont durablement orientés à la baisse (les investissements prévus ne permettant pas de relancer leur production avant 2020-2025). Dans le cas des ex-républiques soviétiques (Azerbaïdjan, Kazakhstan, Russie), la production plafonne et seule une coopération étroite avec les multinationales permettrait de l'augmenter significativement.

Plus que d'un déclin absolu des réserves de pétrole, dont aucun consensus ne se dégage quant au niveau, c'est d'une forte incertitude qu'il faudrait parler, incertitude sur la réalité des réserves en pétrole conventionnel dans les pays du Moyen-Orient et en Asie centrale, sur l'existence éventuelle de gisements d'hydrocarbures sous les mers d'Asie du Sud-Est et de l'Est (voire en Méditerranée orientale et en mer Noire) et sur le véritable potentiel des zones arctiques et antarctiques.

C'est pourquoi, plus que d'une rareté de la ressource, la remontée des cours pourrait découler de la simple logique cyclique des prix du pétrole. Compte tenu du taux annuel de déplétion des grands gisements actuellement exploités (6 à 8 %), des investissements requis pour renouveler et pour accroître les capacités de production, et des délais nécessaires pour mener à leur terme des projets d'une pareille ampleur, les phases baissières des prix, surtout si elles perdurent, provoquent une baisse des capacités de production qui, à terme, devraient provoquer de nouvelles phases haussières. En période de prix bas, les entreprises ont tendance à différer non seulement l'entrée en production des nouveaux gisements et le développement de capacités de production additionnelles, mais aussi l'amortissement des infrastructures industrielles et logistiques. La baisse des dépenses de prospection et d'exploration réduit la probabilité d'effectuer de nouvelles découvertes et l'attrition de la base productive prépare la survenue du choc pétrolier suivant.

L'alternance entre chocs et contre-chocs semble être le destin du secteur pétrolier. La baisse actuelle des prix s'expliquerait ainsi par le célèbre paradoxe de Hyman Minsky : « *Chaque phase du cycle engendre des forces qui amènent à sa propre destruction* ». La relative inconscience – ou passivité – des acteurs à court terme expliquerait les décalages transitoires entre les niveaux des prix et les fondamentaux du marché, mais arrive le moment où les intervenants arrêtent d'extrapoler les tendances précédemment constatées et où ils révisent brutalement leurs anticipations, ce qui explique l'inversion soudaine des cours.

Le retour à une phase haussière des cours pourrait aussi découler d'une certaine asymétrie dans le degré d'élasticité de l'offre à la hausse et à la baisse. Ralentir la production à court terme en cas d'excédents caractérisés n'est pas techniquement hors de portée, soit en reportant les projets d'investissement, soit en ralentissant ou retardant les investissements en cours de réalisation, soit en empêchant l'entrée en fonctionnement de capacités de production additionnelles. En revanche, en cas de pénurie, seule l'existence de capacités de production inemployées permet d'opérer un ajustement à très court terme entre l'offre et la demande, étant donné la longueur des délais requis pour créer de nouvelles structures productives.

La hausse des cours peut aussi s'expliquer par le renchérissement de l'exploitation de gisements qui ont vu progressivement (et de façon normale) décliner leur productivité au fil de leur cycle de vie. Si le taux moyen de récupération du pétrole dans les réservoirs est estimé à l'heure actuelle à 35 %, il est possible de l'accroître par l'injection d'eau sous pression, puis de certains gaz et de polymères : les expériences menées par Shell dans le sultanat d'Oman sont prometteuses et expliqueraient le maintien de sa production à son niveau actuel[73]. Ces techniques de récupération

73 Sa production atteint 46,2 millions de tonnes en 2014, approchant le record de l'année 2000 (47,7 millions de tonnes) et excédant largement le niveau de 2007 (35,2 millions de tonnes). La production effective de pétrole à Oman et au Yémen a toujours suscité des interrogations en raison des transferts opérés par Riyad pour soutenir ces pays, bien moins dotés en ressources que les quatre principales monarchies pétrolières. La majeure partie de la production omanaise est exportée vers l'Asie (Chine, Taïwan, Thaïlande, Japon, Corée du Sud et Sri Lanka).

assistée sont d'un emploi de plus en plus fréquent, ce qui indique une baisse de pression des réservoirs exploités et donc une probable accélération du déclin des principaux gisements de pétrole. Mais elles sont surtout une cause de l'augmentation sensible du coût de revient des hydrocarbures extraits car il convient de mettre au point pour chaque réservoir un polymère spécifiquement adapté à ses caractéristiques.

Au-delà des conditions de l'offre, l'explication d'un éventuel retour à la hausse des cours du brut peut se trouver du côté de la demande. Il faut tenir compte de l'évolution du taux de motorisation des pays émergents, principal facteur d'accroissement de la consommation mondiale de pétrole dans le monde[74], même si cette tendance est soumise à certains aléas quant au rythme de progression des performances énergétiques des véhicules et à la croissance de ces pays. Le développement de la civilisation de l'automobile dans les nouveaux pays industriels asiatiques est entravé par une dépendance aux importations énergétiques qui aggrave leur contrainte extérieure, dirimante pour les nations à l'équilibre commercial précaire (Inde, Indonésie, Philippines, Thaïlande, ainsi que l'ensemble des pays asiatiques n'ayant pas atteint un niveau de développement comparable).

La rareté de l'espace et une densité de peuplement élevée constituent également un obstacle majeur à la diffusion de l'automobile – sans compter la pollution –, bien qu'un pays dont la densité de population atteint 1 000 habitants par km^2 (si l'on ne retient que les zones habitables), le Japon, se caractérise par un taux élevé de motorisation. Mais l'augmentation du rendement des moteurs à combustion interne, ainsi que la réduction significative des émissions de dioxyde de carbone grâce aux nouvelles avancées en matière de combustion, pourraient jouer en faveur d'une diffusion plus massive de l'automobile, non seulement en Asie, mais également dans les pays latino-américains et africains, si leur essor économique se confirme.

***

Le contre-choc pétrolier actuel revêt une ampleur non prévue par la majorité des organismes économiques et rien ne permet d'anticiper un retournement des cours à court terme, même s'il est peu probable que cette période de basses eaux sera aussi longue que celle séparant le contre-choc de 1985 des attentats du 11 septembre 2001.

Il est impossible de prévoir la longueur des phases haussière et baissière du prix du pétrole. Le cours du baril est déterminé simultanément en fonction de paramètres techniques, économiques et géopolitiques. Il suit des évolutions de long terme, à la hausse ou à la baisse, surdéterminées par le niveau des capacités de production disponibles et les coûts marginaux d'exploitation des gisements les moins rentables. Mais il faut tenir compte aussi des paramètres psychologiques, comme la puissance du conformisme et le mimétisme rationnel – à l'instar de tout marché d'actifs financiers.

---

[74] La demande en pétrole en dehors de l'OCDE (2,03 %) croît en moyenne à un rythme 9,14 fois supérieur à celui de l'OCDE (0,22 %) sur la période 1978-2014.

C'est cette interdépendance factorielle, créatrice d'opacité, qui rend les prévisions si complexes et peu fiables, si réfractaires à toute modélisation économétrique.

C'est pourquoi les stratégies de sortie de l'ère du pétrole demeurent d'actualité. À la suite du premier choc, les pays européens et le Japon menèrent des politiques volontaristes visant à réduire leur dépendance à l'or noir. Ces stratégies s'inscrivaient dans des perspectives de très long terme et, compte tenu de l'inertie des systèmes énergétiques, leurs effets continuent à perdurer : pas plus qu'elles n'ont été remises en cause par le contre-choc pétrolier intervenu à partir de 1985, elles ne le seront par l'actuel repli des cours du brut. Il est exclu que des variations des prix à court terme ne viennent interférer avec des stratégies qui s'inscrivent dans des horizons lointains, d'autant que les scénarios prospectifs parient sur des prix du pétrole qui pourraient atteindre 200 à 250 $ le baril vers le milieu du XXIe siècle.

Chapitre 3
La pluralité des marchés gaziers

« À propos de l'origine des guerres : "Les diplomates racontent des mensonges aux journalistes et ils croient ce qu'ils lisent dans les journaux" ».

Karl Kraus

Souvent proclamée comme une énergie très prometteuse pour le XXIe siècle, le gaz naturel a vu sa part dans les mix énergétiques de la majorité des pays augmenter depuis une décennie. Certains d'entre eux, en particulier membres de la CEI, ont développé une véritable addiction à son égard[75]. Comme dans le cas du pétrole, on a assisté à une recrudescence de la concurrence, marquée par l'émergence de nouvelles puissances gazières déterminées à remettre en cause l'influence historique de la Russie sur ce marché (tableau 35). Lieu de spectaculaires innovations technologiques, aussi bien pour la production que pour la distribution, le gaz n'en demeure pas moins une source d'énergie relativement complexe et chère à exploiter, dont l'horizon peut paraître tout aussi incertain que celui du pétrole, ce qui relativise l'autonomisation de son destin par rapport aux autres énergies carbonées.

1. Le développement de l'économie gazière et ses ressorts

Abstraction faite de son image de ressource fossile écologique (car sa combustion émet moins de CO_2 que les autres hydrocarbures), la progression du gaz naturel doit être expliquée par une pluralité de facteurs : l'abondance des réserves, la capacité des

[75] D'autres, plus rares, comme le Chili, ont préféré opter pour les hydrocarbures solides et liquides en raison des ruptures d'approvisionnement subies en 2008 du fait des pénuries qui frappaient leurs fournisseurs (l'Argentine, en l'occurrence).

acteurs industriels à repousser les limites technologiques et capitalistiques, la reconfiguration même des marchés.

Tableau 35 – Évolution de la répartition par continent de la production et de la consommation de gaz naturel (en %)

Production

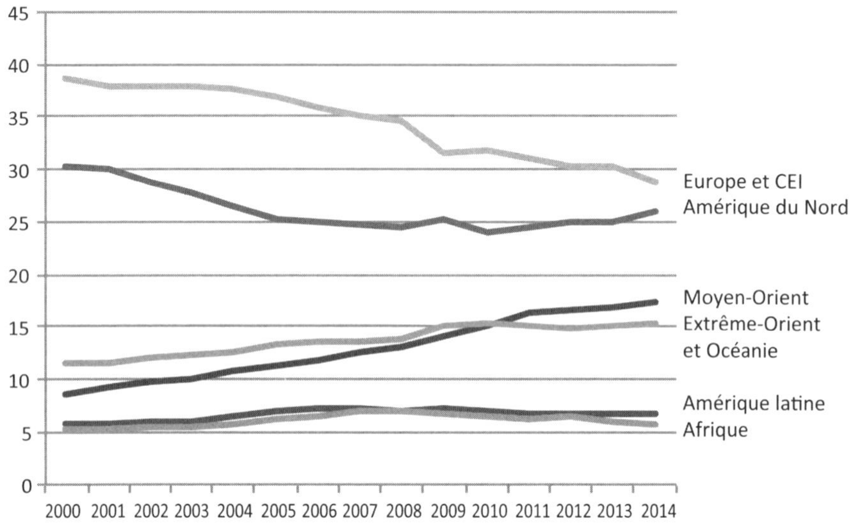

Consommation

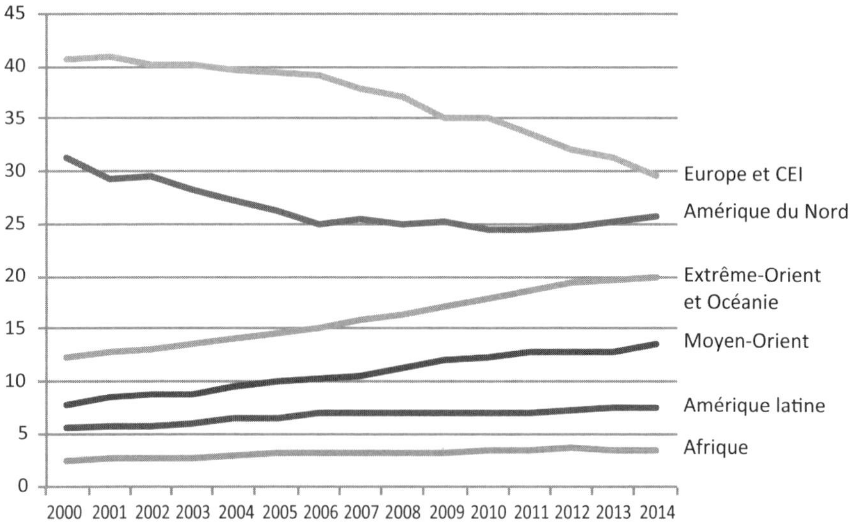

Source : calculs à partir de la *BP Statistical Review*

1.1. Profusion et dissémination des réserves

La première raison de l'essor du marché du gaz naturel est la répartition géographique des réserves moins inégale sur Terre que celle du pétrole. Face à des exportateurs en recul (Canada, Algérie, Indonésie, Pays-Bas) ou ayant stabilisé leurs positions (Malaisie, Nigeria, Brunei, Ouzbékistan), on constate sur le marché international la montée en puissance d'anciens ou de nouveaux offreurs (Turkménistan, Kazakhstan, Azerbaïdjan, Norvège, Oman, Yémen, Myanmar, Australie, Trinité & Tobago, Bolivie, Pérou). Des exportateurs de brut sur le déclin se sont reconvertis dans le gaz naturel liquéfié (Trinité & Tobago, Oman, Yémen, Brunei), au même titre que d'autres, désormais importateurs nets de pétrole (Indonésie, Malaisie). Surtout, en moins de deux décennies, les pertes de part de marché de la Russie ont été intégralement compensées par la montée en puissance du Qatar (tableau 36).

La capacité d'exploiter des gisements de gaz géologiquement non conventionnel a révolutionné l'économie sectorielle. Deux formes sont actuellement valorisées : le gaz extrait des roches-mères (aux États-Unis) et des couches de charbon (en Australie), bien que, pour le moment, seul le premier soit produit dans des quantités considérables, puisqu'il représente plus du tiers du volume de gaz naturel aux États-Unis, rendant ce pays quasiment autonome. L'extraction de gaz *offshore* (non conventionnel géographique), de développement récent, pourrait bientôt constituer à son tour un supplément d'offre fort appréciable.

La comparaison avec la répartition estimée des parts de marché à l'exportation du charbon (tableau 37) permet de prendre la mesure de la distribution moins inégale des gisements de gaz naturel sur Terre : pratiquement 75 % des exportations sont le fait de trois pays (Australie, Indonésie, Russie) et près de 95 % de six pays (les trois leaders plus l'Afrique du Sud, les États-Unis et la Colombie).

1.2. Les progrès technologiques dans le domaine de l'extraction

Le développement de l'exploitation du gaz non conventionnel n'aurait pas pu se dérouler sans de conséquents progrès dans les technologies mises en œuvre : le gaz de roche-mère a nécessité des innovations décisives dans les domaines du forage horizontal et du fractionnement de la roche (*fracking*). Cela a entraîné un alourdissement des coûts, rendu supportable cependant, ces dernières années, par le cours élevé des hydrocarbures et par l'indexation partielle des prix du gaz sur ceux du pétrole (sauf pour le marché domestique des États-Unis). Le taux de récupération au sein des gisements gaziers conventionnels est élevé (au-delà de 80 %) par rapport au pétrole (pas plus de 35 %). Toutefois, les pertes durant la phase de transport sont supérieures, les fuites étant consécutives à l'état physique de la ressource à température ambiante (ce qui peut dégrader considérablement le bilan écologique *a priori* favorable au gaz, puisque le méthane cause un effet de serre bien supérieur au dioxyde de carbone).

Tableau 36 – Répartition estimée des parts de marché à l'exportation du gaz naturel (en %)

	2000	2001	2002	2003	2004	2005	2006	2007	2008	2009	2010	2011	2012	2013	2014
Russie	30,4	28,2	28,1	28,7	27,0	25,8	24,3	22,7	23,8	19,4	21,6	21,8	20,7	22,0	20,2
Qatar	2,5	2,8	3,1	3,0	3,6	3,8	4,2	5,9	7,4	9,7	11,9	14,7	15,3	15,6	15,8
Norvège	8,3	8,8	10,3	10,8	11,0	11,3	11,4	11,5	12,3	14,1	12,7	11,6	13,0	12,0	12,4
Canada	16,2	17,3	16,3	13,7	13,0	12,4	12,4	11,6	10,3	9,7	8,0	7,0	6,6	6,0	6,9
Algérie	11,7	10,2	10,0	9,7	8,8	9,0	8,2	8,1	7,8	7,3	6,7	6,6	6,0	5,6	5,5
Turkmén.	5,5	6,0	5,9	6,2	5,5	5,7	5,7	5,9	5,7	2,4	2,4	4,3	4,2	4,6	5,0
Indonésie	6,7	6,0	6,3	6,1	5,7	5,5	5,1	5,0	4,4	5,0	5,2	4,7	4,1	4,1	4,2
Nigeria	0,8	1,6	1,8	2,1	2,1	1,9	2,4	3,4	3,0	3,0	3,9	4,1	4,1	3,2	3,6
Australie	1,9	1,8	1,7	1,7	1,8	2,1	2,0	1,8	1,6	2,4	2,5	2,4	2,8	2,8	3,1
Oman	1,4	2,2	2,2	2,3	2,4	2,5	2,9	2,9	2,8	3,1	3,0	2,9	3,2	3,2	3,1
Malaisie	3,6	3,6	3,6	3,4	3,9	3,8	3,7	3,5	3,1	3,6	3,5	3,3	3,1	3,1	3,0
Pays-Bas	3,5	4,0	3,4	2,8	4,1	3,2	3,2	3,2	3,6	3,3	3,3	3,1	3,2	3,6	2,8
Trinité & Tobago	1,1	1,0	1,2	2,2	2,3	2,3	2,6	2,7	2,7	3,0	2,7	2,4	2,4	2,4	2,4
Bolivie*	0,5	0,8	0,9	1,0	1,3	1,5	1,6	1,7	1,7	1,6	1,6	1,7	1,9	2,1	2,3
Myanmar*	0,6	1,1	1,3	1,4	1,4	1,5	1,5	1,6	1,4	1,5	1,4	1,4	1,4	1,4	1,9
Kazakhstan	0,5	0,4	0,2	0,6	1,0	1,0	0,5	0,9	0,8	1,5	1,1	1,1	1,4	1,6	1,6
Brunei*	1,8	1,8	1,7	1,8	1,6	1,5	1,5	1,5	1,4	1,5	1,4	1,4	1,3	1,3	1,3
Libye*	0,0	0,0	-0,1	0,0	0,4	0,7	1,1	1,3	1,3	1,3	1,1	0,2	0,7	1,0	1,2
Yémen	0,0	0,0	0,0	0,0	0,0	0,0	0,0	0,0	0,0	0,1	0,8	1,1	0,9	1,2	1,2
Ouzbékistan	1,0	0,4	0,2	1,0	1,6	1,6	2,0	1,7	1,2	2,2	1,7	1,1	1,2	1,2	1,0
Azerbaïdjan	0,0	0,0	0,0	0,0	0,0	0,0	0,0	0,2	0,7	1,0	1,0	0,8	0,8	0,9	0,9
Pérou	0,0	0,0	0,0	0,0	0,0	0,0	0,0	0,0	0,0	0,0	0,2	0,6	0,6	0,7	0,7
Iran	-	-	-	-	-	-	-	-	-	0,1	-	-	0,5	0,5	0,3
Danemark	0,6	0,6	0,6	0,4	0,6	0,8	0,7	0,6	0,7	0,6	0,4	0,3	0,2	0,1	0,2
Égypte	0,2	0,1	0,1	0,1	0,2	1,5	2,5	2,3	2,3	2,8	2,0	1,4	1,0	0,5	0,1
Abu Dhabi	1,3	1,3	1,2	1,1	0,9	0,8	0,7	0,2	-	-	-	-	-	-	-

	2000	2001	2002	2003	2004	2005	2006	2007	2008	2009	2010	2011	2012	2013	2014
CEI	37,4	35,0	34,3	36,5	35,1	34,1	32,5	31,5	32,2	26,4	27,8	29,1	28,3	30,3	28,7
Europe	12,3	13,4	14,2	14,1	15,6	15,3	15,3	15,3	16,6	18,0	16,5	15,0	16,5	15,8	15,4
Amérique	17,8	19,0	18,4	16,8	16,6	16,2	16,5	16,0	14,6	14,3	12,5	11,7	11,5	11,1	12,2
Moyen-Orient	5,2	6,3	6,5	6,5	6,9	7,0	7,8	8,9	10,2	13,0	15,7	18,7	19,3	20,0	20,0
Asie	12,7	12,5	12,9	12,6	12,5	12,3	11,9	11,6	10,4	11,5	11,5	10,7	9,9	9,8	10,3
Océanie	1,9	1,8	1,7	1,7	1,8	2,1	2,0	1,8	1,6	2,4	2,5	2,4	2,8	2,8	3,1
Afrique	12,7	12,0	11,9	11,8	11,4	13,1	14,1	15,0	14,4	14,5	13,7	12,3	11,7	10,3	10,3

** La consommation domestique est évaluée forfaitairement.*

Source : calculs à partir de la *BP Statistical Review* (sans tenir compte des variations de stocks)

Tableau 37 – Répartition estimée des parts de marché à l'exportation du charbon (en %)

	2000	2001	2002	2003	2004	2005	2006	2007	2008	2009	2010	2011	2012	2013	2014
Australie	41,2	36,0	43,9	41,7	39,0	36,5	32,7	34,3	33,2	33,2	34,5	28,8	28,7	30,8	31,5
Indonésie	11,8	11,0	15,3	14,0	16,0	16,6	19,0	20,5	22,7	23,0	23,6	26,8	26,1	30,1	29,3
Russie	3,8	5,6	4,7	6,9	8,6	10,8	10,2	11,5	10,4	9,3	11,1	10,2	10,1	10,8	11,4
Afrique du Sud	18,0	14,1	17,5	16,5	13,4	13,9	12,0	11,5	9,3	8,5	9,3	8,3	8,2	7,8	7,7
États-Unis	0,4	10,4	6,0	-	1,7	1,4	6,2	3,0	6,4	8,2	4,8	9,6	11,3	6,4	7,2
Colombie	7,7	7,1	7,7	8,9	8,8	8,5	8,5	9,1	8,8	8,1	8,1	8,1	7,7	7,1	7,1
Kazakhstan	5,3	5,0	4,9	5,4	4,8	4,1	4,1	3,9	4,6	3,5	4,1	3,5	3,1	3,1	2,8
Canada	2,9	2,2	0,7	-	1,0	1,0	1,0	0,9	1,0	1,7	1,8	2,1	2,1	2,2	2,1
Vietnam	0,6	0,7	1,1	1,2	1,7	2,4	3,5	3,8	2,1	2,6	2,0	1,5	1,2	1,0	0,5
Pologne	4,8	3,8	4,8	4,0	3,5	3,1	1,9	0,9	0,9	0,8	-	0,1	0,6	0,2	0,3
Rép. tchèque	1,4	1,2	1,2	1,0	0,7	0,8	0,6	0,5	0,6	0,6	0,4	0,5	0,5	0,2	0,2
Ukraine	1,0	1,0	1,3	0,4	0,8	0,9	0,4	0,1	-	0,5	0,3	0,4	0,4	0,4	-
Chine	1,0	1,9	-	-	-	-	-	-	-	-	-	-	-	-	-

	2000	2001	2002	2003	2004	2005	2006	2007	2008	2009	2010	2011	2012	2013	2014
Amérique	11,0	19,7	14,4	8,9	11,5	11,0	15,7	13,1	16,2	18,0	14,7	19,8	21,0	15,6	16,4
Europe et CEI	16,3	16,5	17,0	17,7	18,4	19,6	17,2	16,8	16,4	14,7	15,9	14,8	14,7	14,7	14,6
Asie	13,5	13,6	16,4	15,2	17,8	19,0	22,5	24,3	24,9	25,6	25,6	28,3	27,3	31,1	29,9
Océanie	41,2	36,0	43,9	41,7	39,0	36,5	32,7	34,3	33,2	33,2	34,5	28,8	28,7	30,8	31,5
Afrique	18,0	14,1	17,5	16,5	13,4	13,9	12,0	11,5	9,3	8,5	9,3	8,3	8,2	7,8	7,7

Source : calculs à partir de la *BP Statistical Review* (sans tenir compte des variations de stocks)

Cependant, les pays émergents, et *a fortiori* ceux en développement, ne maîtrisent pas les technologies complexes et hautement capitalistiques de l'économie gazière. Certaines puissances émergentes (Chine, Russie, Qatar) mènent des stratégies visant à contrôler l'ensemble des savoir-faire requis par cette filière, imitant la Malaisie et l'Indonésie qui ont joué le rôle de précurseurs. Mais, à Trinité & Tobago, les *Majors* d'origine britannique contrôlent Atlantic LNG (BP, BG, Shell), tandis qu'à Oman, si le sultanat est majoritaire dans le capital d'Oman LNG, Shell en est l'opérateur industriel. L'entreprise publique NNPC est certes majoritaire dans Nigeria LNG, mais elle est également assistée par Shell, Total et ENI. Le cas de la Bolivie est particulièrement intéressant à cet égard puisque sa politique gazière est à l'opposé de celle menée au Venezuela dans le pétrole : après avoir nationalisé les installations possédées par les multinationales étrangères, le gouvernement Morales a décidé, en 2008, de relancer la production en association avec Total et Gazprom, l'entreprise nationale YPFB ne pouvant exploiter seule les considérables gisements nationaux. La valorisation de ces gisements suppose de réaliser de véritables exploits technologiques (extraction à 6 000 mètres sous le piémont andin). Dans le secteur gazier, le processus de rattrapage technologique des entreprises des pays rentiers est moins avancé que dans la branche pétrolière.

1.3. Les progrès technologiques dans le transport

L'économie gazière n'est pas organisée au plan international sur le modèle du pétrole, mais elle consiste en la juxtaposition de trois grandes zones, chacune régie par sa propre logique : le marché nord-américain, irrigué par un dense réseau de gazoducs ; la zone eurasienne, alimentée par de grands gazoducs, en partie sous-marins, en provenance de l'est et du sud ; la zone Asie-pacifique, ravitaillée en priorité par méthanier[76].

L'exploitation gazière en Bolivie

Les réserves gazières de la Bolivie étaient contrôlées par Petrobras (34,8 %), l'espagnol Repsol (29 %) et Total (19,8 %). Les gisements étant importants dans le département de Tarija (Margarita avec 13,4 trillions de pieds cubes, Ipati avec 12 tpc, San Alberto avec 11,8 tpc et Sabalo avec 10,8 tpc), il a été nécessaire d'associer à l'exploitation l'Argentine et le Brésil, les deux débouchés à l'exportation.

Compte tenu du contentieux territorial opposant la Bolivie, le Pérou et le Chili, il est impossible d'exporter le gaz bolivien vers une usine de liquéfaction sur la côte pacifique et d'alimenter un pays pourtant aussi pauvre en énergie que le Chili. Le gisement d'Itau, dont la production est exportée vers le Brésil, est exploité par Total (41 %), British Gas (25 %), YPFB Chaco (4 %), mais aussi par Petrobras (30 %). Celui d'Incahuasi, dont le gaz est acheminé vers l'Argentine, est exploité par Total (60 %), Gazprom (20 %) et l'argentin Tecpetrol (20 %). En revanche, au Pérou, le gaz du gisement de Camisea, possédé par Hunt Oil (50 %), le coréen SK Energy (20 %), Repsol (20 %) et le japonais Marubeni (10 %), franchit les Andes par gazoduc pour aboutir à une usine de liquéfaction située au sud de Lima, sur le rivage du Pacifique, après un trajet de plus de 400 km.

Une telle régionalisation explique l'absence d'un prix de référence mondial applicable au gaz naturel faisant l'objet d'échanges internationaux. Seule l'Amérique du Nord, dont les infrastructures sont en grande partie amorties, possède un marché du

76 Jusqu'à une date récente, le secteur gazier était le plus souvent un monopole contrôlé par la puissance publique. La libéralisation domestique intervient d'abord aux États-Unis (1985), ensuite au Royaume-Uni (1996) et, progressivement, au sein de l'Union européenne (années 2000). Tandis que la distribution finale est devenue concurrentielle, le transport demeure un monopole naturel.

gaz autonome, avec des livraisons à des prix déterminés « au jour le jour » sur le *Henry Hub* (marchés au comptant ou à terme). Les échanges des deux autres pôles de la Triade, qu'ils soient approvisionnés par gazoduc ou par méthanier, sont régis par des contrats de long terme indexés sur les prix du pétrole (pour le marché européen). Il en résulte une incertitude foncière sur le « juste » prix du gaz, une ressource dont la valeur est souvent fixée en référence à des énergies concurrentes (le pétrole, notamment[77]), en dépit d'un degré partiel de substituabilité.

Dans ces conditions, le développement de l'économie gazière est imputable aussi à deux innovations fondamentales dans le domaine logistique. La pose de conduites sur les fonds marins à très grande profondeur permet de relier directement le pays exportateur à son débouché : c'est le gazoduc Blue Stream entre la Russie et la Turquie via la mer Noire qui a le premier bénéficié, dans les années 1990, de cette avancée technologique majeure. Mais la pose de tubes sous-marins, tant pour le gaz que pour le pétrole, ne peut excéder certaines distances et requiert des fonds marins relativement peu accidentés et préservés des risques sismiques (ce qui empêche, par exemple, le Japon d'être relié au continent asiatique). La liquéfaction du gaz, ensuite, permet de réduire son volume de 600 fois à une température de -160°. Elle va être étendue aux gisements *offshore* dans un futur proche, par le biais d'une plateforme d'extraction directement associée à une usine de liquéfaction flottante, des structures susceptibles d'être déplacées une fois le gisement épuisé[78]. En ne représentant que moins d'un dixième des flux commerciaux internationaux de gaz naturel (contre plus de 90% pour les gazoducs), les échanges mondiaux de GNL par méthanier, qui exigent aussi la réalisation de coûteuses usines de liquéfaction et de regazéification, connaissent une progression significative depuis une décennie, mais qui tend à se ralentir (tableau 38).

Fin 2014, les taux d'utilisation des capacités de production de GNL étaient variables selon les pays considérés : très faible en Angola et en Égypte, moyen en Algérie, à Trinité & Tobago, en Indonésie et en Papouasie Nouvelle-Guinée, exceptionnellement élevé en Guinée équatoriale, à Abu Dhabi, au Qatar, au Yémen, en Malaisie, au Pérou et surtout en Russie. Les écarts s'expliquent moins par les différentiels de productivité des unités industrielles que par la vigueur de la demande qui caractérise les trois zones de commercialisation du GNL : le bassin atlantique, le Moyen-Orient et la région du Pacifique.

---

77 L'unification du prix du pétrole sur le marché international est aussi une fiction : le cours dépend de la qualité de la ressource et certains pays reçoivent des livraisons à des prix déconnectés des cours internationaux : les monarchies rentières pratiquent ainsi une diplomatie pétrolière qui leur permet d'enrichir leur sphère d'influence.

78 Le projet Prelude, conçu par Technip et réalisé par Samsung pour Shell, devrait inaugurer un tel procédé en 2017 au large de l'Australie. Il s'agit d'une unité flottante de production, stockage et déchargement (*floating production storage and offloading* ou FPSO), technologie développée dès les années 1970, associée à une usine flottante de liquéfaction de gaz extrait de réservoirs sous-marins (*floating liquified natural gas*, ou FLNG).

Tableau 38 – Production de gaz naturel liquéfié (en millions de tonnes et en % du total mondial)

	En millions de tonnes							En % du total mondial				
	2010	2011	2012	2013	2014	Capacités théoriques de production en 2014	Taux d'utilisation des capacités en 2014 (en %)	2010	2011	2012	2013	2014
Algérie	18,02	15,78	14,18	13,68	12,72	**24,0**	**53,0**	6,50	5,20	4,80	4,60	5,32
Angola	-	-	-	0,42	0,33	**5,2**	**6,3**	-	-	-	0,10	0,14
Égypte	9,07	8,53	6,35	3,57	0,31	**12,2**	**2,5**	3,30	2,80	2,10	1,20	0,13
Guinée équatoriale	4,84	5,19	4,76	4,96	3,38	**3,7**	**91,4**	1,80	1,70	1,60	1,70	1,41
Nigeria	22,24	23,89	24,75	20,82	19,14	**21,8**	**87,8**	8,00	7,90	8,30	7,00	8,00
Norvège	4,48	3,22	4,24	3,91	3,55	**4,3**	**82,6**	1,60	1,10	1,40	1,30	1,48
Trinité & Tobago	18,93	17,52	18,19	18,45	13,09	**31,0**	**42,2**	6,90	5,80	6,10	6,20	5,47
Abu Dhabi	7,34	7,05	6,86	6,16	6,08	**5,8**	**104,8**	2,70	2,30	2,30	2,10	2,54
Oman	10,67	10,05	10,12	10,37	7,73	**10,7**	**72,2**	3,90	3,30	3,40	3,50	3,23
Qatar	70,25	95,00	96,15	98,21	76,37	**77,0**	**99,2**	25,40	31,30	32,30	32,80	31,93
Yémen	5,21	8,30	6,38	8,90	6,27	**6,7**	**93,6**	1,90	2,70	2,10	3,00	2,62
Australie	23,20	23,77	25,43	27,29	23,60	**28,4**	**83,1**	8,40	7,80	8,50	9,10	9,87
Brunei	8,14	8,65	8,33	8,56	6,12	**7,1**	**86,2**	3,00	2,80	2,80	2,90	2,56
Indonésie	29,27	27,97	24,27	23,49	17,38	**29,9**	**58,1**	10,60	9,20	8,10	7,90	7,27
Malaisie	28,89	30,63	29,28	31,04	24,83	**24,2**	**102,6**	10,50	10,10	9,90	10,30	10,38
Pérou	1,54	4,70	4,92	5,41	4,03	**4,5**	**90,6**	0,60	1,50	1,60	1,80	1,68
Russie	12,34	13,38	13,77	13,55	10,58	**9,6**	**110,8**	4,50	4,40	4,60	4,50	4,42
États-Unis	0,79	0,44	0,24	-	0,25	**0,4**	**62,5**	0,30	0,10	0,10	-	0,10
Libye	0,32	0,07	-	-	-	**3,2**	**-**	0,10	0,00	-	-	-
Papouasie Nouvelle-Guinée	-	-	-	-	3,38	**6,9**	**49,0**	-	-	-	-	1,41

Source : Groupe international des importateurs de gaz naturel liquéfié

De telles innovations, en réduisant les contraintes logistiques, ont rendu possible une certaine désintégration de la filière gazière. Non seulement la diversification spatiale des sources d'approvisionnement a considérablement accru l'élasticité de l'offre en gaz naturel, mais la dualité des modes d'acheminement est susceptible de pallier les éventuelles ruptures de livraison, les unités de liquéfaction – notamment – introduisant davantage de souplesse et pouvant servir de centres de production d'appoint. Elles constituent une solution alternative pour les importateurs européens, permettant de surmonter les risques de rupture d'approvisionnement en provenance de la CEI, tout comme des pays nord-africains (de plus, un acheminement par méthanier peut entraîner de moindres coûts de surveillance que le transport par gazoduc). Mais l'effet contraire peut aussi se produire, et une dépendance excessive aux importations par méthanier peut conduire à des situations de pénurie. Ainsi en Asie, et particulièrement en Indonésie et en Malaisie, comme la couverture des marchés domestiques est prioritaire chez ces pays fournisseurs, l'alimentation des usines de liquéfaction en gaz naturel est soumise à des interruptions temporaires.

Dans l'économie gazière, on observe une évolution spatiale inverse à celle du pétrole pour qui les grands ensembles géographiques s'orientent vers une plus grande autonomie (Amérique du Nord grâce aux pétroles non conventionnels, dépendance de l'Europe vis-à-vis de la CEI, ainsi que de l'Asie vis-à-vis du Moyen-Orient). Les flux commerciaux dans le gaz, grâce au développement du GNL, tendent à se multiplier : les importateurs sont mieux à même de diversifier leurs sources d'approvisionnement et donc de maîtriser les risques de rupture des chaînes logistiques tandis que, réciproquement, les exportateurs possédant des unités de liquéfaction peuvent s'adresser à de nouveaux marchés.

En dépit de ce processus de dissémination de la production et de multiplication des échanges, la configuration de l'offre mondiale en gaz naturel n'est pas la conséquence de la répartition spatiale des gisements sur Terre et ne procède pas seulement d'une nécessité imposée par la géologie. Comme l'économie pétrolière internationale, l'ordre gazier mondial découle de la distribution de la puissance au sein du système des relations internationales : la géopolitique du gaz naturel équivaut à définir l'ordre selon lequel les gisements seront exploités. Il convient donc d'expliciter les distorsions entre la distribution géographique des réserves et la répartition des parts de marché à l'exportation.

2. Une nouvelle dynamique concurrentielle dans l'exportation du gaz

Contrairement au pétrole, dans le cas du gaz, on ne peut parler ni d'unification au plan mondial ni de cartellisation. Pourtant, le décloisonnement partiel de son marché a libéré des processus concurrentiels inédits et puissants. Une suite de chocs d'offre et de demande – négatifs ou positifs – s'est produite, permettant de contester les hiérarchies établies et, en premier lieu, la prééminence de la Russie, bien que les évolutions dans une industrie aussi capitalistique soient nécessairement inscrites dans le très long terme et que les cycles doivent y être appréciés dans la durée. Compte tenu des délais requis pour créer des capacités additionnelles de production, il est illusoire que l'offre puisse s'ajuster à la demande : ce sont les unités de production en activité les plus efficaces qui sont sollicitées pour répondre à la demande marginale.

2.1. La perte de clients traditionnels

Alors qu'elle est croissante aux États-Unis (en raison de sa substitution partielle au charbon pour la production d'électricité), au Japon (notamment depuis l'arrêt des centrales nucléaires suite à l'accident de Fukushima) ainsi qu'en Asie et en Amérique latine, la demande en gaz naturel s'est contractée en Europe, contrairement aux anticipations couramment répandues.

La crise du système gazier européen

Au-delà du contexte de ralentissement économique que connaît le Vieux continent, source de la stagnation de sa demande en gaz naturel, des effets de substitution spécifiques ont été constatés, notamment pour la production d'électricité, qu'il s'agisse du charbon bon marché dorénavant importé des États-Unis afin d'alimenter les centrales thermiques, ou de l'essor de l'électricité subventionnée issue des énergies renouvelables dans une grande partie de l'Europe (alors que la flexibilité et la souplesse d'utilisation du gaz en font justement une énergie complémentaire bien adaptée pour se substituer aux sources intermittentes). Même si la production gazière des Pays-Bas a été relancée et si celle de la Norvège est en constante progression, le pic d'extraction a été atteint en 2003 au Royaume-Uni et en 2006 au Danemark, tandis que les coûts de ces hydrocarbures, dans des champs exploités depuis plus de quarante ans, augmentent d'autant plus que les ressources se raréfient. Pour toutes ces raisons, il est probable que la consommation de gaz en Europe ne retrouvera pas son niveau de 2008 avant 2020-2025, soit une décennie plus tard par rapport aux anticipations généralement admises.

Le repli de la demande européenne en gaz entraîne des répercussions directes sur la Russie, premier fournisseur du continent, d'autant qu'il s'agit pour Moscou du débouché traditionnellement le plus sûr (la part du gaz russe exporté vers l'Europe sous forme de contrats à long terme est supérieure à 90 %) et le plus lucratif[79]. De plus, les positions acquises par Gazprom sur ce marché parvenu à maturité pourraient se révéler plus fragiles que prévu[80] : la dépendance vis-à-vis de son gaz est marquée pour

---

79 Le prix moyen des contrats à long terme conclus avec les pays européens s'est élevé à 400 $ pour 1 000 m^3 en 2014 contre un prix moyen courant de 100 $ pour le marché intérieur (en hausse de près de 50 % depuis 2008).

80 La part de marché globale de Gazprom dans l'Union européenne s'est contractée de 50 à 30 %. La nomination de l'ancien chancelier Schröder à la tête du consortium Nord Stream, qui achemine le gaz russe en direction de l'Allemagne via la mer Baltique, a symbolisé une stratégie de consolidation des liens entre fournisseur et client, voire a placé l'Allemagne dans une situation de dépendance vis-à-vis de la Russie.

le centre et l'est du continent[81], mais d'autres pays, plus à l'Ouest, sont parvenus à diversifier leurs approvisionnements[82]. Annoncée en décembre 2014, la décision de renoncer à la construction du gazoduc sous-marin South Stream, qui devait relier directement la Russie à la Bulgarie en contournant l'Ukraine, illustre parfaitement les difficultés auxquelles est confrontée Moscou.

La comparaison entre South Stream et Nord Stream

Long de 3 600 km, d'une capacité de 63 milliards de m^3 et détenu initialement à parité entre Gazprom et ENI (pour un investissement total estimé à 16 milliards €), South Stream devait fournir en gaz russe l'Europe de l'Est et du Sud en contournant l'Ukraine. Il aurait émergé en Bulgarie à Varna pour aboutir en Italie et en Autriche. L'acheminement du gaz depuis la Sibérie vers la mer Noire aurait impliqué la construction de 2 500 km de gazoducs supplémentaires et de dix stations de compression. Après avoir racheté les parts d'EdF (15 %), de l'ENI (20 %) et de l'allemand Wintershall-BASF (15 %) dans la société South Stream Transport BV, Gazprom en devient l'unique actionnaire. Mais bien qu'ayant éliminé le projet européen concurrent, Nabucco, South Stream est à son tour annulé en 2014. Ce renoncement a pu également être interprété comme une mesure de rétorsion de la part de la Russie, suite aux sanctions internationales infligées à cause de l'annexion de la Crimée.

Son pendant septentrional, Nord Stream, permet à Moscou d'approvisionner directement l'Allemagne via le terminal de Greifswald depuis Vyborg sur le golfe de Finlande. Sa capacité est de 55 milliards de m^3 (soit plus de 10 % de la consommation de gaz de l'UE) et elle devait initialement servir à garantir les débouchés de Gazprom sur le marché européen. À l'instar du défunt South Stream, son tracé permet le contournement de pays animés par un tropisme foncièrement anti-russe (Ukraine occidentale, Pologne, pays baltes). Nord Stream est perçu par la Pologne et les pays baltes comme un dispositif permettant d'interrompre les livraisons de gaz en provenance de la CEI, sans pour autant imposer aux pays ouest-européens une pareille sanction, et donc d'arrimer la Russie à l'Europe occidentale (principalement l'Allemagne).

Afin de diversifier ses sources d'approvisionnement, la Pologne a misé sur le gaz naturel liquéfié. Grâce à des financements européens, elle a rénové son réseau de distribution et elle s'est dotée à Swinoujscie d'une usine de regazéification inaugurée en octobre 2015 (un investissement de 720 millions € et d'une capacité de 5 milliards de m^3 pouvant être portée à 7,5 milliards de m^3).

La rive sud de la Méditerranée pâtit aussi de l'atonie du marché européen. La crise de l'industrie algérienne du gaz naturel s'explique en partie par la baisse de consommation des deux pays, l'Espagne et l'Italie, qu'elle ravitaille directement via trois

[81] Allemagne, Autriche, Bulgarie, Finlande, Grèce, Hongrie, Pologne, République tchèque, Slovaquie, Turquie.

[82] France, Royaume-Uni, Suisse et Roumanie.

gazoducs[83]. La situation de guerre civile ne permet plus à la Libye d'être reconnue comme un partenaire commercial fiable et les projets de gazoducs entre les deux rives de la Méditerranée sont au point mort[84]. La Sonatrach et la National Oil Company de Libye sont concurrentes, en particulier pour l'alimentation de l'Europe en hydrocarbures, ce qui constitue une limite aux stratégies coopératives initiées en 1988 par la création de plusieurs *joint-ventures*[85], un rapprochement favorisé par la présence de l'ENI des deux côtés de la frontière et par la tendance de la NOC à imiter la stratégie de son homologue algérienne (qui possède des atouts technologiques faisant défaut à l'entreprise libyenne). La montée en puissance du potentiel technologique de la Libye n'était de toute façon pas la priorité du régime dictatorial renversé en 2011.

La perte du débouché états-unien

Outre-Atlantique, le Canada connaît une crise analogue de ses exportations vers son débouché « naturel », les États-Unis, mais pour une raison différente : l'essor de la production de gaz de roche-mère aux USA dans un contexte macro-économique de croissance bien plus dynamique que le Vieux continent. La production gazière canadienne a fortement diminué entre 2004 et 2014 (-11,8 %), l'exportation s'est contractée de moitié (de 80 à 52 milliards de m^3) et les projets de transport transfrontalier du gaz naturel du Nord du Canada ont été reportés *sine die*. Les anticipations du gouvernement canadien, mais aussi du Qatar et des *Majors* américaines, tablant sur de fortes importations de gaz naturel (notamment liquéfié) par les États-Unis, ont été démenties. La révolution des hydrocarbures de schiste n'avait pas davantage été anticipée...

2.2. La mise à l'écart de nouveaux concurrents

De tels chocs négatifs de demande sont venus accentuer les stratégies de mise à l'écart délibérée de concurrents susceptibles, en stimulant fortement l'offre, de remettre en cause l'équilibre sur le marché du gaz. Même si la croissance de la demande en gaz naturel est supérieure à celle du pétrole, la dynamique concurrentielle se traduit par une lutte pour les parts de marché et par une élimination de certains exportateurs potentiels au profit d'autres, dont les ressources naturelles sont en conséquence exploitées. La logique sous-tendant le fonctionnement du système pétrolier international

---

83 Medgaz entre Beni Saf et Almeria pour 8 milliards de m^3, Maghreb-Europe-Gaz-pipeline « Pedro Duran Farell » entre Hassi R'Mel et Gibraltar via le Maroc pour 11,6 milliards de m^3, ainsi que le gazoduc Transmed « Enrico Mattei » entre Hassi R'Mel et Mazara en Sicile via la Tunisie pour 33,1 milliards de m^3.

84 Gazoduc Algérie-Sardaigne-Italie (GALSI), devant relier le gisement de Hassi R'Mel à la région de Rome en traversant la Sardaigne, avec une extension envisagée vers la Corse ; West Lybian Gas Project entre Mellitah en Libye et Gela en Sicile, avec une capacité de 8 milliards de m^3.

85 The Arab-Libyan-Algerian Exploration and Producton Company, the Lybian-Algerian Geophysics Company.

s'applique également au gaz naturel, même si le caractère hautement capitalistique de l'industrie gazière conduit les acteurs à faire montre d'une grande prudence.

La relative marginalisation du Turkménistan

Cette ex-république de l'Union Soviétique est réputée posséder des réserves colossales de gaz naturel et certains de ses gisements comptent parmi les plus importants au monde. Un nouveau champ gazier a été récemment découvert près de la frontière afghane : Yolotan-Osman-Sud recèlerait 14 000 milliards de m^3, ce qui en ferait le deuxième au monde. Si ce potentiel était confirmé, le Turkménistan détiendrait, avec plus de 20 000 milliards de m^3, les quatrièmes réserves mondiales de gaz naturel conventionnel (derrière la Russie, l'Iran et le Qatar). C'est pourquoi, lors de l'effondrement de l'URSS, les pays occidentaux avaient anticipé un développement rapide de la production afin de faire émerger un pôle susceptible de concurrencer le Moyen-Orient et la Russie. Mais un tel essor n'a pas encore eu lieu : outre le fait que le potentiel effectif demeure mal connu (comme pour l'ensemble des hydrocarbures localisés en Asie centrale), les gisements sont d'un accès difficile. Et, surtout, l'enclavement géographique et les difficultés logistiques ont fait l'objet d'une instrumentalisation géopolitique afin d'en retarder l'exploitation.

Moscou apparaît comme le principal obstacle géopolitique à l'exploitation du gaz turkmène et Achkabad lui a reproché de le considérer comme un simple fournisseur d'appoint inféodé. La Russie s'est opposée à la construction d'un gazoduc qui traverserait la Caspienne et permettrait au Turkménistan d'exporter du gaz vers l'Europe sans emprunter son propre réseau de gazoducs : c'est d'ailleurs l'une des raisons de l'échec du projet Nabucco, dont la rentabilité dépendait de l'approvisionnement en gaz turkmène[86].

Ainsi, la stratégie du pays a été orientée vers un redéploiement géographique de ses exportations, dont la Russie a perdu le monopole du transit (à l'instar de celles provenant des autres républiques d'Asie centrale), au point que depuis 2010 moins de la moitié des flux franchissent la frontière russe[87]. La Chine apparaît en revanche comme le partenaire d'avenir :

- achèvement, en 2009 et en un temps record (un an et demi), d'un gazoduc de plus de 1 800 km reliant l'est du pays au Xinjiang, via l'Ouzbékistan et le

86 En 2009, une explosion a endommagé le gazoduc qui achemine le gaz turkmène vers la Russie : la réduction brutale du débit en aurait été la cause, ce qui amena le dirigeant turkmène d'alors à accuser la Russie de l'avoir délibérément provoquée. Il est vrai que cette interruption des livraisons de gaz turkmène a été opportune pour Moscou, alors que la crise économique avait réduit les débouchés de Gazprom en Europe. Gazprom n'a repris ses achats qu'en 2010.

87 En 2012, les flux s'établissaient ainsi : 20 milliards de m^3 à destination de la Chine, 10,9 empruntant le réseau des gazoducs russes et 8 se dirigeant vers le nord de l'Iran, une région pauvre en énergie. À titre de comparaison, les volumes de gaz transitant par le territoire russe ont atteint, la même année, 8,7 milliards de m^3 depuis l'Ouzbékistan, 9,6 depuis le Kazakhstan et 1,6 depuis l'Azerbaïdjan.

Kazakhstan, et dont la capacité de transport devrait atteindre 40 milliards de m^3 par an en 2015 ;
- financement par un crédit d'un montant équivalent (4 milliards $) de la prospection ayant conduit à la découverte du gisement supergéant de Yolotan-Osman-Sud.

Pékin s'assure ainsi du contrôle d'une partie des réserves en gaz naturel de l'Asie centrale au détriment de Moscou. Par ailleurs, le retour du scénario d'exportation en direction de l'Europe via l'Azerbaïdjan, le Caucase et la Turquie, qui contournerait ainsi le réseau russe, n'est pas à exclure.

Une telle politique n'est pas sans limites. La stratégie de Gazprom, dont le gaz sibérien va devenir la principale source d'alimentation pour le marché chinois, contrecarre les projets d'exportations turkmènes et la concurrence de l'Azerbaïdjan limitera les volumes livrables à l'Europe dont la croissance de la consommation progressera peu. L'approvisionnement du sous-continent indien impliquerait de traverser l'Afghanistan (projet du gazoduc TAPI d'une longueur de 1 800 km), un scénario risqué et improbable d'autant que l'Iran entend devenir le principal fournisseur en gaz du Pakistan et de l'Inde, nations avec lesquelles il présente de grandes proximités culturelles. Il apparaît que la Russie, l'Iran, l'OPEP et les autres pays exportateurs ont intérêt à freiner la montée en puissance du Turkménistan (et de l'Asie centrale plus largement, à l'exception de l'Azerbaïdjan, animé d'un tropisme pro-occidental) dans le système énergétique mondial[88]. L'équilibre actuel du marché des hydrocarbures conduit à penser que les gisements de gaz de cette partie du monde ne seront pas exploités de manière optimale avant de nombreuses années, en particulier en raison des surinvestissements dans le GNL.

L'exclusion temporaire de l'Iran

Un deuxième pays subit un ostracisme caractérisé à l'encontre de ses livraisons de gaz (et de pétrole) : l'Iran, dont la part de marché à l'exportation, comprise entre 0,4 et 0,5 %, ne reflète nullement l'étendue des réserves, supposées supérieures à celles du premier producteur mondial, la Russie. Le pays le doit notamment au champ supergéant *offshore* de South Pars, partagé avec le Qatar (où il prend pour nom Northfield) et d'où Doha extrait une quantité double que celle produite par Téhéran (ce qui explique les récriminations récurrentes du second à l'encontre du premier, accusé de piller ce gisement transfrontalier).

---

88 Les investissements des entreprises gazières russes dans les autres pays de la CEI sont limités : la production de Gazprom est évaluée à 1,4 milliard de m^3 en Ouzbékistan (champs de Kokdumalak, de Gissarneftegaz et de Shakhpakhty) ; celle de Lukoil à 4,3 milliards de m^3 en Ouzbékistan (Kandym-Khauzak-Shady et South-West Gissar) et à 1,8 milliard de m^3 au Kazakhstan (Karachaganak, Tengiz et Kumkol). Lukoil possède également 10 % du gisement de Shah Deniz en Azerbaïdjan (soit une production de 0,7 milliard de m^3 en 2012). Le gisement pétrolier de Chelekem en mer Caspienne, principale source de production pétrolière du Turkménistan, est exploité par Dragon Oil, filiale d'Emirates National Oil Company, entreprise publique des hydrocarbures de Dubaï.

C'est pourquoi l'Iran prévoit d'accentuer son effort dans l'industrie des hydrocarbures, afin de porter la production à 5,7 millions de b/j (dont 1 million de condensats) pour le pétrole et à 1 milliard de m^3 par jour de gaz naturel vers 2017-2019. Le projet du « pipeline de la paix » reliant l'Iran au Pakistan, une dénomination à la fois paradoxale et conjuratoire tant ce dernier est considéré comme un allié de l'Arabie Saoudite, a été relancé : il devrait permettre d'exporter 30 millions de m^3 de gaz par jour[89]. Quant à son prolongement vers l'Inde, il est subordonné à l'apaisement des relations entre Islamabad et New Delhi, même si la poursuite de la trajectoire de croissance du sous-continent suppose qu'il soit en mesure d'accroître ses importations d'énergie à des prix raisonnables. Les pressions exercées par les puissances occidentales et par l'Arabie Saoudite ont réussi jusqu'à présent à empêcher la réalisation de ce gazoduc.

Comme les sanctions internationales qui frappent l'Iran sont levées, les multinationales seront autorisées à procéder aux considérables investissements requis pour la modernisation de l'industrie des hydrocarbures du pays[90]. Mais le *come-back* de Téhéran pourrait se révéler moins significatif que prévu.

En premier lieu, le marché du GNL ne se présente pas sous des auspices très favorables. Le parallèle avec le modèle qatari s'impose : si Doha a pu valoriser en son temps ses ressources gazières en créant un gigantesque complexe de liquéfaction à Ras Laffan, la demande mondiale en gaz naturel ne croît plus désormais à un rythme suffisant pour justifier un investissement d'un montant aussi colossal sur l'autre rive du golfe Persique. Quant à l'exportation par gazoduc, elle s'avérerait impossible pour des raisons davantage géopolitiques qu'économiques et techniques. Traverser les territoires iraquien et syrien est parfaitement inenvisageable, compte tenu du processus d'éclatement qui frappe ces deux pays. Transiter via la Turquie, l'Azerbaïdjan ou l'Arménie se heurterait systématiquement à des antagonismes géopolitiques : aucun de ces pays ne peut encourir le risque d'entrer en conflit direct avec Moscou s'il devenait la voie d'acheminement du gaz iranien. De plus, l'Arménie est strictement dépendante des livraisons d'énergie en provenance de Russie (qui assure sa sécurité extérieure alors que la situation de belligérance avec l'Azerbaïdjan n'est que suspendue). Non seulement l'Arménie est membre de l'Union économique eurasienne, mais Gazprom a conclu un accord avec Erevan aux termes duquel il contrôle les importations arméniennes de gaz naturel jusqu'en 2043. Moscou ne veut pas qu'un nouveau corridor énergétique transcaucasien se développe et que l'Iran mette en œuvre une stratégie d'exportation de ses ressources en hydrocarbures comparable à celle appliquée par Bakou et les multinationales occidentales dans les années 1990.

---

89 La section pakistanaise sera longue de 785 km et la section iranienne s'étendra sur 1 200 km (900 km de ce gazoduc sont déjà construits). Le coût total est estimé à 5 milliards $.

90 Comme ses capacités de raffinage sont insuffisantes, l'Iran est, avec l'Inde, le Pakistan, l'Argentine et le Brésil, l'un des pays possédant l'un des parcs automobiles propulsés au gaz naturel les plus importants au monde. Les autorités iraniennes ont annoncé vouloir réaliser des programmes d'investissement dans l'industrie des hydrocarbures pour les six années à venir d'un montant de 200 milliards $.

Quant aux relations entre Téhéran et Bakou, elles reposent sur un double antagonisme : démographique (compte tenu de l'importance numérique de la minorité azérie en Iran – entre 14 et 17 millions de personnes) et religieux (le laïcisme azerbaïdjanais s'opposant à la nature hiérocratique de la république islamique d'Iran). D'autre part, même si ses importations de pétrole russe sont limitées, Ankara demeure un marché prioritaire pour Gazprom et sa politique de diversification de ses importations d'énergie doit aussi tenir compte des débouchés que les pays membres de la CEI représentent pour ses biens manufacturés et ses entreprises de travaux publics, sans compter que la Russie permet à la Turquie de devenir une puissance nucléaire civile. Enfin, le Turkménistan n'a aucun intérêt à favoriser un concurrent aussi puissant qui pourrait être tenté de rechercher des débouchés en Chine.

C'est pourquoi l'accord de juillet 2015 prévoyant la levée des sanctions frappant l'Iran doit être recadré. En effet, si la croissance économique de la Chine ralentit, de sorte que les investissements réalisés au Moyen-Orient et en Sibérie suffiront à couvrir les besoins énergétiques de l'Empire du Milieu pour les deux prochaines décennies, le rythme de croissance de l'Inde ne peut connaître une accélération durable que si le sous-continent dispose de ressources énergétiques que seul l'Iran est capable de lui fournir. New Delhi, qui pourrait devenir le nouveau pôle de croissance pour l'économie mondiale, a un besoin impérieux des hydrocarbures iraniens et, compte tenu de l'équilibre actuel du système énergétique mondial, le marché indien est le seul capable d'absorber l'énergie extraite du sous-sol iranien.

Ces mises à l'écart, assimilables à des chocs d'offre négatifs, ont profité à d'autres puissances gazières : les deux dernières décennies ont été caractérisées par la résistance de la Russie et par le retour ou l'émergence de pays qui, pour la plupart, ont visé à remettre en cause sa position de leader incontesté à l'exportation.

2.3. La stratégie russe de reconquête de parts de marché

Si Moscou est un fournisseur indispensable à l'équilibre mondial du marché du pétrole, ce n'est pas le cas dans le domaine du gaz naturel, aussi paradoxal que cela puisse paraître étant donné sa part de marché à l'exportation : si les potentiels gaziers de l'Iran et du Turkménistan étaient véritablement exploités, la situation de la Russie serait fortement compromise. Ce pays n'est donc pas exclusivement assimilable à une puissance gazière rentière. Faute de disposer de secteurs alternatifs susceptibles de lui procurer des devises pour des montants comparables, la Russie n'a d'autre solution que de continuer à développer son industrie gazière et à trouver de nouveaux débouchés. C'est pourquoi, depuis une décennie, Gazprom a orienté sa stratégie vers la reconquête du terrain perdu, réussissant à partir de 2009 à enrayer la contraction tendancielle de sa part de marché, la stabilisant à un cinquième des exportations mondiales contre plus d'un tiers il y a quinze ans (tableau 39). Ce recul permet de prendre la mesure de la crise qui frappe l'un des fleurons de l'industrie russe.

Tableau 39 – Parts du gaz russe dans la consommation de gaz des principaux pays européens (en %)

	2005	2006	2007	2008	2009	2010	2011	2012	2013
Allemagne	41,8	39,4	41,6	46,7	42,9	42,4	45,8	43,4	48,1
Autriche	68,0	70,2	60,7	61,1	58,1	55,4	56,8	60,0	61,2
Belgique	12,2	19,2	25,9	20,6	3,0	2,7	0,0	0,0	0,0
Bulgarie*	83,9	84,4	87,5	90,6	95,7	88,5	86,2	92,6	107,7
Finlande*	112,5	116,7	120,5	120,0	122,2	123,1	120,0	119,4	128,6
France	29,5	22,9	23,8	23,7	21,3	17,7	21,0	19,4	19,2
Grèce	88,9	87,1	83,8	71,8	63,6	58,3	65,9	61,0	72,2
Hongrie	73,8	81,5	57,3	63,6	59,8	54,8	61,2	52,0	69,8
Italie	27,8	28,6	28,3	28,8	26,7	17,2	23,9	22,0	39,4
Pays-Bas	10,4	12,3	14,9	13,7	11,1	9,9	11,8	8,0	5,7
Pologne	51,5	56,2	50,7	53,0	62,5	76,1	65,6	78,9	58,7
Rép. tchèque	77,9	79,6	82,8	90,8	85,4	96,8	97,6	101,2	86,9
Roumanie	28,4	30,4	28,0	26,4	18,8	19,1	23,0	18,5	9,6
Royaume-Uni	4,0	9,7	16,7	8,2	13,7	11,4	16,5	15,9	17,1
Slovaquie*	113,6	116,7	108,8	108,8	110,2	103,6	113,5	87,8	100,0
Suisse	12,9	13,3	13,8	9,7	10,0	9,1	10,0	9,1	11,1
Turquie	66,9	65,2	64,8	63,5	56,0	46,2	58,2	59,6	58,3

** Réexportations non déduites*

Source : calculs à partir de la *BP Statistical Review* et des données publiées par Gazprom

Au vu des difficultés rencontrées sur le marché européen, préserver Gazprom suppose de réaliser des investissements considérables afin d'exploiter les gisements situés dans des zones aux conditions climatiques extrêmes. Cela implique qu'une partie de ces dépenses soit financée par des tiers, nationaux (l'État russe, en charge des infrastructures pour le gisement de Yamal) ou étrangers (entreprises chinoises). La crise financière qui frappe actuellement le pays devrait l'amener à terme à adopter une attitude moins agressive vis-à-vis de ses voisins et à maîtriser son complexe obsidional, au demeurant non dénué de fondement (même si le Kremlin est parvenu à contourner en partie les sanctions financières imposées à la suite de l'annexion de la Crimée). La stratégie russe repose sur trois axes majeurs.

La réorientation des flux gaziers vers la Chine

La Chine est, avec les États-Unis et le Japon, l'un des trois grands marchés où la demande de gaz est en forte croissance. Moscou a intérêt à se tourner vers ce débouché et à compléter l'offre gazière en provenance des autres pays asiatiques,

Birmanie[91] et Turkménistan (respectivement 10 et 26 milliards de m^3 par an). Les exportations russes de gaz devraient permettre de rééquilibrer les échanges commerciaux avec Pékin, tout en fournissant de précieux capitaux dans le contexte de grave crise financière que le pays traverse, grâce aux préfinancements chinois.

L'important contrat de livraison de gaz naturel signé en 2014 entre Gazprom et la Chine implique la construction du gazoduc « Sila Sibiri » (Force de Sibérie), long de 2 000 km, entre la Sibérie orientale (gisement de Tchaïanda en Iakoutie)[92] et la Chine, qui transportera, en théorie à partir de 2019, 38 milliards de m^3 de gaz par an à un prix d'environ 390 $ pour 1 000 m^3, inférieur au cours actuel du gaz liquéfié en Asie[93]. Cet investissement est estimé à 60-70 milliards $, dont 55 à la charge de Gazprom, financés à 50 % par une avance du pétrolier chinois CNPC.

Ces importations de gaz comportent aussi des avantages pour la Chine, qui va pouvoir opportunément diversifier son mix énergétique sans pour autant puiser dans ses propres réserves gazières, que Pékin a intérêt à préserver : la décision d'importer de grandes quantités de gaz russe implique de reporter l'exploitation du gaz de schiste domestique à un horizon indéterminé. Il est vrai que l'économie gazière, à très haute intensité capitalistique, est fort peu créatrice d'emplois, contrairement à l'exploitation charbonnière. C'est un inconvénient majeur pour un pays autant doté en facteur travail et relativement pauvre en capital, où la fermeture des mines de charbon ne manquerait pas de susciter des troubles sociaux, dès à présent endémiques (mais les autorités chinoises ont fini par prendre conscience que la pollution atmosphérique est préjudiciable à la poursuite du développement de la seconde économie mondiale).

Le déplacement de l'économie gazière vers le Nord-Est de la Sibérie

Les neuf dixièmes de la production gazière commercialisée par la Russie proviennent du nord de la Sibérie occidentale (tableau 40). Si l'on ne retient que les 28 gisements russes de gaz naturel découverts contenant plus de 500 milliards de m^3 (70 % des réserves totales de gaz naturel conventionnel du pays), la région autonome des Nenets concentrerait près des deux tiers des réserves. Cependant, la zone Nadym-

---

91 L'industrie des hydrocarbures du Myanmar s'est ouverte aux investissements extérieurs. La production de gaz naturel est exportée à 70 % vers la Thaïlande (à partir du gisement de Zawtika, exploité à 80 % par le thaïlandais PTTEP et à 20 % par Myanmar Oil and Gas Enterprise - MOGE) et à 30% vers la Chine (à partir du gisement de Shwe, exploité à 60 % par Daewoo et par ONCG Videsh, MOGE, Korea Gas Corporation et Gas Authority of India Limited). L'oléoduc et le gazoduc, qui cheminent parallèlement et relient Kyaukphyu (Sittwe) en Birmanie à Kunming en Chine, permettent de transporter 22 millions de tonnes de pétrole par an et 12 milliards de m^3 par an à destination de la Chine, en contournant le détroit de Malacca.

92 Ce gisement comprend également de l'hélium, de l'éthane et du propane. Sont prévues une usine de production de GNL, une autre d'hélium et une troisième de matière plastique. Pékin a obtenu d'être le client unique de ce champ gazier.

93 Les importations chinoises pourraient être acheminées aussi par un deuxième gazoduc, Altaï (30 milliards de m^3 provenant du gisement de Kovykta en Sibérie occidentale), qui contournerait la Mongolie par l'ouest. Mais ce projet paraît aujourd'hui hypothétique.

Pur-Taz, la première développée dans les années 1970 sous le nom générique de « Bakou III », connait un épuisement tendanciel (estimé entre 65 et 75 % pour les gisements d'Urengoyskoye, d'Yamburgskoye et de Medbezhye). Le gisement de Medbezhye n'est que partiellement compensé par les forages situés, plus au nord, sur l'embouchure de l'Ob et dans la péninsule de Yamal (gisement de Bovanenkovo), même s'ils permettent pour le moment à Gazprom de maintenir son potentiel productif et de faire face à l'épuisement progressif des principales sources d'approvisionnement du marché gazier européen. Comme pour le pétrole, le repli des cours des hydrocarbures place l'industrie gazière russe dans une situation difficile car il la prive de ressources importantes alors qu'elle est appelée à réaliser des investissements colossaux, ne serait-ce que pour maintenir son potentiel productif, et à coopérer avec les multinationales pour des raisons à la fois technologiques, commerciales et financières – toute stratégie autarcique étant, à terme, suicidaire.

Dans les deux décennies à venir, la croissance de la production de gaz naturel en Russie ne peut se réaliser que si le redéploiement géographique de l'exploitation se poursuit, dans les péninsules de Yamal et de Gydan, vers la mer de Barents (Shtokman), et surtout vers la Sibérie orientale et l'Extrême-Orient russe, où les hausses de production prévues sont notables, même si le potentiel effectif est mal connu (tableaux 41 et 42).

Les perspectives de développement de la filière du gaz naturel liquéfié

Le déplacement progressif de la production gazière russe vers les côtes du Nord et de l'Est rend enfin crédible le développement d'une filière de liquéfaction. Bien qu'une telle technologie se heurte aux conditions climatiques particulières des régions concernées (seules les mers de Barents, d'Okhotsk et du Japon sont libres de glace toute l'année), la maîtrise de ces technologies complexes est apparue dès les années 1990 comme une solution pour tenter de contrer la baisse tendancielle de la part de marché du gaz russe. Les autorités en font désormais une priorité.

C'est sur le gisement de Sakhaline II qu'a surgi la première usine de liquéfaction de gaz naturel en Russie, construite par Shell en 1996 avec une capacité annuelle initiale de production de 9,6 millions de tonnes. La prise de participation majoritaire de Gazprom en 2006 est apparue comme l'unique solution pour surmonter les obstacles judiciaires qui entravaient son fonctionnement.

Tableau 40 – Ventilation régionale de la production russe de gaz naturel (en %)

Régions	Part de la production de gaz naturel	Principaux champs gaziers
Sibérie	94,01	
- Tyumen (péninsules de Yamal et de Gydan)	88,17	Tambey, Severno Tambey, Khararsavey, Vosochno Bovanenko, Neitin, Gydan, Yuzhno, Zapolyarye, Vostochno, Messoyakha, Zapadno Messoyakha, Suzun, Tagul, Russkoye-Zapolyarye, Vostochno, Messoyakha, Zapadno Messoyakha, Suzun, Tagul, Russkoye, Pelyatka, Ushakov, Kazantsev, Zymneye, Yambourg, Urengoy, Medvezhye, Agaleevkoye, Beregovoye, Kazym, Komsomol, Yutyrmal, Vingapur, Vasyougan, Narian Mar
- Tomsk	0,63	
- Krasnoïarsk	0,32	
- Irkoutsk	0,32	Bratsk
- Iakoutsk	0,32	Kysyl-Syr, Llino-Khozhevinskaya, Uglovaya, Anolskaya
- Sakhaline	4,26	Lugov, Chayanda, Kovykta
Oural-Volga	5,21	
- Orenbourg	2,37	Saratov
- Astrakhan	1,74	Astrakhan
- Autres	1,10	Sébastopol, Tchoretsk, Stavropol
République de Komi	0,47	
Nord du Caucase	0,32	Takhta-Kugulta
Mer de Barents & Mer de Kara	-	Shtokman (projet différé *sine die*), Admiraltet, Loudlov, Fedinsk, Russanov

Source : *Oil & Gas Journal*

La capacité de production a été portée à 10,8 millions de tonnes et la rentabilisation accélérée de ce projet est la conséquence de la forte hausse des exportations vers le Japon consécutive à l'accident nucléaire de Fukushima. En conséquence, l'extension des capacités de Sakhaline II est l'option la plus crédible (construction d'une troisième ligne de production pour un coût total estimé entre 5 et 7 milliards $). Le gaz associé extrait à Sakhaline I, longtemps réinjecté pour accroître le taux de récupération du pétrole, pourrait à son tour alimenter une unité de liquéfaction (d'une capacité annuelle de 5 millions de tonnes, pouvant être triplée), et concurrencer ainsi les usines australiennes.

Tableau 41 – Ventilation régionale des réserves russes de gaz naturel (en % et en milliards de m³)

Régions	Part des réserves de gaz naturel	Principaux champs gaziers
Yamal-Région autonome des Nenets	64,6	Urengoyskoye (7 000), Bovanenkovskoye (5 000), Yamburgskoye (4 200), Zapolyarnoye (3 000), Kruzenshternskoye (1 800), Kharasaveyskoye (1 800), Yuzhno-Tambeyskoye (1 700), Yuzhno-Russkoye (1 000), Kharampurskoye (1 000), Severo-Tambeyskoye (1 000), Utrennee (700), Malyginskoye (700), Yurkharovskoye (600), Pestsovoye (600), Severo-Urengoyskoye (600), Medvezhye (500)
Mer de Barents	8,1	Shtolmanovskoye (3 900)
Région d'Astrakhan	10,1	Astrakhanskoye (3 700), Tsentralno-Astrakhanskoye (1 200)
Région d'Irkoutsk	6,4	Kovytkinskoye (2 000), Angaro-Lenskoye (1100)
Région de Sakhaline	2,3	Chayandinskoye (1 100)
Mer de Kara	4,8	Leningradskoye (1 000), Rusanovskoye (800), Kamennomysskoye-More (500)
Région d'Orenbourg	1,7	Orenburgskoye (800)
Région de Krasnoïarsk	1,0	Yurubcheno-Tokhomskoye (500)
Mer d'Okhotsk	1,0	Lunskoye (500)

Source : Oil & Gas Journal

Mais plusieurs autres projets de liquéfaction ont été abandonnés ou reportés : Kharasavey et Baltic LNG, en raison de la concurrence que représentait à l'époque l'exploitation envisagée du gisement de Shtokman ; Vladivostok LNG, qui pâtit de l'éloignement des principaux champs de Sibérie septentrionale et de la concurrence directe de Sakhaline, même si les centres de consommation (Corée du Sud, Japon) sont proches et les risques technologiques maîtrisables. Le projet associé à Shtokman, quatrième gisement russe de gaz naturel avec un volume estimé à 3 900 milliards de m³, et dont le *joint-venture* fut signé dès 2008 entre Gazprom (51 %), Total (25 %) et Statoil (24 %), a lui-même été reporté *sine die* en raison de l'inexistence de débouché commercial en Europe, de l'absence d'incitations fiscales spécifiques (le gouvernement russe concentrant les financements publics sur le projet Yamal LNG) et de désaccords récurrents entre les actionnaires.

Tableau 42 – Programmation de la production de gaz naturel en Russie à l'horizon de 2030

En milliards de m^3	2010-2015	2015-2020/2022	2020/2022-2030
Région de Tyumen	580-592	584-586	608-637
- Nadym-Pur-Taz	531-559	462-468	317-323
- Golfe de l'Ob et baie de Taz	0-7	20-21	67-68
- Bolshekhtskaya (gisement de Nakhodkinskoye)	9-10	24-25	30-32
- Péninsule de Yamal	12-44	72-76	185-220
Région de Tomsk	6-7	5-6	4-5
Partie européenne	54-91	116-119	131-137
- Mer Caspienne	8-20	20-22	21-22
- Mer de Barents (Shtokman)	0-23	50-51	69-71
Sibérie orientale	9-13	26-55	45-65
Extrême-Orient	34-40	65-67	85-87
- Sakhaline	31-36	36-37	50-51
Russie	**683-743**	**796-833**	**873-931**

En %	2010-2015	2015-2020/2022	2020/2022-2030
Région de Tyumen	82,2 %	71,8 %	69,0 %
- Nadym-Pur-Taz	76,4 %	57,2 %	35,5 %
- Golfe de l'Ob et baie de Taz	0,5 %	2,5 %	7,5 %
- Bolshekhtskaya (gisement de Nakhodkinskoye)	1,3 %	3,0 %	3,4 %
- Péninsule de Yamal	3,9 %	9,1 %	22,5 %
Région de Tomsk	0,9 %	0,7 %	0,5 %
Partie européenne	10,2 %	14,4 %	14,9 %
- Mer Caspienne	2,0 %	2,6 %	2,4 %
- Mer de Barents (Shtokman)	1,6 %	6,2 %	7,8 %
Sibérie orientale	1,5 %	5,0 %	6,1 %
Extrême-Orient	5,2 %	8,1 %	9,5 %
- Sakhaline	4,7 %	4,5 %	5,6 %
Russie	**100,0 %**	**100,0 %**	**100,0 %**

Source : *Russian Energy Strategy to 2030* (publié par le gouvernement russe, 13.11.2009)

Le projet Yamal LNG valorisant le gaz extrait du gisement de Tambey (3 lignes de production de 5,5 millions de tonnes chacune pour un coût total estimé à 30 milliards $) pourrait entrer en production dès 2017 car il constitue une priorité pour le Kremlin : la Russie maîtriserait alors la production du GNL et donc posséderait l'ensemble des technologies utilisées dans l'industrie gazière. Il est développé conjointement par le russe Novatek (60 %), Total (20 %) et le chinois CNPC (20 %), ce qui correspond à une division traditionnelle des fonctions : majorité du capital aux mains de l'entreprise russe[94], expertise technologique apportée par la multinationale française (qu'elle transfère au partenaire russe), débouchés commerciaux et financements pour contourner les sanctions frappant actuellement Moscou fournis par l'opérateur chinois. Empruntant les voies maritimes arctiques, aussi bien vers la zone atlantique (pour le marché européen) que pacifique (pour l'Asie), les méthaniers de Novatek ne concurrenceront pas directement les livraisons effectuées par gazoducs, et donc Gazprom[95]. Le financement des infrastructures logistiques par l'État russe explique, avec le coût d'extraction relativement bas, la compétitivité prévisionnelle du projet[96]. Comme la plupart des projets russes de gaz liquéfié, Yamal LNG représente toutefois un pari risqué : les investissements à réaliser sont colossaux et ils ne peuvent être rentabilisés que par des contrats de livraison à très long terme.

Les marges de manœuvre de la Russie sont limitées. Elle peut contrer l'émergence du Turkménistan, jouer un double-jeu avec l'Iran pour le cantonner à un rôle secondaire (tout en lui permettant de devenir un acteur du nucléaire civil, mais en s'associant aux puissances occidentales pour différer son accession au statut de puissance nucléaire militaire), empêcher le Venezuela de valoriser son extraordinaire potentiel pétrolier (voire interdire à Cuba d'exploiter ses ressources potentielles), mais elle est impuissante face au Qatar, à l'Australie et surtout aux États-Unis. Le complexe obsidional auquel on est si prompt à succomber à Moscou n'est pas dénué de fondement.

2.4. Les ripostes occidentales

Les risques encourus par la Russie sont d'autant plus importants que le pays subit les offensives de rivaux qui peuvent faire partie d'un vaste plan concerté par certaines puissances occidentales. Moscou n'est toujours pas parvenu à redresser ses parts de marché à l'exportation de gaz naturel, d'autant que ses concurrents possèdent d'importantes capacités de production sous-employées et que de nouveaux concurrents vont prochainement émerger. Comme dans le secteur pétrolier, la compétition ne concerne pas que les pays possédant les réserves les plus élevées.

---

94 En revanche, la montée de Total dans le capital de Novatek (18 %) est stoppée.

95 En Russie, la position dominante de Gazprom (*Gazovaïa Promychlennost*, « industrie gazière » : en pratique, l'héritier du ministère soviétique du gaz naturel) dans le secteur gazier (74,4 % de part de marché) est remise en cause par de nouveaux acteurs nationaux : Rosneft (5,8 %, grâce notamment au rachat de TNK – 2 % – en 2012 et d'Itera – 1,9 % – en 2013), Lukoil (2,5 %), Surgutneftegas (1,9 %) et surtout Novatek (8,9 %). Les autres acteurs représentent 6,5 % de la production gazière, dont 4,1 % pour les entreprises étrangères.

96 Ainsi, le projet Petchora LNG ne pourra se développer que s'il est soutenu par Gazprom ou Rosneft.

L'exceptionnelle valorisation du potentiel gazier du Qatar

Afin de remettre en cause la position dominante que Gazprom et la Russie occupaient au début du troisième millénaire, les multinationales d'origine occidentale ont tout d'abord décidé de concentrer leurs investissements au Qatar. Mais le développement accéléré du potentiel gazier de l'émirat poursuivait initialement deux autres objectifs :

- garantir l'approvisionnement en gaz naturel (liquéfié) des États-Unis et du Royaume-Uni, ce qui explique les participations minoritaires possédées par les *Majors* occidentales détentrices des technologies indispensables [97], Qatar Petroleum restant toujours majoritaire ;
- puiser dans les considérables réserves gazières *offshore* possédées en commun avec l'Iran, c'est-à-dire profiter des sanctions internationales qui frappent les exportations d'hydrocarbures de Téhéran (au même titre que la Russie, qui en bénéficie pour développer la production d'électricité nucléaire de la république islamique).

Doha, qui aspirerait à remplir une fonction de *swing producer* sur le marché international du gaz similaire à celle de l'Arabie Saoudite pour le pétrole, n'est soumis à aucune pression financière, contrairement à la plupart des autres petits exportateurs, des pays soit très peuplés, soit tributaires des recettes gazières pour équilibrer leurs comptes extérieurs, alors que la valorisation de ses gisements n'a pas impliqué de relever des défis technologiques d'une ampleur comparable à ceux de la Russie.

Les investissements dans le gaz qatari auraient cependant pu se révéler tout aussi risqués : l'exceptionnelle croissance de la production de gaz de roche-mère aux États-Unis a rendu caduc son approvisionnement et la marginalisation de l'Iran (voire du Turkménistan) sur la scène internationale n'est nullement irréversible. Mais Doha a bénéficié d'un extraordinaire effet d'aubaine (tout comme l'Extrême-Orient russe) : la forte augmentation des exportations à destination du Japon, à la suite de la fermeture du parc des centrales nucléaires consécutive à l'accident de Fukushima, lui a permis de rentabiliser ses considérables investissements et ce, plus rapidement que prévu, d'autant que le taux d'utilisation élevé de ses importantes capacités de production consolide sa position de leader sur ce marché.

La croissance fulgurante du gaz de schiste aux États-Unis

Ces dernières années, la saga des *success stories* dans l'exploitation du gaz concerne en premier lieu les Etats-Unis, avec l'essor de la production de gaz de schiste, qui représente plus du tiers de la production domestique de gaz : encore importateur net en 2014, Washington peut devienir autonome, voire exportateur, dès 2016.

---

[97] ExxonMobil, ConocoPhillips, Total, Shell et quelques acheteurs japonais dans les trains de liquéfaction du gaz naturel de QatarGas et de RasGas. Il est souvent d'usage que les principaux clients, liés par des contrats d'approvisionnement à long terme, financent une fraction des investissements pour s'assurer de la pérennité des relations commerciales.

L'abondance d'un gaz naturel à bas prix (équivalent à 20-30 $ le baril de pétrole sur le marché nord-américain) favorise des secteurs aussi énergivores que la sidérurgie, les matériaux de construction, le verre et la chimie lourde et elle explique la compétitivité retrouvée de tout un pan de l'industrie lourde américaine, même si elle n'est pas irréversible. De plus, la situation des États-Unis demeure privilégiée car ils pourront toujours se tourner vers les ressources du Canada. *A contrario*, la dépendance aux importations de gaz naturel de certains grands émergents (Mexique, Argentine, Brésil, Chine, Inde, Thaïlande) s'accroît au fur et à mesure qu'ils se développent, y compris lorsqu'ils sont producteurs de pétrole (tableau 43).

Tableau 43 – Taux d'indépendance (production / consommation) de pays importateurs de gaz naturel (en %)

	2000	2001	2002	2003	2004	2005	2006	2007	2008	2009	2010	2011	2012	2013	2014
États-Unis	82,5	88,6	82,4	86,0	83,2	82,2	85,5	83,6	86,8	90,3	88,7	93,8	94,3	93,2	96,1
Mexique	93,9	90,9	85,5	81,1	79,9	85,8	86,1	84,5	80,5	82,0	79,4	76,0	71,6	68,7	67,7
Argentine	112,6	119,5	119,3	118,7	118,4	112,9	110,3	102,1	99,2	95,9	92,6	84,9	80,2	74,5	75,2
Brésil	79,4	64,1	65,5	63,6	58,8	55,9	54,2	53,0	56,0	59,4	54,5	62,7	60,9	50,3	50,6
Venezuela	100,0	100,0	100,0	100,0	100,0	100,0	100,0	99,9	95,5	94,5	92,6	92,9	93,2	91,7	96,0
Royaume-Uni	112,0	109,9	109,0	108,0	98,9	92,9	88,8	79,2	74,2	68,5	60,7	57,9	52,6	49,7	54,9
Chine (avec Hong-Kong)	99,2	100,0	102,3	98,1	98,1	99,9	99,4	94,7	95,2	92,2	86,6	78,9	74,2	72,0	71,5
Inde	100,0	100,0	100,0	100,0	91,7	83,1	78,6	74,6	73,5	74,9	81,1	72,6	68,2	65,5	62,6
Thaïlande	92,2	79,3	76,3	75,2	74,8	72,8	73,0	73,6	77,1	78,8	80,5	79,4	80,9	80,0	80,0

Source : *BP Statistical Review*

Cette quasi-autonomie des États-Unis n'avait pas été anticipée par les *Majors*, comme l'attestent leurs investissements massifs dans la filière du GNL (unités de regazéification destinées aux méthaniers en provenance du Qatar) qui se sont révélés *a posteriori* inutiles (sauf si le pays devient un jour exportateur net de gaz naturel, mais à condition de reconvertir les usines). Cette politique d'autonomie énergétique a pour but d'éviter une nouvelle dépendance, dans le gaz cette-fois-ci, vis-à-vis d'un Moyen-Orient hautement instable[98]. Ainsi, les recherches requises par les contraintes spécifiques à l'exploitation du gaz de schiste ont été assurées par des laboratoires publics en association avec de petites entreprises du secteur, conformément à la tradition entrepreneuriale du pays (quitte à ce que ces petites entreprises soient rachetées par la suite par de plus grandes, leur développement rapide ayant conduit à un fort endettement).

[98] La préservation de l'alliance stratégique avec Riyad suppose de ne pas tisser des liens trop étroits avec Doha, qui incarne une ligne politique relativement indépendante par rapport au royaume wahhabite (comme l'atteste son soutien aux Frères musulmans en Égypte alors que l'Arabie Saoudite est un fidèle soutien de l'armée égyptienne).

Victime de la production de gaz de schiste aux États-Unis et de la reconfiguration des flux commerciaux qui en a résulté, l'économie gazière canadienne se voit obligée, à l'instar du Qatar, de réorienter les flux initialement destinés à son puissant voisin du Sud. À l'image des autres grands exportateurs mondiaux, elle subit le tropisme du dynamisme de la demande asiatique. Plusieurs projets sont à l'étude : des gazoducs permettant d'évacuer le gaz extrait en zone arctique[99] et des usines de production de GNL destiné à l'Asie dans les ports de Colombie britannique[100], mais dans un avenir plus ou moins lointain compte tenu de la concurrence du gaz russe en Chine et du gaz qatari et australien en Asie. Mais le Canada demeure, en priorité, le réservoir de matières premières des États-Unis (comme le montre actuellement l'exploitation des sables bitumineux).

Un nouveau concurrent dans la zone Asie-Pacifique : l'Australie

Initialement, il avait été prévu qu'à partir de 2015-2020 l'Australie joue sur le marché du GNL le rôle imparti dans la décennie 1990 à la Norvège, au Royaume-Uni et au Mexique concernant le pétrole : celui de pays occidental qui, en maximisant sa production, maintient les prix à des niveaux raisonnables. Avec un Qatar appelé à occuper la première place et une Australie challenger à l'indéfectible fidélité, le camp occidental pouvait s'appuyer sur deux solides piliers, complémentaires pour l'approvisionnement des grands pays d'Asie (Chine, Corée du Sud, Inde et Japon) fortement déficitaires en gaz.

Le potentiel australien est considérable, réparti entre l'exploitation de gigantesques bulles de gaz *offshore* sur la côte Nord pour l'essentiel, et la valorisation du gaz de charbon sur la côte Est de façon secondaire[101]. Le total des investissements dans l'industrie gazière australienne pourrait atteindre 250-300 milliards $ pour une production de 90-100 millions de tonnes de GNL, soit quasiment la capacité actuelle du Qatar, ce qui permet de considérer Canberra comme le principal concurrent à terme de Doha dans ce domaine. Mais la menace pour Moscou est tout aussi manifeste : après le Qatar, l'Australie représente la deuxième étape majeure de la stratégie anglo-saxonne visant à contrer Gazprom. C'est pourquoi la signature d'accords

---

99 Le delta de la rivière Mackenzie pourrait receler 40 trillions de pieds cubes de gaz naturel conventionnel. À titre de comparaison, les réserves du Nord de l'Alaska (Prudhoe Bay) sont estimées à 100 trillions de pieds cubes. Quant aux ressources totales en gaz naturel conventionnel en zone arctique, elles sont évaluées à 1 600 trillions de pieds cubes, soit 65 fois la consommation annuelle de gaz naturel des États-Unis à l'heure actuelle. Mais les coûts de production et de transport demeurent prohibitifs. De plus, malgré l'ampleur grandissante de la fonte de la banquise en été, les conditions climatiques demeurent extrêmes pendant la plus grande partie de l'année.

100 Si trois terminaux ont été agrandis, sept construits et seize approuvés et non (encore) construits aux États-Unis entre 2001 et 2011, un seul terminal a été achevé au Canada et deux ont été approuvés au cours de la même période.

101 Si la production actuelle de gaz de schiste est sans commune mesure avec celle de gaz de charbon, les réserves de charbon sont, et de loin, les plus abondantes sur Terre.

d'approvisionnement avec la Chine devenait si urgente et impérative pour la Russie, bien que la production australienne soit prioritairement destinée – pour le moment – aux autres pays asiatiques, malgré quelques contrats importants conclus avec des opérateurs chinois (tableau 44).

Le contentieux frontalier entre l'Australie et le Timor oriental

Le conflit entre l'Australie et l'Est de l'île de Timor pour la délimitation des frontières maritimes entre les deux pays recouvre un enjeu qui se monte à plusieurs dizaines de milliards $. La répartition des réserves entre l'Australie (80 % des zones maritimes) et la Joint Petroleum Development Area (20 %, dont les recettes sont réparties à égalité entre l'Australie et le Timor) peut apparaître pour le moins inégale. Dili considère d'ailleurs que Canberra a abusé de son extrême faiblesse pour imposer une définition inique des zones économiques exclusives et donc des redevances versées par les opérateurs. L'accord entré en vigueur en 2007 prévoit que la délimitation des frontières maritimes ne sera pas renégociée avant 2056, mais le litige a été porté devant la Cour internationale de justice de La Haye. Dili reproche en outre à Canberra des actions d'espionnage et des tentatives de manipulation et de déstabilisation de responsables politiques du Timor oriental.

3. L'essor potentiel de nouvelles concurrences

Dans le système gazier mondial, la Russie demeure un leader à la prééminence contestée, tant du fait de l'agressivité de ses concurrents que de ses propres insuffisances. Les positions acquises pourraient être davantage remises en cause par l'apparition de nouveaux acteurs dans un futur proche. L'offensive contre le Kremlin devrait gagner en intensité, même s'il a fait montre par le passé de sa capacité à défendre ses intérêts, du moins tant que ses concurrents étaient à sa portée.

3.1. Le retour des perspectives de production dans le Caucase et en Asie Centrale ?

Si le gazoduc Nabucco, censé alimenter l'Europe centrale en gaz azéri (voire iranien), avait perdu toute perspective de concrétisation face à son concurrent South Stream défendu par la Russie, il semble retrouver une nouvelle actualité avec un projet alternatif, doté toutefois d'une capacité de transport nettement plus réduite et qui serait prévu pour transporter le gaz de la Caspienne vers l'Europe à partir de 2018[102], tandis que son challenger South Stream périclitait.

102 Gisements de Shah Deniz et d'Apscheron (à partir de 2021-2022). La production de Shah Deniz-phase I est estimée à 9 milliards de m^3 par an, celle de Shah Deniz-phase II devrait atteindre les 16 milliards, pour des réserves évaluées à 1 000 milliards.

Tableau 44 – Investissements dans l'industrie australienne du gaz naturel (en trillions de pieds cubes)

Projets	Statut	Localisation géographique
Bonaparte LNG	Projet en développement pour 2019	Gisements (Frigate, Petrel et Tern) situés à 250 km à l'ouest de Darwin (bassin Bonaparte dans la mer de Timor).
Browse LNG	Projet à l'étude (usine de liquéfaction flottante)	Australie occidentale - bassin de Browse (champs de Brecknock, Calliance et Torosa) à 425 km au nord de Broome.
Scarborough Gas Field	Projet à l'étude (usine de liquéfaction flottante)	Australie occidentale - bassin de Carnarvon en mer de Timor (200 km au nord-ouest d'Exmouth).
Australia Pacific LNG	Projet en développement (transformation de gaz de houille en GNL) pour 2015	Queensland (bassins de Bowen et de Surat) - usine à Curtis Island près de Gladstone.
Darwin LNG	Site en production depuis 2005	Gisement de Bayu-Undan en mer de Timor à 250 km au sud-ouest de Suai (Timor Est) et à 500 km des Territoires du Nord en Australie (paiement de redevances à l'Australie et à Timor Est) - usine à Wickham Point.
Gladstone LNG	Projet en développement (transformation de gaz de houille en GNL) pour 2015	Queensland (bassins de Bowen et de Surat).
Gorgon LNG	Projet en développement (prévision de 60 années de production) pour 2015	Australie occidentale (usine sur l'île de Barrow) - bassin de Barrow (gisement à 130 km de la côte de Pilbara, 85 km au nord-est de Onslow et 140 km à l'ouest de Karratha), inclus dans le bassin de Carnarvon (gisements de Gorgon, de Chandon, de Geryon, d'Orthrus, de Maenad, d'Eurytion, d'Urania, de Chrysaor, de Dionysus, de Janzlo et de West Tryal).
Ichthys LNG	Projet en développement pour 2016	Australie occidentale - bassin de Browse à 220 km au large des côtes.
North West Shelf Venture	Site en production depuis 1989	Australie occidentale - péninsule de Burrup entre North West Cape et la péninsule de Dampier (usine située à Karratha).
Pluto	Site en production depuis 2012	Australie occidentale - bassin de Carnarvon (à 190 km au nord-ouest de Karratha).
Prelude	Projet en développement (plus grande usine de liquéfaction flottante au monde) pour 2017	Australie occidentale - bassin de Browse (champs de Prelude et de Concerto) à 200 km au nord-ouest des côtes.
Queensland Curtis LNG	Site en production (transformation de gaz de houille en GNL) depuis 2014	Queensland (bassin de Surat) - usine à Curtis Island près de Gladstone.
Sunrise LNG	Projet à l'étude	Gisements (Sunrise et Troubadour) situés à 150 km des côtes de Timor Est et à 450 km au nord-ouest de Darwin.
Wheatstone	Projet en développement pour 2016	Australie occidentale (champs de Julimar et de Brunello) - au large de la côte de Pilbara (usine située à 12 km d'Onslow)

Projets	Montant des investissements	Actionnaires
Bonaparte LNG	Renoncement à une usine de liquéfaction flottante et pose d'un gazoduc jusqu'à une usine à Darwin	Suez (60 %), Santos (35 %) et Origin Energy (5 %) pour le gisement de Petrel & Suez (60 %), Santos (40 %) pour les gisements de Frigate et Tern.
Browse LNG		Woodside (31,15 %), Shell (27 %), BP (17 %), Japan-Australia LNG - JV Mitsubishi-Mitsui (14,7 %), PetroChina International Investment (10 %).
Scarborough Gas Field		Exxon (50 %), BHP-Billiton (50 %).
Australia Pacific LNG	24,7 milliards $	Origin Energy (37,5 %), ConocoPhillips (37,5 %), Sinopec (25 %).
Darwin LNG	2 milliards $	ConocoPhillips (56,72 %), ENI (12,04 %), Santos (10,63 %), Inpex (10,53 %), Tokyo Electric (6,72 %), Tokyo Gas (3,36 %).
Gladstone LNG	21,6 milliards $	Santos (30 %), Petronas (27,5 %), Total (27,5 %), Kogas (15 %).
Gorgon LNG	54 milliards $	Exxon (25 %), Shell (25 %), Chevron (47,3 %), Osaka Gas (1,25 %), Tokyo Gas (1 %), Chubu Electric Power (0,417 %).
Ichthys LNG	34 milliards $	Inpex (66,7 %), Total (30 %), Tokyo Gas (1,575 %), Osaka Gas (1,2 %), Toho Gas (0,42 %), Chubu Electric Power (0,35 %).
North West Shelf Venture	50 milliards $	Woodside, BHP Billiton, BP, Chevron, Shell, Mitsui-Mitsubishi (16,66 % chacun).
Pluto	15,3 milliards $	Woodside (90 %), Kansai Electric (5 %), Tokyo Gas (5 %).
Prelude	13 milliards $	Shell (100 %).
Queensland Curtis LNG	23,7 milliards $	BG Group, CNOOC (40 % du premier train de liquéfaction).
Sunrise LNG		Woodside (33,44 %), ConocoPhillips (30 %), Shell (26,56 %), Osaka Gas (10 %).
Wheatstone	29 milliards $	Chevron (64,14 %), Kuwait Foreign Petroleum Exploration Company (13,4 %), Apache Corporation (13 %), Tokyo Electric (8 %), Kyushu Electric Power (1,46 %).

Projets	Niveau de production de gaz naturel liquéfié	Montant estimé des réserves
Bonaparte LNG	2 millions de tonnes	1,5 Tpc - 11 millions de barils de condensats
Browse LNG		15 Tpc de gaz naturel - 440 millions de barils de condensats
Scarborough Gas Field	Objectif de 6-7 millions de tonnes	10 Tpc de gaz naturel
Australia Pacific LNG	9 millions de tonnes	Potentiel tributaire des gisements charbonniers exploitables
Darwin LNG	3,7 millions de tonnes	3,4 Tpc de gaz naturel - 350 à 400 millions de barils d'hydrocarbures liquides
Gladstone LNG	7,8 millions de tonnes	Potentiel tributaire des gisements charbonniers exploitables
Gorgon LNG	15 millions de tonnes	35 Tpc de gaz naturel
Ichthys LNG	8,4 millions de tonnes GNL et 6 millions de tonnes d'hydrocarbures liquides	12,8 Tpc de gaz naturel - 530 millions de barils d'hydrocarbures liquides
North West Shelf Venture	16,3 millions de tonnes	Un tiers des réserves estimées (33 Tpc) extrait jusqu'à présent
Pluto	4,3 millions de tonnes	4,4 Tpc de gaz naturel (Pluto) - 0,6 Tpc de gaz naturel (Xena)
Prelude	3,5 millions de tonnes	
Queensland Curtis LNG	4,25 millions de tonnes (production actuelle) + 4,25 millions de tonnes (production à venir)	
Sunrise LNG		5,1 Tpc de gaz naturel - 225 millions de barils d'hydrocarbures liquides
Wheatstone	8,9 millions de tonnes	Potentiel tributaire des gisements charbonniers exploitables

Achetée par un consortium représentatif de pays méditerranéens et d'Europe centrale[103], la production serait cette fois-ci évacuée par trois gazoducs : le South Caucasus Pipeline (SCP), le Trans Anatolia Natural Gas Pipeline (TANAP) en Turquie et le gazoduc Transadriatique (TAP) rejoignant l'Italie via la Bulgarie, la Grèce, l'Albanie et la mer Adriatique. Mais les investissements à réaliser sont considérables, évalués à 25 milliards $ pour l'amont (extraction du gaz naturel par deux plateformes, forage de vingt-six puits sous-marins, extension du terminal de Sangachal et augmentation de la capacité de transport du SCP) et 15 milliards pour l'aval (construction des gazoducs en Turquie et en Europe) (tableau 45).

103 Le turc Botas (6 milliards de m^3 par an), ainsi que Axpo Trading (Suisse), Bulgargaz EAD, DEPA (Grèce), Enel Trade (Italie), E.ON Global Commodities (Allemagne), Gas Natural Aprovisionamientos SDG (Espagne), GDF-Suez, Hera Trading (Italie), Shell Energy Europe.

Tableau 45 – Structure de l'actionnariat des infrastructures gazières d'Azerbaïdjan

Shah Deniz	Gazoduc du Sud Caucase	Gazoduc transadriatique
BP 25,5 %	BP 25,5 %	BP 20 %
Petronas 25,5 %	Petronas* 25,5 %	SOCAR 20 %
SOCAR 10 %	SOCAR 10 %	Statoil 20 %
Total 10 %	Total 10 %	Fluxys (Belgique) 16 %
Lukoil 10 %	Lukoil 10 %	Total 10 %
Naftiran Intertrade Company 10 %	Naftiran Intertrade Company 10 %	E.ON 9 %
TPAO 9 %	TPAO 9 %	Axpo (Suisse) 5 %

* En octobre 2014, le norvégien Statoil a annoncé avoir cédé ses participations dans le gazoduc du Caucase du Sud et du gisement Shah Deniz au malais Petronas pour 1,8 milliard €. La Malaisie mène une politique d'investissement international dans le secteur des hydrocarbures, visant des pays émergents (Afrique du Sud, Argentine), rentiers ou assimilés (Azerbaïdjan, Iraq, Iran, Oman, Ouzbékistan) et en développement (Mauritanie, Soudan, Tchad).

Un tel projet signifierait un renforcement de l'axe Bakou-Ankara, d'autant plus important pour l'Azerbaïdjan que ce pays entend toujours récupérer les territoires perdus en 1994 (et peuplés majoritairement d'Arméniens) lors de la guerre du Nagorny-Karabakh et qu'il a besoin du soutien politique et militaire de la Turquie pour contrer les influences iranienne et russe. L'actionnariat du TANAP comprend actuellement l'azerbaïdjanais SOCAR (58 %) associé au turc Botas (30 %) et à BP, opérateur de Shah Deniz et faisant office de médiateur entre les deux pays (12 %). Ce « corridor sud du gaz » en Europe viendrait dédoubler celui du pétrole, plus de dix ans après l'achèvement de l'oléoduc BTC[104] évacuant le brut azéri via la Géorgie et la Turquie. Et, si ce projet contribue à désenclaver l'Azerbaïdjan et à renforcer ses marges de liberté par rapport à la sphère d'influence russe, il pourrait renforcer à terme l'autonomie de l'Asie centrale et, en particulier, du Turkménistan (dont les réserves gazières sont sans commune mesure avec celles de l'Azerbaïdjan), en cas de prolongement par delà la Caspienne.

Ce projet TANAP serait évidemment considéré par Moscou comme une tentative de concurrencer Gazprom, après les épisodes qatari, états-uniens (gaz de schiste) et australien. C'est pourquoi la Russie œuvre en faveur d'un scénario alternatif, supposé prendre la relève du défunt South Stream (mais, à l'instar de son concurrent, nettement redimensionné à la baisse) : le Turkish Stream, qui viendrait doubler le gazoduc sous-marin existant, Blue Stream, entre la Russie et la Turquie[105]. Ankara se retrouve à nouveau face à son éternel dilemme : s'affranchir de la tutelle énergétique de son voisin du Nord ou accroître sa dépendance, ce qui apparaîtrait contradictoire avec ses liens

104 Oléoduc Bakou-Tbilissi-Ceyhan, entré en activité en 2006.

105 La capacité de Blue Stream pourrait atteindre 30 milliards de m^3 contre 16 actuellement. Les projets d'investissement de Gazprom en Grèce pourraient aussi se révéler une riposte au projet TANAP-TAP.

privilégiés avec l'Azerbaïdjan, voire ses velléités pantouraniennes en Asie centrale et son soutien apporté à certaines mouvances islamistes. Mais les relations étroites avec la Russie sont perçues par Ankara comme préférables à une dépendance trop marquée vis-à-vis des puissances énergétiques du Moyen-Orient.

3.2. Le développement du potentiel gazier en Méditerranée orientale

D'ici une à deux décennies, l'exploitation des gisements de gaz naturel localisés dans les eaux territoriales israéliennes et chypriotes (tableau 46) pourrait représenter une source d'approvisionnement importante pour l'Europe, susceptible de réduire sa dépendance aux importations plus lointaines[106]. Si les pays grecs (Grèce et Chypre), placés sous tutelle financière internationale, étaient autorisés à exploiter de telles ressources, ils pourraient présenter des balances des opérations courantes excédentaires, ce qui contribuerait à la résolution de leur crise de surendettement. Mais, pour d'autres pays de la région à forte croissance démographique, le potentiel d'exportation est surestimé (un scénario qui s'applique à toutes les petites nations exportatrices de gaz naturel)[107].

La valorisation de ces richesses exacerbe dès à présent les antagonismes régionaux. La question de la délimitation des zones économiques exclusives maritimes est l'objet de multiples contentieux entre Chypre, la Grèce, Israël, le Liban, les territoires palestiniens, la Syrie et la Turquie. Elle attise les multiples situations de belligérance, ouverte ou latente, qui pourraient conduire à des renversements d'alliance. Et notamment :

- l'indétermination du statut des territoires palestiniens et donc de ses eaux territoriales ;
- le contentieux sur le tracé de la frontière maritime entre Israël et le Liban (le Hezbollah est implanté au Sud Liban), dont dépend l'attribution d'une zone de 854 km² située à proximité du gisement de Karish (tableau 47) ;
- l'opposition de la Turquie à l'extension des eaux territoriales grecques en mer Égée à 12 milles marins (contre 6 milles actuellement), ce qui assurerait l'hégémonie d'Athènes sur cette mer et – en sens inverse – les revendications d'Ankara sur certaines îles égéennes.

---

106 Tartous est un port militaire que Damas a mis à disposition de la marine russe et Gazprom a proposé ses services à l'ensemble des pays riverains de la Méditerranée orientale.

107 Concernant Israël, le taux moyen prévisionnel d'exportation des gisements gaziers localisés dans sa zone économique exclusive est estimé à 40 %. Mais le gisement de Mari-B, mis en production en 2004, est quasiment épuisé.

Tableau 46 – Réserves de gaz *offshore* découvertes en Méditerranée orientale[108] (eaux israéliennes et chypriotes, en trillions de pieds cubes)

Champs gaziers	Réserves estimées	Exportations prévisionnelles
Tamar	10,0	2,0
Dalit	0,5	0,4
Léviathan	18,9	9,5
Dolphin	0,1	0,1
Tanin	1,2	0,9
Karish	1,8	1,4
Tamar South West	0,7	0,5
Chypre (Aphrodite)	5,0	5,0
Total	**38,2**	**19,8**

Source : *Oil & Gas Journal*

Chypre représente le principal foyer de tensions : la valorisation des ressources *offshore* de l'île ne peut aboutir puisque la partition n'est pas acceptée par la communauté internationale (la république de Chypre Nord, qui occupe 36 % de la surface de l'île, n'est reconnue que par la Turquie), ce qui rend insoluble la détermination des zones économiques exclusives[109]. Une telle situation affecte aussi la délicate question du passage d'un gazoduc sous-marin, une option moins onéreuse qu'une usine flottante de liquéfaction et capable d'acheminer une partie de la production régionale (gisements chypriotes et israéliens), mais qui devrait traverser les eaux de pays plus ou moins hostiles.

De fait, la Turquie se trouve au cœur de la question des hydrocarbures en Méditerranée orientale (et de ses conflits). Principale puissance manufacturière régionale avec l'Iran, elle est tributaire de ses importations d'énergie et n'a pu compenser ses déficits extérieurs, et donc son manque structurel d'épargne domestique, qu'en contractant un endettement très important. Mais Ankara se présente toujours comme le *hub* énergétique de l'Europe et s'efforce de préserver le contrôle des transits énergétiques dans cette partie du monde. De plus, une prospection intensive de la partie turque de la mer Noire peut aboutir à la découverte de gisements d'hydrocarbures conséquents, ce qui permettrait à la Turquie de rompre ses liens de

108 Selon l'US Geological Survey, les ressources théoriques en Méditerranée orientale s'élèveraient à 1,68 milliard de barils de pétrole et à 3 450 milliards de m^3 de gaz naturel. Avec les zones s'étendant au Sud (bassin du Nil) et à l'Est de Chypre, les ressources théoriques totales de la partie Est de la Méditerranée se monteraient à 3,4 milliards de barils de pétrole et à 9 700 milliards de m^3 de gaz naturel.

109 La marine turque a harcelé les navires qui effectuaient les relevés sismiques au large des côtes chypriotes : Ankara accuse la république de Chypre de prospecter les eaux territoriales appartenant à la partie turque de l'île.

dépendance vis-à-vis de la Russie, du Kurdistan et des pays arabes. Un possible renversement d'alliance, après la rupture avec Israël : autrefois allié de Jérusalem, Ankara est devenue une puissance hostile à l'État hébreu, un antagonisme imputable à la prise du pouvoir en Turquie par une formation islamo-conservatrice (en réalité, islamiste), mais exacerbé par les enjeux liés aux hydrocarbures[110].

Tableau 47 – Risques liés à l'exploitation des hydrocarbures au Liban

Risques politiques	Exacerbation des oppositions entre communautés pour l'appropriation de la rente.
	Conflits ethniques et religieux aboutissant à la désintégration du pays.
	Grande opacité dans l'attribution des permis d'exploration et blocages politiques en raison de la concurrence pour la désignation du ministre de l'Énergie.
Risques économiques	Profits d'aubaine pour un pays surendetté (une dette publique de 63 milliards $ correspondant à 150 % du PIB).
	Risque de « malédiction pétrolière » (investissements absurdes ou ostentatoires, dépenses publiques inutiles, gaspillages, détournements de fonds, dépréciation de la valeur « travail »).
	Quasi-disparition des activités économiques traditionnelles malgré les richesses locales (eau, terroirs agricoles, potentiel touristique).
	Déséquilibres macro-économiques résultant de la prééminence de la demande sur l'offre (inflation, endettement, prévalence de la rente sur le profit, généralisation des pratiques concussionnaires).
	Démultiplication des dépenses militaires et relance locale d'une course aux armements dans une zone en proie à des conflits insolubles.
	Mainmise des multinationales attirées par des conditions fiscales trop favorables et contrôle sur leurs activités foncièrement insuffisant en l'absence d'une société nationale libanaise des hydrocarbures possédant une réelle expertise technique.

3.3. Le renouveau des perspectives gazières en Afrique

Le potentiel gazier de l'Afrique demeure sous-exploité, en particulier en Libye, dont la production de gaz naturel liquéfié est actuellement stoppée. Cette situation est comparable à celle du pétrole, même si les montants annoncés sont limités en comparaison des quatre principaux détenteurs de réserves de gaz conventionnel. Au sud du Sahara, la liquéfaction du gaz constitue la seule solution à l'exportation,

---

110 Israël et la Turquie ont longtemps entretenu une coopération militaire et commerciale étroite : l'espace aérien turc était utilisé par les pilotes israéliens pour leur entraînement, que l'exigüité du territoire hébreu rend difficile. À partir de 2009, Ankara s'est tourné vers le monde arabe. L'arraisonnement du navire Mavi Marmara par la marine israélienne en 2010 constitua également une provocation calculée de la part d'Ankara, puisqu'il devait gagner la bande de Gaza. Ce renversement des alliances au Proche-Orient n'a pas débouché sur une rupture des relations diplomatiques, mais les deux pays n'échangent plus d'ambassadeurs.

principalement vers l'Asie et l'Europe, le projet du Trans-Sahara-Gas-Pipeline entre le delta du Niger et le réseau des gazoducs algériens manquant de crédibilité pour des raisons à la fois économiques et sécuritaires. Quelques pays riverains du golfe de Guinée sont exportateurs de GNL (Angola[111], Guinée équatoriale[112], Nigeria et Cameroun dans un proche avenir[113]). Le Mozambique et la Tanzanie pourraient également le devenir à la fin de la décennie, même si pour d'évidentes raisons logistiques le débouché prioritaire des exportations du gaz naturel extrait dans l'*offshore* de l'Est africain se trouve du côté des nouveaux pays industriels asiatiques, et non en Europe. Toutefois, comme la Russie va abondamment pourvoir aux besoins futurs de la Chine, il n'est pas à exclure que la production de l'Est africain ne trouve un débouché alternatif sur le Vieux continent.

La multiplication des offreurs et le ralentissement de la demande pourraient ainsi accentuer la lutte pour les débouchés sur le marché international du gaz naturel, en particulier en Asie de l'Est et en Europe, les deux principaux pôles importateurs. En Asie-Pacifique, les interrogations concernent surtout le gaz qatari qui devrait subir la rude concurrence des gaz australien dans la zone pacifique (y compris dans les pays latino-américains pauvres en énergie) et russe en Chine. Les exportations en provenance d'Afrique de l'Est, voire du Canada, représentent toujours une alternative, sans oublier que la remise en fonctionnement des centrales nucléaires au Japon se traduira par une forte baisse de ses achats. L'industrie gazière du Qatar ne connaît qu'un apogée transitoire.

L'Europe constitue le second grand terrain d'un affrontement entre la Russie (avec ses livraisons traditionnelles par gazoduc), le Qatar (en raison de la contraction possible des débouchés asiatiques) et de nouveaux producteurs proposant du GNL (les livraisons russes de gaz naturel en Chine seront suffisamment abondantes pour que Pékin ne représente plus systématiquement le marché prioritaire pour les pays exportateurs africains). Une seule bonne nouvelle pour l'ensemble de ces acteurs : les États-Unis n'ont pas vocation à devenir un exportateur important de GNL, l'avenir du gaz de schiste étant soumis à de fortes incertitudes et Washington, tout en menant une politique d'indépendance énergétique, restant soucieux de préserver ses réserves à long terme.

---

111 La production d'Angola LNG a débuté en 2013. Cette installation, possédée par Chevron (36,4 %), la compagnie nationale Sonangol (22,8 %), BP (13,6 %), ENI (13,6 %) et Total (13,6 %), est installée *onshore* à Soyo et valorise le gaz associé récupéré lors de l'extraction du pétrole, qui n'est ainsi plus torché. Sa capacité de production est estimée à 5,2 millions de tonnes de GNL par an, 63 000 b/j de liquides de gaz naturel et 125 millions de pieds cubes par jour de gaz naturel destinés à la consommation domestique. L'investissement est évalué à environ 10 milliards $ et sa durée de vie anticipée est supérieure à vingt ans.

112 Marathon Oil, opérateur et principal actionnaire du premier train de liquéfaction de gaz naturel en Guinée équatoriale (EG LNG) à Punta Europa (3,4 millions de tonnes), prévoit cependant de construire une nouvelle installation (4 millions de tonnes).

113 Suez-Cameroun construit actuellement une usine de liquéfaction de gaz naturel à Lobabé, à côté du port en eaux profondes de Kribi (d'une capacité de 3,5 millions de tonnes).

Le Trans-Sahara-Gas-Pipeline (TSGP)

En 2009, l'Algérie, le Niger et le Nigeria ont signé un accord intergouvernemental portant sur le projet de gazoduc transsaharien, une idée apparue dès 2002 dans un protocole d'accord établi entre la Nigerian National Petroleum Corporation et l'algérien Sonatrach. D'une longueur de 4 200 km, son coût est estimé de 12 à 13 milliards $ pour une capacité de transport de l'ordre de 20 à 30 milliards de m^3 par an. Mais le Niger et le Nigeria sont des pays instables, en proie à des troubles endémiques. Ce projet se heurte à cinq types d'opposition différents : les opérateurs pétroliers qui veulent rentabiliser au maximum les chaînes logistiques existantes (en particulier, les usines de liquéfaction de gaz au Nigeria) ; l'entreprise gazière russe Gazprom qui s'est proposée pour étudier la faisabilité du projet, mais qui combat toute concurrence potentielle quelle que soit son origine géographique ; la nébuleuse des mouvements insurrectionnels du Sahara et du Nord Nigeria (dont une telle infrastructure ne manquera pas d'exciter l'animosité et la convoitise) ; les organismes de financement qui redoutent son absence probable de rentabilité compte tenu des infrastructures déjà en phase de réalisation et d'exploitation ; le groupe de pression au Nigeria qui entend promouvoir la génération de l'électricité à partir du gaz naturel. La conjonction des oppositions amène à penser que le TSGP est un projet irréaliste.

Les perspectives de développement de l'industrie du GNL en Afrique orientale

Au Mozambique, la production en phase de plateau serait de l'ordre de 50 millions de tonnes de GNL par an (ce qui correspond à 63 milliards de m^3 par an). La zone 1 située en mer profonde (bassin de Romuva avec les gisements de Prosperidade et Golfinho-Atum) est explorée par un consortium dirigé par Anadarko (26,5 %), associé à l'indien ONGC Videsh (10 %), à Mitsui (20 %), à BPRL Ventures Mozambique (10 %), au thaïlandais PTT Exploration & Production (8,5 %) et à d'autres acteurs mozambicains (Videocon Mozambique Rovuma 1 avec 10 % et Empresa Nacional de Hidrocarbonetos avec 15 %). La zone 4 *offshore* est explorée par l'ENI (50 %), associé à CNPC (20 %), Galp Energia (10 %), Korea Gas Corporation (10 %) et au mozambicain ENH (10 %). Les réserves dans les zones 1 et 4 seraient provisoirement évaluées entre 3 500 et 4 500 milliards de m^3. La production de GNL ne devrait pas débuter avant la fin de la décennie.

Dans le cas de la Tanzanie, BG (60 %) et Ophir Energy (40 %) estimeraient les réserves *offshore* à 400 milliards de m^3 et ils étudient un projet d'usine de production de GNL portant sur 10 millions de tonnes par an. Statoil (65 %) et ExxonMobil (35 %) ont effectué des découvertes importantes qui correspondraient à des réserves d'un montant sensiblement supérieur.

4. Un développement gazier sous contrainte

4.1. Une rentabilité souvent incertaine

Comme pour toute ressource énergétique, le coût de revient du gaz dépend de la vitesse d'amortissement des infrastructures liée aux volumes produits (l'exploitation des petits gisements pouvant se révéler non rentable) et de l'assurance de disposer de débouchés substantiels, c'est-à-dire d'une certaine démocratisation de la consommation, surtout dans les pays émergents et en développement. Les barrières à l'entrée dans l'économie du gaz sont élevées : c'est une industrie de haute technologie et à forte intensité capitalistique, tant pour la production que pour le transport et la transformation (notamment en carburant, comme pour le charbon), où les risques industriels demeurent considérables. Ces caractéristiques expliquent que le transport sur des courtes distances ait été longtemps hégémonique.

Face à ces coûts d'exploitation élevés, les prix des gaz conventionnel et non conventionnel demeurent plutôt modérés, surtout par comparaison à ceux du pétrole. Ils sont variables en fonction des marchés, mais la tendance d'une déconnexion des cours du brut avec les prix stipulés dans les contrats d'approvisionnement gazier à long terme se dessine.

En premier lieu, la faiblesse des cours du gaz s'explique par les surinvestissements : en 2014, le taux moyen d'utilisation des capacités de production de GNL n'a atteint que 75 %. Des surinvestissements que le Forum des pays exportateurs de gaz (FPEG) n'a pas su prévenir, lui qui n'est pas un cartel de production. Il comprend des membres de l'OPEP – Algérie, EAU, Iran, Libye, Nigeria, Qatar, Venezuela, ainsi que l'Iraq qui a un statut d'observateur[114] – auxquels se joignent la Bolivie, l'Égypte, la Guinée équatoriale, Oman, Trinité & Tobago et la Russie. Les grands pays occidentaux (Australie, Canada) en sont absents (la Norvège et les Pays-Bas ayant juste un statut d'observateur), de même que les nations d'Asie du Sud-Est (Brunei, Indonésie, Malaisie, Myanmar) et celles d'Asie centrale et du Caucase (Azerbaïdjan, Kazakhstan, Ouzbékistan et Turkménistan)[115]. Le pouvoir du FPEG est fragilisé aussi par les rivalités entre pays-membres, la complexité des technologies utilisées (par rapport au pétrole) qui ne permet pas de se dispenser du soutien des multinationales et par l'impossibilité de fixer un prix unifié pour les trois principaux marchés.

La complexité des modes de formation des prix du gaz joue à leur détriment. Lors de sa dernière session, le FPEG a préconisé le recours aux contrats à long terme pour garantir les prix sur des durées correspondant à l'amortissement des investissements, ainsi qu'une indexation généralisée des prix du gaz naturel sur ceux du pétrole : mais si la première disposition permet de lutter contre la volatilité des prix, ce n'est pas le cas de la seconde. La moindre polyvalence du gaz par rapport au pétrole doit aussi être évoquée puisqu'il est essentiellement utilisé pour le chauffage et la production d'électricité (une utilisation récente qui lui permet de se substituer au charbon et au pétrole) et comme matière première industrielle (production d'engrais et de plastique), mais son rôle en tant que carburant pour les moyens de transport demeure marginal.

---

114 Soit l'intégralité de l'OPEP à l'exception – notable – de l'Arabie Saoudite, du Koweït, de l'Équateur et de l'Angola.

115 Le FPEG représente 55 % des exportations mondiales de gaz, mais 34 % si l'on soustrait la Russie en 2014.

La langueur des prix du gaz trouve aussi son origine dans les contraintes logistiques propres à cette industrie et au fractionnement des marchés qui s'ensuit. Des phénomènes de surproduction locale peuvent se produire (ainsi aux États-Unis avec le gaz de schiste, ce qui explique l'effondrement des prix sur leur marché intérieur). Le pouvoir de marché des clients – dont le pays fournisseur peut se retrouver captif – est parfois redoutable. Aux termes des accords conclus avec l'Argentine et le Brésil, la Bolivie est ainsi censée leur livrer respectivement 7 et 30 millions de m^3 par jour (la moitié du gaz consommé au Brésil vient de Bolivie)[116] : ce n'est qu'après d'âpres négociations que Sucre[117] a obtenu de ces deux pays qu'ils achètent son gaz naturel aux cours mondiaux, les relations entre pays d'Amérique latine étant souvent gouvernées par des rapports hiérarchiques et non de solidarité[118].

Les recettes procurées par l'exportation du gaz naturel ne compensent que partiellement les pertes consécutives à l'épuisement des ressources en pétrole. La fin de l'ère pétrolière risque donc de provoquer l'appauvrissement des pays concernés. Les conséquences sont régionales pour les petits pays faiblement peuplés (Brunei, Trinité & Tobago), mais elles sont potentiellement génératrices de graves troubles pour les grands pays, parfois très peuplés : les précédents de l'Égypte, de l'Indonésie, de la Malaisie et du Yémen l'attestent. Comme les ressources pétrolières de l'Algérie sont limitées (ce pays pouvant devenir importateur net d'ici deux à trois décennies) et comme le gaz génère de moindres recettes, il n'est pas à exclure que l'épuisement des gisements ne provoque une crise politique, économique et sociale d'ampleur majeure dans un pays très peuplé eu égard à ses ressources.

4.2. Un développement gazier remis en cause ?

Les incertitudes sur le marché du gaz ont abouti à ralentir, différer voire annuler certains projets (Arctique, mer de Chine, Afrique, Australie, désengagements possibles dans le gaz de schiste aux États-Unis), à commencer par les gisements aux coûts d'exploitation marginaux les plus élevés. Un processus qui pourrait être accentué par des stratégies de *dumping* pratiquées par les offreurs les plus avantagés (à l'instar du Qatar qui pourrait y trouver un moyen pour éliminer des concurrents moins efficaces). Les différentiels de coûts de production ne cessent d'exacerber les processus concurrentiels : ainsi, les entreprises charbonnières des États-Unis qui exportent à prix cassés une partie de leur production, notamment vers l'Europe, car concurrencées par le gaz naturel de schiste (de plus en plus utilisé pour la génération d'électricité), compromettent les positions des acteurs historiques.

De plus, en dépit de son image d'énergie fossile « propre », le gaz naturel présente un bilan environnemental contrasté, du fait d'une valorisation de la ressource très

---

116 La consommation domestique bolivienne ne dépasse pas 4 millions de m^3 par jour.

117 Sucre est la capitale constitutionnelle de la Bolivie.

118 L'hydro-électricité produite par le Paraguay grâce au barrage d'Itaipu (14 000 MW) serait revendue au Brésil à des tarifs inférieurs aux cours de référence.

imparfaite. Faute d'être en mesure de le traiter séparément, ce qui nécessiterait des investissements considérables, certains pays continuent à torcher la plus grande partie de leur gaz associé (extrait en même temps que le pétrole), en particulier au Moyen-Orient (Arabie Saoudite, Iraq, Koweït) et en Russie[119], quitte à devoir importer du gaz naturel (comme le Koweït, le Mexique et le Venezuela). Il s'agit cependant d'une solution préférable au simple rejet du méthane dans l'atmosphère, car ce gaz a un pouvoir de nuisance en termes d'effet de serre très supérieur à celui du dioxyde de carbone[120]. L'amélioration des compétences technologiques des entreprises nationales d'hydrocarbures devrait leur permettre d'améliorer le traitement des ressources qu'elles extraient, et donc de mieux valoriser le gaz associé en limitant le torchage.

***

Compte tenu du volume des investissements exigés dans le secteur, il existe une « malédiction gazière » au même titre que la « malédiction pétrolière ». Mais si la première est rarement évoquée, c'est parce que les recettes du gaz sont limitées, en comparaison du pétrole et des métaux précieux, ce qui prémunit davantage de toute dérive économique et financière, même si les rentrées d'argent sont indispensables à l'équilibre économique et social des pays gaziers (surtout s'ils sont très pauvres, comme la Bolivie, le Yémen et la Papouasie Nouvelle-Guinée). Seuls quatre pays peuvent se prévaloir de posséder une véritable rente gazière : le Qatar, Brunei, la Norvège et Trinité & Tobago (voire le Turkménistan et Oman), souvent des exportateurs de pétrole en déclin. Comme il s'agit d'entités faiblement peuplées, contrairement à la Russie et à l'Iran, cette situation leur procure un avantage comparatif par rapport à leurs concurrents.

Mais il n'est pas à exclure que les effets de désindustrialisation typiques de la « malédiction » ne finissent aussi par se manifester – après tout, l'expression de « malédiction pétrolière » tire son origine des effets de l'exploitation des gisements de gaz dans la région de Groningue aux Pays-Bas. Il est possible que la montée en puissance de l'industrie gazière en Australie produise un impact similaire à celui observé sur le tissu manufacturier du Canada, une accélération de la désindustrialisation au profit des nouveaux pays manufacturiers asiatiques et une spécialisation accrue dans l'exportation de matières premières. L'exploitation du gaz transforme ainsi d'anciens pays industriels en pays rentiers, mais, dans un système économique mondial dont la croissance repose sur le libre-échange, ils ne peuvent guère se soustraire aux lois d'airain régissant la division internationale du travail.

---

119 Le volume de gaz naturel torché en Russie représenterait entre 26 et 28 % du total mondial, devant le Nigeria (9-10 %), l'Iran (8-9 %), l'Iraq (6-7 %), l'Algérie, le Kazakhstan, l'Angola, l'Arabie Saoudite et le Venezuela (chacun 3-4 %). Ces neuf pays concentrent entre les deux tiers et les trois quarts du volume de gaz naturel torché dans le monde.

120 Ce dernier gaz, contrairement au méthane, ne possède pas de valeur économique intrinsèque, ce qui explique la création de marchés valorisant les droits à l'émettre.

Chapitre 4
Le développement contrasté des énergies renouvelables

"Climate change presents a unique challenge for economics: it is the greatest and widest-ranging market failure ever seen... Our actions over the coming few decades could create risks of major disruption to economic and social activity, later in this century and in the next, on a scale similar to those associated with the great wars and the economic depression of the first half of the 20th century. And it will be difficult or impossible to reverse those changes".

*Sir Nicholas Stern (*The Stern Review, Report on the Economics of Climate Change*, London Cabinet Office, HM Treasury)*

La transition énergétique repose sur trois piliers : le développement des ressources renouvelables (et notamment des nouvelles) [121], l'augmentation de l'efficacité énergétique (moyens de transport et parc immobilier) et la découverte de nouvelles formes d'énergie. Si le troisième pilier relève de la recherche fondamentale et de perspectives relativement aléatoires, si le deuxième se heurte à l'inertie des systèmes énergétiques, le développement des sources d'énergie renouvelable se présente comme un horizon indépassable au XXIe siècle. Au cas où le rendement énergétique

121 La quasi-totalité des sites hydrauliques intéressants des pays post-industriels est désormais équipée et les principales opportunités pour le futur se trouvent dans les contrées émergentes (Amérique latine) et en développement (Afrique, cf. chapitre VII), même si de semblables infrastructures présentent des inconvénients : les ruptures de barrage ont été à l'origine de catastrophes particulièrement meurtrières, surtout en Asie.

des panneaux solaires augmenterait de manière significative (atteignant 40 % à 50 %, alors qu'il s'établit actuellement à environ 15-16 % pour les installations les plus efficaces), la question de la transition énergétique serait dès à présent résolue. Il en irait de même s'il était possible de convertir en électricité les vents marins qui soufflent de manière continue (alizés) et de la transporter jusqu'aux rivages en limitant les pertes en ligne. Les atouts de ces nouvelles énergies ne sauraient occulter les limites et les incertitudes, aussi bien en termes de rendement physique que de coûts, ce qui incite à en établir un bilan nuancé.

1. Une concentration nationale marquée

L'un des traits les plus caractéristiques des énergies renouvelables réside dans le degré de concentration entre un petit nombre de pays leaders. Ainsi, six nations rassemblent plus de 82 % de la production mondiale de biocarburants : États-Unis – à partir du maïs, dont un tiers de la production est transformé en éthanol – ; Brésil – à partir de la canne à sucre – ; Argentine, Allemagne, France et Chine (tableau 48). Seuls des pays possédant d'importantes surfaces agricoles peuvent consacrer une part des terres arables à la production de biocarburants. Pour les nations disposant de conditions naturelles beaucoup moins favorables, ce type de culture entre en concurrence avec les produits vivriers (comme les denrées tropicales destinées à l'exportation), rendant parfois ces pays dépendants des importations agricoles et alimentaires.

Avec près des trois quarts pour les six leaders, la production est à peine moins concentrée dans l'éolien : États-Unis, Allemagne, Espagne, Royaume-Uni, Chine, Inde, ainsi que dans le solaire : États-Unis, Allemagne, Espagne, Italie, Chine, Japon (tableaux 49 et 50). Les leaders disposent d'un territoire étendu (les pays pionniers, comme le Danemark, ayant perdu leur avance), même s'il est à noter l'absence de certaines entités très vastes, aussi bien dans l'hémisphère Nord (Canada, Russie) que dans l'hémisphère Sud (Argentine, Brésil)[122]. C'est aux États-Unis que la production d'électricité d'origine solaire a initialement connu un fort développement, suivi par les pays européens (en particulier ceux riverains de la Méditerranée) et asiatiques les plus avancés, ainsi que la Chine. Mais il n'existe pas de véritable déterminisme géographique ou économique : l'Inde a montré un grand volontarisme dans l'électricité d'origine éolienne, mais ses efforts ont été moins affirmés dans le solaire, en raison de son coût de production.

---

122 Mais le Brésil se signale par une croissance accélérée de l'éolien.

Tableau 48 – Répartition mondiale de la production de biocarburants (en %)

	1990	1995	2000	2005	2010	2014	Variation
États-Unis	19,5	28,0	32,7	38,0	42,8	42,5	23,0
Canada	0,0	0,0	1,1	0,7	1,2	1,6	1,6
Mexique	0,0	0,0	0,0	0,0	0,0	0,1	0,1
Argentine	0,0	0,0	0,0	0,0	3,0	3,6	3,6
Brésil	79,3	68,5	56,9	39,8	26,1	23,5	-55,7
Colombie	0,0	0,0	0,0	0,1	0,7	0,9	0,9
Autriche	0,0	0,0	0,2	0,4	0,6	0,4	0,4
Belgique	0,0	0,0	0,0	0,0	1,0	0,8	0,8
Finlande	0,0	0,0	0,0	0,0	0,6	0,1	0,1
France	0,0	1,7	3,4	2,2	3,8	3,2	3,2
Allemagne	0,0	0,7	2,1	7,7	4,8	3,8	3,8
Italie	0,0	0,3	0,8	1,7	1,1	0,6	0,6
Pays-Bas	0,0	0,0	0,0	0,0	0,6	2,0	2,0
Portugal	0,0	0,0	0,0	0,0	0,5	0,3	0,3
Espagne	0,0	0,3	0,8	1,4	2,1	1,3	1,3
Suède	0,0	0,0	0,0	0,2	0,5	0,4	0,4
Royaume-Uni	0,0	0,0	0,0	0,2	0,5	0,7	0,7
Australie	0,0	0,0	0,0	0,1	0,3	0,2	0,2
Chine	0,0	0,0	0,0	3,2	2,5	2,9	2,9
Inde	0,0	0,0	0,9	0,6	0,2	0,5	0,5
Indonésie	0,0	0,0	0,0	0,0	1,2	3,5	3,5
Corée du Sud	0,0	0,0	0,0	0,0	0,8	0,4	0,4
Thaïlande	0,0	0,0	0,0	0,3	1,1	2,0	2,0

Source : BP Statistical Review

Le cumul représente 98,8 % en 1990 et 95,4 % en 2014 de la production mondiale totale.

Tableau 49 – Répartition mondiale de la production d'électricité d'origine éolienne (en %)

	1990	1995	2000	2005	2010	2014	Variation
États-Unis	79,7	38,1	19,1	17,2	27,8	26,0	-53,7
Canada	0,0	0,0	0,9	1,5	2,5	1,6	1,6
Mexique	0,0	0,0	0,0	0,0	0,4	1,0	1,0
Argentine	0,0	0,0	0,0	0,0	0,0	0,1	0,1
Brésil	0,0	0,0	0,0	0,0	0,6	1,7	1,7
Costa Rica	0,0	0,0	0,8	0,3	0,3	0,5	0,5
Autriche	0,0	0,0	0,0	1,3	0,6	0,5	0,5
Belgique	0,0	0,0	0,0	0,2	0,4	0,6	0,6
Bulgarie	0,0	0,0	0,0	0,0	0,2	0,2	0,2
Rép. tchèque	0,0	0,0	0,0	0,0	0,1	0,1	0,1
Danemark	17,4	14,2	14,5	6,4	2,3	1,9	-15,6
Finlande	0,0	0,0	0,0	0,0	0,1	0,2	0,2
France	0,0	0,0	0,0	0,9	2,7	2,3	2,3
Allemagne	0,0	17,9	25,5	26,1	11,0	7,9	7,9
Grèce	0,0	0,0	1,5	1,2	0,8	0,6	0,6
Hongrie	0,0	0,0	0,0	0,0	0,2	0,1	0,1
Irlande	0,0	0,0	0,8	1,1	0,8	0,7	0,7
Italie	0,0	0,0	1,9	2,2	2,7	2,1	2,1
Pays-Bas	0,0	3,8	2,8	2,0	1,2	0,8	0,8
Norvège	0,0	0,0	0,0	0,5	0,3	0,3	0,3
Pologne	0,0	0,0	0,0	0,0	0,5	1,1	1,1
Portugal	0,0	0,0	0,0	1,7	2,7	1,7	1,7
Roumanie	0,0	0,0	0,0	0,0	0,1	0,7	0,7
Espagne	0,0	3,2	16,0	20,4	12,9	7,4	7,4
Suède	0,0	0,0	1,5	0,9	1,0	1,6	1,6
Turquie	0,0	0,0	0,0	0,0	0,8	1,2	1,2
Royaume-Uni	0,0	4,7	3,2	2,8	3,0	4,5	4,5
Égypte	0,0	0,0	0,0	0,5	0,4	0,3	0,3
Afrique du Sud	0,0	0,0	0,0	0,0	0,0	0,2	0,2
Australie	0,0	0,0	0,0	1,2	1,6	1,5	1,5
Chine	0,0	7,3	2,0	1,9	13,0	22,4	22,4
Inde	0,0	5,9	5,3	5,7	6,3	5,4	5,4
Japon	0,0	0,0	0,0	1,8	1,1	0,7	0,7
Nouvelle-Zélande	0,0	0,0	0,0	0,6	0,5	0,3	0,3
Corée du Sud	0,0	0,0	0,0	0,0	0,2	0,2	0,2
Taiwan	0,0	0,0	0,0	0,0	0,3	0,2	0,2

Le cumul représente 97,1 % de la production mondiale totale en 1990 et 98,6 % en 2014.

Source : BP Statistical Review

Tableau 50 – Répartition mondiale de la production d'électricité d'origine solaire (en %)

	1990	1995	2000	2005	2010	2014	Variation
États-Unis	83,9	113,6	56,4	15,7	3,9	9,9	-74,0
Canada	0,0	0,0	0,0	0,0	0,0	0,4	0,4
Mexique	0,0	0,0	0,0	0,0	0,0	0,0	0,0
Autriche	0,0	0,0	0,0	0,0	0,0	0,4	0,4
Belgique	0,0	0,0	0,0	0,0	1,8	1,7	1,7
Bulgarie	0,0	0,0	0,0	0,0	0,0	0,7	0,7
Rép. tchèque	0,0	0,0	0,0	0,0	2,0	1,1	1,1
Danemark	0,0	0,0	0,0	0,0	0,0	0,3	0,3
France	0,0	0,0	0,0	0,0	1,6	3,2	3,2
Allemagne	0,0	0,0	0,0	36,3	37,4	18,8	18,8
Grèce	0,0	0,0	0,0	0,0	0,0	2,4	2,4
Italie	0,0	0,0	0,0	0,0	6,1	12,7	12,7
Pays-Bas	0,0	0,0	0,0	0,0	0,0	0,4	0,4
Portugal	0,0	0,0	0,0	0,0	0,0	0,3	0,3
Roumanie	0,0	0,0	0,0	0,0	0,0	0,7	0,7
Slovaquie	0,0	0,0	0,0	0,0	0,0	0,3	0,3
Espagne	0,0	0,0	0,0	0,0	22,6	7,3	7,3
Suisse	0,0	0,0	0,0	0,0	0,0	0,4	0,4
Ukraine	0,0	0,0	0,0	0,0	0,0	0,2	0,2
Royaume-Uni	0,0	0,0	0,0	0,0	0,0	2,1	2,1
Israël	0,0	0,0	0,0	0,0	0,0	0,6	0,6
Algérie	0,0	0,0	0,0	0,0	0,0	0,1	0,1
Afrique du Sud	0,0	0,0	0,0	0,0	0,0	0,6	0,6
Australie	0,0	0,0	0,0	0,0	3,1	2,4	2,4
Chine	0,0	0,0	0,0	0,0	3,0	15,6	15,6
Inde	0,0	0,0	0,0	0,0	0,8	2,4	2,4
Japon	0,0	0,0	32,0	38,0	10,5	10,4	10,4
Corée du Sud	0,0	0,0	0,0	0,0	2,5	1,3	1,3
Taïwan	0,0	0,0	0,0	0,0	0,0	0,3	0,3
Thaïlande	0,0	0,0	0,0	0,0	0,0	0,8	0,8

Le cumul représente 83,9 % en 1990 et 98,1 % en 2014 de la capacité mondiale totale.

Source : BP Statistical Review

La biomasse représente une exception à une telle concentration puisque les six leaders (États-Unis, Brésil, Allemagne, Italie, Chine, Japon) ne représentent « que » 57 % de la production mondiale, pour autant que ne soient pas pris en compte les usages de la biomasse dans les sociétés traditionnelles[123]. Marginale, la géothermie est exploitée surtout dans les zones à forte activité volcanique[124] (tableau 51).

Aucun système énergétique conçu pour générer des volumes importants d'électricité ne constitue un isolat. Les énergies renouvelables sont produites par des systèmes industriels complexes, mis au point par des civilisations scientifiquement développées : les nations qui ne possèdent pas un environnemental industriel adapté se trouvent placées dans une situation de dépendance comparable à celle des énergies carbonées (tableau 52). Il n'est pas à exclure que les industriels chinois ne décident d'installer des unités de production de panneaux photovoltaïques en Afrique, mais un tel mouvement de délocalisation n'est pas observé pour le moment, sans compter que la production de silicium est hautement énergivore.

Analysant les politiques de développement de l'énergie éolienne au Danemark, en Allemagne, aux États-Unis, en Chine et au Canada, Scott Victor Valentine[125] a identifié 32 variables pouvant expliquer la création d'un environnement favorable à cette énergie renouvelable.

2. Le fer de lance de l'éolien *offshore*

Parmi toutes les énergies renouvelables, ce sont les parcs éoliens en pleine mer qui représentent la véritable nouvelle frontière technologique au niveau mondial, préfigurant l'exploitation future des ressources marines et contribuant, avec les hydrocarbures *offshore*, à faire des océans la possible principale source d'énergie de l'avenir (tableau 53). Les installations éoliennes *onshore* bénéficient depuis un quart de siècle de remarquables avancées technologiques, profitant d'innovations réalisées dans l'aéronautique, et ce, surtout concernant trois paramètres dont les valeurs moyennes ont enregistré des augmentations exceptionnelles :

- la puissance des turbines (de 10 KW en 1990 à 2 800 KW en 2014),
- la hauteur des pylônes (de 30 à 120 mètres),
- le diamètre des rotors (de 20 à 90 mètres).

---

123 Les emplois de la biomasse sont divers : production de chaleur à partir des débris végétaux, biogaz, biocarburants. Mais il s'agit de la principale source d'énergie dans les sociétés traditionnelles et elle est utilisée pour couvrir les besoins domestiques (cuisson des aliments).

124 Costa Rica, Islande, Italie, Japon, Mexique, Nouvelle-Zélande, Salvador et surtout États-Unis, Indonésie et Philippines.

125 Professeur à l'université de Hong-Kong.

Tableau 51 – Répartition mondiale de la production de biomasse et de géothermie (en %)

	1990	1995	2000	2005	2010	2014	Variation
États-Unis	49,5	43,6	36,3	27,2	20,4	16,8	-32,7
Canada	3,4	3,8	4,4	3,6	2,5	1,9	-1,6
Mexique	4,2	5,4	3,8	3,9	2,5	1,8	-2,4
Argentine	0,0	0,0	0,4	0,5	0,6	0,5	0,5
Brésil	4,3	4,4	5,5	6,8	8,2	11,1	6,8
Chili	0,8	1,3	0,5	0,7	0,6	1,3	0,5
Colombie	0,2	0,3	0,3	0,2	0,1	0,1	-0,1
Équateur	0,0	0,0	0,0	0,0	0,1	0,1	0,1
Pérou	0,0	0,0	0,0	0,1	0,2	0,1	0,1
Autriche	0,9	1,2	0,8	1,0	1,2	0,9	0,0
Belgique	0,6	0,7	0,7	0,9	1,6	1,2	0,5
Rép. tchèque	0,0	0,3	0,3	0,3	0,6	0,9	0,9
Danemark	0,0	0,4	0,7	1,2	1,2	0,9	0,9
Finlande	3,8	4,1	4,3	3,5	3,0	2,3	-1,6
France	1,4	1,4	1,5	1,5	1,4	1,3	-0,1
Allemagne	1,2	1,3	2,4	5,4	9,3	9,7	8,5
Hongrie	0,0	0,0	0,0	0,6	0,6	0,4	0,4
Irlande	0,0	0,0	0,0	0,0	0,1	0,1	0,1
Italie	2,8	2,7	3,3	4,3	4,0	5,3	2,5
Lituanie	0,0	0,0	0,0	0,0	0,0	0,1	0,1
Pays-Bas	0,5	0,7	1,0	2,0	1,9	1,0	0,4
Norvège	0,2	0,2	0,2	0,2	0,1	0,1	-0,1
Pologne	0,0	0,0	0,2	0,6	1,7	1,9	1,9
Portugal	0,6	0,7	0,8	0,7	0,8	0,6	0,1
Roumanie	0,0	0,0	0,0	0,0	0,0	0,1	0,1
Russie	0,0	0,0	0,0	0,2	0,1	0,1	0,1
Slovaquie	0,0	0,0	0,0	0,0	0,2	0,2	0,2
Espagne	0,5	0,8	1,0	1,3	1,1	1,0	0,4
Suède	1,6	1,5	2,1	2,8	3,3	2,1	0,5
Suisse	0,3	0,3	0,4	0,4	0,3	0,3	0,0
Turquie	0,0	0,2	0,1	0,0	0,3	0,8	0,8

Royaume-Uni	0,5	1,1	2,0	3,4	3,3	4,5	4,0
Afrique du Sud	0,0	0,0	0,2	0,1	0,1	0,1	0,1
Australie	0,6	0,5	0,4	1,4	0,7	0,6	0,0
Chine	0,0	2,0	1,3	1,0	3,3	9,2	9,2
Inde	0,0	0,4	0,8	1,5	3,2	3,7	3,7
Indonésie	0,9	1,4	2,5	2,5	2,6	1,9	1,0
Japon	10,0	10,1	9,4	9,5	6,7	5,3	-4,7
Malaisie	0,0	0,0	0,0	0,0	0,4	0,2	0,2
Nouvelle-Zélande	2,1	1,7	1,8	1,4	1,7	1,5	-0,6
Philippines	4,5	3,9	5,7	3,7	2,7	2,0	-2,5
Singapour	0,0	0,3	0,3	0,4	0,3	0,1	0,1
Corée du Sud	0,0	0,2	0,0	0,1	0,3	0,3	0,3
Taiwan	0,3	0,5	0,9	1,2	1,0	0,7	0,4
Thaïlande	0,0	0,2	0,3	0,6	0,9	0,9	0,9

Le cumul représente 95,8 % en 1990 et 95,6 % en 2014 de la production mondiale.

Source : *BP Statistical Review*

Les caractéristiques technologiques des parcs *offshore* ont suivi une trajectoire semblable :

- la performance des turbines est passée de 2 000 KW en 2000 à 3 800 KW en 2014,
- la taille des pylônes de 60 à 90 mètres,
- le diamètre des rotors de 75 à 120 mètres.

En 2000, les parcs éoliens *offshore* étaient éloignés des côtes en moyenne de 3,5 km pour une profondeur d'eau de 4 mètres : treize ans plus tard, ces valeurs atteignaient respectivement 19 km et 14 mètres (le plus grand tirant d'eau induisant un emploi croissant de plateformes flottantes, à l'instar des installations *offshore* pour les hydrocarbures). Désormais obsolètes, les anciennes installations sont remplacées par de nouvelles unités et la technologie dispose encore de marges de progression importantes.

Tableau 52 – Paramètres pouvant expliquer le développement de l'énergie éolienne

Contexte socioculturel	Contexte technologique	Contexte économique	Contexte politique
Niveau de consensus social	Organisation du réseau électrique	Niveau d'internationalisation des externalités	Spectre des idéologies politiques
Asymétries d'information	Structure du mix énergétique	Subventions au secteur produisant des infrastructures et des équipements utilisés par le secteur énergétique	Influence des environnementalistes et des mouvements écologistes
Activités des minorités agissantes	Régimes technologiques	Investissements déjà réalisés dans le secteur énergétique	Niveau d'acceptation des prélèvements obligatoires
Modes d'habitat	Distances entre les zones productrices d'électricité et les zones consommatrices d'électricité	Niveau de compétitivité des entreprises du secteur énergétique	Caractère public ou privé des entreprises énergétiques
Richesse globale	Potentiel technologique des pays concernés	Intérêts économiques pour la nation d'adopter une nouvelle source d'énergie	Importance des influences et des pressions extérieures
Attitudes vis-à-vis des incertitudes et des changements	Structure du secteur électrique	Structure générale de l'industrie nationale	Importance de la part publique dans les activités de R&D dans le secteur de l'énergie
Influences des milieux professionnels concernés	Réseaux technologiques dominants	Perspectives de croissance à long terme	Caractère ouvert ou fermé des prises de décision dans le secteur énergétique
Structure du secteur agricole			Coordination entre les politiques menées au niveau central et au niveau régional
Impact environnemental du mix énergétique			Perception des risques en matière de sécurité nationale

Source : Valentine, *Wind Power, Politics and Policy*, 2015,

Tableau 53 – Puissance installée en énergie éolienne terrestre et marine (en MW et en %)

	2000	2001	2002	2003	2004	2005	2006	2007
Puissance installée *offshore*	78	96	260	469	630	720	816	1 133
Puissance installée totale	17 934	24 835	31 866	39 878	47 935	59 186	74 089	94 091
Part du parc *offshore*	0,43%	0,39%	0,82%	1,18%	1,31%	1,22%	1,10%	1,20%
	2008	**2009**	**2010**	**2011**	**2012**	**2013**	**2014**	**Taux moyens de croissance**
Puissance installée *offshore*	1 282	1 909	3 139	3 663	5 282	6 890	8 498	14,85 %
Puissance installée totale	121 883	160 148	197 873	239 125	284 237	338 136	369 559	9,12 %
Part du parc *offshore*	1,05%	1,19%	1,59%	1,53%	1,86%	2,04%	2,30%	-

Source : Fraunhofer IWES, *Windenergie Report 2014*

Ces paramètres expliquent que l'éolien de pleine mer mobilise des savoir-faire qui ne sont pas accessibles à tous les pays et à tous les acteurs. Assimilables à de puissantes centrales électriques nécessitant un contrôle permanent et un entretien onéreux, seuls de grands groupes sont en mesure d'assurer l'exploitation de ces parcs éoliens *offshore* – alors que des PME peuvent gérer leurs équivalents *onshore*. La présence des grands opérateurs dans le *offshore* s'explique aussi par l'importance des investissements de raccordement aux réseaux électriques, afin que les lignes à très haute tension (de 400 000 à 225 000 volts) puissent supporter des variations de charge de forte amplitude et être reliées à la haute tension (de 225 000 à 90 000 volts). Ce sont de telles barrières à l'entrée, financières et technologiques, qui se traduisent par un degré de concentration géographique de la production d'électricité éolienne *offshore* particulièrement élevé : 92,9 % du total mondial pour les cinq principaux pays en 2014, contre 71,4 % pour l'éolien produit à l'intérieur des terres (tableau 54).

L'éolien marin est l'un des rares secteurs dans lequel l'Europe occupe une position hégémonique [126] : sur les quinze nations exploitant des parcs *offshore*, neuf appartiennent au Vieux continent[127].

---

126 Fin 2014, l'Europe concentrait 36,2 % de la puissance mondiale installée en éolien, contre 38,5 % pour l'Asie. Les autres zones géographiques sont, dans l'ordre, l'Amérique du Nord (21,1 %), l'Amérique latine (2,3 %), l'Océanie (1,2 %), l'Afrique et le Moyen-Orient (0,7%).

127 Allemagne, Belgique, Danemark, Finlande, Irlande, Pays-Bas, Portugal, Royaume-Uni, Suède. Les six autres pays sont la Chine, le Japon (24,4 MW), la Corée du Sud (5,5 MW), la Norvège, le Vietnam (16 MW) et les États-Unis (0,02 MW à titre expérimental : un parc de 468 MW devrait être relié au réseau en 2015). Ils devraient être rejoints par le Brésil, le Canada, la France et l'Inde (État du Gujarat).

Le gouvernement japonais prévoit que les investissements dans les énergies renouvelables pourraient atteindre 500 milliards $ d'ici 2030, et le potentiel de l'énergie éolienne *offshore*

Tableau 54 – Capacité de production en énergie éolienne terrestre et marine à la fin de chaque année (en MW et en %)

Éolien terrestre	2008	2009	2010	2011	2012	2013	2014
Chine	12 210	26 010	44 733	62 333	75 324	91 424	114 392
États-Unis	25 170	35 092	40 180	46 919	60 007	61 091	65 879
Allemagne	22 413	24 293	27 215	29 075	31 308	34 546	38 122
Espagne	16 740	19 200	20 676	21 673	22 785	22 960	22 987
Inde	9 587	10 925	13 066	15 893	18 321	20 050	22 465
Canada	2 369	3 319	4 008	5 265	6 201	7 800	9 694
France	3 404	4 521	5 660	6 640	7 623	8 254	9 285
Italie	3 736	4 850	5 797	6 877	8 152	8 596	8 663
Royaume-Uni	0	3 521	3 903	4 898	5 770	7 052	7 936
Brésil	0	606	927	1 431	2 508	3 466	5 939
Danemark	3 163	3 465	3 734	3 927	4 162	4 819	4 827
Puissance installée *onshore*	**120 601**	**158 239**	**194 734**	**235 462**	**278 955**	**331 246**	**369 559**

Éolien marin	2008	2009	2010	2011	2012	2013	2014
Royaume-Uni	404	725	1 346	1 659	2 880	3 656	4 505
Danemark	424	661	868	872	922	1 271	1 272
Allemagne	13	13	73	201	281	521	1 044
Belgique	0	30	195	195	343	497	713
Chine	2	9	170	244	357	357	362
Pays-Bas	247	247	247	247	247	247	247
Suède	134	164	164	164	168	216	216
Puissance installée *offshore*	**1 282**	**1 909**	**3 139**	**3 663**	**5 297**	**6 908**	**8 498**

Éolien terrestre (répartition)	2008	2009	2010	2011	2012	2013	2014
Chine	10,12%	16,44%	22,97%	26,47%	27,00%	27,60%	30,95%
États-Unis	20,87%	22,18%	20,63%	19,93%	21,51%	18,44%	17,83%
Allemagne	18,58%	15,35%	13,98%	12,35%	11,22%	10,43%	10,32%
Espagne	13,88%	12,13%	10,62%	9,20%	8,17%	6,93%	6,22%
Inde	7,95%	6,90%	6,71%	6,75%	6,57%	6,05%	6,08%
Canada	1,96%	2,10%	2,06%	2,24%	2,22%	2,35%	2,62%
France	2,82%	2,86%	2,91%	2,82%	2,73%	2,49%	2,51%

8 030 MW à cette même date. Il a donc adopté un ensemble de règles inspirées de celles en vigueur en Allemagne.

La France a lancé deux appels d'offres dans l'*offshore*, en 2011 (2 000 MW) et en 2013 (1 000 MW). Quatre sites ont été sélectionnés en 2011 (Fécamp, Courseulles-sur-Mer, Saint-Nazaire, Saint-Brieuc) et deux en 2013 (Le Tréport et Noirmoutier). Le syndicat professionnel France Energie Éolienne, arguant du fait que l'Hexagone possède le deuxième gisement éolien en Europe, prétend qu'il serait possible de la doter d'une puissance totale en éolien marin d'environ 80 000 MW (en comparaison, le Royaume-Uni a prévu de se doter d'une capacité de 33 000 MW à l'horizon 2030 et l'Allemagne de 25 000 MW). Pourtant, si la France ne peut pas se dispenser de posséder des installations éoliennes *offshore*, puisqu'elle entend maîtriser ces systèmes à haute intensité technologique, elle souhaite manifestement en contenir le développement, compte tenu du coût de l'électricité ainsi générée.

Italie	3,10%	3,06%	2,98%	2,92%	2,92%	2,60%	2,34%
Royaume-Uni	0,00%	2,23%	2,00%	2,08%	2,07%	2,13%	2,15%
Brésil	0,00%	0,38%	0,48%	0,61%	0,90%	1,05%	1,61%
Danemark	2,62%	2,19%	1,92%	1,67%	1,49%	1,45%	1,31%

Éolien marin (répartition)	2008	2009	2010	2011	2012	2013	2014
Royaume-Uni	31,51%	37,98%	42,88%	45,29%	54,37%	52,92%	53,01%
Danemark	33,07%	34,63%	27,65%	23,81%	17,41%	18,40%	14,97%
Allemagne	1,01%	0,68%	2,33%	5,49%	5,30%	7,54%	12,29%
Belgique	0,00%	1,57%	6,21%	5,32%	6,48%	7,19%	8,39%
Chine	0,16%	0,47%	5,42%	6,66%	6,74%	5,17%	4,26%
Pays-Bas	19,27%	12,94%	7,87%	6,74%	4,66%	3,58%	2,91%
Suède	10,45%	8,59%	5,22%	4,48%	3,17%	3,13%	2,54%

Source : Fraunhofer IWES, *Winderenergie Report 2014*

La grande pauvreté de l'Europe en matières premières énergétiques l'oblige à mener une stratégie innovante en ce domaine. Le cœur du dispositif continental se trouve pour l'essentiel autour des îles britanniques, en mer du Nord et dans la Baltique. La domination du Royaume-Uni et du Danemark s'explique par leur environnement maritime et par l'expérience acquise dans les plateformes pétrolières et gazières en haute mer. La Norvège, autre pays riverain de la mer du Nord et y exploitant d'importants gisements *offshore* d'hydrocarbures, vient juste de lancer son premier parc éolien car, à la différence de celles du Danemark et du Royaume-Uni[128], ses ressources carbonées ne sont pas en voie d'épuisement et l'hydro-électricité y est abondante. La mer Baltique occidentale accueille aussi quelques parcs éoliens en haute mer, au large du littoral suédois, mais son potentiel dans sa partie orientale semble moins intéressant que celui des côtes des îles britanniques.

Malgré cette domination des pays avancés, il ne faut pas oublier le rôle joué par certains émergents ayant acquis des positions-clés dans la fabrication des équipements (la Chine, pour les éoliennes et les panneaux solaires), même si le cas du fabricant indien d'éoliennes Suzlon montre que seule l'acquisition d'entreprises occidentales permet de bâtir une offre compétitive dans ce secteur. Le caractère cyclique, voire irrégulier, des investissements dans cette filière a provoqué la crise de plusieurs constructeurs occidentaux, conduisant à des faillites et à des destructions

128 Ce pays est également à la pointe de l'innovation en matière d'énergie hydrolienne, l'électricité fournie par l'exploitation des courants sous-marins (tout comme la France ou la Norvège). Des stations électriques sous-marines pourraient dorénavant rendre certaines îles complètement autonomes en matière d'approvisionnement électrique (dans les autres cas, l'hydrolien semble moins prometteur qu'espéré, les sites permettant d'exploiter des courants suffisamment rapides – au-delà de 2 m/s – étant rares). Scottish Power pilote également quelques fermes houlomotrices qui exploitent l'énergie des vagues. Les usines marémotrices ne sont pas appelées à un grand développement car elles ne peuvent être utilisées que dans les zones côtières où les marées atteignent une amplitude d'au moins 10 mètres : compte tenu de la rareté des sites concernés dans le monde, celle de la Rance risque de demeurer un prototype.

d'emplois. Il serait donc erroné d'affirmer qu'une telle filière constitue un important gisement d'emplois industriels d'avenir en Occident.

La stratégie de l'indien Suzlon dans l'éolien

L'histoire de Suzlon est emblématique. Tulsi Tanti, industriel du textile du Gujarat, a créé une entreprise en 1995, proposant des solutions intégrées (évaluation des sites, fourniture, installation, maintenance et financement de l'équipement). Il a construit une usine à Pune, produisant des turbines de 0,35 MW sous licence allemande (Südwind) et, dès la quatrième année, il a pu vendre cette technologie dans toute l'Asie, en créant des turbines d'une capacité de 1,35 MW. En 2002, Suzlon a racheté Südwind, tombé en faillite. Son implantation européenne lui a permis d'intégrer la production des différents composants (pales de rotor, générateurs et systèmes de contrôle) et, en conséquence, de réduire ses coûts, tout en spécialisant ses centres de recherche (Pays-Bas pour l'aérodynamique, Autriche pour les générateurs, Allemagne pour les turbines et Inde pour l'informatique). Suzlon Energy a donc su intégrer des technologies d'origine européenne et produire des éoliennes à des coûts bas, principalement en Inde pour répondre à la forte demande, bénéficiant ainsi d'un avantage difficilement accessible à ses compétiteurs. Introduit en bourse en 2005, il a obtenu des fonds lui permettant de racheter l'année suivante le belge Hansen Transmissions pour 465 millions € et, en 2007, il s'est emparé de l'allemand REPower pour 1,34 milliard €, ce qui lui a donné accès aux turbines à vent de 5 MW. Son internationalisation s'est poursuivie par l'ouverture d'usines aux États-Unis et en Chine et par l'extension de son réseau de commercialisation.

Le succès de Suzlon s'explique par la combinaison de cinq facteurs : la solution d'appoint que représente l'énergie éolienne pour les entreprises indiennes (confrontées à de fréquentes coupures d'électricité) ; la position dominante sur son marché d'origine qui lui procure une forte rentabilité ; le rachat de technologies conçues dans des pays à la pointe du développement des énergies renouvelables ; la construction d'éoliennes destinées aux pays post-industriels selon les critères mondiaux en vigueur (et non spécifiquement adaptées aux pays émergents) ; le soutien constant des investisseurs privés et publics indiens.

Les constructeurs d'éoliennes chinois (Goldwind, Guodian United Power, Sinovel, Ming Yang Wind Power) ont pareillement bénéficié de leur important marché domestique pour consolider leurs positions au plan mondial.

3. Une rentabilité en question

Dans l'état actuel des avancées technologiques, les énergies renouvelables connaissent des rendements physiques relativement faibles, d'autant que leur production (à l'instar de l'éolien *offshore* que l'on vient d'analyser) est souvent intermittente [129] et éloignée des centres de consommation. Ceci se répercute

---

129 La notion d'intermittence doit aussi s'entendre comme une conséquence des dispositifs techniques permettant de convertir les énergies solaire et éolienne en électricité. Il suffit qu'un

négativement sur les rendements financiers, ce secteur hautement capitalistique se caractérisant par des coûts très importants, tant au stade du développement que des investissements initiaux et des dépenses de maintenance. Si les coûts de fonctionnement direct sont faibles, l'équation économique de ces « nouvelles » énergies demeure toujours problématique. L'immaturité de ses technologies et la faiblesse des prix des sources carbonées expliquent le délaissement de la filière photovoltaïque à la suite du deuxième choc pétrolier. Ces contraintes sont encore plus marquées dans le cas de la géothermie, marginalisée par le coût élevé des forages pour capter l'eau chaude, et par l'ampleur des investissements à réaliser pour créer des installations dotées d'un haut degré de sécurité, sans oublier l'éloignement des sites de production (souvent en zone volcanique) des lieux de consommation.

La distance entre les zones de production d'électricité renouvelable et les régions de consommation constitue un obstacle majeur à la diffusion de ces énergies et, à rebours du phénomène de concentration géographique déjà évoqué, handicape les pays les plus étendus. Une des raisons de l'avance de l'Europe dans ce secteur réside dans la taille limitée des pays qui la constituent. Pour les États-Unis et la Chine, les investissements considérables à réaliser dans les infrastructures obèrent fortement la rentabilité de l'énergie éolienne et surtout solaire (les déserts étant des lieux inhospitaliers par nature, sujets à des tempêtes qui constituent le principal obstacle à l'implantation des champs de panneaux photovoltaïques, et souvent éloignés des grands centres urbains).

Si un mix énergétique devait être défini en fonction des prix relatifs des différentes sources d'énergie à un moment donné, les énergies renouvelables ne seraient pas considérées comme rentables avant de longues années. C'est pourquoi seul un volontarisme industriel permet de les développer, en attendant que l'augmentation de leurs rendements physiques permette qu'elles s'autofinancent. Compte tenu de la structure spécifique de leurs coûts, le financement des énergies renouvelables doit donc être partiellement socialisé, et notamment bénéficier de transferts de la part des collectivités publiques. Les subventions qui leur sont affectées ont atteint, selon l'AIE, 121 milliards $ en 2013 (dont 22 milliards pour l'Allemagne, 15 pour les États-Unis, 14 pour l'Italie, 8 pour l'Espagne et 7 pour la Chine) et elles pourraient dépasser 205 milliards $ en 2040. Elles représentent une fraction des dépenses publiques récurrentes non négligeable pour des États parfois lourdement endettés. C'est pourquoi, si les pays doivent nécessairement posséder des ressources naturelles adéquates, la décision de les valoriser relève de la sphère politique (tableau 55).

---

nuage s'interpose entre le soleil et le panneau photovoltaïque pour que son rendement diminue brutalement et de façon prononcée. Chaque fois que les pâles de l'éolienne passent devant le mât, il se produit un petit mouvement vacillant, dit papillonnement, qui peut provoquer des variations non négligeables de la tension électrique. De l'agrégation de toutes ces oscillations, peuvent résulter des perturbations dans l'ensemble du réseau.

Tableau 55 – Typologie des stratégies énergétiques

Contraintes	Stratégies défensives	Stratégies offensives
Politique - Indépendance nationale	Acception de la dépendance vis-à-vis de fournisseurs pour les transformer en importateurs des productions nationales : - Allemagne, Europe de l'Est et Chine pour le gaz russe ; - Espagne et Italie pour le gaz algérien ; - pays industriels asiatiques pour le pétrole du Moyen-Orient ; - Bulgarie et Hongrie pour les centrales nucléaires russes.	Exploitation des ressources nationales pour limiter la dépendance aux importations : - hydrocarbures de schiste aux États-Unis ; - énergies renouvelables en Europe ; - pétrole sous-marin à très grande profondeur au Brésil ; - carburants de synthèse à partir du charbon en Afrique du Sud.
Politique - Rôle attribué aux opinions publiques	Prise en compte de l'opposition environnementale conduisant à restreindre les investissements (barrages et mines en Europe, gisements d'hydrocarbures au large des côtes des États-Unis et en Alaska (mais non hydrocarbures de schiste aux États-Unis et des sables bitumineux au Canada).	Délocalisation des industries extractives dans les pays émergents et en développement (minerais, uranium, charbon).
Politique - Actions géopolitiques	Organisation de changements de régime (Niger pour la fourniture d'uranium ; Libye pour les hydrocarbures ; Gabon et Congo-Brazzaville pour le pétrole ; Égypte pour le contrôle du Canal de Suez).	Invasion de pays producteurs (Iraq par les États-Unis) et de pays de transit (Ukraine et Géorgie par la Russie ; Yémen par une coalition sunnite dirigée par l'Arabie Saoudite). Neutralisation de pays représentant des concurrents potentiels puissants (Venezuela via Cuba et la Russie).
Économique - Insertion dans la division internationale du travail	Spécialisation dans la fourniture de matières premières (Australie et Canada ; Azerbaïdjan, Kazakhstan et Russie ; pays exportateurs d'hydrocarbures du Moyen-Orient et d'Afrique ; Bolivie en gaz pour l'Argentine et le Brésil ; Trinité & Tobago, Indonésie et Malaisie pour le gaz naturel liquide).	Refus d'exploiter les ressources nationales (France pour les hydrocarbures de schiste afin de préserver la compétitivité de l'énergie nucléaire). Réticences pour exploiter les hydrocarbures de schiste en Europe (afin de ne pas remettre en cause les mix énergétiques existants).

Économique - Stratégies technologiques	Demande de transferts de technologie : - Argentine et Russie pour les hydrocarbures de schiste ; - Russie pour les techniques de liquéfaction du gaz naturel et l'exploitation des hydrocarbures sous-marins (mer Noire) ; - EAU, Égypte, Iran, Jordanie et Turquie pour l'énergie nucléaire ; - Brésil et Mexique pour les hydrocarbures sous-marins à grande profondeur ; - Bolivie (gaz naturel, lithium).	Développement de compétences nationales : - énergie éolienne pour l'Allemagne, le Brésil, le Danemark, l'Italie et l'Espagne ; - énergie photovoltaïque pour la Chine, l'Allemagne et les pays méditerranéens; - pétrole sous-marin à grande profondeur pour le Brésil, le Mexique, l'Angola et le Nigeria ; - sables bitumineux pour le Canada ; - hydrocarbures de schiste pour les États-Unis ; - techniques de récupération assistée (Oman) ; - liquéfaction du gaz naturel (Angola, Cameroun, Guinée équatoriale, Oman, Papouasie Nouvelle-Guinée, Pérou, Yémen) ; - nouvelle génération de réacteurs nucléaires pour la France ; - filière de l'énergie nucléaire pour la Russie (réacteurs d'ancienne génération) ; - biomasse et hydro-électricité pour la Suède ; - gigantesques barrages pour le Brésil, la Chine, l'Ethiopie et le Congo.
Économique - Stratégies concurrentielles	Élimination de concurrents internes et externes : - énergie nucléaire pour l'Allemagne ; - gaz naturel pour le Canada ; - terres rares pour les États-Unis ; - Libye et Venezuela pour le pétrole ; - Iran et pays d'Asie centrale pour les hydrocarbures ; - sous-valorisation des énergies renouvelables pour la France (pour préserver l'énergie nucléaire) et pour le Canada, les États-Unis et la Russie (pour préserver les hydrocarbures).	Création de nouveaux concurrents compétitifs remettant en cause les positions acquises : - Qatar et Australie pour le Gaz naturel ; - Australie, Colombie et Indonésie pour le charbon ; - Angola et Canada pour le pétrole.

Le développement des énergies renouvelables ne peut donc se passer d'une intervention volontariste de la puissance publique, même si les considérations géopolitiques semblent peu pertinentes pour analyser les stratégies dans ce domaine, l'exportation d'électricité étant limitée aux pays limitrophes. Ainsi, les cas de l'Allemagne, de la Chine, du Danemark, de l'Espagne, de l'Inde et de l'Italie montrent que le développement de l'éolien procède d'abord d'un projet politique soutenu par les organismes publics de financement alors qu'*a contrario* les pays d'Amérique du Nord ne sont pas animés par un tel tropisme (les énergies renouvelables y étant confrontées à la concurrence des hydrocarbures conventionnels et non conventionnels).

Si les différentiels de coûts des énergies en concurrence imposent l'intervention de la sphère publique, la puissance étatique oriente les choix de dépenses dans ce domaine : les arbitrages à effectuer étant complexes, l'imposition de contraintes réglementaires est indispensable pour diriger les décisions d'investissement, en particulier la limitation de l'émission de gaz à effets de serre (tableau 56).

Réservé à un noyau de nations avancées, le développement des énergies renouvelables n'en a donc pas moins suivi des trajectoires différentes selon les pays ou régions concernées, sous l'influence de politiques énergétiques spécifiques. Ainsi, les États-Unis ont joué un rôle de précurseur dans les années 1990, mais ont changé de cap au début des années 2000 car subventionner la diffusion de technologies considérées comme non matures est apparu comme économiquement sous-optimal. L'alternance politique survenue à Washington au début du troisième millénaire a porté au pouvoir des Républicains proches des milieux pétroliers qui ont mis en œuvre une politique énergétique intérieure (développement des hydrocarbures de schiste) et extérieure (valorisation du potentiel pétrolier de l'Iraq grâce à l'invasion de ce pays) aux conséquences décisives, tant pour les États-Unis que pour le reste du monde.

La politique du Japon a été comparable, mais ce pays ne dispose ni des mêmes ressources, ni des mêmes marges de manœuvre que la puissance tutélaire. C'est pourquoi il ne fait pas montre du même volontarisme en direction des énergies nouvelles que les pays européens qui ont suivi l'exemple allemand au cours des années 2000, les investissements dans le renouvelable étant considérés comme une solution pour surmonter la crise qui frappe le Vieux continent (en ayant parallèlement contribué aux déséquilibres macro-économiques qui affectent en premier lieu les pays du Sud de l'Europe, victimes aussi du troisième choc pétrolier).

De son côté, la Chine a rattrapé son retard dans les énergies renouvelables grâce à une brutale accélération en 2008 dans le cadre du plan de relance destiné à contrer les effets de la récession mondiale, alors que l'Inde ralentissait ses efforts. La situation dans les autres pays asiatiques, en Amérique latine et en Afrique, est plus contrastée, mais l'essor du renouvelable en Afrique est embryonnaire.

La hiérarchie des coûts de production des différentes sources d'énergie, tel que constatée aux États-Unis (tableau 57), fournit de précieuses indications sur les problématiques de rentabilité, d'autant que les mécanismes de marché y sont moins altérés qu'en Europe et au Japon, les subventions étant limitées et principalement destinées au solaire et aux biocarburants[130]. Si les conditions propres aux États-Unis ne

130 La production d'agro-carburants fait l'objet de subventions directes et dépenses fiscales (évaluées à 6 milliards $ en 2009 par le Congrès).

sont pas intégralement transposables aux autres pays, ces estimations constituent néanmoins d'intéressants points de comparaison.

Tableau 56 – Comparaison technico-économique des différentes énergies renouvelables

	Solaire	Éolien terrestre	Éolien marin	Hydraulique	Biomasse	Géothermie
Disponibilité et ajustabilité à la demande	Non	Non	Non	En partie, dans certaines limites	Oui	Oui
État de la technique	Importants effets d'apprentissage déjà réalisés	Moyens effets d'apprentissage déjà réalisés	Début de la courbe d'apprentissage	Maturité	Grande maturité	En cours d'apprentissage et de maîtrise
Incidences financières liées aux risques techniques des installations existantes	Faibles	Faibles	Elevées	Faibles	Faibles	Très élevées
Intensité capitalistique	Très élevée	Très élevée	Très élevée	Très élevée	Moins élevée	Très élevée
Taille des installations	Très petite jusqu'à grande	Petite jusqu'à très grande	Très grande	Petite jusqu'à immense	Petite jusqu'à grande	Grande
Encombrement spatial	Très élevé	Limité	Limité	Variable selon la taille des barrages	Reconversion d'une partie des terres arables et recyclage des débris végétaux issus des biotopes	Non pertinent

Tableau 57 – Comparaison des coûts de revient moyens complets des différentes sources d'énergie utilisées pour produire de l'électricité aux États-Unis (en $ par MWh pour une centrale nouvelle raccordée au réseau en 2019)

Centrale électrique	Taux de disponibilité (%)	Coûts en capital	Frais fixes	Frais variables (incluant le combustible)	Investissements dans le raccordement au réseau	Total des coûts bruts	Subventions (crédits fiscaux s'appliquant jusqu'en 2019)	Total des coûts nets
Charbon conventionnel	85	60,0	4,2	30,3	1,2	95,7		95,7
Cycle combiné et intégré de charbon gazéifié	85	76,1	6,9	31,7	1,2	115,9		115,9
Cycle combiné et intégré de charbon gazéifié avec capture et stockage du carbone	85	97,8	9,8	38,6	1,2	147,4		147,4
Cycle combiné conventionnel pour le gaz naturel	87	14,3	1,7	49,1	1,2	66,3		66,3
Cycle combiné avancé pour le gaz naturel	87	15,7	2,0	45,5	1,2	64,4		64,4
Cycle combiné avancé pour le gaz naturel avec capture et stockage du carbone	87	30,3	4,2	55,6	1,2	91,3		91,3
Combustion conventionnelle avec turbine	30	40,2	2,8	82,0	3,4	128,4		128,4
Combustion avancée avec turbine	30	27,3	2,7	70,3	3,4	103,7		103,7
Nucléaire avancé	90	71,4	11,8	11,8	1,1	96,1	10,0	86,1
Géothermie	92	34,2	12,2	0,0	1,4	47,8	3,4	44,4
Biomasse	83	47,4	14,5	39,5	1,2	102,6		102,6
Éolien terrestre	35	64,1	13,0	0,0	3,2	80,3		80,3
Éolien marin	37	175,4	22,8	0,0	5,8	204,0		204,0
Solaire photovoltaïque	25	114,5	11,4	0,0	4,1	130,0	11,5	118,5
Solaire thermique	20	195,0	42,1	0,0	6,0	243,1	19,5	223,6
Hydro-électricité	53	72,0	4,1	6,4	2,0	84,5		84,5

Source : US Energy Intelligence Administration, *Annual Energy Outlook 2014*

La combustion du gaz naturel (et, dans une moindre mesure, du charbon), dans les conditions technologiquement les plus classiques (sans dispositif de capture du dioxyde de carbone), se révèle la moins coûteuse outre-Atlantique, conséquence directe de la forte croissance de la production domestique de gaz de schiste, même si le nucléaire et l'hydraulique restent également compétitifs. Un tel bilan explique le recours accru à des énergies fossiles peu onéreuses qui ont permis la restauration de la compétitivité du pays et la forte réduction du rythme de croissance des énergies renouvelables (les subventions publiques pour l'éolien, la biomasse, l'hydro-électricité et les centrales à gaz n'ont pas été reconduites au-delà de 2013). Pourtant, les écarts de coût entre énergies traditionnelles et nouvelles ne sont pas toujours si spectaculaires et un mouvement de convergence semble, dans certains cas, se dessiner (cas de l'éolien terrestre, compétitif, mais pâtissant d'un faible taux de disponibilité).

4. Des bilans économique et environnemental incertains

Pourtant, le bilan des énergies renouvelables en termes de coûts est plus complexe qu'il n'y paraît. La comparaison des différentes sources d'énergie ne prend pas en compte l'asymétrie fondamentale en termes de durée de fonctionnement. Dans le cas des énergies fossiles, du biogaz et de l'hydro-électricité « à haute chute » (avec réservoir de stockage en altitude), ce sont les exploitants qui décident d'enclencher la production d'électricité. Dans le cas des autres énergies renouvelables (éolien, solaire, barrages « au fil de l'eau »), la production est tributaire des conditions climatiques et météorologiques : elle est certes inépuisable mais intermittente et variable. De plus, les rotors des éoliennes s'arrêtent automatiquement lorsque la vitesse du vent excède 90 km/h car une puissance excessive les endommage, comme les turbines. Cette différence de rythme rend délicat l'étalonnage des performances économiques entre sources d'énergie qui, loin d'être substituables, sont seulement complémentaires, les sources permanentes (et stables) relayant les intermittentes (et instables) lorsque ces dernières sont indisponibles (alors que les énergies intermittentes sont prioritaires en cas de mise en route, puisqu'il n'existe pour le moment aucune solution technologique efficace et compétitive pour le stockage de l'électricité). Ainsi, le développement de l'éolien en Irlande entraîne des surcoûts spécifiques car l'île est contrainte de maintenir d'importantes capacités thermiques en état de fonctionnement pour faire face aux ruptures de production consécutives à des conditions climatiques défavorables, alors que la taille de son marché est limitée.

Il existe un système technique qui permettrait de contourner cette contrainte d'intermittence, pour autant que les possibilités physiques de dénivelé soient présentes – au moins 95 % des capacités de stockage de l'électricité sur Terre proviennent de dispositifs gravitaires[131]. Des pompes, utilisées pour le remplissage des réservoirs

131 Le solde correspondant aux dispositifs électrochimiques, batteries et autres piles, ainsi qu'aux solutions technologiques permettant de remédier aux micro-coupures de courant, comme les volants à inertie.

localisés en hauteur via la réinjection de l'eau stockée dans les réservoirs inférieurs, pourraient ainsi être alimentées par de l'électricité produite à partir d'énergies renouvelables (lors des périodes de faible demande de consommation, ce qui éviterait leur perte pure et simple). Lorsqu'elles seraient indisponibles, la production d'électricité serait donc assurée par des installations hydrauliques classiques d'altitude « rechargées » grâce à ces STEP (stations de transferts d'énergie par pompage)[132]. Mais une telle solution n'est envisageable que dans des zones où il existe des capacités de production de courant hydro-électrique et issu d'énergies renouvelables (comme les îles au relief accidenté et situées dans les zones tropicales et équatoriales). Au Japon, l'abondance des précipitations durant la mousson (d'avril à juillet) permet de remplir les réservoirs localisés en hauteur des 2 600 barrages[133] que compte l'archipel (avec une capacité totale de stockage estimée à 20,4 milliards de m^3) et qui assurent 90 % de l'eau distribuée dans les zones à forte densité de peuplement. En revanche, en Suisse le remplissage des réservoirs localisés en hauteur s'effectue grâce à des pompes actionnées par de l'électricité d'origine nucléaire, le plus souvent pendant les périodes de basse consommation (en général, la nuit)[134].

Les comparaisons en termes de coûts ne sont pas soumises seulement à des conventions temporelles : les différences spatiales aussi rendent peu opératoires les moyennes globales. Ainsi, aux États-Unis, pays caractérisé par une grande diversité climatique et géographique, les valeurs moyennes ne reflètent pas les conditions locales, en particulier concernant la disponibilité des centrales pour les énergies renouvelables. Le Sud-ouest, qui bénéficie du meilleur ensoleillement, est inégalement peuplé. De même, si l'on fait abstraction des zones côtières (nord de la Californie, Oregon, îles Aléoutiennes, façade atlantique), les États les mieux ventés (Dakota du Nord, Montana, Wyoming) sont peu habités et éloignés des principaux centres de consommation en électricité, même si, à la différence du solaire et de l'éolien marin, l'éolien *onshore* apparaît particulièrement compétitif. Et c'est le Texas, État pétrolier par excellence, qui est paradoxalement à la pointe du développement des énergies renouvelables, surtout en tant que leader dans l'éolien grâce aux subventions versées par le parlement local (un réseau de 5 800 km de lignes à haute tension ayant été

---

132 Un tel dispositif est donc composé d'une retenue d'eau située en altitude, reliée par des canalisations à un bassin inférieur et localisé à côté de la centrale électrique. L'eau stockée dans le bassin supérieur entraîne les turbines qui produisent de l'électricité.

133 Le plus important barrage au monde doté d'un système de pompes pour le remplissage du réservoir se trouve près de Minamiaiki dans les préfectures de Nagano et Gunma (pour une capacité théorique de production d'électricité de 2 820 MW).

134 En France, la capacité nominale des centrales électriques avec transfert d'énergie par pompage approche 4 800 MW. Les barrages équipés de STEP sont Grand-Maison en Isère (1 224 MW), Montezic en Aveyron (910 MW), Revin dans les Ardennes (736 MW), Super-Bissorte en Savoie (612 MW), Le Cheylas en Isère (492 MW), La Coche en Savoie (310 MW), Vouglans dans le Jura (266 MW), Sainte-Croix dans le Var (143 MW) et Lac Noir dans le Haut-Rhin (82 MW). Aux États-Unis, elle est estimée à 22 000 MW, à laquelle se rajoute le stockage d'eau sous forme de glace d'une capacité de 1 000 MW (soit 99 % des capacités totales de stockage de l'électricité de la première puissance économique mondiale).

construit pour un coût de 6,8 milliards $ afin d'intégrer les sources renouvelables au réseau électrique).

Une autre problématique doit être évoquée dès que l'on souhaite comparer la rentabilité des différentes sources d'énergie pour la production d'électricité, selon que l'on étudie les énergies carbonées ou les renouvelables. Pour les énergies carbonées, le combustible représente une part importante du prix de revient de l'électricité produite, alors que pour les renouvelables l'amortissement des investissements et les dépenses de maintenance (élevées pour l'éolien marin et le solaire thermique) sont prépondérantes. En conséquence, les subventions allouées aux énergies carbonées sont assimilables à des dépenses de consommation, tandis que celles affectées au renouvelable peuvent être considérées comme le remboursement différé et partiel par la puissance publique d'investissements réalisés *ex ante* par des agents privés. La dimension fiscale ne doit pas être non plus sous-estimée. Les inégalités de prix de l'énergie pour les consommateurs finals aux États-Unis, au Japon et en Europe sont, pour partie, la conséquence des différences dans la structure des prélèvements obligatoires qui frappent le secteur : alors qu'aux États-Unis et au Japon les prélèvements directs prédominent, les impôts indirects l'emportent sur le Vieux continent, en particulier la TVA. Toute comparaison des tarifs de l'énergie s'en trouve faussée.

Enfin, comme pour tout produit commercialisé, les coûts doivent être appréciés en dynamique et tenir compte à la fois des baisses anticipées (du fait des économies d'échelle et des effets d'apprentissage, dont bénéficient naturellement les énergies renouvelables : les technologies ne sont pas encore matures et elles devraient connaître d'importants progrès) et des hausses possibles (du fait du renforcement des contraintes réglementaires imposées aux producteurs). Ainsi, comme les normes de sécurité ont été renforcées à la suite de l'accident de Fukushima, les coûts de l'énergie nucléaire sont appelés à augmenter de façon significative. La question de l'amortissement des coûts d'investissement et de maintenance sur les volumes est d'ailleurs cruciale. Pour des raisons techniques, les installations solaires sont amortissables sur une durée moins longue que les éoliennes, pour un prix d'achat de l'électricité du même ordre de grandeur. Les différents paramètres permettant d'évaluer les résultats de la transition énergétique d'un point de vue économique ne sont donc pas des données constantes, mais enregistrent des évolutions qui reflètent les mutations technologiques.

Bien que déterminants dans les décisions prises par les investisseurs, les coûts de revient des différentes sources d'énergie constituent un sujet de controverse *a priori* indécidable, en particulier concernant l'internalisation des externalités : si les externalités ne sont pas prises en compte dans le système des prix, la quantification des coûts se révèle toujours un exercice conventionnel, reposant sur des choix d'hypothèses plus ou moins arbitraires. Loin d'être simplement incomplètes (les dispositifs mis en œuvre pour évaluer les coûts des différentes énergies sont complexes et leur établissement mobilise des moyens considérables), les méthodologies se révèlent également partiales : à chaque source d'énergie, correspond un groupe de pression entretenant à dessein une certaine confusion entre ses propres visées et l'intérêt général. C'est la raison pour laquelle seules les estimations élaborées par des organismes indépendants dotés d'importants moyens financiers sont crédibles. Dans le cas contraire, les choix effectués finissent par refléter inévitablement les rapports de force du moment entre les différents lobbies associés à chaque source d'énergie.

À l'instar du volet économique, l'impact réel sur l'environnement des énergies renouvelables est entaché de fortes incertitudes. Comme la fabrication des installations éoliennes génère globalement moins de gaz à effet de serre que celle des panneaux solaires, ces installations peuvent être amenées à jouer un rôle central dans la production énergétique au cours des prochaines décennies. Mais si l'on prend aussi en compte, plus en aval, l'ensemble des investissements de raccordement (les émissions de dioxyde de carbone engendrées par la production des infrastructures de transport et de distribution de l'électricité), le bilan devient plus complexe.

Au-delà du bilan écologique global en termes d'effet de serre, il faut tenir compte aussi de l'impact plus local sur la flore et la faune. Dans le cas de l'éolien *offshore*, les champs magnétiques induits par le passage d'importantes quantités d'électricité peuvent porter préjudice aux êtres vivants sous-marins. Mais les effets peuvent concerner aussi les terres émergées. Ainsi, le développement de la biomasse est générateur de nuisances environnementales : les cultures des plantes transformées en biocarburants entrent en concurrence avec les autres productions agricoles et la surexploitation des ressources ligneuses appauvrit les sols forestiers, puisque les débris végétaux prélevés pour alimenter les centrales produisant du biogaz ou de la chaleur ne se transforment plus en humus. Cette surexploitation des milieux naturels est préjudiciable à la diversité de la flore et à sa régénération et elle peut remettre en cause les conditions d'existence de la faune.

***

Les énergies renouvelables sont appelées à connaître un fort développement quand les progrès technologiques ardemment espérés leur permettront d'augmenter significativement leur rendement physique, et donc leur rentabilité financière. Car elles sont inépuisables et leur production d'électricité ne génère pas de gaz à effet de serre, si l'on excepte le stade de la fabrication de leurs équipements et infrastructures. Dans le secteur énergétique, seule la course au progrès scientifique permet de surmonter les contradictions et de sortir des impasses auxquelles la poursuite du régime actuel de croissance économique conduit inéluctablement.

Les prévisions réalisées tant par les organisations internationales que par les multinationales soulignent cependant que les mix énergétiques futurs dépendent des stratégies décidées actuellement par les gouvernements. L'AIE propose trois scénarios décrivant des états futurs du système énergétique mondial :

- le scénario « politiques actuelles » correspond à la prolongation des choix énergétiques aujourd'hui mis en œuvre ;
- le scénario « nouvelles politiques » vise à réduire de manière significative les émissions de gaz à effets de serre ;

- le scénario dit « 450 » décrit l'avènement d'un système réellement compatible avec la préservation des grands équilibres climatiques et environnementaux pour les prochains siècles, ce qui implique des transformations radicales dans les stratégies énergétiques. Il suppose un taux de croissance moyen de l'ensemble des nouvelles énergies renouvelables (hors hydro-électricité) de l'ordre de celui que l'Allemagne enregistre depuis un quart de siècle. Or, compte tenu des contraintes physiques, géologiques, climatiques et économiques enserrant le développement des énergies renouvelables, il est peu probable que le modèle allemand de transition énergétique soit généralisable au reste du monde dans l'état actuel des avancées technologiques.

Chapitre 5
Les limites à l'électrification du monde

« Le Moyen-Orient a le pétrole, la Chine possède les terres rares ».

Deng Xiaoping
(citation probablement apocryphe, mais qui synthétise la stratégie chinoise en matière de mainmise sur cette filière minière et industrielle)

La transition énergétique est un processus lent, complexe et comportant de nombreuses incertitudes. Les controverses portent en premier lieu sur la capacité à créer des systèmes techniques permettant de maîtriser les énergies renouvelables et d'en stocker l'électricité. Mais si l'électricité est appelée à occuper une part croissante dans le bilan énergétique, cela impliquera à terme une forte augmentation de la consommation de métaux, dont la rareté relative peut constituer un jour une contrainte majeure à la transition énergétique elle-même.

1. L'hypothèse de la conversion des systèmes énergétiques à l'électricité

Entre 1997 et 2014, la production mondiale d'électricité a augmenté des deux tiers. Comme l'industrie, elle a basculé majoritairement vers les pays émergents, les pays post-industriels ne représentant plus que 45 % du total, contre les deux tiers en 1985 (tableau 58). Le recul le plus significatif concerne l'Amérique du Nord (-9,3 %, contre -6,9 % pour l'Europe et -2 % pour la CEI), tandis que la zone Asie-Pacifique connait la progression la plus marquée (+16,5 %, dont +5,9 % pour la seule Chine, +1,9 % pour l'Inde et +0,4 % pour la Corée du Sud, compensant le recul notable de la part du Japon avec -2,7 %). Entre ces deux ensembles, on note la progression plus lente du Moyen-Orient (+1,6 %), de l'Amérique latine (+0,3 %) et de l'Afrique (+0,2 %).

Tableau 58 – Évolution de la répartition de la production mondiale d'électricité (en %)

	1985	1990	1995	2000	2005	2010	2014
Amérique du Nord	31,8	30,9	30,7	29,8	26,6	22,9	20,9
Amérique du Sud	5,1	5,3	6,0	6,5	6,4	6,6	6,6
Europe	26,2	24,6	23,3	22,4	20,5	18,0	15,7
CEI	15,0	14,0	9,5	8,1	7,5	7,0	6,5
Moyen-Orient	1,7	2,0	2,6	3,0	3,4	4,0	4,3
Afrique	2,6	2,7	2,8	2,8	3,1	3,1	3,1
Asie	16,0	18,9	23,6	25,7	31,0	37,0	41,6
Océanie	1,5	1,6	1,6	1,6	1,6	1,4	1,2

Source : calculs à partir de la *BP Statistical Review*

L'analyse de la variation de la production d'électricité par habitant (tableau 59) permet d'approfondir le diagnostic, avec une augmentation très forte dans les pays émergents, et notamment en Asie-Pacifique : plus que doublement en moyenne et quadruplement pour la seule Chine, triplement pour le Bangladesh et multiplication par six pour le Vietnam, mais doublement aussi en Turquie, Iran, Algérie et Indonésie, l'Inde s'en rapprochant. Un tel rythme représente historiquement une performance anormale : la vitesse de rattrapage des nouveaux pays industriels asiatiques, y compris ceux qui ont atteint un niveau de prospérité comparable à celui de l'Occident, demeure hors norme si elle est replacée dans la longue durée et si on la compare avec la croissance des pays post-industriels de l'OCDE.

La conséquence de ce phénomène consiste en la diminution tendancielle des inégalités internationales, la production mondiale moyenne d'électricité par habitant passant de 17 % de celle de l'Amérique du Nord en 1997 à 24 % en 2014 (tableau 60). Bien qu'il n'existe guère d'homogénéité au sein des différentes catégories de pays (post-industriels, en rattrapage, rentiers, en développement), le contraste est donc manifeste entre les nations post-industrielles, dont la production d'électricité par habitant stagne ou baisse, et celles en rattrapage, aux performances parfois étonnantes.

Tableau 59 – Évolution de la production d'électricité (en KWh par habitant)

	1985	1990	1995	2000	2005	2010	2014
Amérique du Nord	12 001,5	13 197,4	13 912,8	14 984,3	14 860,9	14 302,5	13 909,1
Amérique du Sud	1 263,6	1 416,7	1 643,7	1 912,0	2 107,9	2 354,1	2 503,4
Europe	5 223,8	5 727,8	6 000,6	6 646,9	7 184,4	7 231,7	6 925,4
CEI	5 555,4	5 930,9	4 565,5	4 531,3	5 030,2	5 447,0	5 512,5
Moyen-Orient	1 322,4	1 596,7	2 191,0	2 718,5	3 227,3	4 054,4	4 300,3
Afrique	480,3	504,6	503,8	543,1	617,6	647,3	646,7
Asie	593,1	765,1	975,0	1 177,3	1 587,6	2 106,0	2 493,0
Océanie	6 178,9	6 992,6	7 268,0	8 090,0	8 795,2	8 162,5	7 480,5
Monde	2 066,8	2 260,4	2 330,7	2 565,9	2 867,0	3 153,4	3 306,2

Source : calculs à partir de la *BP Statistical Review*

Tableau 60 – Inégalités dans la production mondiale d'électricité par habitant (indice 100 pour l'Amérique du Nord)

	1985	1990	1995	2000	2005	2010	2014
Amérique du Nord	100	100	100	100	100	100	100
Amérique du Sud	11	11	12	13	14	16	18
Europe	44	43	43	44	48	51	50
CEI	46	45	33	30	34	38	40
Moyen-Orient	11	12	16	18	22	28	31
Afrique	4	4	4	4	4	5	5
Asie	5	6	7	8	11	15	18
Océanie	51	53	52	54	59	57	54
Monde	17	17	17	17	19	22	24

Source : calculs à partir de la *BP Statistical Review*

L'analyse de l'évolution de la production électrique mondiale révèle une deuxième tendance, tout aussi essentielle : non seulement les nations émergentes, à la croissance la plus dynamique ces dernières années, ont vu croître leur part dans la production mondiale d'électricité, mais à l'échelle mondiale la quantité moyenne d'électricité par habitant a augmenté sur cette même période (+36,2 %) à un rythme supérieur à celui de l'énergie primaire par habitant (+17,4 %). Il est dès lors légitime de se demander si la pénurie mondiale d'énergie ne pourrait pas être résolue en grande partie par la conversion des systèmes productifs et logistiques à l'électricité. Mais, si cette proposition peut paraître séduisante, elle se heurte à deux objections.

La première concerne le mode de génération de l'électricité. La production électrique peut être répartie en deux catégories : l'électricité dite primaire (hydro-électricité, énergie nucléaire, énergies renouvelables) et l'électricité secondaire, c'est-à-dire le courant généré à partir de la transformation d'autres sources énergétiques primaires (combustion des énergies fossiles). Les modes de génération de l'électricité secondaire dépendent des ressources que les pays possèdent ou importent. Le poids du pétrole demeure élevé pour certains pays pétroliers à faible potentiel technologique et dans les pays en développement qui ont recours à des centrales à fuel et à des générateurs à diesel. Le gaz naturel est de plus en plus utilisé par des producteurs d'hydrocarbures (100 % pour le Qatar, 95 % pour les Émirats Arabes Unis, 70 % pour l'Iran, 61 % pour les Pays-Bas) et par certains importateurs (58 % pour l'Irlande). Le charbon concerne aussi bien les pays producteurs (93 % pour l'Afrique du Sud, 79 % pour la Chine, 75 % pour le Kazakhstan, 56 % pour la Grèce, 45 % pour les États-Unis) que les pays engagés dans la transition énergétique (45 % pour le Danemark et l'Allemagne).

Une telle distinction entre électricité primaire et secondaire est capitale. Par exemple, si l'on considère le groupe des pays dont la production d'électricité par habitant dépasse celle des États-Unis, il faut dissocier ceux qui bénéficient de rentes hydro-électriques (Canada, Norvège, Suède) et exploitent en priorité une source d'électricité primaire de ceux qui possèdent d'importantes ressources fossiles, notamment en hydrocarbures (et qui, parfois, sont peu peuplés, comme le Koweït ou le Qatar). D'un point de vue économique, les modes de génération de l'électricité secondaire peuvent être assimilés à un gaspillage de ressources non renouvelables (le cas de l'énergie nucléaire demeurant spécifique) et contribuent, de plus, au dérèglement climatique, contrairement à l'électricité primaire.

La seconde limite à la stratégie du « tout électrique » est d'une autre nature et pourrait se révéler encore plus handicapante, ne serait-ce que d'un point de vue strictement économique. Elle concerne la disponibilité en terres ou métaux dits « rares ». Les énergies renouvelables ont été délaissées à partir du deuxième choc pétrolier car leurs technologies n'étaient pas encore matures. Ce n'est que plus tard, grâce à la mise au point de systèmes de pilotage complexes, qu'elles ont gagné en efficacité. Or les composants électroniques qui constituent le cœur de ces dispositifs consomment de grandes quantités de métaux rares. Une telle rareté, ainsi que l'importance de l'énergie requise pour leur extraction, leur affinage et leur transformation, constituent *a priori* l'un des principaux freins au développement des énergies renouvelables, ainsi qu'à la diffusion des moteurs hydrides et à la généralisation des mécanismes de stockage de l'électricité (via accumulateurs, batteries et piles). L'augmentation tendancielle de la consommation en électricité renforcera la dépendance aux matières premières minérales de la civilisation qui aura partiellement surmonté sa dépendance aux énergies carbonées. Approfondir l'analyse géo-économique des terres rares est donc un préalable indispensable pour étudier la faisabilité de la transition énergétique.

2. Géo-économie des terres rares et des métaux critiques

Alors qu'elle avait enregistré une longue phase de stagnation entre le deuxième choc pétrolier et la crise asiatique (1979-1997), l'industrie minière a connu un renouveau grâce à la forte croissance de la consommation en matières premières minérales durant la phase intensive de la mondialisation (1998-2008), la production de métaux représentant une condition *sine qua non* pour une croissance du PIB mondial jusqu'alors inédite. La transition énergétique confronte cette branche à des défis stratégiques nouveaux car elle implique que de nouveaux sites soient exploités pour extraire les minerais primaires et les minerais associés, ces terres rares indispensables aux équipements destinés à la production d'énergie renouvelable.

2.1. La diversité des typologies des ressources minérales

Les terres rares correspondent à une famille de métaux aux propriétés physico-chimiques particulièrement adaptées à des applications dans un grand nombre de technologies de pointe. On en dénombre dix-sept, se trouvant principalement dans quatre minerais : le bastnäsite, avec 50 à 60 % d'oxydes de terres rares ; la monazite, 30-35 % ; le xénotime, 55-60 % ; les argiles à absorption d'ions, 10-20 % (tableau 61).

Quatre éléments chimiques sont assimilables à des terres rares :

- le zirconium[135], principalement utilisé pour les cartouches enveloppant le combustible d'uranium des centrales nucléaires et pour fabriquer les aimants supraconducteurs ;
- le tantale, employé pour sa capacité à accumuler l'électricité, un métal essentiel dans l'industrie électronique (ordinateurs, téléphones portables, caméras digitales), l'aéronautique et le spatial ainsi que pour les outils de découpe, les matériaux de construction résistant à la chaleur, les lampes à haute température, les implants médicaux (défibrillateurs), les turbines éoliennes et les batteries au lithium[136] ;
- le niobium, ajouté à l'acier pour former des alliages « super-résistants », utilisés dans la construction de ponts et d'immeubles de grande hauteur, ainsi que pour des usages industriels réclamant des aciers extrêmement résistants ;
- l'indium, un composant majeur pour les écrans plats et les modules photovoltaïques qui remplit une fonction importante dans le domaine des énergies renouvelables.

---

135 L'Australie et l'Afrique du Sud couvrent les deux tiers de la demande mondiale en zirconium. Il se rattache au groupe des métaux proches du titane (titane hafnium, rutherfordium, zirconium), le premier étant relativement répandu dans l'écorce terrestre (avec des mines importantes en Afrique du Sud, Australie, Canada, Chine, Madagascar, Mozambique, Norvège, Russie, Ukraine, Vietnam). C'est pourquoi le titane n'est pas considéré comme une ressource minérale stratégique, comme le zirconium malgré ses applications nucléaires et militaires.

136 Un tiers des réserves de coltan, minerai d'où le tantale est extrait, est localisé dans la région du lac Kivu en République Démocratique du Congo.

Tableau 61 – Principales caractéristiques des dix-sept terres rares

Terres rares	Minerais	Principales applications	Applications dans le secteur énergétique
Cérium	Allanite, bastnäsite, cérite, monazite	Verres et céramiques, alliages résistant à la chaleur, usages médicaux, catalyseurs	Filtres à particules, catalyseur (réduction des émissions de monoxyde de carbone dans les gaz d'échappement)
Dysprosium	Bastnäsite, monazite, xénotime	Mémoires électroniques, aimants permanents, alliages (aéronautique), lasers	Moteurs hybrides, barres de contrôle pour les réacteurs nucléaires
Erbium	Gadolinite, fergusonite, xénotime	Verres et céramiques, alliages avec le vanadium, usages médicaux	Barres de contrôle pour les réacteurs nucléaires
Europium	Bastnäsite, monazite	Éclairage, marqueur pour la géochimie et la minéralogie	Récepteur de neutrons dans les réacteurs nucléaires
Gadolinium	Bastnäsite, monazite	Éclairage, électronique, réfrigération, usages médicaux	Combustible nucléaire pour les vaisseaux à propulsion nucléaire
Holmium	Gadolinite, monazite	Verres et céramiques, aimants permanents, usages médicaux	Barres de contrôle pour les réacteurs nucléaires
Lanthane	Allanite, bastnäsite	Verres et céramiques, usages médicaux	Électrodes pour batteries, catalyseurs, filtres à particules, chambres de combustion, aciers spéciaux pour pipelines
Lutétium	Gadolinite, ytterspat	Mémoires électroniques, usages médicaux, appareils de mesure (datation des météorites)	Catalyseur pour les raffineries
Néodyme	Allanite, bastnäsite, cérite, monazite, orthite, thorium	Aimants permanents, verres et céramiques	Moteurs hybrides, climatiseurs, turbines actionnées par le vent et les marées
Praséodyme	Allanite, bastnäsite, cérite, monazite	Aimants permanents, verres et céramiques	Alliage avec du magnésium pour les moteurs d'avions, moteurs électriques
Prométhium	sous-produit de la fission de l'uranium	Instrumentation de mesure, éclairage	Piles atomiques, générateurs thermo-électriques pour satellites et sondes spatiales
Samarium	Allanite, bastnäsite, cérite, gadolinite, samarskite	Usages médicaux, aimants et composants électroniques	Automobiles électriques et hybrides, accessoires automobiles
Scandium	Cérite, orthite, thortveitite, wolframite, euxénite / minerais d'étain, d'uranium et de wolfram	Alliages d'aluminium (aéronautique, équipements sportifs), éclairages	Chambres de combustion

Terbium	Cérite, euxénite, gadolinite, monazite (en compagnie de l'yttrium)	Éclairage, lasers, alliages pour les semi-conducteurs, les processeurs à haute vitesse, les supraconducteurs, la fibre optique et les aimants	Stabilisateur pour les chambres à combustion à haute température
Thulium	Gadolinite, monazite	Supraconducteurs à haute température Usages médicaux, marqueur pour les billets en euros	
Ytterbium	Euxénite, monazite, xénotime	Alliages pour les aciers inoxydables, semi-conducteurs à haute performance, usages médicaux, appareils de mesure (tremblements de terre, explosions souterraines)	Cellules solaires pour convertir le rayonnent infrarouge en électricité
Yttrium	Yttrotantalite	Alliages d'aluminium et de magnésium, catalyseur, écrans filtres à micro-ondes, usages médicaux, bijouterie	Électrodes pour bougies d'allumage, pots catalytiques, composants pour turbocompresseurs

Ce sont autant de métaux qui se retrouvent en proportions variables dans les dispositifs technologiques utilisés par les filières énergétiques (énergies renouvelables, y compris biomasse, systèmes de captage et de stockage du dioxyde de carbone, équipements de transport d'électricité) et dans l'industrie des moyens de transport.

En réalité, la dénomination de « terres rares » est fallacieuse : selon l'US Geological Survey, les réserves mondiales exploitables s'élèvent à 114 millions de tonnes (pour un total évalué à 150 millions), soit plus de sept siècles au rythme de consommation actuelle. La plus abondante des terres rares dans l'écorce terrestre, le cérium, est plus fréquente que le cuivre et la moins répandue, le thulium, est plus présente que l'antimoine, le cadmium et le thallium. Et seules quatre terres rares sont essentielles :

- le néodyme, pour les aimants permanents (aimants en néodyme-fer-bore) utilisés pour les moteurs électriques[137] des véhicules hybrides et pour les turbines des éoliennes de grande puissance installées en pleine mer (100 MW) ;
- le terbium, pour ses alliages avec le zirconium utilisés pour les stabilisateurs dans les chambres de combustion et pour les lampes à basse consommation ;
- le dysprosium, pour les aimants permanents, essentiels pour les véhicules à moteur hybride et dont il n'existe actuellement aucun substitut[138] ;
- l'yttrium, aux nombreuses applications (écrans pour ordinateurs, lentilles et objectifs pour les caméras, imitations de pierres précieuses de haute valeur, lasers, catalyseurs pour la polymérisation de l'éthane).

137 Ces aimants permanents à très hautes performances furent développés dès 1982 par General Motors et par Hitachi. Ils ont également permis la miniaturisation des téléphones portables. S'ils sont présents pour quelques grammes dans les ordinateurs, un vélo électrique en contient 200 g, une voiture électrique 1 à 2 kg selon la puissance développée, et jusqu'à 500 kg pour une éolienne à haute puissance.

138 Pour le moment, Toyota est totalement dépendant des livraisons chinoises et cherche à mettre au point des moteurs à induction qui lui permettraient de s'en passer.

A contrario, un ensemble de métaux ne relevant pas de la catégorie des terres rares est aussi indispensable. Les classifications des éléments en fonction de leurs propriétés chimiques ne recouvrent que partiellement celles établies en fonction de leurs usages industriels (tableau 62).

Tableau 62 – Principales utilisations des petits métaux

Métaux	Principaux usages
Antimoine	Substituts pour les emplois ignifugés (textiles, matériaux de synthèse) et les batteries, chimie, verre et céramique, photovoltaïque / Alliages (plomb, étain) servant de plaques pour les batteries d'accumulation.
Béryllium	Matériels destinés à absorber le rayonnement X / Alliages (cuivre, aluminium) utilisés pour l'aéronautique, les drones, l'automobile, les équipements électriques et les équipements sportifs / Alliage pour les barres destinées à ralentir les neutrons issus de la fission de l'uranium.
Bismuth	Applications médicales en raison de son innocuité / Alliages avec le zinc (galvanisation) et le manganèse (résistance à la démagnétisation), fusibles de sécurité, semi-conducteurs (tellurure de bismuth).
Cadmium	Batteries / Équipements médicaux et systèmes d'alarme (en voie d'interdiction en raison de sa nocivité).
Césium	Boues de forage pour les hydrocarbures non conventionnels, photocathodes, moteurs à ions.
Chrome	Aciers inoxydables (ferrochromes, nichromes), moteurs d'avion, turbines à gaz.
Cobalt	Verrerie et émaux / Catalyse (hydrocarbures) / Alliages (batteries, moteurs électriques, composants électroniques, turboréacteurs, turbines à gaz) / Compléments alimentaires pour le bétail.
Fluor	Hexafluorure d'uranium indispensable pour la séparation des isotopes de l'uranium et pour son enrichissement en isotope 235 / Élimination des oxydes de la surface du silicium.
Gallium	Diodes électro-luminescentes (l'arsénium de gallium convertissant l'électricité en lumière) / Couches minces pour les panneaux solaires à haut rendement / Smartphones / Capacité d'augmenter la puissance des semi-métaux semi-conducteurs (Germanium, Silicium) / Alliage se substituant au mercure.
Germanium	Fibres optiques infrarouge, catalyseurs de polymérisation, panneaux solaires, semi-conducteurs.
Indium	Écrans à cristaux liquides, panneaux photovoltaïques / Nombreux substituts pour les usages électroniques (miroirs résistant mieux à la corrosion que l'argent) / Élément entrant dans la composition des barres de contrôles des centrales nucléaires.
Lithium	Batteries pour les véhicules électriques et à motorisation hybride, usages chimiques, verre et céramique, production de tritium (énergie nucléaire), pharmacie (troubles psychiques).
Magnésium	Alliages légers (avec l'acier, l'aluminium et le laiton) pour l'automobile et l'aviation, explosifs / Boitiers et châssis pour ordinateurs et téléphones / Réducteur des oxydes de titane, d'uranium et de zirconium.
Manganèse	Alliages et aciers inoxydables (aciers à dureté très élevée) / Chimie (désulfuration).
Mercure	Orpaillage (amalgame or et mercure), métallurgie (interdit en raison de sa nocivité).

Niobium	Aciers inoxydables (utilisés dans les réacteurs nucléaires et les accélérateurs de particules), alliages (aluminium, étain, germanium, titane).
Rhénium	Moteurs d'avion, turbines / Catalyseurs (conversion du gaz naturel en hydrocarbures liquides), couples thermo-électriques / Biens de consommation (plumes de stylo).
Sélénium	Semi-conducteurs, cellules photo-électriques / Compléments alimentaires pour le bétail, médicaments, produits de soin.
Silicium	Cellules photovoltaïques*, composants micro-électroniques.
Tantale	Condensateurs (électronique), superalliages (outils coupants), cibles de pulvérisation, chimie.
Tellure	Panneaux solaires (tellurure de cadmium), tellurure de bismuth (transformation de la chaleur en électricité) / Alliages pour la métallurgie.
Titane	Aciers inoxydables, alliages avec l'aluminium et le cuivre, réfractaire de grande dureté / Aéronautiques, génie chimique (dessalement de l'eau de mer, hydrocarbures), biens de consommation (automobiles, outils abrasifs et coupants, prothèses, clubs de golf), pigment blanc.
Tungstène	Aciers inoxydables très résistants / Aéronautique (tuyères des moteurs de fusée) / Anodes de tubes à rayon X / Matériau de base pour les outils de coupe et de forage.
Vanadium	Aciers à haute limite élastique, catalyseurs, batteries à hautes performances.
Zirconium	Emballages tubulaires contenant le combustible dans les centrales nucléaires (cartouches de « zircalloy » comprenant du zirconium, du fer, de l'étain et du chrome) / Génie chimique.

* Une des raisons expliquant le coût toujours élevé des panneaux photovoltaïques réside précisément dans les technologies complexes et coûteuses à mettre en œuvre pour obtenir un silicium à très haut degré de pureté. C'est pourquoi le solaire thermique (chauffage de l'eau et des locaux) demeure la principale utilisation du soleil à des fins énergétiques. Quelques centrales expérimentales convertissent le solaire thermique en électricité, mais l'importance des surfaces requises pour l'installation des panneaux solaires, et donc l'emprise spatiale, constituent une limite rédhibitoire au développement de l'énergie solaire dans les zones à forte densité de peuplement (compte tenu de leur faible taux de conversion du rayonnement solaire en électricité).

Les essais de typologie confirment la porosité des concepts et des frontières dans ce domaine (tableau 63) :

- un métal est considéré comme critique lorsque ses emplois revêtent une grande valeur économique et son approvisionnement ne peut pas être garanti sur une longue durée ;
- un métal est qualifié de technologique lorsque sa demande enregistre une forte croissance en fonction de ses applications techniques ;
- un métal est stratégique lorsque ses emplois, tant civils que militaires, sont d'une grande importance, lorsque les substituts sont limités ou inexistants et quand ils proviennent de pays politiquement instables ou de zones à la conflictualité endémique : il s'agit d'une notion dynamique qui dépend des choix technologiques arrêtés par les gouvernements et les entreprises.

Les typologies établies par les différentes institutions ne se recoupent pas : chacune reflète ses intérêts spécifiques. Les classifications élaborées par les organismes géologiques nationaux sont tributaires des sites miniers et industriels localisés sur leurs territoires : pour un pays ne possédant pas de matières premières minérales, tous les minerais sont critiques, technologiques et stratégiques, s'il dispose des installations industrielles permettant de les transformer et de les utiliser.

Tableau 63 – Typologie des métaux

Matériaux critiques	Métaux technologiques	Métaux stratégiques
Antimoine	Bismuth	Antimoine
Argent	Cadmium	Béryllium
Béryllium	Cobalt	Bismuth
Bismuth	Dysprosium	Cadmium
Chrome	Europium	Chrome
Cobalt	Gadolinium	Cobalt
Etain	Gallium	Gallium
Fluor	Germanium	Germanium
Gallium	Hafnium	Hafnium
Germanium	Indium	Iridium
Graphite	Lanthane	Magnésium
Indium	Lithium	Manganèse
Lithium	Néodyme	Mercure
Magnésium	Palladium	Molybdène
Niobium	Platine	Niobium
Platinoïdes	Praséodyme	Osmium
Rhénium	Rhénium	Rhénium
Tantale	Rhodium	Rhodium
Tellure	Samarium	Sélénium
Terres rares	Scandium	Silicium
Wolfram	Sélénium	Tantale
	Tantale	Tellure
	Tellure	Titane
	Terbium	Uranium
	Thorium	Vanadium
	Uranium	Wolfram
	Yttrium	Zirconium
	Zirconium	

C'est donc bien l'ensemble des matières premières minérales qui peut être considéré comme stratégique à des degrés divers, y compris les plus répandues dans l'écorce terrestre (fer, nickel, cuivre, manganèse, molybdène, tungstène), en incluant les énergies carbonées sans lesquelles aucun travail des métaux n'est possible. Ainsi, le développement des énergies renouvelables implique l'extension des réseaux électriques, ce qui induit une demande additionnelle en cuivre importante. Le caractère stratégique pour un métal ne se confond donc pas avec sa rareté : celle-ci est d'abord la conséquence d'une inadéquation à court terme entre l'offre et la demande, et non d'une pénurie fondamentale.

Les terres rares sont devenues des composants déterminants pour un grand nombre d'applications industrielles, principalement en métallurgie, en électronique et pour les verres et les céramiques[139]. En 2011, 19 % d'entre elles servaient de catalyseurs (raffinage des hydrocarbures, catalyseurs pour les pots d'échappement), 20 % étaient utilisées pour les aimants permanents (utilisés dans les moteurs électriques), 20 % pour les alliages en métallurgie et pour les batteries, 13 % pour les polisseurs et les vernis (écrans d'ordinateurs, composants électroniques, moniteurs de contrôle), 6 % pour les applications en verre (coloration d'écrans et protection contre les rayons UV), 8 % pour l'éclairage (diodes électroluminescentes, écrans au plasma et à cristaux liquides, lampes à basse consommation, lampes fluorescentes, composants pour radars), 5 % pour la céramique (coloration et stabilisation, condensateurs en céramique) et 5 % pour les autres applications (pigments, applications médicales, lasers, supraconducteurs à haute température).

La place grandissante des terres rares dans l'automobile s'explique par l'augmentation continue de l'électronique embarquée. Pour un véhicule à motorisation hybride, 10 à 15 kg sont utilisés en moyenne et sont présents dans plusieurs composants : capteurs pour les ceintures, freins électriques, régulateurs pour les systèmes programmés d'électro-stabilisation, compresseurs pour la climatisation, moteurs pour les pompes électriques, bobines d'allumage, démarreurs, micro-moteurs pour la conduite assistée et les rétroviseurs, systèmes de pilotage assisté, haut-parleurs. Les batteries au nickel comprennent également des terres rares et les turbines éoliennes à grande puissance en utilisent environ 500 kg chacune (principalement du néodyme, mais aussi du samarium, du terbium et du prométhium et 25 kg de dysprosium). Ces éléments ont également permis la mise au point de nouveaux systèmes de refroidissement – le refroidissement magnétique – qui économisent jusqu'à 15 % d'énergie. Compte tenu de l'augmentation des prix des hydrocarbures, ces nouvelles technologies devraient remplacer à moyen terme les anciens dispositifs, gros consommateurs en énergie.

Le développement des énergies renouvelables et des solutions permettant de réaliser d'importantes économies d'énergie n'a donc été rendu possible que par les progrès remarquables accomplis en micro- et opto-électronique et, plus généralement, grâce au basculement des systèmes électromécaniques vers les technologies électronicomécaniques après le deuxième choc pétrolier. Les progrès enregistrés par les systèmes technologiques visant à optimiser leur consommation d'énergie

---

139 Les terres rares constituent des matières premières de grande importance pour les industries de défense : les applications militaires concernent spécifiquement les systèmes de guidage des missiles, les drones, les munitions téléguidées, les sonars, les systèmes de transmission satellitaire, les réacteurs et les tuyères, ainsi que les nouveaux systèmes de camouflage (les vernis recouvrant les aéronefs furtifs, qui absorbent les ondes émises par les radars et les rendent en grande partie indétectables).

constituent la première phase de la transition énergétique, dans le sillage des deux premiers chocs pétroliers, véritables révélateurs en Occident de la dépendance aux hydrocarbures et de la nécessité de s'en dépendre progressivement. Seul l'emploi de composants électroniques semi-conducteurs, contenant des terres rares et des métaux particuliers, pouvait permettre un tel basculement à partir des années 1980. Mais la moindre dépendance vis-à-vis des hydrocarbures conduit à une dépendance accrue vis-à-vis des métaux rares et les innovations technologiques ne font que reporter la contrainte de rareté. Toutefois, les métaux rares se trouvent en abondance dans certains corps célestes et il serait envisageable de remédier à ces pénuries en les exploitant sur les planètes, ou leurs satellites, les plus proches de la Terre. Mais une telle perspective implique que l'on dispose de sources d'énergie très abondantes et à bas coûts.

Les perspectives minières au Groenland

Le projet Kvanefjeld Polymetall pourrait permettre d'extraire des terres rares (pour un potentiel estimé à 5 millions de tonnes) comme sous-produits de l'exploitation d'une mine d'uranium et de zinc localisée au sud du Groenland. Ce projet suscite toutefois deux sortes d'oppositions. Certaines forces politiques et syndicales groenlandaises sont hostiles par principe au recours à une main-d'œuvre étrangère qui serait rémunérée sur la base de minima salariaux inférieurs à ceux légalement en vigueur dans l'île (mais la force de travail locale pâtit d'un manque de qualification et est peu nombreuse). Et il existe au Groenland une interdiction légale portant sur l'exportation de matières premières radioactives.

2.2. La mainmise de la Chine sur les terres rares

Comme leur consommation stagne ou baisse dans les pays post-industriels, les matières premières étaient passées de mode. Dans les pays émergents où leur demande a fortement augmenté pendant la période de croissance accélérée, elles sont en revanche au centre des préoccupations des dirigeants, qu'il s'agisse de sécuriser les revenus que leurs exportations procurent ou de garantir les approvisionnements pour qu'une pénurie n'entrave pas leur développement industriel. La Chine a vite compris quel parti elle pourrait tirer des terres rares, alors qu'elle ne possède que la moitié des réserves mondiales : il ne s'agit pas seulement d'en contrôler la production au niveau mondial, mais de devenir un fournisseur en position dominante pour certains produits-clés qui en dérivent. C'est pourquoi, si un certain nombre de pays possède de semblables ressources (tableau 64), la Chine occupe depuis les années 1990 la place de leader, avec comme concurrent les États-Unis, voire le Brésil si ses revendications en termes de réserves (évaluées à 22 millions de tonnes) s'avèrent exactes[140].

Tableau 64 – Principaux gisements de terres rares[141]

Pays	Gisements
Suède	Ytterby, Bastnäs
Chine	Bayan Obo (Mongolie intérieure), Maoniuping (Sichuan), Miaoya (Hubei), Weishan (Shandong)
Mongolie	Mushgai-Khudag, Lugiingol
Russie	Chibiny, Lovozero, Chadobetskoe (Sibérie), Tomtor (Yakoutie)
Groenland	Kvanefjeld
Canada	Geoland et Manawan (Québec), Hoidas Lake (Saskatchewan), Nechalacho près de Thor Lake (Territoires du Nord-Ouest)
États-Unis	Mountain Pass Mine (Californie), Bear Lodge (Wyoming)
Australie	Mount Weld, Enseabba (Australie occidentale), Olympic Dam (Australie du Sud), Dubbo (Nouvelle Galles du Sud)
Brésil	Salobo, Morro dos Seis Lagos
Vietnam	Lai Châu
Kirghizstan	Aktiuz, Kutessay II
Afghanistan	Khanneshin
Turquie	Kizilkaören (Anatolie)
Malawi	Chilwa (province d'Alkali)

L'exploitation des terres rares aux États-Unis

Entre 1965 et 1980, Mountain Pass Mine fut la plus importante mine pour les terres rares au monde. Sa production fut en partie interrompue en 1997 puis totalement arrêtée en 2002 en raison de la concurrence des mines chinoises aux conditions d'exploitation autrement plus compétitives (la fuite d'effluents radioactifs fournit le prétexte officiel pour la suspension de ses activités). Ce site, longtemps hégémonique, a été « remplacé » par la mine géante de Bayan Obo en Chine, qui se

140 Les estimations publiées par la Corée du Nord sont purement fantaisistes. Quant aux volumes extraits dans les pays membres de la CEI, ils sont mal connus : au début des années 1990, les prix des terres rares se sont effondrés en raison des ventes massives des centres de recherche et des combinats soviétiques.

141 A cette liste, s'ajoutent l'Afrique du Sud avec le site de Steenkampskrall, le Kazakhstan, Madagascar, la Malaisie, la Namibie avec le site de Lofdal, la Tanzanie avec celui de Ngualla, et probablement la Corée du Nord.

caractérise par une teneur en terres rares (de 3 à 6 %) particulièrement élevée et qui a fourni certaines années plus de 70 % de la consommation mondiale. Le site californien a été relancé en 2012. Les dépenses d'investissement pour produire une tonne d'oxydes de terres rares ont été estimées à 40 000-50 000 $ pour les projets de Mountain Pass et de Mount Weld Enseabba en Australie occidentale.

Une analyse de l'US Geological Survey approfondit le concept de matière première « critique » (tableau 65) ; elle inclut les terres rares en fonction de plusieurs critères : géologique (fréquence dans l'écorce terrestre continentale), géopolitique[142] (répartition géographique des réserves, influence des politiques gouvernementales sur les principaux pays producteurs et exportateurs) et industrielle (perspectives de production, part obtenue à partir du recyclage, substituabilité par d'autres matières premières ou par des produits chimiques). La prépondérance de la Chine et les déséquilibres potentiels du marché des terres rares et des métaux assimilés qui en résultent y apparaissent de façon particulièrement nette.

Tableau 65 – Liste des matières premières minérales critiques

Catégories	Caractéristiques	Matières premières
I	Dépendance des approvisionnements de Chine	Terres rares, antimoine, wolfram, graphite, fluorure de calcium, magnésium
II	Approvisionnements en provenance d'un petit nombre de pays ou bien de zones instables	Niobium (Brésil, Canada), tantale (Rwanda, Brésil, République Démocratique du Congo, Nigeria, Canada), platinoïdes (Afrique du Sud, Russie, Canada), étain (Chine, Indonésie, Pérou, Bolivie, Brésil), cobalt (République Démocratique du Congo, Canada, Chine, Russie, Australie, Zambie)
III	Matières premières dont la demande va enregistrer une forte demande et qui ne peut pas être couverte par les installations existantes*	Germanium, gallium, indium, bismuth

* Leurs volumes sont très limités. Le gallium et l'indium sont des sous-produits obtenus à partir du traitement d'autres minerais (bauxite, cuivre, zinc) : leur relative rareté provient également de l'absence de technologies permettant de les produire dans des conditions efficaces. La Chine et la Russie posséderaient les deux tiers des réserves de germanium (avec la République Démocratique du Congo, la Namibie et les États-Unis). Le bismuth est un sous-produit obtenu à partir d'autres minerais (cuivre, plomb, étain, or, argent).

142 La rareté relative des minerais et la dépendance des économies nationales vis-à-vis de leurs exportations constituent des facteurs expliquant les rémunérations élevées des mineurs par comparaison aux autres groupes professionnels. Les rapports de force leur sont plutôt favorables dans des pays comme l'Afrique du Sud ou l'Australie, surtout si l'extraction des minerais requiert des compétences professionnelles spécifiques, même en cas de chômage endémique de masse (comme en Afrique du Sud). Toutefois, l'évolution des rapports de force reste tributaire de la situation mondiale des marchés des matières premières concernées.

Source : US Geological Survey, 2012

Cette typologie tend à faire autorité, les autres classifications n'apportant que des modifications marginales et reflétant avant tout les préoccupations et les orientations des organismes qui y procèdent. L'établissement de ces nomenclatures revêt des enjeux qui restent cachés quand on ignore les usages finals des éléments chimiques vraiment connus des seuls industriels.

La mainmise chinoise, indissociable de l'émergence du pays en tant que puissance industrielle majeure et acteur minier de premier plan, s'étend également aux capacités de raffinage pour les terres rares « lourdes[143] », ainsi qu'aux installations sidérurgiques capables de produire des alliages comprenant des terres rares « lourdes ». Le groupe chinois Baotou Steel Rare Earths occupe une position hégémonique, principalement concurrencée par Molycorp (USA) et Lynas (Australie)[144].

Selon l'US Geological Survey, qui ne publie que des données parcellaires, la production actuelle de terres rares de la Chine est estimée à 100 000 tonnes par an (les écarts s'expliquant par la production illégale dont une grande partie serait exportée frauduleusement), la production mondiale totale étant évaluée entre 110 000 et 120 000 tonnes (tableau 66). Les marchés des minerais produits en petites quantités se caractérisent par l'opacité des flux commerciaux internationaux et par de grandes incertitudes quant aux statistiques de production et d'échange.

Mais la domination chinoise excède largement le domaine des terres rares : si l'on prend en considération l'ensemble des métaux, la Chine concentre une part significative de la production mondiale également pour l'étain, le molybdène, le vanadium, et surtout (à plus de 50 %) pour le plomb, le germanium, l'antimoine, le bismuth, le magnésium, le mercure, le silicium, le tungstène, l'arsenic ainsi que l'indium (tableau 67). Toutefois, une telle position hégémonique n'a pu être acquise qu'avec la complicité implicite de ses concurrents.

Comme il est de règle dans le secteur minier, la production est plus concentrée que les gisements, à la fois pour des raisons géologiques (exploitation prioritaire des sites où la teneur des minerais est la plus élevée) et économiques (captation de la rente par les opérateurs miniers exploitant les gisements les plus rentables et élimination des éventuels concurrents) (tableau 68). Compte tenu de l'importance des investissements nécessaires pour équiper un site minier, les plus denses et les plus productifs sont prioritairement exploités. C'est pourquoi il est difficile d'ouvrir de nouveaux sites miniers pouvant être valorisés dans des conditions compétitives : il est d'ailleurs plus aisé pour les entreprises ayant découvert de tels sites de revendre les droits d'exploitation aux

---

143 Il s'agit de l'yttrium, du lutétium, du terbium, du dysprosium, de l'holmium, de l'erbium, du thulium et de l'ytterbium. Le néodyme, le lanthane, le praséodyme, le cérium et le scandium appartiennent au groupe des terres rares « légères ». Le prométhium, le samarium, l'europium et le gadolinium relèvent de la catégorie des terres rares « moyennes ». Certaines terres rares sont produites à la demande (erbium, holmium, lutétium, thulium, ytterbium) et les minerais doivent être adaptés aux spécificités des demandes exprimées par les clients.

144 L'ancien groupe chimique français Rhône-Poulenc fut l'un des leaders mondiaux dans ce secteur.

multinationales qui dominent ce secteur, sauf à accepter des conditions d'exploitation précaires comme dans nombre de mines produisant des terres rares en Chine, plus ou moins clandestines.

Tableau 66 – Estimations de la production mondiale de terres rares (en tonnes)

	États-Unis	Chine	Russie	Australie	Inde	Malaisie	Brésil	Thaïlande	Vietnam
1992	20 700	21 300	8 000	3 850	2 750				
1993	17 800	22 100	8 000	5 500	2 530				
1994	20 700	30 600	6 000	3 300	2 500				
1995	22 220	30 000	2 000	3 000	2 500				
1996	20 400	55 000	2 000	3 000	2 700				
1997	20 000	53 300	2 000	3 000	2 700	418			
1998	5 000	60 000	2 000	-	2 700	350			
1999	5 000	70 000	2 000	-	2 700	625			
2000	5 000	73 000	2 000	-	2 700	446			
2001	5 000	80 600	2 000	-	2 700	351			
2002	-	88 000	-	-	2 700	240			
2003	-	92 000	-	-	2 700	360			
2004	-	98 000	-	-	2 700	800	402		
2005	-	119 000	-	-	2 700	750	440		
2006	-	119 000	-	-	2 700	200	730		
2007	-	120 000	-	-	2 700	380	650		
2008	-	120 000	-	-	2 700	380	650		
2009	-	129 000	-	-	2 700	350	550		
2010	-	130 000	-	-	2 800	30	550		
2011	-	105 000	-	2 200	2 800	280	250		
2012	800	100 000	2 400	3 200	2 900	100	140		
2013	5 500	95 000	2 500	2 000	2 900	180	330	800	220
2014	7 000	95 000	2 500	2 500	3 000	200	-	1100	200

Source : estimations des auteurs à partir du croisement de différentes séries de données disponibles

Tableau 67 – Structure actuelle de l'économie minière mondiale

Minerais (hors recyclage)	Variation de la production mondiale en trois décennies (coefficient multiplicateur)	Part moyenne de la Chine dans la production (2011-2013)	Part moyenne de la production réalisée par le premier producteur (2011-2013)	Part moyenne de la production réalisée par les trois premiers producteurs (2011-2013)	Part moyenne de la production réalisée par les cinq premiers producteurs (2011-2013)
Fer	2,30	16,2%	28,2%	63,9%	77,3%
Bauxite	3,20	17,3%	28,4%	60,9%	80,0%
Cuivre	2,09	8,8%	32,4%	49,0%	61,6%
Etain	1,49	36,2%	36,2%	69,7%	84,4%
Nickel	3,27	4,2%	17,8%	43,1%	63,2%
Plomb	1,47	50,8%	50,8%	69,8%	78,4%
Zinc	1,98	35,9%	35,9%	57,3%	68,8%
Argent	1,85	16,1%	18,4%	49,1%	63,0%
Or	1,94	14,8%	14,8%	33,0%	47,1%
Platine	3,15	-	55,5%	69,6%	74,0%
Palladium	2,53	-	44,2%	93,4%	97,5%
Antimoine	3,18	81,2%	81,2%	86,1%	90,1%
Bismuth	2,05	86,3%	86,3%	98,4%	98,7%
Cadmium	1,25	32,5%	32,5%	56,9%	70,4%
Chrome & Ferro-Chrome	2,68	7,1%	47,4%	78,6%	87,0%
Cobalt	6,01	6,5%	51,2%	64,2%	75,1%
Magnésium	3,05	83,4%	83,4%	94,2%	98,7%
Manganèse	0,70	17,9%	23,2%	60,1%	78,9%
Mercure	0,31	76,9%	76,9%	81,1%	83,7%
Molybdène	3,15	39,5%	39,5%	78,1%	89,3%
Sélénium	1,46	-	32,9%	78,4%	89,4%
Silicium	2,78	65,7%	65,7%	79,7%	87,0%
Tantale	2,39	-	19,3%	57,0%	71,8%
Titane	1,30	14,5%	14,8%	44,2%	66,8%
Tungstène	1,73	81,0%	81,0%	87,3%	90,1%
Vanadium	2,31	46,9%	46,9%	96,2%	96,7%
Germanium	1,68	69,3%	69,3%	75,2%	75,2%
Béryllium	0,69	7,8%	86,9%	95,4%	95,5%
Zirconium	2,12	9,4%	47,2%	76,5%	87,5%
Arsenic	-	55,2%	55,2%	94,0%	98,8%
Indium	-	53,5%	53,5%	80,2%	90,5%
Rhénium	-	-	51,8%	79,1%	93,7%
Rhodium	2,66	-	80,7%	95,0%	99,2%
Lithium	-	12,8%	35,8%	85,1%	94,9%
Terres rares	-	90,9%	90,9%	95,4%	99,2%

Source : calculs à partir des données diffusées par les *Mineral Commodity Summaries*

Tableau 68 – Principaux pays producteurs de métaux (2014)

Minerais (hors recyclage)	Producteurs, classés par ordre d'importance
Fer	Australie, Brésil, Chine, Inde, Russie
Bauxite	Australie, Indonésie, Chine, Brésil, Guinée
Cuivre	Chili, Chine, Pérou, États-Unis, Australie
Etain	Chine, Indonésie, Malaisie, Pérou, Thaïlande
Nickel	Philippines, Indonésie, Russie, Australie, Canada
Plomb	Chine, Australie, États-Unis, Pérou, Mexique
Zinc	Chine, Australie, Pérou, Inde, États-Unis
Argent	Mexique, Chine, Pérou, Australie, Russie
Or	Chine, Australie, États-Unis, Russie, Pérou
Platine	Afrique du Sud, Russie, Canada, États-Unis, Zimbabwe
Palladium	Russie, Afrique du Sud, Canada, États-Unis, Zimbabwe
Antimoine	Chine, Birmanie, Russie, Bolivie, Tadjikistan,
Bismuth	Chine, Mexique, Russie, Canada, Bolivie
Cadmium	Chine, Corée du Sud, Japon, Mexique, Kazakhstan
Chrome et Ferro-Chrome	Afrique du Sud, Kazakhstan, Inde, Chine, Turquie
Cobalt	République Démocratique du Congo, Canada, Chine, Russie, Australie
Magnésium	Chine, Russie, Israël, Kazakhstan, États-Unis
Manganèse	Afrique du Sud, Australie, Chine, Gabon, Brésil
Mercure	Chine, Kirghizstan, Russie, Tadjikistan, Mexique
Molybdène	Chine, États-Unis, Chili, Pérou, Mexique
Silicium	Chine, Russie, États-Unis, Brésil, Norvège
Tantale	Rwanda, République Démocratique du Congo, Mozambique, Brésil, Nigeria
Titane	Afrique du Sud, Chine, Australie, Canada, Vietnam
Tungstène	Chine, Russie, Canada, Vietnam, Bolivie
Vanadium	Chine, Afrique du Sud, Russie
Germanium	Chine, Russie, États-Unis
Béryllium	États-Unis, Chine, Mozambique
Zirconium	Australie, Afrique du Sud, Chine, Indonésie, Mozambique
Arsenic	Chine, Chili, Maroc, Russie, Pérou
Indium	Chine, Corée du Sud, Japon, Canada, France
Rhénium	Chili, États-Unis, Pologne, Ouzbékistan, Kazakhstan
Rhodium	Afrique du Sud, Russie, Canada, États-Unis, Zimbabwe
Lithium	Australie, Chili, Chine, Argentine, Zimbabwe
Terres rares	Chine, États-Unis, Inde, Russie, Australie

Source : Mineral Commodity Summaries

Comme pour les matières premières énergétiques, les matières premières minérales font l'objet de révisions rétrospectives d'ampleur significative. Abstraction faite des quantités et de la valeur des métaux extraits, les pays les plus fréquemment cités dans ce classement des producteurs de métaux sont la Chine (17,3 %), la Russie (11,1 %), les États-Unis (8,6 %), l'Australie (8,6 %), le Canada (5,6 %), l'Afrique du Sud (4,9 %), le Pérou (4,9 %), le Mexique (3,7 %), le Brésil (3,1 %) le Chili (3,1 %), la Bolivie (2,5 %), l'Indonésie (2,5 %), le Kazakhstan (2,5 %) et le Zimbabwe (2,5 %).

L'offensive chinoise sur le marché des métaux (et des terres rares en particulier) correspond à une stratégie délibérée, en application du « programme 863 » visant à placer les autres pays dans une situation de dépendance. Le symbole d'une telle emprise a été l'acquisition en 2003 par Pékin de la principale usine américaine produisant des aimants permanents à base de terres rares, avec les brevets afférents. L'installation fut fermée dès l'année suivante afin de consolider la position hégémonique de la Chine sur ce marché, et la production délocalisée sur son territoire. Les autorités américaines réagirent et les investisseurs chinois furent condamnés pour espionnage industriel et violation du droit de la propriété industrielle, mais la délocalisation de cette activité, polluante mais hautement stratégique, n'a pas été empêchée. Détrôné, Washington ne put que constater la montée en puissance de Pékin.

La Chine ne domine pas simplement le marché des terres rares, et plus largement des métaux. Le vif essor de l'industrie minière mondiale vise à satisfaire, plus en aval, la demande en métaux du pays : les terres rares sont essentielles à l'industrie chinoise et à son économie. Elle s'est notamment spécialisée dans la production d'aimants permanents et d'alliages métallurgiques, tandis que l'industrie japonaise privilégie les applications dans les secteurs chimiques et électroniques (tableau 69), et les multinationales ont délocalisé sur son territoire une grande partie des productions nécessitant leur utilisation. C'est pourquoi le développement de la Chine repose sur l'exploitation de ses propres ressources et celles d'anciens ou de nouveaux pays miniers (Chili, Indonésie, Mozambique, Pérou, Philippines, pays d'Asie centrale) devenus de nouveaux fournisseurs à côté des pays miniers traditionnels [145] . C'est l'interdépendance reliant ses clients et ses fournisseurs qui confère à Pékin une position-clé dans l'économie mondiale.

---

145 Moins puissante économiquement et stratégiquement, l'Indonésie a instauré des quotas de transformation depuis 2009, les exportations de matières premières étant lourdement taxées si une première transformation n'a pas été réalisée sur son territoire. L'exportation de minerais bruts est officiellement interdite à partir de 2014 et porte à l'heure actuelle sur le nickel. Cette stratégie peut conduire à des pertes de parts de marché si les capacités de transformation existantes sont insuffisantes. C'est pourquoi l'enjeu principal de cette politique réside dans la construction de raffineries de métaux associant des capitaux étrangers et indonésiens.

Tableau 69 – Comparaison entre la Chine et le Japon pour les utilisations des terres rares (en %)

	Chine	Japon
Aimants permanents	44,0	28,1
Poudres à polir	5,8	13,0
Matériaux pour la fluorescence	5,8	4,5
Matériaux pour le stockage de l'hydrogène	5,3	14,5
Alliages métallurgiques	12,1	6,4
Catalyseurs	14,4	19,0
Verres et céramiques	8,4	12,2
Autres usages	4,2	2,3

Source : *Rare Earth Metal News, 2012*

Mais la force de la Chine dans l'économie minière repose aussi sur l'organisation particulière de son marché. Ainsi, le nombre d'entreprises chinoises produisant des terres rares se serait élevé à 150 en 2008 et, si ce secteur demeure insuffisamment rationalisé, ses structures sont conformes à celles de nombre de branches de la deuxième économie mondiale : quelques entreprises dominantes (publiques, semi-publiques ou privées contrôlées par les élites politiques) et une myriade de petites entreprises privées qui ne peuvent se développer qu'avec le soutien des autorités politiques locales (qui contrôlent la distribution des crédits du secteur bancaire et l'affectation spatiale des activités économiques). L'économie officielle coexiste avec les activités officieuses et les rapports que ces deux sphères, plus complémentaires que concurrentes, entretiennent sont d'autant plus exempts de conflictualité que les autorités politiques ont encouragé ce dualisme car il stimule la croissance économique et permet une répartition moins inégalitaire de la rente, tout en renforçant les intérêts des élites politiques et économiques[146]. Mais l'opacité du marché des terres rares résulte aussi de la confrontation offre-demande, non centralisée sur une bourse des métaux, mais faite de face-à-face entre les parties prenantes. En conséquence, Pékin peut imposer des conditions discriminatoires en fonction des acheteurs, une caractéristique que l'on rencontre toutefois pour l'ensemble des « petits métaux ».

---

146 La stratégie chinoise dans le secteur des terres rares a pu être partiellement financée par des fonds publics, des proches des plus hautes fonctions politiques y étant associés. Les pays occidentaux ont accepté cette situation car ils préfèrent délocaliser les activités polluantes dans les pays émergents et en développement.

2.3. Les possibilités de modifier les rapports de force sur le marché des terres rares

Cependant, la tentative chinoise de contrôler le marché mondial des terres rares et de faire monter les cours en rationnant l'offre a partiellement échoué. Officiellement, dans le secteur des terres rares et des métaux stratégiques, Pékin mène une politique de stabilisation des volumes et des prix : quotas de production, interdiction d'investissements étrangers, stocks-tampons pour lisser les évolutions des prix et garantir les approvisionnements, quotas et impôts sur les exportations supposément contrôlées afin de prévenir la contrebande. En réalité, de telles preuves d'assainissement relèvent de l'effet d'annonce à destination des importateurs étrangers et les activités illégales sont d'autant plus difficiles à combattre que cette filière est fortement créatrice d'emplois et que les autorités politiques locales sont *de facto* complices de ces pratiques, voire les organisent en sous-main. L'essentiel a été et demeure d'approvisionner la demande coûte que coûte, quelle que soit la provenance des métaux. Les quotas chinois à l'exportation n'ont jamais été totalement appliqués et les producteurs ont utilisé des circuits parallèles pour vendre à l'étranger des terres rares en grandes quantités, parfois à vil prix, mais payées en devises convertibles. Dès lors, les hausses de prix ont toujours été de courte durée et la bulle de 2010-2011 s'est vite résorbée. La politique de contrôle mondial de la filière des terres rares s'est révélée plutôt fondée sur la volonté de submerger le marché avec des coûts bas, et ce, dans des conditions anarchiques.

D'autre part, il n'est pas à exclure que le poids de la Chine sur l'offre ne fasse l'objet d'une certaine surestimation. Selon les statistiques officielles du pays (fort différentes de celles communiquées par l'US Geological Survey), la production enregistre une contraction depuis 2005, alors que la part réservée à l'exportation est restée constante. Surtout, les pays concurrents ont fini par réagir. En 2005, deux ans après s'être vu subtiliser son usine d'aimants permanents, Washington interdit à la CNOOC (China National Offshore Oil Company) d'acquérir Unocal (Union Oil Company of California). Or Unocal possédait depuis 1977 Molycorp Minerals, propriétaire de la mine de Mountain Pass en Californie. Si cette offre publique d'achat avait été menée à son terme, des intérêts chinois auraient contrôlé les deux principales mines de terres rares au monde : Mountain Pass et Bayan Obo. L'absorption d'Unocal par Chevron la même année levait cette menace et, à l'époque, cette interdiction a d'abord été interprétée en fonction des enjeux pétroliers, ceux relatifs aux terres rares étant passés sous silence. Compte tenu de la pénurie en terres rares qui se profile pour les siècles futurs et afin de préserver leurs propres ressources, les États-Unis ont intérêt à les importer de Chine, quitte à accélérer l'épuisement de ses gisements et à constituer des stocks stratégiques.

Pauvres en matières premières minérales, le Japon et la Corée du Sud mènent aussi des stratégies actives de sécurisation de leurs approvisionnements. À l'instar des États-Unis et de la Chine, ils ont constitué des stocks stratégiques. À Tokyo, la réduction de la dépendance aux importations chinoises est une priorité nationale. En 2010, Pékin a suspendu ses exportations de terres rares vers son voisin en raison du conflit territorial portant sur les îles Senkaku, une mesure de rétorsion qui a provoqué une vive augmentation – certes transitoire – des prix et mis en évidence le pouvoir de nuisance du pays hégémonique sur ce marché. Car l'Archipel, doté d'une des principales industries électroniques au monde et pionnier dans la motorisation électrique, est un gros consommateur de terres rares (un cinquième de la production mondiale).

Mais la consommation de terres rares a fortement crû en Chine également, de sorte que le pays pourrait devenir importateur net : les quotas chinois à l'exportation ont été divisés par trois en une décennie. La pénurie serait alors susceptible de se généraliser (Washington, Tokyo et Bruxelles ont demandé en 2010 à Pékin la levée de ses quotas à l'exportation[147]), rendant nécessaire la création de nouvelles installations industrielles dans le reste du monde (Afrique du Sud, Australie, Brésil, Canada, États-Unis, Malaisie, Suède). Depuis le début des années 2010, les États-Unis et l'Australie ont relancé leurs propres productions : après avoir repris, dès 2008, la mine de Mountain Pass, la Rare Earth Acquisitions LLC a entrepris de relancer la production domestique américaine. Certains pays européens réinvestissent aussi dans leurs activités minières (Finlande, Suède). Autant d'évolutions qui renforcent le pouvoir des grandes entreprises minières anglo-saxonnes – leaders incontestés si l'on considère l'ensemble des métaux – ou originaires d'autres pays, importants exportateurs de matières premières minérales. La Chine est ainsi placée dans une situation de faiblesse en raison de sa pénurie structurelle en ressources agricoles, minérales et énergétiques.

Le pays n'occupe une position hégémonique pour certaines ressources minérales que parce que leur extraction, traitement, affinage et transformation génèrent d'importantes pollutions. De plus, les matières premières (tableau 70) dont elle domine la production (antimoine, fluorure de calcium, graphite, magnésium, oxydes de terres rares, oxydes de tungstène) et les réserves (oxydes de terres rares et wolfram) diffèrent des minerais dont l'augmentation de la demande ne peut pas être couverte par les installations minières existantes et pour lesquels les techniques d'extraction sont déficientes (bismuth, gallium, indium, germanium). Les réserves minérales sont plus dispersées sur Terre que les productions minières correspondantes, ce qui entrave les stratégies de contrôle monopolistique. La situation sur les marchés des matières premières minérales diffère donc de celle prévalant sur les marchés de matières premières énergétiques.

---

147 L'OMC a prononcé deux condamnations à l'encontre de la Chine en raison de ses pratiques sur le marché international des terres rares. En 2011, Pékin a été condamné pour avoir imposé des taxes à l'exportation sur neuf métaux et, en 2014, pour avoir instauré des quotas à l'exportation sur les terres rares, le tungstène et le molybdène (décision confirmée en appel). La Chine a invoqué la préservation de l'environnement pour limiter ses exportations de matières premières minérales.

Tableau 70 – Matières premières dont la production est sous contrôle majoritaire de la Chine (2013)

	Production mondiale (en milliers de tonnes)	Part de la Chine	Réserves mondiales (en millions de tonnes)	Part de la Chine
Antimoine	163	74 %	1,8	25 %
Fluorure de calcium	6 010	55 %	240	10 %
Graphite	925	65 %	800	7 %
Magnésium	918	84 %	2 500	22 %
Oxydes de terres rares	109	87 %	110	50 %
Oxydes de tungstène (wolfram)	81	74 %	3,1	62 %

Source : US Geological Survey

2.4. La faible élasticité de l'offre en terres rares à long terme

À long terme, les anticipations pour la demande en terres rares sont orientées à la hausse en raison de la forte croissance de trois secteurs (énergies renouvelables, véhicules électriques et NTIC). Si cela se poursuit au rythme des deux dernières décennies, la demande mondiale devrait approcher les 250 000 tonnes à l'horizon de 2020-2025, soit un coefficient multiplicateur de 2,5 en à peine une décennie (tableau 71). Les tensions induites par la stratégie chinoise sur les marchés des métaux en général, et des terres rares en particulier, ne font que refléter une situation de déséquilibre plus fondamental (marqué, concernant les terres rares, dans le cas de l'yttrium, du terbium, du néodyme – un composant utilisé pour la production des turbines éoliennes, avec le terbium –, de l'erbium, du gadolinium et de l'europium). Au cours des quinze dernières années, jamais autant de dépenses de prospection minière n'ont été effectuées et jamais le taux de découverte n'a été aussi faible.

C'est pourquoi les stratégies mises en œuvre pour contrer l'hégémonie chinoise sur le marché mondial des terres rares, aussi efficaces soient-elles, pourraient se heurter à un obstacle : la rareté de ces ressources (tableau 72).

Tableau 71 – Équilibre du marché mondial des terres rares (en tonnes)

	Demande mondiale	Demande de la Chine	Demande du reste du monde	Offre mondiale	Offre de la Chine	Offre du reste du monde	Quota chinois à l'exportation	Ecart entre l'offre et la demande
2005	98 000	52 000	46 000	114 500	110 000	4 500	65 609	16 500
2006	110 000	60 000	50 000	125 500	120 000	5 500	61 821	15 500
2007	120 000	67 000	53 000	125 500	121 000	4 500	59 643	5 500
2008	124 000	68 000	56 000	129 000	125 000	4 000	56 939	5 000
2009	85 000	60 000	25 000	125 000	120 000	5 000	50 145	40 000
2010	123 000	74 000	49 000	114 500	109 000	5 500	30 258	-8 500
2011	110 000	75 000	35 000	104 500	98 000	6 500	30 184	-5 500
2012	115 000	80 000	35 000	110 000	95 000	15 000	30 996	-5 000
2013	125 000	85 000	40 000	122 500	100 000	22 500	28 000	-2 500
2014	136 000	91 000	45 000	141 000	105 000	36 000	26 000	5 000
2015	148 000	98 000	50 000	158 000	110 000	48 000	24 000	10 000
2016	162 500	107 000	55 500	180 000	117 500	62 500	22 000	17 500

Source : Industrial Minerals Company of Australia

Tableau 72 – Déséquilibres prévisionnels des marchés de différentes terres rares à l'horizon 2016 (en tonnes)

	Demande	Répartition	Offre	Répartition	Écart
Cérium	71 700	44,1 %	77 750	43,2 %	6 050
Dysprosium	900	0,6 %	1 100	0,6 %	200
Erbium	1 050	0,6 %	550	0,3 %	-500
Europium	500	0,3 %	450	0,3 %	-50
Gadolinium	2 650	1,6 %	2 175	1,2 %	-475
Lanthane	34 300	21,1 %	49 500	27,5 %	15 200
Néodyme	30 025	18,5 %	28 000	15,6 %	-2 025
Praséodyme	7 525	4,6 %	8 650	4,8 %	1 125
Samarium	1 150	0,7 %	3 275	1,8 %	2 125
Terbium	500	0,3 %	250	0,1 %	-250
Yttrium	11 950	7,4 %	7 300	4,1 %	-4 650
Autres	250	0,2 %	1 000	0,6 %	750
Total	162 500	100,0 %	180 000	100,0 %	17 500

Source : Industrial Minerals Company of Australia

Un autre paramètre peut accroître la rigidité des volumes à plus court terme et soutenir le niveau des prix : les délais, souvent longs, de mise en service des infrastructures d'exploitation (tableau 73). Une fois qu'un gisement a été découvert et que la décision de l'exploiter a été prise, la création des unités d'extraction des minerais, de séparation des éléments et de traitement final des terres rares requiert une durée allant de douze à vingt ans. Deng Xiaoping a pris le pouvoir en 1978 et a donné l'impulsion initiale à la politique chinoise dans le secteur des terres rares, mais le pays ne fut en mesure d'asseoir sa prééminence sur ce marché qu'à partir du début des années 1990. C'est pourquoi, sur les 350 projets miniers mis à l'étude afin de contrer l'hégémonie de la Chine, moins d'une dizaine pourrait voir le jour dans les deux à trois décennies à venir. Et les espoirs nés de l'annonce d'importantes découvertes géologiques dans certains pays en développement ne se concrétiseront, au mieux, qu'à très long terme.

Tableau 73 – Principales étapes du développement d'un projet minier pour les terres rares

Phase	Finalités	Durée
I	Identification des sites miniers dont l'exploitation serait rentable (densité des terres rares, niveaux de rentabilité anticipés, proximité des sources d'énergie et en eaux).	2 ans
II	Identification des minerais associés aux terres rares (avec teneurs minimales de 20 % pour les terres rares lourdes et de 30 % pour les autres).	
III	Étude préliminaire des conditions d'exploitations (étude définitive de faisabilité portant sur l'évaluation des ressources, la modélisation de l'exploitation, la localisation des installations de transformation et de stockage, l'impact environnemental et les simulations financières).	1-3 ans
IV	Création d'une installation pilote capable de fonctionner en continu pendant au moins 10 jours : expérimentation *in situ* de l'exploitation (faisabilité technique de l'extraction, collecte des données et production des preuves soumises aux clients, examen de la soutenabilité environnementale du projet incluant l'enlèvement des minerais radio-actifs, uranium et thorium).	3-5 ans
V	Création d'une installation pilote capable de fonctionner en continu pendant au moins 10 jours : extraction.	
VI	Création d'une installation pilote capable de fonctionner en continu pendant au moins 10 jours : séparation.	
VII	Obtention des autorisations administratives (examen de l'impact environnemental).	
VIII	Déclarations d'intention (insertion dans la chaîne d'approvisionnement et négociation des contrats commerciaux).	
IX	Conclusion de l'étude de faisabilité, conclusion des contrats commerciaux et montage des plans de financement.	2-4 ans
X	Conception du site industriel, achat des équipements, construction et lancements des installations.	4-6 ans

Plus généralement, la chute de la production peut être imputée au renchérissement des coûts : baisse de la teneur en minerais, dégradation des conditions naturelles d'exploitation, hausse des coûts directs de production (via la revalorisation des salaires des mineurs et le renforcement des normes environnementales, y compris en Chine), extraction associée à celle d'autres minerais – la production des terres rares est souvent tributaire de celle d'autres matières premières minérales associées. Les métaux produits en petites quantités sont les produits secondaires extraits et affinés parallèlement aux métaux principaux. Or il existe un fort risque de découplage entre la demande en métaux classiques et celle concernant spécifiquement les terres rares ; c'est l'une des principales raisons des réticences à ouvrir de nouveaux sites miniers (Groenland, Namibie). De même, il est probable que les nodules polymétalliques pourraient aussi contenir des terres rares, mais leur exploitation ne sera pas engagée tant que les technologies *ad hoc* n'auront pas été développées, soit à un horizon de plusieurs décennies – il est déjà difficile de rentabiliser les projets miniers continentaux susceptibles de remettre en cause la prééminence chinoise pour certaines ressources critiques[148].

Plutôt que d'augmenter l'offre non chinoise de terres rares, les politiques les plus efficaces se focalisent sur d'autres alternatives. Dans certains cas, il est possible de remédier à des pénuries temporaires en ayant recours à des métaux de substitution présentant des caractéristiques semblables (comme pour les lampes à basse consommation), en optimisant les quantités de métal utilisées (en particulier le dysprosium pour les aimants permanents et le cérium pour le polissage du verre) ou en recyclant les objets mis au rebut et contenant ces terres rares pour prolonger leur durée d'utilisation (une caractéristique commune avec les autres minerais). Cette dernière solution, qui n'existe pas pour les hydrocarbures fossiles, ne donne pas les mêmes résultats que pour le verre ou les matières plastiques, les coûts logistiques et industriels obérant fortement les gains obtenus. Les processus industriels à mettre en œuvre sont complexes et nécessitent de recourir à des technologies spécifiques, onéreuses et énergivores. Les opérations de séparation sont beaucoup plus difficiles à réaliser avec les terres rares et le tantale qu'avec les métaux précieux (argent, or, platinoïdes) en raison des faibles quantités (parfois quelques milligrammes) à identifier et à séparer. Le recyclage des terres rares ne porte actuellement que sur moins d'1 % des matériaux utilisés (principalement les aimants permanents de grande taille) et le nombre

---

148 En 2013, le Japon a annoncé avoir découvert un gisement de terres rares au large de ses côtes, à 1 860 km au sud de Tokyo, qui pourrait contenir jusqu'à 6,8 millions de tonnes (correspondant à un quart de siècle de sa consommation actuelle). Situé à 5,8 km au-dessous du niveau de la mer, sa mise en valeur constituerait un véritable exploit technologique car l'extraction minière sous-marine se déroule jusqu'à présent à une profondeur d'eau qui n'excède pas 5 km. Le gouvernement japonais est prêt à financer sur fonds publics les technologies requises. Des projets d'investissement dans le secteur des terres rares ont été annoncés par des entreprises japonaises en Inde.

d'entreprises maîtrisant les technologies requises demeure restreint[149]. Sur ce point, la situation des terres rares diffère radicalement des autres métaux.

Pour pallier l'éventuelle pénurie en terres rares, il serait également possible de recourir à la technologie de la centrale nucléaire alimentée au thorium : un réacteur thorium-fluorure liquide (une unité refroidie par du sel liquide) générerait des terres rares comme sous-produits et, avec la fusion nucléaire, cette voie pourrait représenter l'une des principales sources d'énergie pour le futur. À l'heure actuelle, la maîtrise des très hautes températures dans le réacteur alimenté au thorium n'est pas complètement résolue. Et la construction de systèmes technologiques aussi complexes requiert à son tour l'utilisation de grandes quantités de métaux, plus ou moins répandus dans l'écorce terrestre.

Les arguments qui précèdent sont cependant à mettre en perspective. L'inventaire des ressources en terres rares, notamment *offshore* (nodules polymétalliques), est loin d'être achevé (dans le cas de la France, au-delà de cent mètres de profondeur), ce qui renvoie les perspectives de déplétion à un futur lointain. Et les gisements déjà découverts pourront couvrir la demande pour les décennies à venir, à l'exception de quelques métaux très rares (tableau 74).

On peut quand même être dubitatif quant à la possibilité d'un développement illimité de la production d'électricité à partir des « nouvelles » sources d'énergie renouvelable, dépendantes des ressources en métaux rares et qui vont demeurer confrontées à de redoutables goulets technologiques dans un proche avenir. Les ressources minérales demeureront insuffisantes pour généraliser la civilisation de l'électricité.

3. Géo-économie de l'électro-mobilité

L'industrie automobile est un secteur qui n'a connu aucune innovation de rupture depuis quasiment son émergence. Les deux principaux mécanismes de propulsion des véhicules, le moteur à explosion et le moteur électrique, ont été inventés au XIXe siècle mais, dès le début du XXe siècle, le moteur à explosion a supplanté tous ses rivaux (vapeur, électricité). Les progrès réalisés comme la suppression de la manivelle grâce à l'invention du démarreur électrique et l'abondance d'une essence à bas prix ont assuré la suprématie de ce mode de propulsion qui demeure pour le moment le seul viable, même si l'amélioration de son rendement est progressive et nécessite d'importants investissements. Les avancées constatées dans la propulsion électrique conduisent cependant à se demander si une transformation majeure n'est pas en train de se dessiner.

---

149 Les entreprises japonaises sont les plus avancées dans l'industrialisation des processus de recyclage des terres rares (Hitachi, Showa Denko, Mitsubishi Materials). Certains pays européens mènent aussi des politiques actives de recyclage des métaux rares (Allemagne, Belgique, Suède).

Tableau 74 – Principaux défis stratégiques de l'industrie minière

1-	La raréfaction croissante en ressources minérales est devenue un véritable sujet de préoccupation, même si la notion de « pic minéralier » (par analogie avec « pic pétrolier ») est partiellement abusive.
2-	La substitution des métaux consiste à remplacer les métaux primaires par les métaux secondaires issus du recyclage, des ressources non renouvelables par des ressources renouvelables, et des ressources rares par des ressources moins rares.
3-	Les risques d'interruption des chaînes d'approvisionnement des matières premières minérales à court terme ne peuvent être prévenus que par des stratégies menées dans la très longue durée (exploitation de nouveaux gisements), sauf à constituer des stocks de précaution.
4-	L'instabilité des prix des matières premières est causée par les difficultés à ajuster l'offre et la demande à court terme, ainsi que paradoxalement par les dispositifs mis en œuvre (stockage, couverture financière des contrats de livraison) pour la contrer.
5-	Le pouvoir sur les marchés des matières premières minérales s'est déplacé vers les pays émergents (Afrique du Sud, Brésil, Chili, Chine, Indonésie, Mongolie, Russie), même si les pays avancés demeurent des exportateurs essentiels (Australie, Canada) et si le potentiel de certaines zones demeure mal connu et sous-exploité (Afrique, Asie centrale).
6-	Les nouveaux pays industriels asiatiques sont devenus les principaux débouchés pour les matières premières minérales, alors que la demande en provenance des pays post-industriels stagne ou décline.
7-	La classification des matières premières minérales « critiques » en trois catégories s'est imposée : matières premières pour lesquelles la Chine est le premier fournisseur ; matières premières pour lesquelles l'approvisionnement est exposé à des risques politiques et techniques ; matières premières pour lesquels la demande ne peut pas être satisfaite par les installations minières et industrielles existantes (d'autant que ce sont souvent des sous-produits extraits à partir de minerais principaux).
8-	Ce n'est pas parce qu'un pays possède des ressources minérales qu'il mène des stratégies volontaristes pour les valoriser (cas de la Bolivie pour le lithium) ou que les multinationales minières ont la volonté de les exploiter (exemple de la Namibie pour les terres rares).
9-	L'industrie minière a réalisé de très importants progrès dans les techniques d'extraction et de traitement des minerais, ainsi que dans les méthodes de collecte et de traitement des données (modélisation des gisements et des minerais).
10-	Le recyclage est une industrie qui devrait connaître un fort essor en raison de la hausse tendancielle des prix des métaux et des progrès réalisés dans les techniques de séparation et de récupération des différents éléments chimiques (fussent-ils présents sous forme de traces). L'optimisation des systèmes de recyclage et de récupération est une solution à la raréfaction croissante des métaux, mais ces procédés industriels sont énergivores.

3.1. L'hypothétique transition du moteur thermique vers le moteur électrique

L'industrie automobile est une branche à haute intensité technologique, à la fois car elle mène ses propres activités de recherche et développement (ce qui se traduit par le dépôt d'un grand nombre de brevets) et car elle est le réceptacle de maintes innovations technologiques initiées dans les autres industries. Lieu d'application privilégié pour de nombreux champs d'étude, elle se dérobe à toute tentative d'énonciation exhaustive des programmes de recherche dont elle est porteuse. Dans le cadre de la transition énergétique, elle se trouve confrontée à un véritable enjeu, pour des raisons de pénurie prévisible de la ressource (les carburants de substitution à l'essence – biocarburants – ne constituant pas une réelle alternative, bien que renouvelables à la différence du pétrole) et, surtout, pour des questions d'impact environnemental.

Loin de se résumer à un simple objectif réglementaire (en Europe, 95 g de CO_2 par km d'ici 2021, ce qui correspond à un volume d'environ 4,8 m^3 dans les conditions ambiantes), la réduction des émissions de dioxyde de carbone s'est également imposée en tant qu'argument de vente (une propension que les écologistes, mécontents du détournement des enjeux environnementaux par les constructeurs, dénomment *greenwashing*), puisqu'il a été établi que l'ensemble des gaz rejetés par les véhicules (monoxyde de carbone, hydrocarbures imbrûlés, oxydes d'azote, microparticules en suspension) réduisait l'espérance de vie, surtout dans les zones densément peuplées. Les normes européennes cruciales pour inciter à la mise au point et à la diffusion des innovations à l'échelle du Vieux continent ont, peu à peu, contraint les firmes à améliorer la combustion des carburants, même s'il faut considérer avec une certaine circonspection les objectifs décidés par les organisations internationales car ils s'avèrent parfois irréalistes.

Le renforcement des normes européennes en matière d'émission de CO_2

La Fédération européenne des transports et de l'environnement calcule les écarts entre les émissions moyennes des véhicules des principaux constructeurs et les normes fixées par la Commission européenne. Il en ressort que ce sont principalement les industriels allemands et japonais qui doivent accomplir les progrès les plus importants pour se conformer aux normes en matière d'émission de dioxyde de carbone (BMW et Toyota faisant toutefois exception). En effet, les véhicules allemands se caractérisent par un poids supérieur à la moyenne (une surcharge due aux nombreuses options en série et à des critères de qualité et de sécurité très exigeants) tandis que les petits constructeurs japonais accusent un certain retard technologique en ce domaine. L'objectif moyen d'émission de dioxyde de carbone est fixé à 130 g/km à partir de 2015 (soit une consommation de 5,2 litres aux 100 km), à 95 g/km pour 2021 selon la norme EUR6 (3,6 litres aux 100 km), avec en ligne de mire 60 g/km après 2030 (2,4 litres aux 100 km). Ces objectifs, ambitieux, ne seront atteints que si des progrès remarquables sont réalisés dans la conception générale des véhicules et leur motorisation, les tests de laboratoire tendant à surestimer les performances réelles des véhicules.

Si les progrès technologiques ont permis d'améliorer de manière incrémentale les performances des moteurs à combustion interne, ils n'ont pas subverti les contraintes imposées par les lois fondamentales de la physique et de la chimie. L'optimisation des moteurs thermiques suppose de réduire à la fois la consommation de carburant (amélioration du rendement énergétique) et les rejets de substances polluantes (posttraitement des gaz d'échappement). Les solutions résident dans la diminution de la taille des moteurs et dans les progrès apportés à l'alimentation de la chambre de combustion, via soit la turbo-compression (augmentation de la teneur du mélange explosif en oxygène comprimé), soit l'injection directe du carburant (pour accroître sa pression). D'autres technologies sont en cours de développement (taux de compression variable qui ajuste le rendement du moteur aux conditions d'utilisation). Autant de voies qui ne permettent pas d'atteindre simultanément l'ensemble des objectifs poursuivis : les moteurs thermiques représentent nécessairement des solutions de compromis, le traitement efficace des gaz d'échappement entraînant une hausse de la consommation, tandis que des moteurs sobres produisent des microparticules dont l'élimination complète demeure problématique.

C'est pour cette raison que le moteur électrique est l'objet de toutes les attentions, sous trois modalités principales :

- L'électrique rechargeable consiste à stocker dans des batteries une énergie électrique fabriquée à l'extérieur du véhicule, tandis que le moteur à explosion disparaît.
- L'hybridation constitue une avancée autrement plus significative : l'électricité y est produite non par un apport extérieur, mais par conversion de l'énergie cinétique du véhicule. Les moteurs hybrides se déclinent en plusieurs versions :
  - l'hybridation partielle, avec des micro-hybrides utilisant l'électricité comme auxiliaire pour le moteur thermique (ainsi, l'arrêt et le redémarrage automatique dans le système *Stop and Start*),
  - l'hybridation moyenne, afin de diminuer la cylindrée du moteur, le véhicule bénéficiant d'une double propulsion thermique et électrique,
  - l'hybridation totale, le véhicule pouvant alors être propulsé exclusivement par le moteur électrique sur une distance n'excédant pas quelques kilomètres.

  L'introduction du système de récupération de l'énergie cinétique (KERS) dans les prototypes de Formule 1 améliore leurs performances et les marges de progression restent importantes. Les moteurs « hybrides rechargeables » (*plug-in hybrid*) constituent la forme la plus avancée de propulsion puisque la combinaison des alimentations externe et interne d'électricité et du moteur thermique permet d'optimiser le choix du mode de motorisation.
- La troisième voie, encore plus ambitieuse et qui, contrairement à l'hybridation, supplante le moteur thermique, consiste dans la mise au point de véhicules à propulsion électrique[150], mais dont le courant est généré par une pile à combustible (alimentée par de l'hydrogène, mais également par du méthanol). Cette solution constituerait un idéal, associant une batterie, excellent générateur de puissance, mais à faible autonomie, à une pile à combustible à hydrogène qui offre une très grande densité et une recharge rapide. La génération de

---

150 Selon Diez (2012), la part des systèmes électriques et électroniques représente 40 % du coût de revient d'un véhicule doté d'un moteur à combustion. Cette part passe à 75 % dans le cas d'un véhicule électrique. La transition vers la propulsion électrique entraînera inéluctablement une reconfiguration complète de la chaîne de valeur dans toute la filière automobile.

l'électricité au moyen d'une pile à combustible[151] pourrait révolutionner le système énergétique mondial et l'économie de l'hydrogène représente un réel espoir pour l'humanité, mais à un horizon assez lointain, la motorisation électrique ou hybride paraissant plus réaliste à moyen terme.

À ce jour, la diffusion de véhicules à propulsion électrique demeure limitée. Les ventes sont faibles et limitées aux flottes captives (collectivités publiques)[152]. Avec 10 % des immatriculations au Japon depuis 2010, les véhicules hybrides semblent, eux, connaître une diffusion significative.

3.2. L'abondance du lithium, matière première de base pour les batteries

Au-delà des qualités d'efficacité et de confort propres à la conduite des véhicules électriques (délivrance de toute la puissance dès le démarrage, absence de calage du moteur, faiblesse du bruit et des vibrations), l'électro-mobilité (hors pile à combustible) bénéficie d'un atout incontestable : le lithium, qui présente des qualités remarquables pour stocker l'électricité, n'est pas un métal rare (tableau 75). Sa fréquence est comparable à celle du bore, du brome ou du plomb et ses réserves sont suffisantes pour doter en batteries la quasi-totalité du parc automobile mondial. Pour stocker 1 KWh, 300 à 600 grammes de lithium sont nécessaires. Pour une autonomie de 100 km, un véhicule a besoin de 13 à 16 KWh, soit une batterie de 4 à 10 kg selon sa taille. Plus encore que pour les terres rares, la question du pic métallifère semble ne pas véritablement se poser pour le moment et l'hypothèse d'une pénurie de métal semble renvoyée à des perspectives de très long terme.

---

151 Dans une pile à combustible, la génération de l'électricité s'opère grâce à l'oxydation sur une électrode d'un combustible réducteur (l'hydrogène) couplé à la réduction sur l'autre électrode d'un oxydant (oxygène de l'air). Mais, pour le moment, la principale méthode pour produire de l'hydrogène demeure l'électrolyse de l'eau, qui sépare l'hydrogène de l'oxygène grâce à l'électricité. En conséquence, le développement de l'économie de l'hydrogène présuppose que l'on dispose d'une source d'énergie permettant de générer de l'électricité en abondance et à très bas coût : le développement des piles à hydrogène bute actuellement sur cette quadrature du cercle. Néanmoins, l'hydrogène constitue un moyen pour stocker l'électricité (produite par les énergies renouvelables, et donc intermittentes, aux périodes où elles ne couvrent pas une demande émanant du réseau).

152 Bien qu'effectuant une percée en Norvège grâce à des dispositifs incitatifs compensant le surcoût à l'achat (20 % du marché), aux Pays-Bas, en France, au Royaume-Uni et en Allemagne, les automobiles à motorisation purement électrique en Europe représentent toujours une fraction marginale des ventes et leur nombre est inférieur à 0,5 % du parc automobile total (0,15 % en France).

Tableau 75 – Réserves de lithium[153] (en tonnes, 2009)

	Réserves exploitables	Réserves existantes
États-Unis	38 000	410 000
Australie	170 000	260 000
Bolivie	nc	5 400 000
Brésil	190 000	910 000
Canada	180 000	360 000
Chili	3 000 000	3 000 000
China	540 000	1 100 000

Source : US Geological Survey

Le lithium ne se présente pas sous la forme de minerais concentrés, mais en solution dans des mers de sel ou bien dispersé en petites quantités dans des roches-mères[154]. Il doit donc être séparé des sels de sodium, de potassium et de magnésium ainsi que des oxydes de bore[155]. De plus, si l'on compte plusieurs pays producteurs (tableau 76), la principale réserve au monde, le lac salé asséché de Salar d'Uyuni à 3 600 mètres d'altitude et d'une superficie de plus de 10 000 km² en Bolivie, est à peine exploitée pour le moment. Sucre ayant décidé de valoriser seul son extraordinaire gisement, son entreprise nationale s'est heurtée à d'importantes difficultés techniques et politiques en raison des dissensions entre le pouvoir central et les différentes ethnies indiennes. Par conséquent, un *joint-venture* avec un consortium sud-coréen pour produire des cathodes en lithium destinées aux batteries lithium-ion n'a été signé qu'en 2012, débouchant sur l'inauguration l'année suivante d'une installation pilote d'une capacité mensuelle de production de 40 tonnes. Pour le moment, ce sont donc les entreprises déjà en activité dans le secteur[156] qui réalisent les investissements permettant de faire face à la hausse prévisible de la demande mondiale en lithium. Une telle diversification géographique[157] est favorable à la réactivité de la production car elle

153 Curieusement, les réserves de l'Argentine ne sont pas mentionnées alors qu'elles seraient d'un montant sans doute équivalent à celui de la Bolivie ou du Chili.

154 Des gisements considérables de lithium ont été découverts en Serbie centrale dans la région de Trnava et de Kragujevac, confirmés par Rio Tinto, et les travaux d'exploitation ont débuté.

155 Dans l'écorce terrestre, le lithium est présent à hauteur de 0,02-0,03 gramme par kg. Dans certains silicates, il représente entre 0,5 et 5 % du volume. Dans les lacs salés, sa densité est comprise entre 0,02 et 0,2 % (soit entre 0,2 et 2 grammes de lithium par kg). Dans l'eau de mer, sa présence est estimée à 0,00018 grammes par kg.

156 Les américaines Rockwood Lithium et Foote Mineral Corporation, les nouvelles venues canadiennes Québec Lithium et Canada Lithium Corporation, la chinoise Qhinghai Minmetals Resources, et surtout la chilienne Societad Quimica y Minera de Chile SA et l'australienne Talison Lithium.

157 Il existe également plusieurs programmes, fort coûteux, d'extraction du lithium à partir de l'eau de mer.

permet d'éviter un contrôle du marché et toute constitution de cartel. De toute façon, les pays sud-américains sont trop opposés les uns aux autres pour former un front uni des exportateurs, même s'ils bénéficient des coûts de production les plus bas : la Bolivie continue à se considérer comme un pays dominé par ses voisins qui possèdent des ressources technologiques bien supérieures.

Tableau 76 – Production de lithium par pays (en tonnes et en %)

	2006	2007	2008	2009	2010	2011	2012	2013	2014
Chili	8 200	11 100	10 600	5 620	10 510	12 900	13 200	11 200	12 900
Australie	5 500	6 910	6 280	6 280	9 260	12 500	12 800	12 700	13 000
Chine	2 820	3 010	3 290	3 760	3 950	4 140	4 500	4 700	5 000
Argentine	2 900	3 000	3 170	2 220	2 900	2 950	2 700	2 500	2 900
Portugal	320	570	700	700	800	820	560	570	570
Zimbabwe	600	300	500	400	470	470	1 060	1 000	1 000
États-Unis	-	-	-	-	-	-	-	870	1 000
Brésil	242	180	160	160	180	320	150	400	400

	2006	2007	2008	2009	2010	2011	2012	2013	2014
Chili	34,9 %	43,0 %	41,7 %	28,8 %	35,0 %	36,9 %	36,7 %	32,0 %	33,9 %
Australie	23,4 %	26,8 %	24,7 %	32,2 %	30,9 %	35,7 %	35,6 %	36,3 %	34,2 %
Chine	12,0 %	11,7 %	13,0 %	19,3 %	13,2 %	11,8 %	12,5 %	13,4 %	13,2 %
Argentine	12,3 %	11,6 %	12,5 %	11,4 %	9,7 %	8,4 %	7,5 %	7,1 %	7,6 %
Portugal	1,4 %	2,2 %	2,8 %	3,6 %	2,7 %	2,3 %	1,6 %	1,6 %	1,5 %
Zimbabwe	2,6 %	1,2 %	2,0 %	2,1 %	1,6 %	1,3 %	2,9 %	2,9 %	2,6 %
États-Unis	-	-	-	-	-	-	-	2,5 %	2,6 %
Brésil	1,0 %	0,7 %	0,6 %	0,8 %	0,6 %	0,9 %	0,4 %	1,1 %	1,1 %

Source : *Mineral Commodity Summaries*

3.3. Les contraintes des motorisations alternatives

Si le moteur électrique apparaît pour le moment comme la solution de remplacement la plus crédible au moteur thermique, la diffusion massive des véhicules électriques dotés d'un moteur rechargeable (et, dans une moindre mesure, hybride) se heurte à des obstacles technologiques qui, en dépit de la concurrence forcenée à laquelle se livrent les grands constructeurs pour la maîtrise de la filière des batteries, sont loin d'être entièrement résolus et qui n'en font pas, à l'heure actuelle, une véritable alternative.

Les moteurs rechargeables ont une autonomie limitée (de 100 à 150 km selon les conditions d'utilisation[158], cette distance étant fortement réduite dans les périodes de froid intense). Les batteries lithium-ion ont considérablement accru cette autonomie et les blocs air-lithium (à la densité énergétique peut-être 1000 fois supérieure) suscitent de grands espoirs si leur instabilité électrochimique est maîtrisée : elles concilient haute densité d'énergie et faible poids. Mais des batteries aussi puissantes risquent de requérir de longs temps de recharge et de consommer de grandes quantités d'électricité en cas de recharge accélérée. Quant au recyclage des batteries usagées, il génère des pollutions importantes et demeure onéreux. De plus, le coût de ces unités demeure élevé et les firmes ne peuvent amortir leurs investissements initiaux qu'à condition de pouvoir compter sur des séries de 50 000 à 100 000 véhicules équipés, au moins lors de la phase de lancement.

La faiblesse de l'autonomie, associée à un coût et donc un prix rédhibitoires, a eu tendance à cantonner le véhicule électrique rechargeable à des utilisations privilégiant les trajets à finalité utilitaire par rapport aux usages récréatifs, plus aléatoires. Les flottes de petits véhicules utilitaires, avec des itinéraires prédéfinis, sont de plus en plus composées d'automobiles à propulsion électrique et un certain nombre de villes dans le monde[159] ont lancé des expérimentations de véhicule électrique rechargeable par borne en libre-service. Le programme TULIP (Transport urbain libre individuel et public) de PSA, consistant à mettre à disposition dans la ville de La Rochelle des Peugeot 106 et des Citroën AX alimentées par des bornes électriques de recharge, préfigurait ainsi le système « Autolib » expérimenté à Paris une décennie plus tard, combinant auto-partage et utilisation de véhicules à moteur électrique (doté d'une batterie lithium-métal-polymère).

Pour finir, la propulsion électrique ne permet pas de contourner la contrainte énergétique et environnementale. Il est étrange que l'on se focalise sur la réalisation d'infrastructures[160] pour recharger ce type de véhicule sans s'interroger sur les modes de génération de l'électricité. Les émissions de dioxyde de carbone sont équivalentes si l'on compare un véhicule à basse consommation (moins de 3,5 litres d'essence ou de diesel pour 100 km) à un véhicule doté d'un moteur électrique alimenté par une électricité carbonée. De plus, un bilan énergétique exhaustif d'un mode de motorisation doit également inclure les émissions de dioxyde de carbone produites lors de la

---

[158] Le trajet moyen parcouru quotidiennement par 90 % des automobilistes européens est inférieur à 80 km, ce qui constitue une limite indépassable : dans le cas contraire, les axes routiers seraient en permanence en proie à des embouteillages gigantesques.

[159] Amsterdam, Düsseldorf, Hambourg, Ulm, Vienne, Austin, San Diego, Washington, Vancouver, entre autres.

[160] Les enjeux technologiques déterminent la position future que les acteurs occuperont sur ce marché : normalisation et standardisation des câbles et des modules de recharge, maillage des territoires par des bornes de recharge localisées dans des espaces privés ou publics (260 000 sont actuellement installées dans le monde), solutions alternatives (recharge instantanée, recharge par induction électro-magnétique et donc sans fil, recharge murale ou placée sous le revêtement de certaines routes).

fabrication du véhicule et des installations génératrices d'électricité (y compris celles dégagées lors de l'extraction des minerais et de leur transformation en métaux). C'est pourquoi le véhicule à propulsion électrique (ou hybride) présente des émissions globales en dioxyde de carbone faibles uniquement dans le cas où l'électricité est produite à partir d'énergies renouvelables ou de centrales nucléaires (comme en France). Le bilan est nettement plus défavorable dans les pays où la proportion d'électricité produite à partir de la combustion d'énergie fossile est élevée. De ce fait, des installations de recharge électrique pour les batteries automobiles à base d'énergies renouvelables, principalement éolienne et photovoltaïque, commencent à se diffuser, surtout en Allemagne. Le véhicule électrique n'est donc pas une solution à la crise énergétique, sauf à développer fortement la production d'électricité à partir des énergies renouvelables ou du nucléaire. Dans le cas contraire, la contrainte énergétique est simplement déplacée, et non surmontée[161]. Cela relativise grandement les assertions selon lesquelles la transition énergétique passe par l'électromobilité : dans l'état actuel des avancées scientifiques et technologiques, la transformation des modes de transport ne constitue pas une issue viable.

La problématique énergétique, voire environnementale, se pose en des termes équivalents pour les véhicules dotés de pile à combustible. Si quasiment tous les constructeurs automobiles ont mis au point des prototypes, la diffusion de ce type de véhicule suppose que soit mis en place, d'une part, un réseau de distribution d'hydrogène (un investissement considérable) et, d'autre part, que la quantité de platine nécessaire pour les réactions de catalyse soit drastiquement réduite (même si ce métal peut être recyclé et réutilisé dans une large proportion). La production d'hydrogène à partir de l'eau, des hydrocarbures ou du sulfure d'hydrogène requiert d'importantes quantités d'énergie : le rendement énergétique global s'avère négatif puisque la quantité d'énergie finale produite par la pile à hydrogène est inférieure à celle utilisée pour le produire. Non seulement la contrainte énergétique est une nouvelle fois déplacée et non surmontée, mais elle s'aggrave à terme.

3.4. Les stratégies des constructeurs automobiles en matière de motorisation électrique

Les stratégies mises en œuvre par les constructeurs constituent des compromis entre des options délibérément arrêtées et des nécessités subies. Les grandes firmes explorent la totalité des scénarios technologiques actuellement envisageables, mais aucune d'entre elles n'est en mesure d'apparaître comme la plus performante pour l'ensemble des modes de propulsion proposés à la clientèle. Elles visent toutes à préserver en priorité leurs avantages acquis en les adaptant aux nouvelles configurations technologiques, en général avec l'aide de l'État. De telles contraintes,

161 Il existe une loi d'airain en matière de physique de l'énergie : l'utilisation directe d'une source d'énergie est toujours beaucoup plus efficace que la sollicitation successive de plusieurs sources d'énergie (comme dans le cas du véhicule électrique, lorsqu'il consomme du courant produit par la combustion d'hydrocarbures).

technologiquement incompatibles les unes avec les autres, expliquent le caractère chaotique des stratégies menées depuis près de deux décennies, riches d'abandons[162] et de changements de cap.

Du côté des Européens, BMW, tout en proposant des véhicules électriques (i3), continue à parier sur l'amélioration des moteurs thermiques (injection directe), tandis que Peugeot a développé des moteurs hybrides-diesel pour pousser plus avant son principal avantage compétitif sur la motorisation diesel ; le constructeur vient même d'inventer un moteur hybride-air. Renault a choisi de développer directement des véhicules électriques rechargeables, mais son retard en matière de motorisation hybride ne lui offre guère d'alternative – son véhicule hybride, le Next, présenté en 1995, avait été vite abandonné – et le rapprochement avec Nissan lui apporte une solide avance dans le domaine des batteries[163].

La propulsion hybride-air

Un moteur à essence est associé à un accumulateur d'énergie sous forme d'air comprimé, à un moteur hydraulique et à une pompe hydraulique. Le moteur hydraulique emmagasine l'énergie produite pendant les phases de décélération et de freinage. Cette énergie est transmise à la pompe à air comprimé – via un double circuit d'huile à haute et basse pression – qui l'accumule et la restitue lorsqu'elle est sollicitée.

Ce type de motorisation s'appuie sur les technologies conçues dans les années 1950 pour la Citroën DS (pour l'embrayage, le freinage et la suspension). Le principal avantage de ce dispositif réside dans la réduction sensible de la consommation de carburant dans les zones urbaines, puisque le moteur auxiliaire est d'autant plus efficient que les arrêts et les redémarrages sont nombreux. L'objectif de construire une petite cylindrée dont la consommation n'excède pas 2 litres aux 100 km serait ainsi atteint.

C'est au Japon que la motorisation hybride connaît un fort développement puisque Toyota a lancé le premier véhicule disposant de ce dispositif en 1997, avec la première génération de la Prius hybride. Depuis, Toyota (Yaris, Auris, Prius, Camry et les modèles haut de gamme vendus sous la marque Lexus) et Honda (Jazz Hybrid, CR-Z Hybrid, Insight Hybrid) sont devenus les leaders de ce segment de marché où la domination de

162 Ainsi, l'arrêt du projet tout-électrique de GM en 2001 (le modèle EV1 présenté en 1996) et du programme TULIP par PSA la même année.

163 Renault a développé toute une gamme de véhicules électriques : Twizy, Zoé, Kangoo ZE, Fluence ZE. Il développe aussi un véhicule électrique avec Nissan et Mitsubishi, afin de surmonter leur concurrence sur le segment très limité des véhicules à propulsion exclusivement électrique (Zoé pour Renault, Leaf pour Nissan, i-Miev pour Mitsubishi). Les modèles Peugeot-ion et Citroën C-Zéro sont dérivés de l'i-Miev de Mitsubishi qui les produit pour le compte des deux constructeurs français.

l'industrie automobile japonaise est incontestée, tout en étant présente dans les véhicules purement électriques (tableau 77).

Tableau 77 – Caractérisation des stratégies des constructeurs automobiles pour la motorisation hybride

Toyota	Leader mondial incontesté de cette technologie avec 1,25 millions de véhicules hybrides vendus en 2013 (contre 1,21 million en 2012) et une production cumulée de plus de 8 millions depuis 1997.
	Production de 116 383 véhicules hybrides en Europe en 2013 (France avec la Yaris Hybride, Royaume-Uni avec l'Auris Hybrid) : la Yaris Hybride est le véhicule thermique-électrique le plus produit en France (avec importation des composants hybrides du Japon).
	Ventilation mondiale des ventes de véhicules hybrides : Japon (45 %), Amérique du Nord (30 %), zones dans lesquels le diesel est quasiment proscrit (la consommation en carburant des véhicules diesel étant globalement équivalente à celle des véhicules essence hybride).
	Rappel de 1 830 000 Prius à motorisation essence-électrique en février 2014 (reprogrammation du logiciel du module de contrôle de l'inverseur du système hybride).
Honda	Lancement en 1999 de la première Honda Insight Hybrid : production cumulée de 1,5 million d'unités (au niveau technologique sensiblement inférieur à celui des modèles produits par le leader Toyota).
Peugeot	Lancement des véhicules diesel-hybride en 2012 (technologiquement plus avancés) permettant de diminuer fortement la consommation de carburant.
Volvo, Mercedes	Développement des moteurs diesel-hybride (30 000 véhicules vendus dans le monde en 2013).

L'avance des constructeurs européens et japonais pour les véhicules de petite taille à faible consommation (quel que soit le schéma de motorisation) est redoutée par les pays émergents désireux de préserver l'indépendance de leurs industries automobiles nationales : le gouvernement indien a ainsi empêché temporairement Renault de concurrencer efficacement la Nano de Tata Motors (alors que le Twizy à moteur électrique est probablement le plus petit véhicule au monde) et les firmes chinoises demeurent dans l'expectative.

Le leadership extrême-oriental est confirmé dans la motorisation à hydrogène. En 2015, Toyota a lancé sa première voiture de série, la Toyota Mirai, utilisant une pile à hydrogène alimentant un moteur électrique (ce dernier avec le Toyota Fuel Cell System équipé d'une pile à combustible dotée de 500 km d'autonomie et rechargeable en trois minutes). Toutefois, il aura été devancé par le sud-coréen Hyundai qui a livré, dès décembre 2013 à l'entreprise Air Liquide, les deux premières voitures électriques à hydrogène immatriculées en France (modèle ix 35), ce qui a permis à l'entreprise coréenne de se positionner en tant que premier constructeur automobile au monde à produire en série un véhicule doté d'une pile à combustible. D'un point de vue symbolique, il était essentiel pour un constructeur sud-coréen de damer le pion à ses concurrents japonais, fût-ce dans une filière technologique à l'avenir incertain (d'autres constructeurs en sont encore au stade du prototype : BMW avec sa i8, Honda avec ses modèles FCV et FCX).

Mais tous ces véhicules expérimentaux ont un prix prohibitif (de l'ordre de 70 000 €) et demeurent des prototypes même si quinze ans ont été nécessaires pour imposer les modèles dotés d'une motorisation hybride et pour vérifier la fiabilité de ce mode de propulsion, soit un taux moyen annuel de croissance de 85 %. Ce qui amène une question : malgré l'apparence d'une concurrence effrénée et d'une volonté affichée de rupture technologique, les grands constructeurs automobiles ne seraient-ils pas dans une posture attentiste ?

Les théories conspirationnistes mettent en avant la puissance des groupes pétroliers qui chercheraient à préserver leur extraordinaire rente (aussi bien pour les carburants que pour les lubrifiants). Certains géopoliticiens soulignent aussi que les pays développés deviendraient tributaires de producteurs de certains métaux particulièrement utilisés pour la fabrication des batteries, comme le lithium. La dépendance vis-à-vis de l'OPEP et de la CEI (Azerbaïdjan, Kazakhstan et surtout Russie) serait remplacée par une dépendance vis-à-vis de l'Argentine, du Chili et de la Bolivie, le « triangle du lithium », mais également de la Chine (le lithium est présent dans les mines de sel du Tibet), voire de l'Afghanistan. Cet argument est toutefois dénué de valeur car le lithium est un métal suffisamment répandu sur Terre pour que son offre ne puisse pas être cartellisée.

L'inertie des constructeurs s'explique aussi par l'organisation de la chaîne de valeur au sein de la filière. Un examen des stratégies suivies par les constructeurs automobiles montre qu'ils ont constamment pratiqué un double-jeu dans ce domaine, sans hésiter à mettre en avant de potentiels conflits internes pour justifier leurs politiques. Les moteurs électriques sont réputés sûrs, fiables et bénéficient d'une très longue durée de vie (6 fois supérieure à un moteur thermique car les pièces mécaniques entrent moins en interaction les unes avec les autres, ce qui réduit fortement l'usure par frottement). Leur généralisation provoquerait donc la disparition de nombreux emplois dans une filière qui demeure un pilier des économies post-industrielles, dans les réseaux de distribution et de réparation et dans le commerce des pièces de rechange : ce sont les moteurs qui constituent la principale cause des pannes automobiles. Et les conséquences indirectes dans le secteur des services seraient dévastatrices : les constructeurs automobiles sont les deuxièmes plus importants annonceurs publicitaires, en France, après la grande distribution, et l'automobile représente toujours une part substantielle de l'activité des sociétés d'assurance et des banques.

Il n'est donc pas absurde de penser que, au cas où les véhicules électriques se révèleraient plus simples à concevoir, à fabriquer et à réparer, l'oligopole des constructeurs cherche à préserver, dès à présent, ses positions acquises. S'il n'est pas exclu que des *start-up* à l'échelle de l'automobile redéfinissent la dynamique concurrentielle en proposant des véhicules électriques vraiment innovants et tentent de profiter de la généralisation de cette nouvelle motorisation pour diversifier l'offre en moyens de transport plus souples et plus performants, les acteurs dominants de la filière ont intérêt à garder sous contrôle ce genre d'innovateurs. Comme par le passé, l'organisation de la filière automobile peut donc constituer un frein, voire une impossibilité, à la diffusion de ruptures technologiques majeures.

Les exemples de tentatives de redistribution des cartes grâce au moteur électrique ne manquent pourtant pas. Le groupe Michelin a radicalement repensé la propulsion automobile en inventant l'*active wheel*, une jante équipée d'un pneumatique[164] et d'un moteur électrique alimenté par des batteries insérées dans la carrosserie du véhicule qui est entraîné à partir de roues à motricité électrique qui remplissent également les fonctions de suspension et de freinage, tandis que des espaces importants sont libérés au profit de l'habitabilité puisque le moteur est délocalisé à l'extérieur de la caisse. L'entreprise californienne de véhicules électriques Tesla, nouveau venu dans le secteur, développe au Nevada, avec le japonais Panasonic, une importante unité de fabrication de batteries lithium-ion devant permettre d'équiper 500 000 véhicules par an à horizon 2020, l'augmentation de la taille des séries produites pouvant conduire à une baisse des coûts unitaires estimée à 30 %. Il s'agit du premier constructeur automobile introduit à Wall Street depuis Ford en 1956 et ses ventes se sont élevées à 35 000 véhicules en 2014.

Pour le moment, la position de ces nouveaux venus dans l'automobile demeure précaire. L'avenir de l'*active wheel* dépend de l'accueil des clients, mais encore faut-il que les constructeurs soient disposés à l'adopter et, en cas de refus, que le pneumaticien décide de construire et de distribuer lui-même ses propres véhicules. Or, il est peu probable qu'une même entreprise puisse exercer simultanément les fonctions de constructeur automobile et d'équipementier des constructeurs déjà établis. Quant à Tesla, à l'instar de GM et de Chrysler, il n'a pu surmonter l'effondrement des ventes automobiles en 2008 que grâce à un prêt accordé par le Trésor des États-Unis (les subventions continuent de jouer un rôle décisif dans la diffusion des véhicules à propulsion électrique)[165].

Il est donc difficile de savoir si les projections en matière de diffusion des véhicules électriques [166] relèvent du progressisme environnementaliste, du volontarisme technologique, de l'industrialisme saint-simonien, de la prophétie auto-réalisatrice (formulée par les constructeurs les plus avancés dans ce domaine), du vœu pieux empreint de naïveté ou si elles ne découlent pas logiquement des hypothèses formulées par les sociétés d'études et de prospective qui soumettent à leurs

---

164 Le pneumatique consomme près de 20 % de l'énergie dans un véhicule à moteur thermique et 30 % dans un véhicule électrique. Aussi, Michelin a développé des pneus spécifiques pour ce type d'automobile (dotés d'une sculpture de la bande de roulement formée de longs sillons longitudinaux, étroits et directionnels) : à l'instar des moteurs électriques, ils subissent une moindre usure et sont silencieux.

165 Les subventions à l'achat pour un véhicule électrique ont été globalement estimées à 5 000 $ en Chine, en Espagne, au Royaume-Uni et aux États-Unis, contre 10 000 $ au Japon et 4 000 $ en Italie. Les budgets officiellement annoncés demeurent limités : seuls les États-Unis et la Chine font exception.

166 Certaines prévisions officielles font état de 2 millions de véhicules électriques en 2020 et de 7 à 9 millions à l'horizon 2030 en France.

commanditaires des prévisions s'accordant à leurs désirs (1,7 % de la production automobile mondiale pour les véhicules électriques et hybrides avec un objectif de 6,3 % en 2020, dont 1 % pour la seule motorisation purement électrique).

Le plus souvent, il n'a pas encore été procédé aux arbitrages nécessaires pour doter les pays des infrastructures matérielles (systèmes de recharge) et immatérielles (formations spécifiques pour la réparation et l'entretien des véhicules) que requiert la diffusion en masse de la propulsion électrique : c'est le cas en France. Les constructeurs ont mis au point des prototypes, mais ils savent qu'une reconversion prématurée du parc automobile conduirait à un échec préjudiciable au bon déroulement de la transition énergétique. La diffusion précipitée de technologies immatures pourrait d'entraver son développement. Les investissements réalisés sont risqués, tant pour les industriels que pour les salariés qui voudraient acquérir une qualification spécifique : le développement de cette filière demeure hypothétique et tant les compétences acquises que les capacités de production risquent de demeurer inemployées ou sous-utilisées. De plus, les collectivités publiques ne créeront les infrastructures requises (bornes de recharge) que si l'État supporte une part importante des coûts. Il est donc peu probable que les entreprises gérant les infrastructures, les énergéticiens, les fabricants d'appareils électriques et la grande majorité des communes procèdent aux investissements requis tant que les incertitudes technologiques, économiques et politiques n'auront pas été levées.

Le volontarisme industriel ne saurait compenser l'absence de modèle économique viable et crédible : l'équipement de flottes de véhicules professionnels ou des systèmes de mobilité automobile partagée ne constituent que des expérimentations qu'il serait prématuré de généraliser. Par ailleurs, la perspective de fournir une électricité abondante et à bas coûts demeure en suspens. Si la France devait convertir l'intégralité de son parc automobile à la propulsion électrique, il serait nécessaire de construire au moins 150 centrales nucléaires de type EPR (à potentiel en énergies renouvelables constant) : une perspective déraisonnable et irréaliste, même dans un pays où l'électricité nucléaire occupe une place prépondérante. Et elle n'est pas généralisable au reste du monde, faute de ressources en uranium suffisantes. Dans l'état actuel des avancées technologiques, la motorisation électrique ne fait que transformer et repousser les contraintes de rareté, sans permettre de les dépasser.

L'avenir du véhicule électrique demeure en suspens car il est tributaire des perspectives de production massive d'électricité à faible coût. Son développement à grande échelle impliquerait de démultiplier les capacités de production du parc nucléaire et d'augmenter fortement l'efficacité des énergies renouvelables. L'exemple de l'Allemagne, qui a renoncé à l'atome, montre l'ampleur des investissements à réaliser pour que les moteurs brûlant des hydrocarbures soient remplacés, même pour une fraction encore minoritaire, par une alimentation électrique obtenue grâce à des technologies relativement respectueuses de l'environnement. N'assiste-t-on pas à un engouement prématuré pour la voiture électrique et les résultats des activités de recherche et développement ne font-ils pas l'objet d'anticipations précipitées ou exagérées ? Tant que la fiabilité technologique et industrielle des batteries et leur viabilité économique ne seront pas avérées, il est illusoire de prétendre que le moteur exclusivement électrique pourra concurrencer efficacement le moteur thermique (voire hybride). Et tant que la décarbonation de la filière électrique ne sera pas réellement engagée, un tel choix ne sera pas à la hauteur des enjeux environnementaux de l'époque.

4. L'augmentation de l'efficacité énergétique via les *smart grids*

4.1. Les objectifs et modalités des réseaux intelligents

Les transformations qui affectent les réseaux de transport et de distribution de l'électricité sont imputables à trois causes principales :

- la multiplication des unités décentralisées de production intermittente et présentant de fortes variations de génération,
- la modulation, via les « compteurs communicants », de l'utilisation par les consommateurs finals (qui peuvent devenir, en alternance, producteurs ou stockeurs),
- de nouvelles exigences en matière de fourniture de courant, surtout si les véhicules à propulsion électrique connaissent une forte diffusion, ainsi que les pompes à chaleur.

Or, toutes ces mutations impliquent le traitement de très grandes quantités de données[167] (*big data*) et ne peuvent être satisfaites par les réseaux existants que si l'on a recours aux NTIC, d'où l'expression de *smart grid* – que l'on peut définir comme l'application des NTIC à la production et au transport de l'électricité afin de contribuer à une meilleure maîtrise de l'offre et de la demande en courant (tableau 78). Une évolution d'autant plus nécessaire que ces transformations constituent des conditions *sine qua non* pour atteindre les objectifs fixés par l'Union européenne : maîtrise de la consommation pour limiter les émissions de gaz à effet de serre, sécurité de l'approvisionnement par la mise en concurrence de différentes sources de production, renforcement de l'interconnexion des réseaux au niveau continental, libéralisation des marchés de l'électricité, nécessaire reconfiguration de l'offre électrique en raison du vieillissement des installations (voire de leur abandon) et du développement de nouvelles capacités productives.

---

167 Un relevé toutes les dix minutes de la consommation de 10 millions de clients se traduit par 1,5 milliard de relevés par jour. Si un relevé correspond à 400 octets, le volume journalier de données à traiter est de 580 giga-octets. La création des *smart grids* implique donc la mise à disposition des gestionnaires des réseaux électroniques de calculateurs à très grandes capacités de stockage. Ces informations sont transférées à des systèmes de contrôle et d'analyse de données, via des réseaux de télécommunication. Ces analyses sont à leur tour transmises aux organes de contrôle et de pilotage (voire aux consommateurs), via des interfaces spécialement créées.

Tableau 78 – Principes sous-tendant les *smart grids*

Connaissance analytique	Recueil des données sur les réseaux grâce à des systèmes de comptage et d'analyse contrôlables et pilotables à distance.
Connaissance synthétique	Présentation quasiment en temps réel de l'état général de l'équilibre entre la demande et l'offre en électricité sur un réseau donné et sur l'ensemble des réseaux.
Optimisation de la fourniture	Traitement instantanée des perturbations et des dysfonctionnements affectant l'ensemble des réseaux
Anticipation de la capacité de production des énergies renouvelables	Optimisation de l'intégration des sources de production intermittentes dans les circuits de distribution (principalement le solaire et l'éolien).
Optimisation de la fourniture aux véhicules à propulsion électrique	Création des capacités de production additionnelles et optimisation des périodes de recharge (celles pendant lesquelles la demande est la moins élevés).
Maîtrise de l'énergie	Fourniture des informations permettant d'optimiser les usages de l'électricité.
Contrôle de la flexibilité	Gestion des mécanismes de stockage, de maîtrise des pointes de demande, et de lissage des puissances demandées.
Sécurité et stabilité des réseaux	Fourniture de l'électricité en prévenant les perturbations et les ruptures d'alimentation (induites par les conditions climatiques, les erreurs humaines et les variations anormales de la consommation et de la production).

Les *smart grids* doivent permettre de passer d'un système hiérarchique (de l'amont vers l'aval) de distribution de l'électricité (fondé sur la simplicité, la robustesse, utilisant peu de dispositifs complexes et transférant l'électricité générée dans de grosses unités vers les clients finals) à un dispositif combinant différentes technologies, intégrées et interopérables. Elles comprennent cinq composantes principales : l'infrastructure énergétique de production et de transport de l'électricité ; les instruments de mesure pour analyser la situation des réseaux ; l'infrastructure de communication permettant d'échanger les informations ainsi collectées ; les systèmes de contrôle, d'analyse et de détection des dysfonctionnements et des pannes grâce aux informations transmises par l'infrastructure de communication ; les systèmes de pilotage permettant d'intervenir à distance sur les composantes du système.

Ces réseaux intelligents autoriseraient une circulation bidirectionnelle des flux d'électricité, en maîtrisant les risques temporairement accrus de surtensions et de congestions locales. Leur réalisation est la conséquence directe du raccordement des énergies renouvelables au réseau électrique. C'est pourquoi ils doivent remplir simultanément quatre fonctions : mesurer les capacités de production, en particulier les quantités d'électricité fournies par les énergies renouvelables ; estimer de manière instantanée l'équilibre général de l'offre et de la demande de courant ; ajuster l'offre à la demande en procédant à l'optimisation sous contrainte du système productif (tant en modulant la puissance active appelée qu'en recourant à des demandes additionnelles[168]) ; garantir la sécurité et l'efficacité du système électrique (l'appel à de multiples sources de production décentralisée multipliant les risques de dysfonctionnement sur les réseaux).

Une telle optimisation de la production et de la distribution supposerait de recourir à des capacités de stockage d'électricité qui apporteraient des fonctionnalités supplémentaires au système électrique, au niveau de l'équilibre par les prix (réalisation d'arbitrages économiques, en augmentant les charges en périodes de prix bas et inversement en phase de prix élevés) et par les quantités (résorption des pénuries et des congestions ponctuelles). Elles permettraient de surmonter les pointes de consommation, limitées dans le temps, en évitant de faire appel à des capacités de production additionnelles alimentées par des combustibles carbonés, de créer une réserve de puissance susceptible d'ajuster optimalement l'offre à la demande à tout instant (y compris en réglant finement la tension à un niveau constant) et notamment de compenser la baisse de production des sources d'énergie intermittentes tout en construisant une offre différenciée qui s'appuie sur une véritable hiérarchie des coûts de production (les sources d'énergie étant mobilisées selon leur *merit order*, en commençant par les coûts marginaux de production les plus bas).

4.2. Les promesses pour l'instant non confirmées des smart grids

Sur le papier, les capacités de stockage électrique permettent de limiter les investissements de production, de stabiliser en partie le fonctionnement des réseaux et d'en améliorer la capacité à synchroniser l'offre et la demande dans des conditions économiquement optimales (tableau 79). Les *smart grids* marqueraient donc le franchissement d'une nouvelle étape dans la gestion dynamique de l'ajustement mutuel des forces du marché. L'application des NTIC au domaine de la production et de la distribution de l'électricité permettrait de créer un marché dont le fonctionnement tendrait vers l'idéal-type décrit par la micro-économie classique, en fournissant des solutions aux dysfonctionnements structurels (*market failures*) qui affectent les marchés concrets. D'évidence, ces réseaux intelligents comportent une dimension utopique.

168 Les méthodes d'ajustement sont plurielles : contractualisation avec les gros consommateurs d'électricité afin de réduire leur demande (pour faire baisser les contraintes ponctuelles), différenciation des tarifs d'acheminement (afin de reporter les surcoûts engendrés par la sollicitation excessive des réseaux) et pratique temporaire de délestages ciblés (sans que les utilisateurs ne soient systématiquement prévenus).

Tableau 79 – Comparaison des technologies de stockage de l'électricité

	STEP	CAES	Hydrogène	Batteries à circulation	SISE	SMES	Condensateurs
Forme d'énergie	Hydraulique gravitaire	Air comprimé classique	Chimique	Chimique	Volant à inertie	Bobines supra-conductrices	Électrostatique
Puissance libérable par unité de production (MW)	100-5 000	100-300	0,001-50	0,03-10	0,25	0,1-10	0,05
Durée de décharge	1h à 24h	1h à 24h	1 seconde à 24h	1 seconde à 100s	1 milliseconde à 15 minutes	1 milliseconde à 8 secondes	1 milliseconde à 1h
Temps de réponse	Seconde-minute	5-15 minutes	Minute	Milliseconde	Milliseconde	Milliseconde	Milliseconde
Densité d'énergie (Wh/kg)	0,5-1,5	30-60	800	25	10-30	0,5-5	0,05-5
Rendement énergétique	75 % - 85 %	42 % - 54 %	20 % - 50 %	80%	93 % - 95 %	95 % - 98 %	60 % - 65 %
Durée de vie (années)	50-100	2 -40	5-15	5-20	15	20	5
Coût (€/ KWh)	6 -150	10-120	1-15	100-400	100-700	700-7 000	-

	Super-condensateurs	Batterie Ph-Acide	Batterie Nickel-Cadmium	Batterie Nickel-hydrures métalliques	Batterie Lithium (-ion)	Batterie Sodium-Soufre	Batterie Sodium - Chlorure de Nickel (ZEBRA)
Forme d'énergie	Électrostatique	Chimique	Chimique	Chimique	Chimique	Chimique	Chimique
Puissance libérable par unité de production (MW)	0,3	0-40	0-40	0-40	0,1	0,05-8	0-1
Durée de décharge	1 milliseconde à 1h	1 seconde à 1h	1 seconde à 1h	1 seconde à 1h	1 minute à 1h	1 seconde à 1h	1 minute à 1h
Temps de réponse	Milliseconde	Milliseconde	Milliseconde	Milliseconde	Milliseconde	Milliseconde	Milliseconde
Densité d'énergie (Wh/kg)	2,5-15	30-50	50-75	60-80	72-200	150-240	180
Rendement énergétique	90 % - 95 %	70 % - 90 %	60 % - 65 %	50 % - 80 %	85 % - 90 %	80 % - 90 %	85 % - 90 %
Durée de vie (années)	20	5-15	10-20	-	5-15	10-15	10-14
Coût (€/ KWh)	300-4 000	50-300	200-1 000	1 500	200-1 800	200-900	200-900

Source : Guerassimoff, Maïzi, *Smart Grids, au-delà du concept, comment rendre les réseaux plus intelligents*, p-220.

Compte tenu des grandes difficultés pour stocker l'électricité, la notion de stock tampon n'est guère pertinente et seuls des progrès technologiques radicaux permettront de développer des capacités de stockage du courant dans des quantités importantes et à des conditions compétitives. Dès lors, l'objectif poursuivi se réduit à l'élimination des pertes et des gaspillages et les compteurs communicants (également appelés « compteurs intelligents ») vont jouer un rôle essentiel afin de surmonter les asymétries structurelles d'information[169]. D'autant que, dans le cadre de la libéralisation des marchés de l'électricité, les prix sont supposés jouer un rôle décisif pour déterminer tant l'offre que la demande (ils ne sont plus équivalents à la somme des coûts et des marges, mais résultent de la confrontation entre producteurs et consommateurs). En pratique, cela signifie que la seule façon d'assurer la sécurité et la régularité de l'approvisionnement est de disposer en permanence de capacités de production inutilisées et de les solliciter en cas de besoin. Une telle perspective n'est possible qu'à condition de consentir à des investissements (des centrales d'appoint alimentées avec des énergies carbonées) quasiment impossibles à rentabiliser.

À ce jour, rien n'indique que les objectifs des gestionnaires de réseaux pourront être remplis. La fourniture d'un courant aux caractéristiques quantitatives et qualitatives correspondant exactement aux attentes des consommateurs finals, et donc la minimisation des délais d'ajustement des systèmes productifs, paraît difficilement atteignable, de même que l'anticipation des sources de génération de l'électricité les plus compétitives à moyen et long termes et, par conséquent, la minimisation des investissements inutiles ou non rentables. La coopération constante et étroite avec les clients, qui passeraient ainsi d'un statut passif à celui de co-producteurs actifs grâce aux énergies renouvelables, ne paraît pas davantage assurée car ces consommateurs subissent tout autant que les gestionnaires des réseaux le caractère intermittent de production de cette forme d'électricité. La capacité prédictive des modèles reposant sur l'analyse de très grandes quantités de données est encore limitée, voire objet de fantasmes en matière climatique[170] : des progrès décisifs seront nécessaires pour une opérationnalité effective, tant en ce qui concerne l'offre que la demande.

L'aspect le plus novateur, mais également le plus utopique, des *smart grids* réside dans le caractère « auto-cicatrisant » de ce type de réseau : les pannes seraient automatiquement localisées et le système réorienterait instantanément les flux afin de minimiser l'impact pour les consommateurs, une propriété rendue possible par la surveillance des systèmes numériques associés aux réseaux électriques. Une telle

---

169 Les *smart grids* sont confrontées à un double niveau d'incertitude : celui afférent à la demande d'électricité (ce qui est logique compte tenu des propriétés de cette forme d'énergie), mais également celui se rapportant à l'offre, étant donnée la très grande variabilité caractérisant les sources intermittentes de génération du courant. La finalité première de ces réseaux intelligents est donc de résoudre ce double niveau d'incertitude en tentant de limiter les gaspillages et les pertes de production.

170 Les phénomènes climatiques se caractérisent par des valeurs moyennes stables et qui évoluent lentement à long terme, mais par de très fortes variations – et donc une très grande instabilité – à court terme.

perspective relève davantage d'un postulat de principe que de l'ordre des réalités, de même que, dans les autres secteurs économiques, l'idéal du « zéro défaut » incarne au mieux un objectif stratégique ou un arrière-plan managérial car sa concrétisation impliquerait la mobilisation de ressources disproportionnées par rapport aux gains obtenus.

Si, grâce à la superposition d'une architecture de télécommunications ultramodernes au réseau physique de transport et de distribution de l'électricité, il est affirmé qu'il sera dorénavant possible d'appliquer effectivement les règles de la concurrence dans un système présentant un haut niveau de sécurité des approvisionnements, de fiabilité technologique et de sûreté pour les consommateurs, il n'en est pas moins abusif d'envisager que les *smart grids* vont faire correspondre à un quelconque optimum économique le marché de l'électricité. De plus, et surtout, la superposition de ces deux architectures (le réseau physique de l'électricité et celui associé du transfert des données) comporte un double risque difficile à maîtriser : le non-respect de la protection des données relatives à la vie privée, d'une part ; l'intrusion ou la prise de contrôle des réseaux numériques par des acteurs malveillants, d'autre part. Du fait de la généralisation des compteurs communicants, la cyber-sécurité va être fortement sollicitée pour garantir la confidentialité et la sûreté des systèmes d'échanges d'informations liés à l'économie de l'électricité[171].

Représentant des enjeux technologiques considérables, les *smart grids* n'en sont encore qu'à la phase de développement et d'expérimentation locale[172] et il est prématuré de prétendre que ces dispositifs complexes seront de nature à contribuer de manière efficace à la maîtrise de la demande de courant électrique. Pourtant, seules ces nouvelles technologies seront en mesure d'intégrer des unités de génération disséminées sur de vastes territoires, à la production intermittente et de faible puissance unitaire, dans un système de transport et de distribution organisé initialement selon les principes de l'arborescence, de la centralisation et de la subordination du consommateur au producteur. Et ces *smart grids* devraient s'imposer parce qu'elles représentent une solution pour l'ensemble des pays. L'Amérique du Nord et l'Europe possèdent des infrastructures vieillissantes qui devront être renouvelées d'ici 2020-2050 (tant aux États-Unis qu'en France, les pertes en ligne liées au transport et à la distribution du courant sont estimées à 7 % de la production) et ces continents devront intégrer les énergies intermittentes à faibles émissions de gaz à effet de serre. Les pays émergents enregistrent une vive croissance de la demande en électricité et ces systèmes doivent permettre de la maîtriser (voire de limiter les détournements) en rationalisant la production, le transport et la distribution. Quant aux pays dépendants des importations en matières premières énergétiques, ils ont toujours intérêt à opter

171 Il est vrai que les réseaux intelligents ne viendraient que se surajouter aux réseaux de télécommunications et bancaires existants.

172 Selon Boillot (2015,), les projets en phase d'expérimentation sont plus de 100 en Amérique du Nord (pour un budget total de 8 milliards $), 459 en Europe (4,25 milliards $), et plus de 350 en Asie (10 milliards $).

pour des solutions technologiques qui leur permettent de les réduire, surtout si leur insertion dans l'économie internationale leur est défavorable.

***

L'avènement de la civilisation de l'électricité pourrait représenter l'aboutissement de la transition énergétique. Mais elle se heurte à de nombreux obstacles géologiques et technologiques. La pénurie en métaux demeure l'horizon indépassable de toute stratégie d'électrification des systèmes énergétiques, productifs et logistiques. L'avenir de l'automobile électrique demeure hypothétique, bien que des jalons importants aient été posés, et il se heurte à une double contrainte quantitative concernant les minerais et l'électricité. L'électro-mobilité ne fait que transformer et repousser les contraintes de rareté, elle ne les surmonte pas. Quant aux *smart grids*, ils font appel à des technologies en cours de développement et d'expérimentation. Il est encore prématuré de prédire la véritable portée de la convergence des deux univers technologiques des NTIC et de l'électricité.

Ces perspectives peuvent sembler pessimistes, mais elles montrent à quel point la transition énergétique est un processus complexe, marqué par de fortes incertitudes et qui ne pourra être mené à son terme que si de véritables ruptures technologiques se produisent dans un avenir proche. Si l'on se réfère au modèle allemand en matière de transition énergétique que nous allons maintenant analyser, on observe que l'augmentation très importante de la part des énergies renouvelables dans le mix conduit, plus qu'à une rationalisation, à une densification significative des réseaux électriques ainsi qu'à une augmentation des émissions carbonées.

Chapitre 6
L'Allemagne, pionnière de la transition énergétique

« Que le soleil se lèvera demain est une hypothèse ».

Ludwig Wittgenstein

Consacrer un chapitre à l'Allemagne est logique : la quatrième puissance économique mondiale se caractérise par une stratégie énergétique à la fois ambitieuse et originale, centrée sur les énergies renouvelables, le pilier essentiel de la transition énergétique. Un processus décidé dans le contexte des deux premiers chocs pétroliers (1973-1983) et qui devrait s'étendre sur huit décennies minimum, puisque l'*Energiekonzept* (stratégie pour l'énergie) vise l'horizon 2050. Le choix de Berlin, qui incarne une voie antithétique à celle suivie par Washington, est un choix de pionnier. La transition énergétique en Europe concerne simultanément sa partie nord (principalement les mers de Nord et Baltique, le Danemark, le sud de la Suède et le nord de l'Allemagne, territoires parmi les plus avancés sur le plan technologique et les mieux adaptés à la mondialisation) et son versant méridional (les pays en crise : le Portugal, l'Espagne, l'Italie, voire la Grèce). Mais l'Allemagne incarne un modèle qui, s'il est couronné de succès, aura vocation à être imité. Au sein de l'OCDE, elle incarne le pays qui réunissait *ab initio* les meilleures conditions pour mettre en œuvre une stratégie innovante dans le secteur énergétique, même si la généralisation des énergies renouvelables se heurte, pour le moment, à des contraintes tant technologiques qu'économiques.

1. La mise en place de l'*Energiewende*

1.1. Un essor spectaculaire des énergies renouvelables

Cette transition énergétique se caractérise avant tout par la part grandissante des énergies renouvelables dans le mix énergétique, et notamment dans la production d'électricité. Le pays, *a priori* défavorisé par les conditions naturelles (pas de forêt boréale comme en Scandinavie, moins d'éolien *offshore* que les autres riverains de la mer du Nord, moindre potentiel solaire qu'aux latitudes méditerranéennes), a joué un rôle de pionnier – partagé avec le Danemark, l'Espagne et les États-Unis – dans la production d'électricité à partir du vent, du soleil et de la biomasse. Il s'est hissé aux premiers rangs de certaines filières dont le développement outre-Rhin a connu trois phases successives :

- éolien *onshore*, recyclage des débris végétaux (principalement dans les *Länder* orientaux), solaire en Bavière ;
- généralisation du solaire sur tout le territoire, dans un deuxième temps ;
- concentration à l'heure actuelle des investissements sur l'éolien *offshore*, un secteur où les pays riverains de la mer du Nord ont ouvert la voie[173], et diffusion de l'éolien terrestre dans les *Länder* centraux et méridionaux.

Si le Danemark est le véritable pionnier en matière d'éolien, l'Allemagne a donc développé l'ensemble des énergies renouvelables. Selon les estimations fournies par le *Deutsches Statistisches Amt* (tableau 80), ces énergies renouvelables sont à l'origine de plus du quart de l'électricité consommée dans le pays, contre 3,6 % au début des années 1990 – il s'agissait alors majoritairement d'hydro-électricité. Le 9 juin 2014, la part du solaire dans la production d'énergie a atteint à elle seule le niveau record de 50,6 %, avec 23,1 GW.

Après avoir dépassé la France en 2002, l'Allemagne est devenue le troisième producteur mondial de biocarburants (principalement à partir de la betterave), grâce aux territoires récupérés lors de la réunification. Le développement des utilisations énergétiques de la biomasse a été tout aussi spectaculaire puisque le pays occupe le troisième rang mondial derrière les États-Unis et le Brésil, alors que la richesse de ses biotopes n'est pas comparable[174]. Mais, tandis que les *Länder* du Sud se spécialisaient dans le solaire (surtout la Bavière), c'est avant tout dans l'éolien que Berlin se distingue : rapportée à la superficie du pays, la capacité installée en Allemagne se classe au deuxième rang mondial avec 99 KWh par km^2[175].

Ce n'est d'ailleurs qu'en 2008 que la puissance éolienne totale installée sur le territoire des États-Unis a dépassé celle d'outre-Rhin[176] (tableau 81). À eux deux, Siemens et le danois Vestas ont construit les quatre cinquièmes des installations

---

173 En revanche, d'autres filières ont été délaissées : le potentiel en géothermie du pays (12 MW) est ainsi inférieur à celui de la Guadeloupe (16 MW).

174 L'objectif officiel de 10 % de gaz d'origine végétale à horizon 2030 peut apparaître cependant très ambitieux. De plus, ce combustible est actuellement moins compétitif que le gaz naturel. Le méthane peut également être produit en ayant recours à la méthanisation de l'hydrogène.

175 Derrière le Danemark (112 KWh par km^2), mais devant les Pays-Bas (65), le Portugal (51), l'Espagne (46), la Belgique (45), le Royaume-Uni (41), l'Irlande et l'Italie (29), l'Autriche (20), la Grèce (14), la France (13), la Roumanie et la Pologne (11), la Suède (10), la Chine (9,6), le Japon (7), la Bulgarie (6,8), les États-Unis (6,7) et l'Inde (6).

176 Depuis 2009, 24 projets prioritaires sont en cours de réalisation en Allemagne, portant sur la construction de 1 834 km de lignes à très haute tension.

offshore en fonctionnement dans le monde[177]. Les nouveaux parcs éoliens *offshore* se caractérisent par une augmentation de la puissance moyenne, par un éloignement grandissant des côtes et par une profondeur d'eau de plus en plus importante (tableau 82) : c'est la raison pour laquelle les nouvelles installations *offshore* vont utiliser des plateformes flottantes comparables à celles utilisées par l'industrie pétrolière et gazière. L'objectif est d'ajouter des capacités productives de 5 000 à 6 000 MW *onshore* et *offshore* chaque année afin d'atteindre un potentiel éolien total d'environ 100 000 MW en 2024, ce qui permettrait de couvrir un quart de la demande allemande en électricité.

Depuis vingt-cinq ans, le taux moyen annuel de croissance des énergies renouvelables est estimé à 10 %. Mais la réalisation des objectifs de l'*Energiekonzept* suppose une accélération substantielle de ce rythme et une baisse de la consommation en énergies fossiles encore plus marquée dans les années à venir. La transition énergétique implique que les tendances constatées depuis 1990 soient non pas extrapolées, mais bien accentuées, dans le sens d'une plus rapide substitution aux énergies carbonées et d'une intensification de l'efficacité énergétique[178].

1.2. L'élimination du nucléaire, concurrent des énergies renouvelables

Le développement des énergies renouvelables en Allemagne doit être rapproché de la sortie du pays du nucléaire. Cette décision, prise en 2011, se prête à deux interprétations contradictoires :

- Soit le gouvernement allemand aurait tiré profit de l'accident de Fukushima du 11 mars 2011 pour mettre un terme aux controverses et aux oppositions récurrentes relatives à l'atome civil. Ce tournant serait alors le résultat d'un opportunisme électoral couplé à une prise de conscience de la non-compétitivité du nucléaire en Allemagne.
- Soit la chancelière se serait saisie de cette occasion pour mettre en œuvre une stratégie mûrie depuis plusieurs décennies, imaginée dès les deux premiers chocs pétroliers[179].

---

177 Siemens a notamment équipé les parcs de London Array à l'embouchure de la Tamise (670 MW) et de Lillgrund dans le détroit de l'Øresund (110 MW), entre le Danemark et la Suède.

178 Selon la *Deutsche Energie Agentur*, la transition énergétique en Allemagne impliquera la construction de 135 000 à 193 000 km de nouvelles lignes électriques et la transformation de 21 000 à 25 000 km de lignes déjà existantes entre 2012 et 2030. L'investissement total est évalué entre 27,5 et 43,5 milliards € selon la part que les énergies renouvelables occuperont dans le mix national.

179 Dès 1980, l'Institut pour l'écologie appliquée de Fribourg rédigea un rapport qui prônait une transition énergétique conciliant la croissance économique et le bien-être social, et qui fût affranchie de la dépendance au pétrole et à l'uranium (Krause F., Bossel H., Müller-Reissmann K.-F., *Energiewende, Wachstum und Wohlstand ohne Erdöl und Uran, Ein Alternativ-Bericht*, Fischer Verlag, Frankfurt am Main, 1980).

Tableau 80 – Évolution à long terme de la structure de la production d'électricité en Allemagne (en %)

	1990	1991	1992	1993	1994	1995	1996	1997	1998	1999	2000	2001	2002
Énergies fossiles	**92,9**	**93,8**	**93,2**	**93,0**	**92,3**	**92,1**	**92,7**	**92,4**	**91,9**	**91,2**	**89,5**	**89,8**	**89,0**
- lignite	31,1	29,4	28,7	28,0	27,6	26,6	26,1	25,7	25,0	24,4	25,7	26,4	26,9
- nucléaire	27,7	27,3	29,5	29,2	28,6	28,7	29,2	30,8	29,1	30,7	29,5	29,3	28,1
- houille	25,6	27,7	26,4	27,7	27,4	27,4	27,6	25,9	27,5	25,7	24,8	23,6	22,9
- gaz naturel	6,5	6,7	6,1	6,2	6,8	7,7	8,3	8,7	9,1	9,3	8,5	9,5	9,6
- produits pétroliers	2,0	2,7	2,5	1,9	1,9	1,7	1,5	1,3	1,2	1,1	1,0	1,0	1,5
Énergies renouvelables	**3,6**	**3,2**	**3,9**	**4,0**	**4,3**	**4,7**	**4,1**	**4,4**	**4,7**	**5,2**	**6,5**	**6,8**	**7,8**
- éolien *onshore*	0,0	0,0	0,1	0,1	0,2	0,3	0,4	0,5	0,8	1,0	1,6	1,8	2,7
- éolien *offshore*	0,0	0,0	0,0	0,0	0,0	0,0	0,0	0,0	0,0	0,0	0,0	0,0	0,0
- hydraulique	3,6	2,9	3,5	3,6	3,8	4,0	3,4	3,4	3,4	3,7	4,3	4,0	4,0
- biomasse	0,0	0,1	0,1	0,1	0,1	0,1	0,1	0,2	0,2	0,2	0,3	0,7	0,8
- solaire	0,0	0,0	0,0	0,0	0,0	0,0	0,0	0,0	0,0	0,0	0,0	0,0	0,0
- combustion des ordures ménagères	0,0	0,2	0,2	0,2	0,2	0,3	0,2	0,3	0,3	0,3	0,3	0,3	0,3
Autres sources	3,5	3,0	2,9	3,0	3,4	3,2	3,2	3,2	3,4	3,6	4,0	3,8	3,2
Total	100,0	100,0	100,0	100,0	100,0	100,0	100,0	100,0	100,0	100,0	100,0	100,4	100,0

	2003	2004	2005	2006	2007	2008	2009	2010	2011	2012	2013	2014	Variation
Énergies fossiles	**89,2**	**87,4**	**86,1**	**84,9**	**82,1**	**81,6**	**80,5**	**79,2**	**75,6**	**73,1**	**71,8**	**69,5**	**-23,4**
- lignite	26,0	25,6	24,8	23,6	24,2	23,6	24,5	23,0	24,5	25,5	25,4	25,4	-5,7
- nucléaire	27,1	27,1	26,2	26,2	21,9	23,2	22,6	22,2	17,6	15,8	15,4	15,8	-11,9
- houille	24,1	22,8	21,5	21,6	22,2	19,4	18,1	18,5	18,3	18,5	19,2	17,8	-7,8
- gaz naturel	10,3	10,2	11,7	11,8	12,2	13,9	13,6	14,1	14,0	12,1	10,7	9,5	3,0
- produits pétroliers	1,7	1,7	1,9	1,7	1,6	1,5	1,7	1,4	1,2	1,2	1,1	1,0	-1,0
Énergies renouvelables	**7,6**	**9,2**	**10,0**	**11,1**	**13,8**	**14,5**	**15,9**	**16,5**	**20,2**	**22,8**	**24,0**	**26,1**	**22,5**
- éolien *onshore*	3,1	4,1	4,4	4,8	6,2	6,3	6,5	6	8	8	8	8,9	8,9
- éolien *offshore*	0,0	0,0	0,0	0,0	0,0	0,0	0,0	0,0	0,0	0,0	0,1	0,2	0,2
- hydraulique	2,9	3,3	3,1	3,1	3,3	3,2	3,2	3,3	2,9	3,5	3,6	3,3	-0,3
- biomasse	1,1	1,3	1,8	2,3	3,1	3,6	4,4	4,7	5,3	6,3	6,5	7,0	7,0
- solaire	0,1	0,1	0,2	0,3	0,5	0,7	1,1	1,8	3,2	4,2	4,9	5,7	5,7
- combustion des ordures ménagères	0,4	0,4	0,5	0,6	0,7	0,7	0,7	0,7	0,8	0,8	0,9	1,0	1,0
Autres sources	3,2	3,4	3,9	4,0	4,1	3,9	3,6	4,3	4,2	4,1	4,2	4,4	0,9
Total	100,0	100,0	100,0	100,0	100,0	100,0	100,0	100,0	100,0	100,0	100,0	100,0	0,0

Source : Deutsches Statistisches Amt

Tableau 81 – Développement comparé du parc éolien *onshore* et *offshore* en Allemagne, en Chine et aux États-Unis (en MW et en %)

	Puissance installée totale en Allemagne	Puissance installée *offshore* en Allemagne	Part du parc *offshore* en Allemagne	Puissance installée totale en Chine	Puissance installée *offshore* en Chine	Part du parc *offshore* en Chine	Puissance installée totale aux États-Unis
1990	61	-	-	2	-	-	1 484
1991	103	-	-	3	-	-	1 709
1992	172	-	-	6	-	-	1 680
1993	317	-	-	10	-	-	1 635
1994	609	-	-	23	-	-	1 663
1995	1 090	-	-	33	-	-	1 612
1996	1 523	-	-	57	-	-	1 614
1997	2 035	-	-	142	-	-	1 611
1998	2 832	-	-	214	-	-	1 837
1999	4 383	-	-	264	-	-	2 490
2000	6 057	-	-	342	-	-	2 566
2001	8 677	-	-	399	-	-	4 261
2002	11 854	-	-	465	-	-	4 685
2003	14 499	-	-	563	-	-	6 350
2004	16 490	5	0,03%	760	-	-	6 723
2005	18 296	5	0,03%	1 267	-	-	9 147
2006	20 476	8	0,04%	2 603	-	-	11 575
2007	22 086	8	0,04%	5 906	-	-	16 907
2008	23 643	13	0,05%	12 212	2	0,02%	25 170
2009	25 449	13	0,05%	26 019	9	0,03%	35 092
2010	26 910	73	0,27%	44 903	170	0,38%	40 180
2011	28 894	201	0,70%	62 577	244	0,39%	46 919
2012	31 144	281	0,90%	75 681	357	0,47%	60 007
2013	35 067	521	1,49%	91 781	357	0,39%	61 091
2014	39 166	1 044	2,67%	114 754	362	0,32%	65 879
Taux de croissance	**29,51**	**62,51**	**-**	**53,75**	**110,15**	**-**	**16,38**

Source : Fraunhofer IWES, *Windenergie Report 2014*

Tableau 82 – Paramètres caractérisant le parc éolien *offshore* allemand (fin 2014)

Statut des parcs *offshore* en mer du Nord	Nombre de parcs	Puissance totale (MW)	Puissance moyenne (MW)	Profondeur d'eau moyenne (m)	Éloignement moyen de la côte (km)	Superficie moyenne (km²)
En exploitation ou prêt à l'exploitation	10	2 048,7	204,9	24,0	53,7	31,1
En construction	6	1 758,0	293,0	26,5	49,3	37,8
Approuvé	20	6 220,3	311,0	32,7	70,1	35,4
Total / Moyenne	36	10 027,0	278,5	29,2	62,1	34,6
Statut des parcs *offshore* en mer Baltique	**Nombre de parcs**	**Puissance totale (MW)**	**Puissance moyenne (MW)**	**Profondeur d'eau moyenne (m)**	**Éloignement moyen de la côte (km)**	**Superficie moyenne (km²)**
En exploitation ou prêt à l'exploitation	2	50,8	25,4	9,8	8,4	4,0
En construction	2	638,0	319,0	35,3	35,4	31,0
Approuvé	2	733,0	366,5	33,8	27,3	34,5
Total / Moyenne	6	1 421,8	237,0	26,3	23,7	23,2

Source : Fraunhofer IWES, *Winderenergie Report 2014*

La seconde hypothèse semble la plus plausible : la suppression prioritaire, préventive et anticipée (de 2036 à 2022) d'une source d'énergie compétitive et donc un obstacle majeur aux investissements dans le renouvelable et dans l'efficacité énergétique. Le coût direct de l'électricité produite par des centrales nucléaires amorties est inférieur à celui généré par les énergies renouvelables, du moins si l'on ne prend pas en compte les coûts liés au démantèlement des réacteurs, au traitement et stockage des sous-produits radioactifs et à la sécurisation des approvisionnements en uranium.

Les circonstances politiques expliquant l'abandon du nucléaire en Allemagne

Les élections du *Land* de Bade-Wurtemberg se tenaient le 27 mars 2011, soit deux semaines après l'accident de la centrale japonaise. La coalition CDU-FDP y subit une défaite historique, puisque les conservateurs en détenaient la présidence depuis 1958 et que, grâce à leur score record (24,2 % des voix), les écologistes purent former une nouvelle coalition gouvernementale avec le SPD (23,1 %). Toutefois, cette victoire des *Grünen* ne peut pas être considérée comme une conséquence purement réactionnelle et émotionnelle à l'accident de Fukushima. Stuttgart, la capitale du *Land*, avait été le théâtre d'une importante manifestation contre l'extension de la gare le 30 septembre

2010, qui avait causé plus de 400 blessés (le projet « Stuttgart 21 » fut finalement adopté par référendum en novembre 2012 avec 58,9 % des voix, le parlement du *Land* décidant de limiter sa subvention à 824 millions €). Il semble donc que des considérations locales l'aient emporté pour expliquer le vote de mars 2011, d'autant que l'ancien ministre-président du *Land* avait nationalisé dans des conditions étranges le producteur d'électricité EnBW, propriétaire de plusieurs centrales nucléaires, en rachetant la participation de 45 % possédée par EDF, probablement à une valeur largement surévaluée.

L'abandon du nucléaire correspond à une politique mise en œuvre avec une grande constance au moins depuis 1990[180], année où l'Allemagne retrouva sa pleine et entière souveraineté (ainsi que 1991, lorsque fut votée la première loi fixant les tarifs garantis de rachat de l'électricité aux producteurs d'énergies renouvelables)[181]. La volonté de revanche politique était incompatible avec le maintien en fonctionnement, sur le territoire est-allemand, d'un système technologique de conception soviétique et la réunification conduisit à faire prévaloir systématiquement les normes techniques en vigueur à l'Ouest dans tous les secteurs.

La trajectoire de sortie du nucléaire n'allait cependant pas être linéaire. En avril 2002, la coalition gouvernementale formée par les socio-démocrates et les écologistes vote l'abandon de l'énergie nucléaire dans le cadre du « consensus de l'atome », négocié préalablement avec les groupes exploitant les centrales afin de prévenir tout risque de contentieux relatif à l'indemnisation à laquelle ces entreprises auraient pu prétendre. En 2005, le système européen d'échange des droits d'émission de dioxyde de carbone est créé, en pleine connaissance de la décision de Berlin de fermer ses réacteurs à partir de 2022, un choix qui logiquement aurait dû entraîner l'accroissement de la part des énergies fossiles dans la production de l'électricité en Allemagne. En 2009, la nouvelle coalition gouvernementale formée par la CDU-CSU et le FDP décide de revenir sur ce « consensus de l'atome » et reporte la fermeture des centrales à partir de 2036. Une loi prorogeant la durée de leur fonctionnement est votée l'année suivante (huit années pour les centrales entrées en fonction avant 1980, quatorze années pour celles entrées en fonction après), mais l'énergie nucléaire reste considérée comme une simple *« énergie-relais à l'époque des énergies renouvelables »*. Les investissements étant amortis, les exploitants sont assujettis à des prélèvements estimés à 30 milliards €, correspondant à la moitié des gains obtenus grâce à la prolongation de la durée

180 À son apogée, en 1988, l'industrie nucléaire allemande comptait 22 réacteurs pour une puissance totale installée de 24 791 MW. Une faible partie a été construite à la fin des années 1960 (6,9 %), l'essentiel l'étant dans les années 1970 (75,9 %). Aucune nouvelle centrale ne fut construite après 1982.

181 Alors que les économies à planification centralisée se retrouvaient en situation de quasi-faillite, les autorités publiques de l'Allemagne réunifiée mirent en œuvre une stratégie de long terme en faveur des énergies renouvelables, reposant sur des prix élevés garantis sur vingt ans, des mécanismes incitateurs assurant la rentabilité des investissements privés dans ce secteur et les mettant à l'abri des fluctuations de prix de gros de l'électricité. Il n'était pas question d'abandonner la transition énergétique au libre jeu des forces du marché.

d'exploitation des unités, ceci afin de contribuer au financement de la transition énergétique.

L'accident de Fukushima va fournir l'occasion à la chancellerie d'infléchir à nouveau sa position. Un moratoire de trois mois pour les sept centrales les plus anciennes et pour le réacteur en panne de Krümmel (soit 41 % de la puissance nucléaire totale) est imposé et les dix-sept réacteurs sont soumis à des *stress tests*. De vifs débats animent alors la scène politique allemande qui, sous la pression des manifestations, s'interroge sur la date de sortie du nucléaire – on évoque les années 2015, 2017 et 2022. Une commission d'éthique, composée de représentants des églises, des syndicats, des instituts de recherche et du monde économique, est chargée d'étudier les conséquences de l'abandon de l'atome, tant concernant la fourniture d'électricité que la sécurité des approvisionnements extérieurs. Fin juin 2011, s'appuyant sur les conclusions du rapport remis un mois plus tôt par cette commission[182], le gouvernement opte pour la sortie de l'énergie nucléaire en 2022 et la fermeture des réacteurs dont le fonctionnement fait déjà l'objet d'un moratoire. Le gouvernement CDU-CSU-FDP finit donc par entériner en 2011 la décision arrêtée par la coalition SPD-Verts en 2002, qui prévoyait déjà l'abandon du nucléaire à partir de 2022. Le plan adopté en 2011 est évidemment moins progressif que celui adopté en 2002, mais les prélèvements additionnels sont maintenus.

1.3. La transition énergétique, nouveau grand projet économique de l'Allemagne

La répartition des sources d'énergie utilisées pour produire de l'électricité depuis la réunification de l'Allemagne depuis vingt-cinq ans met en évidence une stratégie à long terme poursuivie avec constance et détermination. Si l'on se penche sur les variations à court terme, déterminées par les arbitrages entre les différentes sources d'énergie en fonction de leurs prix, on observe depuis 2008 une accélération des investissements dans les énergies renouvelables.

En 2010, le gouvernement allemand, soutenu par une coalition CDU-CSU-FDP, a publié un plan plus ambitieux que celui alors défendu par la Commission européenne visant à accélérer la transition énergétique[183] (tableau 83). Les prévisions de ce plan ne

---

182 La composition de cette commission permet de prendre la mesure de la distance culturelle entre l'Allemagne et la France. Dans une république laïque, il est exclu de consulter les représentants des églises sur un sujet extérieur à leur champ de compétences. Dans le cas allemand, les arguments retenus ont été essentiellement de nature philosophique (responsabilité vis-à-vis des générations futures concernant la radioactivité des déchets, déficience de l'analyse des risques fondée sur le calcul des probabilités, impossibilité d'évaluer les dommages en cas d'accident majeur) et non économique ou technique. Ce rapport a été rédigé alors que les causes et les conséquences de l'accident de Fukushima n'étaient pas connues : c'est davantage un plaidoyer pour la transition énergétique rédigé par les représentants des principaux groupes de pression.

183 La consommation d'énergie primaire en Allemagne a atteint 325 millions de tep en 2013. À l'horizon 2050, les prévisions fluctuent entre 110 (Greenpeace), 140 (WWF), 170 (ministère de

constituent pas seulement un document élaboré à des fins strictement politiques ou incantatoires (à l'instar du souhait exprimé en 2008 par le président des États-Unis[184] de produire, à horizon 2035, 80 % de l'électricité à partir de « sources propres », en incluant le « charbon propre ») : c'est une feuille de route, dépourvue de valeur juridique, énonçant les objectifs généraux vers lesquels les acteurs sont supposés s'orienter pour réaliser la transition énergétique, cette dernière étant néanmoins assimilable, à l'image de l'ancienne planification indicative à la française, à une « ardente obligation ». Les positions traditionnellement défendues par le ministère de l'Environnement l'ayant emporté sur celles du ministère de l'Économie qui a fini par s'y rallier, tout retour en arrière semble d'autant moins vraisemblable que ce sont dorénavant les deux ministères qui sont chargés de piloter le processus de transition.

Le contrat de gouvernement conclu entre les partis politiques formant la grande coalition actuellement au pouvoir (CDU-CSU-SPD) a depuis confirmé les objectifs fixés en 2010, tout en prévoyant une réforme du régime des subventions afin de contrer toute dérive financière, une limitation contestée par la mouvance écologiste. Deux axes sont soulignés à cette occasion : une augmentation élevée de la production d'électricité générée à partir des énergies renouvelables ; une optimisation systématique de la production, du transport et de la consommation d'électricité, afin d'augmenter de manière radicale l'efficacité énergétique. De nombreuses simulations pour évaluer la faisabilité technologique et économique de ce programme ont été réalisées et l'Institut pour le climat, l'environnement et l'énergie de Wuppertal, l'un des principaux *think tanks* soutenant la transition énergétique dans le pays, a synthétisé les différents objectifs poursuivis (tableau 84). Néanmoins, il est erroné d'affirmer que ces objectifs soient compatibles les uns avec les autres.

---

l'Économie) et 190 millions de tep (selon les quatre principaux fournisseurs d'électricité – E.ON, RWE, EnBW, Vattenfall – qui réalisent encore les deux tiers de la production d'électricité du pays). Ces prévisions relèvent autant de projections fondées sur l'évolution des cadres macro-économiques que d'objectifs volontaristes énoncés par des organismes en fonction de leurs tropismes idéologiques, de leurs préférences explicites ou implicites et de leurs intérêts. Certains aspects sont manifestement irréalistes, comme la volonté de doter l'Allemagne d'un parc automobile à motorisation électrique d'un million de véhicules à horizon 2020, même s'il a été confirmé par le pouvoir politique.

184 "*We can't drill our way out of the problem. That's why I've focused on putting resources into solar, wind, biodiesel, geothermal*" (Barack Obama, 2008). Ses annonces de juillet 2015 s'inscrivent dans la continuité de la politique énergétique définie sous les deux mandats Clinton (1992-2000).

Tableau 83 – Objectifs quantitatifs du plan allemand de transition énergétique[185]

	2011	2020	2030	2040	2050
Émissions de gaz à effet de serre (par rapport à 1990)					
Diminutions des émissions	-26,40 %	-40 %	-55 %	-70 %	-80% / -95 %
Efficacité énergétique					
Consommation d'énergie primaire (par rapport à 2008)	-6 %	-20 %	-	-	-50 %
Productivité énergétique (consommation finale d'énergie en taux annuel)	2 % (période 2008-2011)	2,10 %	2,10 %	2,10 %	2,10 %
Consommation brute d'électricité (par rapport à 2008)	-2,10 %	-10 %	-	-	-25 %
Logement					
Besoins en chauffage	-	-20 %	-	-	-
Besoins en énergie primaire	-	-	-	-	Ordre de grandeur de -80 %
Assainissement des logements (en taux annuel)	environ 1 %	-	-	-	Doublement tendanciel à 2 %
Transport					
Consommation d'énergie finale (par rapport à 2005)	environ -0,5 %	-10 %	-	-	-40 %
Énergies renouvelables					
Part dans la consommation brute d'électricité	20,30 %	au moins 35 %	au moins 50 %	au moins 65 %	au moins 80 %
Part dans la consommation finale brute d'énergie	12,10 %	18 %	30 %	45 %	60 %

Source : *Energiekonzept für eine umweltschonende, zuverlässige und bezahlbare Energieversorgung,* 28 septembre 2010

185 Les objectifs déterminés *ex ante* pour les énergies renouvelables en Allemagne ont été remplacés par des « couloirs de développement » énonçant des seuils et des plafonds : en 2015, 40 à 45 % de la production d'électricité doit être assurée par des énergies renouvelables et en 2035 entre 55 et 65 %. Des plafonds ont été également déterminés pour chacune de ces énergies renouvelables afin de contenir la surproduction et les effets d'aubaine, et surtout en vue de créer un mix diversifié qui comprenne l'ensemble des technologies (y compris la plus onéreuse, mais également la plus prometteuse comme l'éolien *offshore*).

Tableau 84 – Objectifs qualitatifs du plan allemand de transition énergétique

Objectifs génériques	Objectifs opérationnels
Préservation des ressources énergétiques fossiles.	Remplacement du pétrole et du gaz naturel.
Protection du climat.	Diminution des émissions de dioxyde de carbone.
Renforcement des économies locales et régionales et création d'emplois.	Substitution aux importations d'hydrocarbures.
Passage d'un capitalisme oligopolistique à un capitalisme atomisé et décentralisé.	Diminution du pouvoir des énergéticiens et stimulation d'une économie reposant sur une pluralité d'acteurs.
Diminution des risques de guerre visant à s'assurer le contrôle de ressources.	Réduction de la dépendance vis-à-vis des principaux exportateurs d'hydrocarbures.
Minimisation des risques relatifs aux approvisionnements nationaux en énergie.	Réduction des risques de pénurie, des risques techniques et des risques macro-économiques (consécutifs à la volatilité des prix des hydrocarbures importés).
Stabilisation des débouchés à l'exportation pour le XXIe siècle.	Exportation des techniques requises pour la valorisation des énergies renouvelables et le développement des systèmes énergétiques durables.
Renforcement de la cohésion sociale.	Système énergétique plus démocratique, plus décentralisé, plus flexible, plus prévisible.

Source : Institut pour le climat, l'environnement et l'énergie de Wuppertal, *Gemeinschaftsprojekt Energiewende*, 2014

L'augmentation de l'efficacité énergétique constitue le second pilier du processus de transition (tableau 85). Elle a beaucoup progressé depuis 1990 : la consommation d'énergie primaire par habitant baisse, comme la consommation d'énergie primaire et d'électricité par unité de PIB. Seule la consommation d'électricité par habitant augmente, conséquence de la dissémination des énergies renouvelables et de la généralisation des technologies de l'information et de la communication. Les variations annuelles sont heurtées et elles ont été plus marquées lors de la crise économique de 2008-2009 que dans la première partie des années 1990, lorsque la majeure partie de l'économie des *Länder* orientaux s'est effondrée, entraînant la fermeture des usines peu efficaces mais très polluantes. Durant les années 1980, la situation économique des *Länder* orientaux avait connu une longue stagnation, la faiblesse du niveau de la production limitant la consommation d'énergie et les émissions de substances polluantes (pourtant supérieures à celles de la partie occidentale de l'Allemagne). La rupture des séries statistiques intervenue avec la réunification limite la portée des analyses, celles élaborées pour la partie occidentale étant, de plus, d'un niveau de fiabilité réputé supérieur à celles estimées pour la partie orientale.

Tableau 85 – Évolution à long terme de l'efficacité énergétique de l'Allemagne

	Consommation d'énergie primaire par habitant (gigajoules par habitant)	Consommation d'énergie primaire / PIB (gigajoules pour 1 000 euros)	Consommation d'électricité par habitant (KWh par habitant)	Consommation d'électricité / PIB (KWh pour 1 000 euros)
1990	186,9	8,3	6 852,1	306,6
1991	182,0	7,8	6 722,0	288,1
1992	176,8	7,5	6 580,6	279,1
1993	175,9	7,6	6 490,4	279,3
1994	174,0	7,3	6 509,3	274,1
1995	174,4	7,2	6 619,8	275,1
1996	179,8	7,4	6 673,7	275,8
1997	178,1	7,2	6 701,6	272,4
1998	177,0	7,1	6 785,5	270,7
1999	174,3	6,8	6 782,3	266,0
2000	175,1	6,7	7 046,0	268,4
2001	178,1	6,7	7 097,7	266,9
2002	174,8	6,6	7 116,5	267,9
2003	176,9	6,7	7 278,5	275,1
2004	176,7	6,6	7 390,2	276,2
2005	176,6	6,5	7 449,2	276,1
2006	180,2	6,4	7 529,6	268,7
2007	172,7	6,0	7 558,7	260,9
2008	175,4	6,0	7 539,2	256,8
2009	165,4	5,9	7 106,1	254,5
2010	173,9	6,0	7 526,1	259,0
2011	169,3	5,5	7 554,0	247,2
2012	167,0	5,4	7 538,9	245,6
2013	171,3	5,6	7 390,1	240,5
Variations	**-8,35%**	**-32,53%**	**7,85%**	**-21,56%**

Source : *Arbeitsgemeinschaft Energiebilanzen e. V.*, 2014

La mesure de l'efficacité énergétique est problématique, car le ratio met en relation des grandeurs physiques, mesurées par des compteurs, avec un artefact statistique supposé évaluer la production annuelle d'une économie : le statut statistique des numérateurs et des dénominateurs est de nature différente.

Ce remarquable succès dans le domaine l'efficacité énergétique peut paraître surprenant, l'Allemagne étant réputée l'un des pays européens les moins désindustrialisés. En réalité, comme dans les autres nations post-industrielles, certaines usines à forte intensité énergétique ont été délocalisées dans les contrées émergentes (les pays est-européens sont en partie intégrés au système industriel allemand). C'est pourquoi l'augmentation de l'efficacité énergétique passe désormais par l'adoption de normes de consommation plus rigoureuses dans les secteurs du bâtiment et des travaux publics, de la construction électrique et de l'électroménager. Mais leur application s'avère d'autant plus coûteuse que les conditions climatiques sont beaucoup plus rigoureuses en comparaison des pays océaniques et méditerranéens. Une fois de plus, ce sont les contraintes naturelles qui obligent les États à se soumettre à une plus grande discipline. De plus, les investissements immobiliers en Allemagne ayant été massifs de 1992 à 1998, et compte tenu du profil démographique du pays, le taux de renouvellement des logements devrait être particulièrement lent dans les années à venir.

2. Aux sources de la transition énergétique allemande

2.1. Les conditions facilitatrices

La mise en conformité avec la lettre et l'esprit du droit européen de la concurrence

Le développement des énergies renouvelables en Allemagne s'est trouvé favorisé par l'achèvement du grand marché intérieur européen. Les directives de la Commission visant à intensifier la concurrence dans le secteur de l'énergie ont contraint les fournisseurs à dissocier les activités de production de celles de gestion des réseaux, et donc de transport et de distribution de l'électricité jusqu'aux consommateurs finals. Elles ont favorisé aussi l'émergence de nouveaux acteurs et abouti à réorganiser une branche marquée jusqu'alors par une forte intégration verticale (depuis l'extraction du charbon jusqu'à la distribution de l'électricité), même s'il a toujours existé outre-Rhin une pluralité de producteurs d'électricité, à la différence de la France,.

L'obligation pour les propriétaires de réseaux de distribution d'électricité d'assurer une parfaite égalité de traitement entre les différents fournisseurs d'énergie et de ne pratiquer aucune discrimination, quelles que soient la taille et la technologie de ces fournisseurs, a été un paramètre décisif. Si les producteurs d'électricité renouvelable n'avaient pas été autorisés à se raccorder aux réseaux existants (à des conditions rendant envisageable la remise en cause de la position dominante de l'électricité d'origine fossile et nucléaire), jamais ce secteur n'aurait pu connaître un tel développement. Il s'agit néanmoins d'une condition nécessaire, mais non suffisante : les directives européennes, transcrites dans les droits nationaux de l'ensemble des États-membres, n'empêchent pas un développement effectif des énergies renouvelables très inégal selon les cas[186]. Il convient d'adapter les cadres légaux, mais l'application effective des normes légales et réglementaires dépend des stratégies poursuivies par les différents acteurs, tant publics que privés. Le développement des énergies renouvelables n'aurait pas pu se dérouler à un rythme aussi rapide sans la volonté des pouvoirs publics.

L'intervention des pouvoirs publics

Accompagnant la stratégie européenne, l'impulsion des autorités publiques a joué un rôle primordial dans la transition énergétique. Le développement des énergies renouvelables constitue une illustration paradigmatique de la contestation des rentes acquises et de la nécessité du soutien public à la diversification et au renouvellement de l'offre[187]. Si une législation appropriée n'avait pas été appliquée, il aurait été quasiment impossible aux nouveaux compétiteurs de contester les positions acquises par les grands énergéticiens sur le marché domestique de l'électricité, un bien par nature fongible[188].

L'Allemagne se caractérise par une longue tradition de subventions publiques au secteur de l'énergie. La RFA a massivement subventionné l'exploitation charbonnière, un transfert (*Kohlenpfennig*) qui a longtemps fait l'objet d'un consensus transpartisan, à la différence de la situation au Royaume-Uni. Le pays ne possédant pas de champs pétrolifères, son mix énergétique ne représentait pas une entrave à la reconstitution de sa puissance économique, alors que le poids du charbon dans l'économie britannique a pu être considéré comme l'une des causes de son déclin entre 1950 et 1980[189]. En outre, la réunification a doté l'Allemagne de ressources en lignite compétitives dans les *Länder* orientaux (exploitation automatisée et réalisée à ciel ouvert par d'immenses excavatrices), ce qui a hâté la fermeture des dernières mines souterraines et les

---

186 Les directives de Bruxelles ne fixent que des standards *a minima*, transcrits dans les droits des États-membres qui disposent donc de la faculté d'adopter des normes plus rigoureuses. L'augmentation de l'efficacité énergétique ne peut être obtenue que si des règles toujours plus exigeantes sont imposées aux différents secteurs économiques. Les droits de la construction dans les pays du Nord de l'Europe prévoient des normes en matière d'isolation des bâtiments plus contraignantes qu'au Sud du continent, conformément aux conditions climatiques locales.

187 L'éolien a été abondamment subventionné dès son lancement en 1989. Le projet Growian (une éolienne dotée d'une turbine de 3 MW et d'un diamètre de 100 mètres) date néanmoins de 1980 : en fonctionnement entre 1983 et 1986, il fut abandonné en raison de difficultés techniques récurrentes.

188 La qualité du courant alternatif se mesure à la capacité du producteur d'électricité de maintenir constante sa fréquence à la milliseconde près. Un creux de tension correspond à un effondrement bref de cette tension (de quelques millisecondes à quelques secondes), une surtension impulsionnelle signifie un pic très bref, un papillonnement équivaut à des fluctuations rapides et relativement faibles. Le maintien de la tension à des niveaux durablement bas et hauts (en deçà de 90 % et au-delà de 110 % des valeurs admises) est d'autant plus perturbateur qu'il s'étend sur plusieurs minutes.

189 Ce qui expliquerait l'intensité du conflit social qui a opposé le gouvernement conservateur aux mineurs britanniques dans la première partie des années 1980.

subventions versées au secteur charbonnier ont depuis enregistré un fort recul (de 4,25 milliards € en 2000 à 1,79 en 2012).

L'existence d'un large consensus politique

La transition énergétique est un objectif bénéficiant d'un consensus au sein de la classe politique et de la population, les élites économiques étant plus divisées car les intérêts des grands groupes énergétiques ne coïncident pas avec ceux des producteurs d'électricité renouvelable ou des constructeurs d'infrastructures électriques. Si le parti écologiste en est le soutien le plus solide, les autres organisations politiques y sont également favorables. Les partis conservateurs considèrent que la transition énergétique permet de développer un secteur à haute intensité technologique dans lequel l'industrie allemande possède une véritable avance, tout en réduisant la dépendance énergétique du pays vis-à-vis des multinationales pétrolières anglo-saxonnes[190]. Et la CSU défend d'autant plus ardemment le développement de ces nouvelles énergies (principalement le solaire et la biomasse) que les revenus complémentaires qu'elles génèrent profitent à sa base électorale (les agriculteurs, l'artisanat et les PME localisées dans les zones rurales). C'est pourquoi les énergies renouvelables ont bénéficié d'un soutien de plus en plus manifeste, mais souvent discret, de la part de la coalition CDU-CSU-FDP au pouvoir entre 1982 et 1998, tandis que l'industrie nucléaire entamait une phase de déclin et que les projets de construction de nouveaux réacteurs étaient abandonnés (tableau 86).

Le parti social-démocrate, émanation du mouvement syndical, a pris acte du déclin des industries traditionnelles : les bastions ouvriers – qui demeurent ses fiefs électoraux – sont frappés d'un recul irréversible et il a dû s'adapter à la nouvelle configuration de l'économie du pays, même si certaines de ses sections continuent de défendre les énergies carbonées, en particulier en Rhénanie-Westphalie, berceau de l'industrie minière et métallurgique. Mais l'affaiblissement du SPD, qui a bénéficié au parti écologiste, n'est pas seulement imputable à la profonde transformation que l'économie allemande a subi depuis les deux premiers chocs pétroliers : la réunification a joué également un rôle décisif, ainsi que l'évolution des mentalités.

Le consensus de la classe politique semble difficile à remettre en cause et les divergences opposent principalement les partis soutenant le lobby charbonnier (le SPD,

---

190 L'OCDE conseille à ses États-membres de conserver une capacité de production d'électricité inemployée d'environ 5 % afin de faire face aux pics de demande. Avec la fermeture de huit centrales nucléaires (soit 8 % de la capacité totale de la production), l'offre s'est temporairement contractée de façon significative en Allemagne. En février 2012, alors que les conditions météorologiques stimulaient la demande et réduisaient le recours possible aux énergies renouvelables, il a fallu faire appel à une vieille centrale électrique à pétrole située à Graz en Autriche pour éviter que l'alimentation en électricité du pays ne soit interrompue. Les industries à haute intensité technologique sont majoritairement implantées dans les provinces du Sud de l'Allemagne. Comme leur consommation en électricité tend à croître, elles sont les premières menacées par une rupture d'approvisionnement, alors que la principale source d'énergie renouvelable (l'éolien) est surtout localisée au nord du pays.

le syndicat IG BCE et les grands énergéticiens) et ses adversaires les plus résolus (les écologistes). L'actuelle grande coalition au pouvoir (CDU-CSU-SPD) est consciente qu'abandonner l'énergie nucléaire est irréversible et que l'électorat, animé par un fort tropisme anti-nucléaire, préfère une moindre maîtrise des émissions des gaz à effet de serre à un moratoire sur la sortie de l'atome. Les employés du secteur nucléaire ne bénéficient plus guère de relais au sein de la classe politique, tout comme les grands groupes énergétiques qui exploitent les réacteurs, entrés dans une phase de déclin qui leur impose de repenser leurs modèles économiques.

Tableau 86 – Démantèlement progressif de la filière nucléaire en Allemagne entre 1985 et 1995

	Fermeture ou abandon d'installations nucléaires en RFA
1985	Fermeture de la centrale nucléaire de Kahl mise en service en 1962.
1988	Interruption du fonctionnement de la centrale nucléaire de Mülheim-Kärlich après une année d'exploitation commerciale (annulation d'une nouvelle autorisation d'exploitation en 1995 par la cour administrative d'appel de Rhénanie-Westphalie en raison d'évaluations insuffisantes des conséquences d'un tremblement de terre).
1988	Abandon des travaux de construction de l'usine de retraitement des combustibles usagés de Wackersdorf (ces opérations étant confiées à la France et au Royaume-Uni).
1989	Fermeture du réacteur de Hamm-Üntrop (un réacteur à haute température alimenté au thorium de 300 MW) pour des raisons techniques et commerciales.
1991	Fermeture du surgénérateur de Kalkar (réacteur rapide refroidi au sodium de 300 MW), terminé en 1985, mais jamais entré en service pour des raisons de sécurité. Entre 1971 et 1974 fonctionna le premier surgénérateur allemand KNK-I à Karlsruhe, auquel succéda le KNK-II en 1977. Un projet de centrale nucléaire de 2 000 MW (SNR-2000) sur ce site fut abandonné.
1993	Abandon définitif de la centrale de Wyhl (2 réacteurs de 1 300 MW chacun) dont la construction avait commencé en 1975.
1995	Fermeture de la centrale nucléaire de Würgassen en raison de fissures de la cuve du réacteur.
	Fermeture ou abandon d'installations nucléaires en RDA
1990	Fermeture de la première centrale nucléaire de RDA, Rheinsberg, entrée en service en 1966 et mise hors service pour des raisons de sécurité deux années avant la date de fermeture prévue.
1990	Fermeture des quatre réacteurs en fonctionnement de la centrale de Lubmin (le réacteur 5 était déjà hors service et la construction des réacteurs 6, 7 et 8 arrêtée faute de repreneur en raison des risques techniques et financiers).

Les initiatives citoyennes et la conscience environnementale

Produites par un grand nombre de structures disséminées sur le territoire, les énergies renouvelables concurrencent en premier lieu les quatre grands groupes producteurs d'électricité. Même les centrales électriques gérées par les collectivités territoriales se sont trouvées remises en cause. Si les collectivités ont joué un rôle de pionnier dès les années 1980, le groupement *100 Prozent Erneuerbare-Energie-Regionen* associe 130 villes, districts et régions qui doivent composer avec un petit millier de coopératives énergétiques ainsi qu'avec de nombreux villages bio-énergétiques. Au total, plus d'1 million de personnes ont réalisé des investissements dans le secteur afin de profiter de la rémunération garantie pour la production d'électricité.

S'il est vrai que la transition énergétique remonte *de facto* aux deux premiers chocs pétroliers et qu'elle a été progressivement mise en œuvre ces vingt-cinq dernières années, les thématiques environnementales ont été instillées de manière continue dans l'inconscient collectif allemand et les populations, traumatisées par les conséquences de l'industrialisation et de l'urbanisation, s'y sont montrées réceptives dès la fin du XIXe siècle. La précocité d'une conscience environnementale caractérise certains pays pionniers dans l'industrialisation (Allemagne, Suède, mais aussi États-Unis), contrairement aux vieux pays ruraux comme la France où la nature était d'abord perçue comme un ennemi qu'il convient de domestiquer et de maîtriser pour améliorer le sort des masses paysannes.

L'enracinement de ces thématiques environnementales rendait d'autant plus aisée la fermeture de la parenthèse nucléaire, et ce, en dépit du coût important de ce renoncement accéléré, estimé à plusieurs dizaines de milliards €, et bien que les *stress tests* aient surtout mis en évidence les risques encourus en cas d'attaque aérienne, sans révéler ni erreur de conception ni dysfonctionnement ; et même si le prolongement de l'exploitation dans des conditions de sécurité maximales aurait impliqué un programme d'investissement certes important, mais en aucun cas dissuasif. Le transfert du pilotage de la sortie du nucléaire au ministère de l'Économie atteste des raisons économiques qui ont justifié l'abandon de cette filière, seule l'élimination de ce concurrent fortement compétitif à court terme permettant la montée en puissance des énergies renouvelables.

L'importance des marges de manœuvre énergétiques de l'Allemagne

L'abandon du nucléaire et le développement des énergies renouvelables doivent être compris comme la stratégie typique d'un pays disposant de réels degrés de liberté économiques et technologiques. Cette décision peut même paraître désinvolte et provocatrice car la pénurie énergétique frappe une grande partie des populations des pays émergents et en développement et constitue la première entrave à l'égalisation tendancielle des niveaux de vie entre nations. Seul un pays riche peut faire un tel choix, inimaginable pour la quasi-totalité des nations : renoncer volontairement à des capacités de production d'électricité compétitives sur le plan économique et sûres sur le plan technologique. Le nucléaire continue de représenter un espoir pour les États très peuplés et pauvres en énergie (Bangladesh, Chine, Inde, Pakistan, Vietnam, voire Indonésie, Nigeria, Philippines) ou pour des nations rentières qui préfèrent recourir à l'atome pour produire leur électricité plutôt que d'utiliser des énergies carbonées, prolongeant ainsi l'exploitation de leurs rentes (EAU, Russie, Arabie Saoudite et Pologne).

Berlin possède de l'énergie carbonée (lignite et charbon) en abondance. Ce qui aurait pu constituer un frein à toute politique de transition énergétique lui confère une solution de repli au cas où la transition énergétique se heurterait à des obstacles difficilement surmontables. Le pays dispose d'une véritable latitude de manœuvre et d'une solution de substitution qui fait défaut à ses principaux concurrents européens et explique aussi la compétitivité de son économie : dès la Première Guerre mondiale, faute d'avoir accès aux gisements de pétrole, l'Allemagne a développé des technologies permettant la production de carburants de synthèse à partir de charbon.

A contrario, tout en étant confrontée aux mêmes dilemmes stratégiques que dans les autres pays industriels, la filière nucléaire outre-Rhin ne s'est jamais située à la pointe de l'innovation technologique : la position de la France dans ce secteur reste difficilement contestable, du moins en Europe, ce qui explique l'ancienne association de Siemens avec Areva pour le développement de l'EPR. La remarquable percée du groupe de Munich dans l'éolien était incompatible avec le développement d'une activité nucléaire compétitive et la concentration de ses ressources dans les domaines où il peut bénéficier d'une position dominante répond à une logique rationnelle. La sortie du nucléaire est dictée par des raisons purement économiques : les ressources de l'Allemagne ne sont pas suffisantes pour développer une industrie compétitive dans toutes les filières énergétiques et elle a concentré ses forces dans les secteurs où elle peut faire prévaloir ses atouts stratégiques.

Une spécialisation productive favorable

Même si l'Allemagne demeure la première puissance industrielle d'Europe, c'est bien la tertiarisation de son économie et la fermeture ou la délocalisation de nombreux sites liés à l'industrie lourde qui facilitent la transition énergétique. C'est pourquoi le renchérissement du coût de l'énergie ne constitue pas un facteur susceptible de remettre en cause les fondements de sa compétitivité, du moins tant qu'il demeure raisonnable. La facture énergétique a augmenté, passant de 1 % du PIB en 1999 à 4 % en 2012, principalement à cause des hydrocarbures, mais, grâce au développement des énergies renouvelables, l'Allemagne dégage dorénavant un solde positif pour ses échanges internationaux d'électricité, alors qu'elle se trouvait précédemment dans une situation d'équilibre.

Parmi les autres grands pays post-industriels, aucun ne réunit à un tel degré les conditions requises à la sortie des énergies fossiles (y compris l'uranium). Aux Etats-Unis, le pouvoir des multinationales du pétrole qui contrôlent une grande partie du charbon du pays est trop puissant. Les conditions naturelles au Japon sont peu favorables au développement des énergies renouvelables, même si l'arrêt des centrales nucléaires après l'accident de Fukushima a prouvé que son système énergétique était résilient. Quant à la France, elle est tributaire de son tropisme nucléaire et aucun autre grand pays européen ne possède d'entreprise véritablement dominante dans le secteur des infrastructures électriques.

2.2. Les finalités de l'Energiewende

Tout mix énergétique résulte de la nécessité (l'exploitation des ressources nationales) et du volontarisme politique, ce qui limite la pertinence des comparaisons internationales. Les objectifs de la transition énergétique allemande, de nature politique, économique et technologique, sont conformes aux intérêts spécifiques du pays. Mais ils ne peuvent pas être transposés tels quels à l'extérieur de ses frontières, d'autant que la diffusion au plan mondial de technologies non matures constituerait une grave erreur stratégique. Il faut mettre en perspective ces finalités en tenant compte des contraintes qui s'imposent à Berlin.

La convergence entre transition énergétique et lutte contre le changement climatique

Les niveaux d'émission des gaz à effet de serre sont la conséquence directe des mix énergétiques des pays. Il convient cependant de ne pas intervertir l'ordre des facteurs et de resituer les décisions dans leur contexte. Lorsque le gouvernement français opta pour le développement de l'atome au cours des années 1960, il poursuivait des objectifs politiques (remédier à l'épuisement des ressources charbonnières et limiter la dépendance aux importations d'hydrocarbures) et économiques (desserrer la contrainte extérieure), en aucun cas des finalités environnementales. Si la France est, comparativement aux autres pays occidentaux, un pays vertueux sur le plan environnemental, c'est en grande partie à son corps défendant. Et les populations urbaines de l'Hexagone, épargnées des émanations de centrales thermiques alimentées au charbon et au lignite qui rendent l'atmosphère des villes d'Europe centrale et orientale irrespirable en période hivernale, n'ont pas toujours conscience des bienfaits environnementaux et sanitaires que l'énergie nucléaire leur procure.

Paradoxalement, la volonté de Berlin de sortir du nucléaire est contradictoire avec le projet de limiter les émissions de gaz à effet de serre. Ce paramètre distingue *a priori* la politique allemande de l'énergie, qui met l'accent sur les sources renouvelables et paraît en cohérence avec les objectifs généraux de la transition énergétique, de celle des Etats-Unis qui ont misé sur le développement de nouvelles technologies pour exploiter les ressources en énergies fossiles, les hydrocarbures extraits des roches-mères localisées sur leur territoire, et ont entrepris des guerres néocoloniales[191] en Iraq et en Lybie pour faciliter la valorisation de leurs potentiels pétroliers. En réalité, la politique allemande est facilitée par l'élimination d'un concurrent compétitif, l'énergie

---

191 Pendant la période coloniale, les métropoles européennes étaient autonomes sur le plan énergétique, à l'exception du pétrole importé des États-Unis, d'Indonésie, d'Iran et du Venezuela (voire d'Union Soviétique, mais secrètement et pour des quantités limitées). La dépendance aux importations en matières premières énergétiques est véritablement apparue une fois que les anciennes colonies eurent accédé à l'indépendance, surtout en raison de la forte progression de la consommation en pétrole dans les pays de l'OCDE, suite au développement de la civilisation de l'automobile et à la disparition du charbon pour les usages domestiques.

nucléaire, et conserve une solution de repli, le charbon (et surtout le lignite), dont la combustion est, certes, fortement émettrice de gaz à effet de serre, mais une source d'énergie qu'aucun autre pays au sein de l'Union européenne ne possède dans des volumes aussi importants (sans compter que son exploitation demeure compétitive, à la différence de la Pologne et de la République tchèque). S'il est abusif de parler de double-jeu de la part de l'Allemagne, la « vertu » du choix de Berlin doit être remise en perspective.

La transition énergétique en tant que relais de croissance économique

À l'occasion de la crise de 2008, il est apparu qu'une croissance tirée par les exportations et une insertion toujours plus poussée dans la division internationale du travail plaçaient l'économie allemande dans une situation de grande vulnérabilité. Il était nécessaire, comme en Chine, de trouver des relais de croissance durables. L'accélération de la transition énergétique constatée depuis 2008 correspond à cette phase de recentrage.

La période de reconstruction des *Länder* orientaux (1992-1998) avait montré les limites d'un modèle de développement autocentré : une fois les infrastructures construites ou rénovées et après les surinvestissements réalisés dans le secteur immobilier, il était apparu que ces régions ne possédaient pas les ressources suffisantes pour entretenir leur propre dynamique de croissance. Elles étaient devenues dépendantes des importants transferts en provenance de l'Ouest du pays puisque leurs coûts de production étaient initialement sans rapport avec leur valeur ajoutée (à cause de l'alignement prématuré des salaires des nouveaux *Länder* sur ceux des anciens ; mais, dans un pays politiquement unifié, il était impossible de maintenir des écarts de rémunération aussi importants que ceux existant entre l'ex-RFA et l'ex-RDA). Et les transferts financiers dont les *Länder* orientaux continuent de bénéficier sont sans commune mesure avec ceux que les pays d'Europe centrale et orientale perçoivent de la part des institutions européennes.

Néanmoins, la transition énergétique pouvait représenter une chance de développement pour l'Allemagne dans son intégralité. Depuis l'achèvement de la phase intensive de la réunification (1998), l'économie du pays se caractérise par l'un des taux d'investissement les plus bas au sein de l'OCDE, les entreprises ayant procédé à des investissements massifs à l'étranger en délaissant le territoire national[192], tandis que les collectivités publiques réduisaient leurs apports financiers après avoir doté les *Länder* orientaux en infrastructures et afin de maîtriser leur endettement. Le secteur des énergies renouvelables (mais non celui des équipements énergétiques), par nature difficilement délocalisable, a donc constitué un ressort important de la croissance, longtemps languissante, du pays.

---

192 La compétitivité de l'industrie allemande est obtenue prioritairement grâce aux investissements réalisés dans les nations émergentes, importantes consommatrices de biens d'équipement industriel, et dans les pays limitrophes aux coûts salariaux inférieurs, ainsi que grâce aux investissements immatériels (dépenses de R&D).

Le rôle de la transition énergétique dans le renforcement de l'industrie électrique allemande n'a pas été non plus négligeable. La spécialisation du pays dans les équipements et les matériels électriques remonte à la deuxième révolution industrielle, avec la création de Siemens et d'AEG. La transition énergétique lui permet de poursuivre son développement dans un secteur où le pays se trouve à la pointe de l'innovation technologique, sans oublier les excédents extérieurs importants, avec l'automobile, la chimie et la machine-outil. Seules les nations disposant d'une réelle expertise dans les technologies liées à la production et à la distribution de l'énergie peuvent s'engager dans une telle voie, en limitant leur dépendance aux importations d'équipements destinés à la génération d'électricité à partir de sources renouvelables. Toutefois, cet argument doit être relativisé dans la mesure où les pays possédant des entreprises puissantes dans le secteur des équipements électriques (États-Unis, France, Japon, Suisse) sont bien moins avancés dans la transition énergétique que l'Allemagne.

Le rééquilibrage des niveaux de développement entre les différents Länder

Dans une optique plus régionale, le secteur des énergies renouvelables devenait aussi une issue pour contrer l'effondrement du tissu économique de la partie orientale de l'Allemagne : une réunification politique aussi rapide n'avait pas été anticipée et cette extraordinaire circonstance historique a été exploitée pour mener une politique aussi bien volontariste qu'opportuniste en matière de transition énergétique.

L'économie de la RDA, obérée par un très fort endettement contracté auprès des banques de la RFA, se trouvait dans une situation de quasi-banqueroute financière depuis le deuxième choc pétrolier et elle était frappée d'une obsolescence technologique irrémédiable. Si l'on prend en compte la faillite du système industriel localisé dans sa partie orientale, l'Allemagne est le pays européen qui a connu la plus profonde désindustrialisation. Comme il est vite apparu que le secteur électronique, rudement concurrencé par les nouveaux pays industriels asiatiques, ne pouvait pas constituer l'ossature d'un renouveau économique à l'Est, les *Länder* orientaux ont alors constitué une zone expérimentale pour développer les énergies renouvelables.

Les limites de la réunification allemande

Aucun autre pays ouest-européen n'a été soumis à un choc exogène d'une ampleur comparable à l'absorption d'un autre pays en situation de quasi-faillite : son impact a été bien supérieur à celui des crises bancaires qui ont frappé les pays de la périphérie de l'Europe, puisqu'il revenait à augmenter la population du pays d'un tiers, alors que le PIB par habitant des nouveaux *Länder* correspondait globalement au tiers de celui des anciens.

La socio-économie des deux zones géographiques a subi des changements radicaux et irréversibles. C'est à partir de la réunification que l'Allemagne a cessé d'être une nation de grande taille en mesure de concilier prospérité économique et justice sociale. Dès 1998, l'impossibilité de faire bénéficier les nouveaux *Länder* des mêmes droits sociaux qu'à l'Ouest est apparue évidente car les transferts requis pour assurer leur financement auraient remis en cause la compétitivité de l'ex-RFA, tandis que le tissu économique de l'ex-RDA était trop faible pour pouvoir les financer : seule une réforme de l'État social pouvait permettre de restaurer la compétitivité de l'Allemagne réunifiée. La montée de la pauvreté en Allemagne et l'accroissement des inégalités tirent en partie leur origine des bouleversements socio-économiques résultant de la réunification.

Dans la mesure où ce secteur d'activité est subventionné par le biais de prix de rachat de l'électricité garantis, il peut également être considéré comme un mécanisme de soutien à l'économie des zones les moins développées du pays (l'Est et, dans une moindre mesure, le Nord)[193], au sein d'un espace national où les écarts de PIB par habitant entre régions restent élevés un quart de siècle après la réunification. De fait, les énergies renouvelables ont permis de réduire les écarts de développement avec les régions les plus riches où se trouvent la plupart des industries à haute valeur ajoutée (Bade-Wurtemberg, Bavière, Hesse).

À un clivage Est-Ouest, s'en ajoute donc un second, traditionnel dans d'autres pays : Nord-Sud. Mais cette opposition cache en réalité deux complémentarités en termes de ressources renouvelables, entre l'éolien des *Länder* du Nord et le solaire des *Länder* du Sud et de Saxe :

- Complémentarité saisonnière : lorsque le pays connaît des phases d'ensoleillement, surtout en été, les régions situées au sud peuvent exporter le surplus d'électricité solaire vers le nord, alors que les flux s'inversent lors des périodes venteuses des saisons intermédiaires.
- Complémentarité diurne : l'énergie éolienne peut prendre le relais pendant les phases de basse consommation, en particulier aux périodes nocturnes quand l'énergie solaire est inopérante (tableau 87).

193 Basse-Saxe, Schleswig-Holstein, Mecklembourg-Poméranie occidentale, Brandebourg.

Tableau 87 – Diffusion des éoliennes sur le territoire allemand[194] (en MW)

Régions	Potentiel prévu pour 2024 (MW)	Potentiel installé en 2014 (MW)	Nombre d'éoliennes en fonctionnement depuis 2002	Répartition du potentiel prévu pour 2024 (MW)	Répartition du potentiel installé en 2014 (MW)	Répartition du nombre d'éoliennes en fonctionnement depuis 2002
Mer du Nord	13 200	993	235	12,8%	2,5%	0,9%
Basse-Saxe	14 500	8 190	5 784	14,0%	21,0%	22,6%
Schleswig-Holstein	13 000	5 165	3 407	12,6%	13,2%	13,3%
Mer Baltique	2 900	51	22	2,8%	0,1%	0,1%
Mecklembourg - Poméranie occidentale	8 600	2 564	1 681	8,3%	6,6%	6,6%
Brême	200	152	81	0,2%	0,4%	0,3%
Hambourg	100	53	57	0,1%	0,1%	0,2%
Rhénanie du Nord-Westphalie	11 000	3 711	3 057	10,6%	9,5%	11,9%
Saxe-Anhalt	5 500	4 245	2 607	5,3%	10,9%	10,2%
Berlin	100	4	2	0,1%	0,0%	0,0%
Brandebourg	8 400	5 493	3 396	8,1%	14,1%	13,2%
Sarre	800	205	121	0,8%	0,5%	0,5%
Rhénanie-Palatinat	6 250	2 800	1 568	6,0%	7,2%	6,1%
Hesse	3 700	1 170	817	3,6%	3,0%	3,2%
Thuringe	4 310	1 136	746	4,2%	2,9%	2,9%
Saxe	1 200	1 093	879	1,2%	2,8%	3,4%
Bade-Wurtemberg	4 700	549	407	4,5%	1,4%	1,6%
Bavière	5 000	1 500	772	4,8%	3,8%	3,0%
Total	**103 460**	**39 074**	**25 639**	**100,0%**	**100,0%**	**100,0%**

Source : Fraunhofer IWES, *Windenergie Report 2014*

Conjuration de l'angoisse et participation citoyenne

Les arguments invoqués pour justifier la voie dans laquelle l'Allemagne s'est engagée révèlent une logique sous-jacente, d'ordre psychologique : la conjuration de l'angoisse. Cette politique vise à éliminer la peur des accidents nucléaires, de la contamination radioactive, de la destruction irréversible de l'environnement naturel, la crainte des chocs pétroliers et de la dépendance vis-à-vis de fournisseurs étrangers (mais non de la dépendance vis-à-vis des clients à l'exportation), la peur de l'implication dans des guerres étrangères menées pour le contrôle des matières premières, la peur des troubles sociaux que l'épuisement des ressources fossiles ne manquerait pas de

194 En Allemagne, les éoliennes *onshore* sont installées majoritairement sur des surfaces agricoles (95,2 %), des forêts (3,3 %), des zones industrielles et urbaines (1 %) et côtières (0,5 %).

susciter et, plus fondamentalement, l'angoisse de la disparition d'un certain style de vie à l'allemande. Il existe une congruence entre la transition énergétique et les désirs de la population allemande : le culte des prouesses technologiques, le repli sur la mère-patrie enfin réunifiée et l'isolement vis-à-vis d'un monde extérieur instable et en proie à des déchaînements de violence. Parmi les pays européens adaptés à la mondialisation, donc présentant des comptes extérieurs excédentaires, l'Allemagne est le seul pays, avec l'Autriche (voire le Danemark, mais qui a longtemps importé de l'électricité produite par les réacteurs implantés en Suède), à avoir renoncé à l'énergie nucléaire, à la différence de la Finlande, de la Suède et des Pays-Bas. La transition énergétique permet à Berlin de se présenter comme un pays pionnier, tout en menant une politique de plus en plus isolationniste.

Mais la transition énergétique est aussi en congruence avec un projet de nature plus politique, fortement porteur en Allemagne. Il existe une théorie selon laquelle la forme de gouvernement est liée au système énergétique[195] – et plus largement économique – prévalant dans une société donnée. Or la transition énergétique est indissociable d'un modèle polycentrique de gouvernement, reposant sur la participation des citoyens, la décentralisation des prises de décision et la mise en responsabilité directe des autorités politiques locales. Tout le contraire du modèle de gouvernement des sociétés qui privilégient l'énergie nucléaire, où la prise de décision est centralisée à l'extrême, le plus souvent dans le plus grand secret, aux mains des élites politiques et économiques. Cette dernière option favorise les très grandes entreprises, voire les quasi-monopoles publics, au détriment des PME – mais les parcs éoliens à la puissance installée supérieure à 100 MW sont assimilables à de véritables centrales électriques que seules les entreprises ayant atteint une taille critique peuvent financer et exploiter.

3. Bilan et perspectives de l'*Energiewende*

3.1. Un bilan de la transition énergétique à nuancer

Des prix de l'électricité élevés

Dans la grande diversité des prix de l'électricité en Europe, l'Allemagne se caractérise par les tarifs les plus élevés du continent, aussi bien pour les entreprises (avec deux îles méditerranéennes, Chypre et Malte, pour le moment dépourvues de ressources et, surtout, l'Italie, où les prix garantis de rachat de l'électricité produite ont généré d'importants profits d'aubaine) que pour les ménages (avec le Danemark, l'autre pionnier dans les énergies renouvelables). La fixation de prix élevés et garantis pour l'achat d'électricité renouvelable se traduit par des prix de vente également élevés. Les pays possédant des rentes naturelles (Norvège) ou technologiques (France) bénéficient d'un avantage comparatif qui renforce leur compétitivité. Mais les tarifs –

195 C'est la thèse défendue par Jeremy Rifkin (*L'économie hydrogène – Après la fin du pétrole, la nouvelle révolution économique*, La Découverte, Paris, 2002), en particulier dans le chapitre « Grandeur et décadence énergétiques des civilisations » (p-87).

apparemment bas – pratiqués dans les pays balkaniques doivent être rapportés au faible pouvoir d'achat de leurs populations. Et si l'on examine les hausses les plus importantes sur la période récente (2007-2014), elles concernent d'autres États : les baltes, en raison de la fermeture de la centrale nucléaire de Lituanie et de l'importation d'électricité à des prix très élevés de Russie, et les pays méditerranéens en crise (Chypre, Espagne, Grèce, Malte et Portugal) qui se trouvent cependant dans des situations différentes : les mieux placés produisent leur électricité à partir de la combustion d'hydrocarbures ; ceux qui ont misé sur les énergies renouvelables sont frappés par la réduction des subventions allouées à la transition énergétique à cause de la crise de leurs finances publiques.

La mise en concurrence de la distribution finale d'électricité en Allemagne a permis aux consommateurs d'opter pour un courant obtenu selon le mode de génération de leur choix, auprès de producteurs certifiés par des labels. Mais la désintégration de la filière électrique n'a pas entraîné les effets sur les prix que le renforcement de la concurrence était supposé apporter : les écarts de prix sont évalués à environ 10 % sur l'ensemble du territoire (tableau 88). En effet, la structure du marché de l'électricité repose sur une asymétrie fondamentale :

- D'un côté, les offreurs vendent les quantités produites à un prix théoriquement supérieur au coût marginal de production. Or les exploitants recourent aux unités de production qui disposent des coûts marginaux les plus bas (donc l'éolien et le solaire, au coût marginal quasiment nul), mais ces énergies doivent être disponibles : les centrales, amorties depuis longtemps (hydraulique, nucléaire, charbon, gaz), servent d'unités de production se substituant aux énergies renouvelables lorsque, de par leur nature intermittente, elles ne sont pas disponibles[196].
- De l'autre côté, la demande finale, qui résulte de l'agrégation des demandes individuelles d'un nombre très élevé de consommateurs, est inélastique au prix à court terme. Les prix qui se forment sur les marchés de gros ne reflètent ni l'offre, ni la demande en électricité, mais uniquement la capacité des producteurs qui disposent d'une offre additionnelle à répondre à la demande dans des conditions d'optimisation de leur rentabilité. C'est pourquoi la désintégration de la filière électrique et l'introduction de mécanismes régulateurs marchands ne sont pas suffisants pour rentabiliser les installations générant de l'électricité à partir d'énergies renouvelables.

[196] Les *backup generators* servent d'unités de production de secours, de soutien et de rechange. Les investissements supplémentaires à consentir dans les unités de production d'électricité à partir d'énergies carbonées et qui se substituent aux sources d'énergies intermittentes doivent être compris dans les coûts de production des énergies renouvelables.

Tableau 88 – Comparaison des prix de l'électricité en Europe (en centimes par KWh et en indices – valeur 100 pour l'Allemagne en 2007)

Pour les entreprises	2007	2013	2007	2013	Pour les petits consommateurs	2007	2013	2007	2013
Allemagne	9,02	12,73	100,00	141,13	Allemagne	21,50	29,21	100,00	135,86
Belgique	8,41	10,00	93,24	110,86	Belgique	16,83	22,15	78,28	103,02
Bosnie-Herzégovine	-	6,57	-	72,84	Bosnie-Herzégovine	-	7,96	-	37,02
Bulgarie	5,06	6,30	56,10	69,84	Bulgarie	7,21	8,82	33,53	41,02
Danemark	8,77	9,72	97,23	107,76	Danemark	24,01	29,36	111,67	136,56
Estonie	4,47	8,98	49,56	99,56	Estonie	7,86	13,67	36,56	63,58
Finlande	5,61	7,17	62,20	79,49	Finlande	11,49	15,59	53,44	72,51
France	5,29	7,42	58,65	82,26	France	12,22	15,89	56,84	73,91
Grèce	6,73	10,70	74,61	118,63	Grèce	9,84	16,97	45,77	78,93
Irlande	10,86	11,64	120,40	129,05	Irlande	19,18	24,05	89,21	111,86
Italie	12,40	15,91	137,47	176,39	Italie	20,30	23,23	94,42	108,05
Croatie	6,29	7,99	69,73	88,58	Croatie	9,84	13,50	45,77	62,79
Lettonie	4,99	10,65	55,32	118,07	Lettonie	7,29	13,58	33,91	63,16
Lituanie	6,27	11,34	69,51	125,72	Lituanie	8,70	13,91	40,47	64,70
Luxembourg	9,15	7,23	101,44	80,16	Luxembourg	16,45	16,46	76,51	76,56
Malte	9,18	16,00	101,77	177,38	Malte	9,18	17,00	42,70	79,07
Macédoine	-	6,98	-	77,38	Macédoine	-	7,80	-	36,28
Monténégro	-	6,16	-	68,29	Monténégro	-	10,54	-	49,02
Pays-Bas	8,73	8,32	96,78	92,24	Pays-Bas	17,41	19,15	80,98	89,07
Norvège	6,41	7,13	71,06	79,05	Norvège	14,98	17,78	69,67	82,70
Autriche	8,12	9,78	90,02	108,43	Autriche	17,40	20,18	80,93	93,86
Pologne	6,93	7,53	76,83	83,48	Pologne	13,80	14,37	64,19	66,84
Portugal	6,87	10,25	76,16	113,64	Portugal	15,62	21,31	72,65	99,12
Roumanie	7,90	7,06	87,58	78,27	Roumanie	11,41	12,79	53,07	59,49
Serbie	-	5,08	-	56,32	Serbie	-	6,08	-	28,28
Suède	5,82	6,72	64,52	74,50	Suède	16,13	20,46	75,02	95,16
Slovaquie	9,52	11,49	105,54	127,38	Slovaquie	13,70	16,78	63,72	78,05
Slovénie	7,47	8,42	82,82	93,35	Slovénie	11,16	16,57	51,91	77,07
Espagne	8,32	10,80	92,24	119,73	Espagne	14,00	22,73	65,12	105,72
Rép. tchèque	7,78	9,55	86,25	105,88	Rép. tchèque	10,63	14,93	49,44	69,44
Turquie	6,20	7,59	68,74	84,15	Turquie	9,01	13,14	41,91	61,12
Hongrie	9,93	9,61	110,09	106,54	Hongrie	12,96	13,26	60,28	61,67
Royaume-Uni	9,44	11,03	104,66	122,28	Royaume-Uni	14,81	17,97	68,88	83,58
Chypre	12,84	18,97	142,35	210,31	Chypre	15,73	24,81	73,16	115,40

Source : Eurostat, *Statistiques énergétiques*

Les prix pour les entreprises (consommation annuelle entre 2 000 et 20 000 KWh) incluent toutes les redevances et taxes, à l'exception de la TVA. Les prix pour les petits consommateurs (consommation annuelle entre 2 500 et 5 000 KWh) comprennent toutes les redevances et taxes plus la TVA.

Au final, la transition énergétique allemande est d'abord supportée par les ménages[197] et les petites et moyennes entreprises[198] qui consomment une électricité produite à partir d'énergies non renouvelables. La forte augmentation des tarifs [199] a renchéri en moyenne le coût de la vie de 1,1% pour les ménages (et de 3% dans les cas les plus défavorables), augmentant la précarité énergétique (à hauteur de 1,7 millions sur les 5 millions d'Allemands frappés au total)[200].

Subventions et profits d'aubaine

Les capitaux considérables mobilisés par l'économie de l'énergie en font une économie de la subvention, une activité où la rentabilité des investissements ne peut être obtenue que grâce à des transferts directs ou indirects. Mais les dispositions légales adoptées pour rentabiliser des activités économiques qui, dans les conditions technologiques actuelles et confrontées à la concurrence d'autres sources d'énergie, ne sont pas rentables se sont transformées en effets d'aubaine générateurs de rentes : des distorsions favorables avant tout aux producteurs d'électricité à partir d'énergies renouvelable, la fixation d'un prix garanti d'achat entraînant des surinvestissements, mais profitables aussi à certaines catégories de consommateurs car plusieurs classes de prix ont été introduites afin de tenter de limiter les distorsions et de prévenir les comportements aberrants. Ainsi, de grandes entreprises (1 720 en 2013) bénéficient d'un régime spécial de compensation. L'autoproduction d'électricité échappe ainsi à la taxe EEG (celle fixée par la *Erneuerbare Energien Gesetz*), et également les producteurs locaux d'électricité renouvelable (principaux bénéficiaires de la transition énergétique) qui la revendent directement à des consommateurs finals, de même que 30 % de la consommation d'électricité[201].

La capture de la rente par le producteur d'énergie renouvelable s'est d'autant accentuée qu'au mécanisme de surproduction sont venues se greffer des économies

---

197 Le prix moyen de l'électricité pour les ménages est 2,3 fois supérieur à celui des entreprises.

198 Fin 2013, la part des coûts de production, de transport et de distribution dans le prix moyen de l'électricité pour les entreprises (51,14 %) excédait celle des ménages (49,84 %) – le solde est constitué de taxes. Néanmoins, compte tenu du niveau moyen élevé de rentabilité des entreprises allemandes, l'augmentation du prix de l'énergie n'a pas porté préjudice à leur compétitivité.

199 Le poids des prélèvements obligatoires augmente continument depuis 1998 (création de l'impôt sur le courant électrique).

200 Bontrup & Marquardt (2015). Il n'est pas à exclure un recul du trafic passager pour les entreprises ferroviaires, puisqu'elles doivent répercuter l'augmentation des prix de l'électricité sur leurs tarifs. Cela se traduit, soit par une augmentation de la circulation automobile, soit par une baisse de la mobilité pour la fraction de la population non motorisée. Dans les deux cas, la transition énergétique entraîne une augmentation des inégalités sociales et spatiales.

201 Pour reprendre la trilogie de Fernand Braudel, les principales conséquences de la transition énergétique s'inscrivent dans les « *structures du quotidien* », même si c'est une politique décidée à l'échelon fédéral et si les entreprises produisant les équipements nécessaires à sa réalisation sont mondialisées.

d'échelles et des réductions des coûts de production. La localisation d'une bonne partie de la fabrication des panneaux solaires en Chine, et les effets mécaniques des économies d'échelle induites, n'avaient pas été anticipés, de même que la réduction de deux tiers de leurs coûts entre 2007 et 2013[202]. Les producteurs d'énergie photovoltaïque ont dès lors bénéficié d'une distorsion majeure, d'autant plus importante que les installations sont récentes et donc productives, puisque, en raison des prix garantis, les gains de productivité ne sont pas répercutés sur les prix à la consommation. La production d'électricité d'origine solaire dans les zones rurales méridionales du pays génère ainsi des revenus qui expliquent leur apparente prospérité (Bavière) : elle constitue un complément de revenu, parfois substantiel, pour certaines catégories socioprofessionnelles disposant de surfaces importantes, comme les agriculteurs[203]. *A contrario*, la baisse accélérée des prix des panneaux solaires a eu pour conséquence la faillite d'une grande partie de l'industrie allemande dans ce secteur, majoritairement localisée dans les *Länder* orientaux[204], un effondrement qui n'est donc pas imputable à des investissements inconsidérés.

Les subventions versées aux producteurs d'électricité et les dépenses fiscales en faveur de certaines catégories de consommateurs ont un impact considérable sur les finances publiques allemandes. Rapportés au PIB, ces surcoûts liés aux énergies renouvelables sont nettement supérieurs aux subventions versées aux charbonnages lorsque la production de houille était à son apogée dans le pays. Financés par des prélèvements obligatoires incorporés aux prix de l'électricité, ils sont estimés en 2014 à 19,4 milliards €, soit une multiplication par 10 en douze ans. Le coût direct de la transition énergétique en Allemagne peut être estimé à environ 0,75 % du PIB et le montant cumulé des investissements en une décennie à 120 milliards €.

---

202 À titre de comparaison, Lévêque (2013,) mentionne une étude indiquant que le prix du KWh d'origine éolienne diminue de 10 % lorsque la capacité de production est multipliée par deux. Cet écart important s'explique par le fait que les panneaux solaires sont des objets techniques de petite taille fabriqués de manière standardisée sur des chaînes automatisées alors qu'une éolienne est une mini-centrale électrique au coût unitaire beaucoup plus élevé. Les économies d'échelle sont d'autant plus fortes que les volumes cumulés des objets produits sont importants. Selon l'Institut allemand de recherche Fraunhofer spécialisé dans les technologies solaires, pendant les trente-trois dernières années, chaque fois que la production cumulée des panneaux photovoltaïques a été multipliée par deux, leurs prix ont enregistré, en moyenne, une baisse de 20 %.

203 Fin 2010, les exploitants d'installations produisant de l'électricité d'origine solaire en Allemagne se répartissaient entre les particuliers (39,3 %), les agriculteurs (21,2 %), les artisans et les petites entreprises (19,2 %), les investisseurs financiers (8,1 %), les entrepreneurs dans l'énergie solaire (8,3 %), les quatre grands énergéticiens (0,6 %), les autres entreprises allemandes productrices d'énergie (2,2 %), les entreprises étrangères productrices d'énergie (0,5 %), les producteurs régionaux (0,4 %) et d'autres organismes (0,6 %).

204 Solar AG, Q-Cells, Sovello, filiale de Solar First localisé à Francfort-sur-l'Oder, Centro-Therm, Solarhybrid, Solar Millenium, Odersun. Conformément à la division du travail instaurée par la mondialisation, la Chine assure la production des panneaux solaires, une activité énergivore, fortement consommatrice en eau, et génératrice de nuisances et de pollutions, tandis que l'Allemagne exporte les machines-outils utilisées à cette fin.

Un bilan contrasté en termes d'emplois et de croissance

Le ministère allemand de l'Environnement évalue actuellement à 380 000 les emplois créés dans les énergies renouvelables. Compte tenu du mode de financement de ces énergies, ces créations ont été rendues possibles non par des subventions versées directement aux producteurs d'électricité renouvelable (du moins dans la majorité des cas), mais grâce à l'ensemble des dispositions législatives qui rendent rentable une telle activité (principalement les prélèvements obligatoires incorporés dans les prix finals de l'électricité). Cette branche ne fait guère exception car, par le passé, le financement des infrastructures énergétiques avait également bénéficié de transferts publics. Par ailleurs, le secteur du renouvelable subit une cyclicité tout aussi intense que les autres domaines de l'économie. C'est pourquoi il a été considéré à tort comme une solution pour recréer une activité économique innovante et durablement créatrice d'emplois dans les *Länder* orientaux. Pour l'Allemagne, il est donc préférable d'exporter des biens d'équipement industriel en Chine et d'importer les panneaux solaires qui y sont fabriqués.

Plus grave, l'*Energiewende* peut tout aussi bien être considéré comme destructeur d'emploi. Les quatre grands énergéticiens du pays (E.ON, RWE, EnBW et Vatterfall) ayant subi la désintégration de leur secteur (séparation entre les activités de production, de transport et de distribution), anticipant la fermeture programmée des réacteurs nucléaires et confrontés à la concurrence des centrales alimentées par du charbon importé des États-Unis (ce qui a rendu non compétitives les unités alimentées par du gaz naturel russe[205]) ont procédé à de nombreuses suppressions d'emplois. La fermeture des mines de charbon dans les anciens bassins de l'Ouest (Ruhr, Sarre) et l'automatisation de l'exploitation du lignite à ciel ouvert à l'Est ont provoqué la disparition de centaines de milliers d'emplois de mineurs. C'est pourquoi, si l'on inclut l'industrie minière, le secteur de l'énergie dégage un solde fortement négatif en matière d'emplois depuis la réunification de l'Allemagne.

Enfin, la situation actuelle pourrait porter préjudice à la compétitivité du cœur du système industriel allemand. Les quatre grands fournisseurs d'électricité enregistrent les plus importantes pertes de parts de marché et les reculs de rentabilité les plus significatifs. Dans la mesure où seules de grandes entreprises possèdent la taille critique pour maîtriser l'ensemble des compétences dans l'économie de l'électricité, leur affaiblissement pourrait se traduire *in fine* par une attrition de la compétitivité du secteur tout entier et par une perte des savoir-faire et des expertises dans un domaine pourtant clé pour l'avenir du pays. Quant à certaines branches énergivores, et parmi les moins susceptibles de répercuter les hausses des coûts en raison de l'intensité concurrentielle

---

205 En Allemagne, la durée moyenne annuelle d'utilisation des capacités de production d'électricité, en heures, est la suivante : de 6 500 à 8 200 pour une centrale nucléaire, de 6 000 à 7 000 pour une centrale à lignite, de 3 800 à 4 500 pour une centrale à charbon, 3 400 pour une centrale à gaz, de 600 à 820 pour un panneau solaire, de 1 500 à 1 700 pour une éolienne *onshore*, de 1 800 à 2 800 pour une éolienne *offshore*, de 4 000 à 4 800 pour une unité hydro-électrique. La durée de fonctionnement des centrales à gaz est trop limitée pour assurer leur rentabilité, ce qui explique la fermeture d'un certain nombre d'entre elles.

(sidérurgie, métallurgie des non-ferreux, cokeries et raffinages, papeteries, industrie chimique), la transition énergétique risque aussi de les frapper fortement et d'accélérer certaines délocalisations.

En somme, la transition énergétique entraîne des conflits de répartition dont les principales victimes sont la partie la plus pauvre de la population allemande, ainsi que les salariés des grands producteurs intégrés d'électricité et les employés des branches industrielles dont la consommation en courant est la plus élevée. Elle contrevient aussi aux intérêts de l'industrie allemande : pour une économie aussi profondément insérée dans la division internationale du travail, l'objectif d'autarcie énergétique ne pouvait être, en tous cas à court terme, que de nature politique.

Une indépendance politique et économique accrue, mais déstabilisatrice

L'économie allemande, combinant compétitivité-prix du fait de ses coûts salariaux comprimés depuis une quinzaine d'années et compétitivité-hors prix grâce au haut contenu en valeur ajoutée de ses produits, dégage des excédents commerciaux considérables, qui ont quasiment annihilé la contrainte extérieure du pays en dépit d'une facture énergétique évaluée à 90 milliards €. Ces excédents constituent cependant l'un des déséquilibres majeurs affectant l'économie mondiale et Berlin est soupçonné de mener délibérément une politique commerciale mercantiliste, préjudiciable à l'ensemble de ses partenaires. Ce qui illustre que l'interdépendance entre les économies nationales ne diminue pas les risques de conflictualité : au contraire, en multipliant le nombre de pays fournisseurs et en contribuant à sécuriser les approvisionnements en matières premières, le développement économique à l'échelle internationale peut paradoxalement avoir un effet belligène. Si le repli autarcique consécutif à la grande dépression des années 1930 a conduit à la Seconde Guerre mondiale, la première mondialisation (1860-1914) a débouché sur la Grande Guerre. L'hypothèse selon laquelle les relations commerciales internationales sont pacificatrices dans les relations interétatiques est donc invalidée.

Les échanges économiques internationaux reposent sur la réciprocité et les pays rentiers ne peuvent s'insérer dans l'économie mondiale qu'en exportant les seules ressources dont ils disposent. C'est pourquoi, du fait du recours aux énergies renouvelables, la contraction des exportations d'hydrocarbures russes à destination de l'Allemagne aura pour conséquence un raidissement des relations politiques entre ces deux pays. Les débouchés du marché allemand pour les groupes énergétiques russes sont beaucoup plus importants que le marché russe pour les exportateurs allemands. La Russie reste captive de ses exportations énergétiques vers l'Europe, alors que l'économie allemande est mondialisée et vise à diversifier géographiquement au maximum ses exportations. En matière de relations commerciales, l'Allemagne et la Russie sont placées dans une fausse situation asymétrique, d'autant que l'équilibre du marché mondial du gaz naturel pourrait se passer de l'offre russe[206].

---

206 L'Australie, l'Iran, le Qatar et le Turkménistan pouvant y suppléer d'un point de vue théorique (tandis que les exportations russes sont indispensables pour assurer l'équilibre du marché

Les controverses relatives au rôle des crises économiques dans le déclenchement des guerres

Il existe deux écoles de pensée défendant des thèses opposées. La première souligne les liens entre guerre et crise économique et elle considère que la guerre est une échappatoire ou une fuite en avant pratiquée par un agresseur pour conquérir les ressources qui lui font défaut. La seconde met en évidence un paradoxe : les guerres éclatent, le plus souvent, après une période de croissance, qui a doté les Etats des moyens leur permettant de réaliser leurs desseins géopolitiques. Comme de nombreux exemples viennent à l'appui de ces deux théories antithétiques, il est logique d'en déduire qu'il est trop réducteur de vouloir établir un rapport de causalité simple entre les situations de belligérance et les cycles économiques. Toute situation conflictuelle doit être examinée en fonction des buts de guerre poursuivis, des gains et des coûts d'opportunité prévisibles consécutivement à une intervention militaire, et cela dans le contexte macroéconomique spécifique né de la mondialisation (autrement dit de l'interdépendance économique croissante des pays potentiellement belligérants).

Mais les tensions internationales découlant de la transition énergétique allemande concernent aussi l'Union européenne. Si la décision de quitter le nucléaire a été avalisée dans le pays à une quasi-unanimité, il semble qu'aucune concertation préalable des partenaires au sein de l'Union n'ait été menée, les plaçant devant le fait accompli. Alors qu'un jugement arbitral de mai 2011 avait condamné Siemens à verser 648 millions € de dommages et intérêts à Areva, co-associé dans la construction du premier *European Pressurised Reactor* (EPR) à Olkiluoto en Finlande[207], le groupe de Munich annonce en septembre de la même année l'abandon de ses activités dans la filière. Il est dès lors illusoire d'évoquer un quelconque axe franco-allemand en matière de politique énergétique. L'EPR sera exploité en Chine, en Finlande, en France, au Royaume-Uni (et peut-être en Inde, voire en Pologne ou en Arabie Saoudite), mais pas outre-Rhin.

La politique allemande écarte encore davantage tout scénario d'une hypothétique Europe de l'énergie. Compte tenu des options divergentes des membres de l'Union en matière de nucléaire, il est difficile d'imaginer une politique européenne commune, sauf concernant les normes de sécurité. La Commission adopte donc une certaine neutralité vis-à-vis de l'atome civil, une position d'autant plus obligée que, à la suite de l'accident de Fukushima, onze pays du continent ont formé à Vienne une alliance contre l'énergie nucléaire : une liste qui comprend des îles trop petites pour rentabiliser un seul réacteur (Chypre, Irlande, Malte), des nations au niveau technologique peu élevé (Grèce, Portugal), de petits pays important ou ayant importé une partie de l'électricité qu'ils

mondial du pétrole, du moins tant que le Venezuela et l'Iran ne sont pas en mesure de développer massivement leurs capacités de production).

207 Les exploitants des centrales nucléaires ayant fait l'objet d'une décision de fermeture ont porté l'affaire devant les tribunaux afin de faire valoir leurs demandes d'indemnisation : s'il est fait droit à leurs requêtes, le coût de sortie de l'énergie nucléaire en sera renchéri d'autant.

consomment de territoires dotés d'unités nucléaires (Danemark, Estonie, Lettonie, Liechtenstein, Luxembourg) et l'Autriche.

Les limites écologiques de la transition énergétique allemande

Les prévisions en matière d'augmentation de l'efficacité énergétique s'avèrent *a posteriori* exagérément optimistes et, surtout, elles ont sous-estimé l'inertie des systèmes technologiques. L'adaptation du parc immobilier existant s'avère très coûteuse et son bilan énergétique demeure incertain : seuls 6 % des bâtiments utilisent exclusivement de la chaleur produite par des sources renouvelables. La croissance du secteur des transports est partiellement incompatible avec une amélioration de son efficacité énergétique et, surtout, une diminution des émissions de dioxyde de carbone, d'autant que la motorisation électrique ne constitue pas un axe prioritaire de développement des constructeurs allemands, à la différence de leurs homologues français et surtout japonais. La combustion des biocarburants – gros accapareurs de terres arables – est génératrice de gaz à effet de serre, de même que celle du charbon et surtout du lignite (plus les charbons sont pauvres en carbone, plus leur combustion génère des résidus polluants). Enfin, il ne semble pas qu'une taxation supplémentaire des émissions de dioxyde de carbone soit envisagée outre-Rhin afin de ne pas porter préjudice à l'industrie automobile, un des principaux piliers du système productif allemand à côté de la chimie et des machines-outils.

La fermeture programmée des centrales nucléaires empêche Berlin de réduire sensiblement ses émissions de dioxyde de carbone, d'autant qu'entre 1997 et 2012 le pays a enregistré une croissance élevée de sa production d'électricité, notamment en comparaison des autres grandes économies européennes. Cette quantité additionnelle d'électricité nucléaire aurait pu être utilisée pour développer l'électro-mobilité (directement via les véhicules à propulsion électrique ou indirectement via l'utilisation de piles à hydrogène), le chauffage électrique et, surtout, les pompes à chaleur (comme dans la quasi-totalité des pays développés, les deux fonctions les plus consommatrices en énergies carbonées sont le transport et le chauffage). La moindre diminution tendancielle de la consommation d'énergie primaire et une progression des énergies renouvelables apparemment inférieure aux prévisions vont rendre l'objectif de réduction de 40 % des gaz à effet de serre en 2020 particulièrement difficile à atteindre[208].

De plus, la sortie programmée de l'atome n'élimine pas tout danger et nuisance du jour au lendemain. Le secteur nucléaire allemand est confronté actuellement à deux défis majeurs :

---

208 Jamais les centrales électriques alimentées au charbon n'ont été autant sollicitées depuis la réunification, en raison de la fermeture des centrales nucléaires. Or, la production d'1 MWh à partir du charbon émet 1 tonne de dioxyde de carbone. Outre le rejet d'oxydes d'azote ou de soufre, de poussières et de suie, la combustion du charbon dégage d'autres polluants comme le mercure qui se dissout à la surface des océans (surtout l'Atlantique Nord). Ainsi, les centrales thermiques au charbon seraient à l'origine de plus des deux tiers des rejets anthropiques de mercure (soit une quantité cumulée estimée entre 60 000 et 80 000 tonnes).

- D'une part, le démantèlement du complexe nucléaire de Lubmin à Greifswald sur la côte baltique, un site ayant connu des accidents qui auraient pu dégénérer en une catastrophe majeure et qui aurait coûté plus de 4 milliards € depuis la réunification. La réhabilitation des sites industriels les plus pollués de l'ex-RDA est une entreprise de longue haleine.
- D'autre part, le stockage des déchets nucléaires fortement radioactifs dans l'ancienne mine de sel de Asse en Basse-Saxe, loin d'être sécurisé. Les connaissances en matière de mécanique des roches sont trop limitées pour pouvoir anticiper les mouvements tectoniques pendant les durées où les déchets nucléaires restent radioactifs et il est exclu de prétendre prévenir l'ensemble des risques, en particulier d'incendie, qu'entraîne l'entreposage de ces déchets dans des sites souterrains. Comme l'ensemble des pays exploitant des réacteurs nucléaires, l'Allemagne est confrontée à un processus long et onéreux, posant des défis technologiques pour lesquels il n'existe actuellement que des solutions partielles.

Au bilan environnemental s'ajoute un débat paysager car les nouvelles énergies ont un impact visuel parfois considérable. La construction de lignes électriques, notamment à haute et très haute tension, suscite souvent la résistance et l'opposition des communes dont les territoires doivent être traversés, en particulier en raison des champs magnétiques induits : c'est pourquoi un grand nombre des nouvelles lignes va être enterré en Bavière. Et la dissémination des microcentrales produisant de l'électricité sur l'ensemble du territoire a conduit à une densification importante des réseaux de distribution de proximité destinés à transporter l'excédent de courant vers les centres de consommation.

3.2. La transition énergétique, entre réformes nécessaires et adaptations prévisibles

La réduction des distorsions induites par la fixation du prix de l'électricité

Confrontée à des dérives similaires à celles observées outre-Atlantique, l'Allemagne est contrainte de réformer un système énergétique connaissant un développement hors de contrôle, générateur de profits d'aubaine et de déséquilibres financiers majeurs. Une telle inflexion se révèle d'autant plus nécessaire que l'objectif de baisse de la consommation, au cœur du dispositif initial (les tarifs élevés pour les particuliers auraient dû induire une diminution de la consommation et donc une évolution dans le même sens de la production), est loin d'avoir été atteint. Réduire les avantages concédés aux offreurs d'énergie renouvelable pourrait dès lors stimuler certains mécanismes d'ajustement automatique susceptibles de comprimer les volumes d'électricité consommée.

En réalité, dans la structure de la consommation des ménages, la part de l'électricité a déjà retrouvé son niveau du début des années 1990 (2,5 %) : en moyenne, la hausse des prix unitaires de KWh est compensée par la baisse des quantités consommées.

Mais les dépenses de transport et de chauffage ont enregistré la plus forte hausse, imputable à l'augmentation continue des prix des hydrocarbures depuis le début des années 2000. Par conséquent, la détérioration de la situation des ménages est prioritairement imputable au troisième choc pétrolier[209].

Par ailleurs, une réforme des mécanismes de financement a été adoptée. Elle a pour finalité de limiter la hausse de la participation EEG, autrement dit d'établir des liens entre les prix de marché et les prix garantis (réduits dès à présent) et *in fine* de déterminer un couloir de développement des énergies renouvelables pour encadrer leur progression. La subvention EEG sera fixée à partir de 2017 en fonction de quantités déterminées *ex ante* et prenant en compte la technologie utilisée. Les régimes particuliers accordés à l'autoproduction et aux grandes entreprises seront rapprochés et harmonisés, et les exonérations devraient être éliminées. Enfin, les nouveaux entrants sur le marché de la production d'électricité devront commercialiser leur production au prix du marché, leurs subventions étant calculées *ex post* en fonction de l'écart entre le prix garanti et celui du marché.

Ces dernières réformes ont été décidées à l'instigation de la Commission européenne afin de rendre ces dispositifs conformes au droit européen de la concurrence, mais sans être imposées unilatéralement par Bruxelles contre la volonté de Berlin : avec la maîtrise des émissions de dioxyde de carbone, la transition énergétique constitue l'un des objectifs que l'Allemagne poursuit avec une grande constance. Le régime des subventions aux énergies renouvelables constituait une distorsion manifeste à la concurrence, mais la Commission n'a entamé de procédures contre Berlin que lorsque leur développement devenait hors de contrôle et que le système d'incitations s'était transformé en une source de profits d'aubaine, contre-productifs pour le bon déroulement de la transition énergétique elle-même. Il existait dès lors un accord tacite pour mettre un terme à la progression exponentielle du coût d'un tel dispositif. Comme souvent, l'influence européenne a été instrumentalisée au niveau national pour imposer aux opinions publiques des mesures susceptibles de soulever des oppositions.

---

209 Les dépenses d'énergie pour le logement sont estimées à 3,2 % en France et à 6,6 % en Allemagne en 2012. En 2007, elles étaient estimées respectivement à 2,7 % et 4,7 % : l'écart tend donc à s'accentuer. Mais il serait abusif d'imputer ces différences au seul prix de l'électricité. Elles peuvent être rapportées à plusieurs variables : le niveau d'ancienneté des logements (et donc leur qualité d'isolation), leur taille (et donc la part des maisons individuelles dans le parc immobilier), leur mode de chauffage (et donc la fréquence du recours au chauffage électrique), le niveau de vie (et donc le taux d'équipement en appareils électriques et électroménagers), ainsi que les paramètres démographiques (l'âge moyen des occupants et la structure archétypale des familles). La majeure partie du climat en France est tempérée, tandis qu'il est semi-continental en Allemagne. En conséquence, les dépenses d'isolation sont plus faciles à rentabiliser en Allemagne qu'en France, les amplitudes thermiques y étant plus prononcées.

Le rôle des chocs exogènes dans les difficultés de la transition énergétique

Les aménagements apportés au système des subventions sont donc logiques car garantir les prix équivaut à encourager la surproduction. Au bout d'un certain temps, il est nécessaire de réintroduire des mécanismes marchands afin de faire converger l'offre et la demande. Le marché de l'électricité en Allemagne n'échappe pas à cette loi. Si le dispositif initialement conçu a connu une dérive à terme insoutenable, c'est principalement car la convergence tendancielle des prix entre l'électricité d'origine renouvelable et l'électricité carbonée ne s'est pas produite. La combinaison de trois facteurs de nature conjoncturelle, non prévisibles *ex ante*, explique cette distorsion des prix, un triple choc exogène qui a freiné le développement de l'électricité renouvelable :

- L'introduction des certificats négociables pour l'émission de dioxyde de carbone dans l'Union européenne aurait pu réduire l'écart entre les coûts des énergies carbonées et renouvelables. Mais, pour le moment, les prix de ces « permis à polluer » sont trop faibles pour qu'ils puissent remplir cette fonction. La crise économique frappant les pays du Sud de l'Europe a réduit la demande en droits à polluer tandis que trop de permis à polluer ont été distribués *ab initio*, stimulant une production alimentée par des coûts de maintien des émissions moins élevés qu'anticipé. Par conséquent, les signaux envoyés par le marché européen des permis d'émission ne sont pas considérés comme fiables et suffisamment incitatifs pour réduire dans des proportions significatives les émissions de dioxyde de carbone.
- Le deuxième choc exogène a été le développement du gaz de schiste aux Etats-Unis, au détriment du charbon dont les excédents ont été bradés sur le marché européen, de sorte que les centrales alimentées au charbon sont redevenues rentables. Dans le cas de l'Allemagne, le déclin tendanciel des combustibles solides a été enrayé, d'autant que, grâce aux prix bas des certificats d'émission de dioxyde de carbone, les vieilles centrales électriques alimentées au lignite dégagent une rentabilité anormale. Comme aux États-Unis, les installations les plus rentables sont amorties depuis longtemps, utilisent comme combustibles les énergies carbonées (solides ou gazeuses) et ne possèdent pas de dispositif pour la capture des émissions de dioxyde de carbone.
- Un troisième choc exogène est intervenu, dont l'effet fut plus ambigu sur les énergies renouvelables : l'arrêt temporaire du fonctionnement des centrales nucléaires au Japon. Cette interruption a entraîné une forte hausse des prix du gaz naturel liquéfié (principalement dans la zone Pacifique) qui s'est répercutée en Europe, annihilant la rentabilité des nouvelles unités alimentées au méthane. Ainsi, les groupes énergétiques ont dû renoncer à développer cette source d'énergie sur le continent (d'autant que la demande en électricité n'a pas connu la progression prévue), entraînant un report sur les énergies renouvelables mais aussi sur le charbon.

La transition énergétique implique des stratégies de long terme, mais les variations conjoncturelles des prix des autres sources d'énergie sont parfois d'une ampleur telle qu'elles peuvent rendre son déroulement financièrement insoutenable. *In fine*, les lois du marché finissent par prévaloir car elles rendent compte de la rareté relative des ressources : comme le soleil et le vent sont inépuisables, leur prix théorique est nul. La réduction programmée du montant des subventions devrait ralentir la croissance des énergies renouvelables alors que les objectifs n'ont pas été revus à la baisse. Mais on admet qu'ils sont en partie irréalistes et procèdent d'un certain volontarisme politique. Comme pour tout secteur où les interventions publiques sont décisives, les objectifs ne peuvent être atteints que si les effets visés l'emportent sur les retombées contre-productives, voire si les politiques menées ne sont pas contrecarrées par les inéluctables effets pervers. Le contre-exemple des États-Unis montre que la politique visant à promouvoir la transition énergétique n'est pas irréversible.

Le retour des grands acteurs de la filière énergétique ?

Le retour à une certaine normalité pourrait aussi se dessiner pour la configuration des acteurs de la filière. Du fait de leur décentralisation et de leur éparpillement territorial, les énergies renouvelables correspondent à un mix adapté aux zones rurales peu densément peuplées[210]. Or, l'Allemagne est un pays fortement urbanisé, surtout dans sa partie occidentale : elle compte 13 villes de plus de 500 000 habitants, 80 comprenant entre 100 000 et 500 000 habitants, et 605 dont la population s'étend de 20 000 à 100 000 individus.

C'est pourquoi la répartition par acteurs de la production d'électricité d'origine éolienne, largement décentralisée (51 % de la puissance installée en 2012 aux mains des investisseurs individuels[211], 39 % pour les structures institutionnelles publiques ou mixtes et 10 % seulement pour les groupes énergéticiens) devrait évoluer. Si les régies communales et les sociétés locales à objet énergétique ont, dans une première phase, constitué un vecteur privilégié de développement, la part des énergéticiens devrait croître dans les années à venir avec le raccordement au réseau des parcs éoliens de la mer du Nord et la concentration se confirmer au fur et à mesure que le secteur s'avère technologiquement fiable et financièrement rentable. L'opposition entre énergies centralisées et décentralisées devrait s'en trouver relativisée, même si, d'un point de vue technologique, les systèmes de production d'énergie centralisés sont plus efficaces que les décentralisés.

***

---

210 Les grandes villes occupent 1 % de la surface de la Terre. Leur croissance est indissociable du recours aux énergies fossiles : elles consomment les trois quarts de l'énergie et elles rejettent les quatre cinquièmes des gaz à effet de serre. Plus de la moitié de la population mondiale vit dans des villes et cette proportion devrait s'élever à 60 % d'ici 2025. L'urbanisation tendancielle constitue donc un obstacle au développement des énergies renouvelables, même si elle libère des espaces ruraux.

211 Les propriétaires individuels possèdent 4 % des capitaux investis, les citoyens réunis au sein de sociétés d'énergie 21 % et les participations indirectes dans des sociétés d'énergie 26%.

L'Allemagne est le seul pays post-industriel à s'être véritablement engagé dans la voie de la transition énergétique, les autres nations cherchant plutôt à diversifier leur mix énergétique en accordant une place, parfois grandissante, aux énergies renouvelables. À bien des égards, elle fait cavalier seul et persévère au moment même où d'autres grandes puissances, à l'instar des États-Unis et du Japon, ont décidé de freiner les investissements en raison des déséquilibres financiers générés. Outre-Rhin, ce n'est qu'à partir de 2017 que le dispositif financier rentabilisant ce type d'investissement sera réformé en profondeur afin de maintenir le coût de la transition énergétique dans des limites supportables.

Pour longtemps encore, le pays se trouve au milieu du gué. Évaluant globalement la réalisation du programme de transition énergétique, l'Institut de l'économie de Cologne estime que :

- les objectifs en termes de sécurité des approvisionnements, de développement des énergies nouvelles et d'efficience énergétique sont atteints à plus de 80 % ;
- les objectifs de renforcement de la compétitivité, de rentabilité et d'extension du réseau électrique à plus de 50 % ;
- l'objectif de protection du climat seulement à 25 %, compte tenu d'une baisse insuffisante des émissions de dioxyde de carbone (voire de leur augmentation) ;
- l'objectif de diminution de la consommation d'électricité a complètement échoué puisqu'elle continue à augmenter.

C'est pourquoi, début juillet 2015, le gouvernement allemand a imposé la fermeture, sur quatre ans, de cinq centrales alimentées au lignite (sur 38), entraînant une réduction de 11 à 12,5 millions de tonnes des émissions de dioxyde de carbone. Il a aussi décidé une augmentation massive des subventions versées aux énergéticiens pour qu'ils remplacent les centrales de cogénération au charbon par celles au gaz.

On peut aussi se demander si la sortie du nucléaire ne s'effectuera pas selon un calendrier plus long que prévu. L'abandon proclamé de l'atome n'est peut-être qu'un effet d'annonce à visée électorale et des centrales peuvent être maintenues secrètement en état de fonctionnement afin de les raccorder au réseau en cas de déficit prononcé des capacités de génération électrique. L'histoire récente de l'industrie nucléaire en Allemagne montre que cette branche, certes jamais au cœur de sa politique énergétique, a connu une histoire chaotique et ponctuée de nombreuses péripéties.

Le paramètre qui pourrait résoudre radicalement la contrainte environnementale de la transition énergétique en Allemagne est l'évolution démographique, la baisse de la consommation en énergie pouvant être facilitée par la contraction future de sa population (70 millions en 2050). L'Allemagne pourrait finir alors par être considérée, à son corps défendant, comme une nation profondément respectueuse des équilibres naturels.

Chapitre 7
La transition énergétique, une opportunité pour l'Afrique

« Quand la hache pénètre dans la forêt, les arbres se rassurent en disant que le manche est des leurs ».

Proverbe africain

La transition énergétique pourrait constituer une opportunité historique pour le développement de l'Afrique subsaharienne. La croissance du continent est structurellement handicapée par une pénurie chronique en énergie et en électricité. La biomasse demeure la principale source d'énergie, tandis que les ressources carbonées y sont rares : l'Afrique occupe toujours la fonction d'exportateur d'appoint, en particulier pour le pétrole et le gaz, et il est très peu probable que leur consommation atteindra à l'avenir les niveaux de l'Asie ou de l'Amérique latine, puisqu'à long terme elle se heurtera à leur raréfaction croissante et à l'augmentation insoutenable de leurs prix.

En revanche, l'Afrique possède un remarquable potentiel hydraulique sous-exploité : la construction de barrages permettrait d'augmenter significativement sa production d'électricité. Quant à son potentiel dans le renouvelable, il est exceptionnel et il n'est pas à exclure que ce continent devienne l'un des principaux producteurs d'énergie au cours du XXIe siècle. Mais ces ressources ne pourront être pleinement valorisées que si des progrès technologiques décisifs permettent d'en augmenter les rendements, et donc d'accroître leur compétitivité. Sauf à les faire subventionner par les pays riches, les énergies renouvelables sont trop onéreuses pour pouvoir être adoptées actuellement par les pays pauvres.

1. La rareté en énergie, entrave au développement économique au sud du Sahara

1.1. Un continent encore aux marges de la mondialisation

Selon la Banque mondiale, l'Afrique subsaharienne a enregistré, pendant la période intensive de la mondialisation (2000-2012), des taux moyens de croissance (+4,8 %) de valeur intermédiaire, entre ceux de l'Asie de l'Est (+8,7 %) et du Sud (+6,6 %) d'une part, et ceux de l'Amérique latine et des Caraïbes (+3,2 %) d'autre part. Les pays les moins avancés – au sens de la nomenclature établie par l'ONU – connaissaient, eux, une croissance de 5,9 % et le Moyen-Orient de 4,4 %. Le continent n'est donc pas resté à l'écart du processus de mondialisation de la production et des échanges ; son rôle demeure pour le moment secondaire, mais non marginal. Espace en devenir, l'Afrique possède d'immenses ressources non encore exploitées, ainsi qu'une population en forte croissance qui pourrait remplir, dans une ou deux décennies, le rôle que la population chinoise a joué durant la phase accélérée de la mondialisation. Pour le moment, la structure de sa pyramide des âges (prépondérance des générations les plus jeunes) l'empêche de remplir cette fonction au sein de la division internationale du travail, alors que la Chine a bénéficié à partir des années 1990 de l'arrivée sur le marché du travail des générations très nombreuses nées deux décennies auparavant pour compenser les pertes occasionnées par le « Grand Bond en avant »[212].

La structure de son commerce extérieur explique la position secondaire de l'Afrique dans la division internationale du travail (tableau 89). Si l'on analyse ses exportations, la part des produits manufacturés est la plus faible alors que le poids des biens agricoles est proche de ceux de l'Amérique du Nord et de l'Europe. Quant aux sorties de matières premières énergétiques et minières, leur part est comparable à celles du Moyen-Orient et de la CEI. Coté importations, l'Afrique se caractérise par la part des produits agricoles la plus élevée et des produits manufacturés la plus faible (exception faite de l'Asie). Ainsi, le continent africain se trouve le moins avantagé dans l'ordre économique mondial résultant de la deuxième mondialisation, incapable de valoriser pleinement (c'est-à-dire de transformer sur place) ses ressources foncières, agricoles, forestières, énergétiques et minières[213]. Pour la majorité des pays africains, la part prépondérante

---

212 La plus grande famine de l'Histoire fut consécutive à la politique de Mao-Zedong qui, en 1958, décréta le « Grand Bond en avant » : en quinze ans, la Chine devait rattraper l'Angleterre. Les campagnes furent affamées car les objets en métal avaient été fondus pour produire de l'acier et à cause des prélèvements sur récoltes effectués par le Parti, fondés sur des surestimations pour être conforme au Plan. L'extermination des oiseaux entraîna la prolifération des rongeurs et insectes, aggravant la destruction des récoltes. Et les prélèvements agricoles furent échangés contre des installations importées d'Union Soviétique et nécessaires à l'édification d'une industrie de base. Trente-six millions de Chinois sont morts de faim, un lourd tribut payé à l'industrialisation forcée du pays, imitant en cela l'URSS des années 1930.

213 Les multinationales asiatiques ont pris le relais des occidentales pour la construction des infrastructures. Elles proposent une offre mieux adaptée aux besoins du continent et leur compétitivité repose sur l'expérience acquise dans leurs pays d'origine. L'ère des « éléphants blancs » n'est pas révolue, mais leurs constructeurs ont souvent changé de nationalité.

des exportations est composée au plus de cinq produits différents (des matières premières soit agricoles ou minérales, soit énergétiques).

Tableau 89 – Structure comparée des importations et des exportations par grandes zones géographiques (en %)

	Produits manufacturés et semi-finis		Produits agricoles		Matières premières énergétiques et minières	
	Exportations	Importations	Exportations	Importations	Exportations	Importations
Amérique du Nord	72,1	75,8	11,0	6,7	16,9	17,5
Amérique latine	30,2	69,4	29,5	9,0	40,3	21,6
Europe	77,2	69,7	10,6	10,5	12,2	19,8
CEI	25,1	77,7	8,9	12,6	66,0	9,7
Afrique	**23,7**	**65,8**	**10,3**	**15,9**	**66,0**	**18,3**
Moyen-Orient	32,2	74,8	2,5	13,0	65,3	12,2
Asie	81,3	62,0	6,7	9,0	12,0	29,0
Monde	68,7	68,7	9,5	9,5	21,8	21,8

Source : OMC, *Rapport annuel 2014*

La croissance africaine repose sur deux piliers :

- D'une part, l'augmentation des prix des matières premières et donc la capacité à capter une part accrue des rentes minières et énergétiques : si l'afro-pessimisme des années 1980 et 1990 a correspondu à une longue phase de déprime des cours des *commodities*, l'afro-optimisme des années 2000 est indissociable d'un cycle haussier exceptionnel pour la majorité d'entre eux.
- D'autre part, et subsidiairement, l'élargissement des marchés domestiques du fait de la croissance démographique, qui rend l'essor du continent désormais non plus exclusivement tributaire de facteurs exogènes.

Mais les cours des matières premières sont variables et l'explosion démographique limite considérablement la progression du PIB par habitant, sans compter que les classes moyennes, au niveau de vie significativement inférieur à celles des pays post-industriels, ne comprennent que 120 à 150 millions de personnes. La croissance de l'Afrique n'est pas imputable à l'augmentation de la productivité des facteurs de production, du moins dans la majorité des cas.

La période récente a mis un terme au processus de rattrapage du continent. En 2013, comme en 1980, la consommation moyenne d'énergie par habitant dans le monde est 4,9 fois supérieure à celle observée en Afrique, et 113,9 fois si l'on exclut l'Algérie, l'Égypte et l'Afrique du Sud. Étant donnée la corrélation entre la croissance de la consommation d'énergie et celle du PIB, cet indicateur confirme que l'Afrique reste peu insérée dans la mondialisation et qu'elle ne bénéficie pas des délocalisations industrielles, à la différence de l'Asie (sauf en Afrique du Nord : aéronautique, automobile et électronique au Maroc, textile en Tunisie et en Egypte). Le niveau de corrélation est légèrement moins élevé concernant la consommation d'électricité, surtout pour un continent où une grande partie de la population n'a pas, ou marginalement, accès à cette source d'énergie[214].

1.2. Un bilan énergétique inégal et tourné vers la biomasse

Le mix énergétique de l'Afrique reflète son état de sous-développement. Du côté des énergies carbonées, la place occupée par chacune d'entre elles a connu une évolution contrastée. La réduction tendancielle du rapport entre la part du continent dans la population mondiale et celle de son poids dans la consommation de pétrole est avérée sur la longue durée, et cela d'autant plus pour le gaz naturel. Mais si l'Afrique accroît ses prélèvements sur la production mondiale des hydrocarbures, ce n'est pas le cas pour le charbon : faible demande en charbon à coke en provenance de l'industrie sidérurgique, recours limité au charbon pour la génération d'électricité (sauf en Afrique du Sud), perte de compétitivité de l'industrie charbonnière en Afrique du Sud (même si entre un cinquième et un quart du carburant automobile y est produit à partir de charbon) face aux nouveaux grands exportateurs (Australie, Indonésie, États-Unis, Russie, Colombie, Mozambique). Toutefois, expliquer le retard du développement industriel de l'Afrique par le manque de charbon occulte deux facteurs essentiels : le développement précoce de la métallurgie sur ce continent et une production très importante de charbon de bois.

Le bilan en termes d'électricité primaire aussi est défavorable à l'Afrique (en faisant abstraction de l'Algérie, de l'Égypte et de l'Afrique du Sud, et plus généralement des pays possédant des rentes énergétiques). Le poids du continent dans la production mondiale d'électricité d'origine nucléaire est marginal : seule l'Afrique du Sud exploite actuellement une centrale (bientôt rejointe par l'Égypte). Pourtant, cette source d'énergie pourrait connaître un certain essor si Pretoria se lançait dans la construction de nouvelles unités (une alternative à la construction de grands barrages en Afrique australe et de nouvelles centrales thermiques alimentées au charbon, voire au développement intensif des nouvelles énergies renouvelables) et si certains pays[215] confirmaient leur volonté de se lancer dans cette voie. Quant à l'hydro-électricité, si la réduction tendancielle du rapport entre la part que l'Afrique représente dans la population mondiale et son poids dans la production d'électricité hydraulique est nettement marquée sur la longue durée, les puissances colonisatrices avaient faiblement équipé en barrages les pays africains sous leur contrôle. Les nouvelles énergies renouvelables (solaire, éolien, géothermie) connaissent actuellement un

---

214 Le niveau de corrélation entre la croissance économique et la production d'électricité dépend de la structure du mix énergétique : dans le cas de l'Afrique, enn 2013, l'électricité représentait 7,5 % de l'énergie primaire contre 13,3 % au niveau mondial.

215 Algérie, Angola, Maroc, Nigeria, voire Ghana, Kenya, Namibie, Niger, Sénégal, Tanzanie, Tunisie.

développement bien moins rapide sur le continent africain que dans le reste du monde, et la part de l'Afrique pour la production d'électricité renouvelable est encore plus réduite par rapport à la production totale d'électricité.

C'est la combustion de déchets et de débris végétaux qui demeure le mode prépondérant en matière de génération d'énergie sur le continent. Selon l'AIE, le mix énergétique de l'Afrique est dominé par la biomasse traditionnelle (61 %), suivie par le charbon (18 %), le pétrole (15 %), le gaz naturel (4 %) et les énergies renouvelables modernes (2 %). Mais si l'on intègre cette biomasse dans les énergies renouvelables, alors, paradoxalement, l'Afrique assume le leadership par rapport aux autres régions du monde[216]. Toutefois, les prélèvements ligneux, opérés pour la couverture des besoins quotidiens des ménages et qui, selon les projections de l'AIE, resteront la première source d'énergie de l'Afrique d'ici 2050, ont un effet destructeur sur l'équilibre des biotopes localisés à proximité des villes. De fait, l'utilisation raisonnée et non prédatrice des végétaux (par une industrie à haute intensité technologique) demeure inexistante, même si les cultures à finalité industrielle provoquent un effet d'éviction, en particulier au détriment des productions vivrières et tropicales destinées principalement à l'exportation[217].

La réduction tendancielle du rapport entre la part de l'Afrique dans la population mondiale et dans la consommation d'énergie primaire est enrayée depuis le début des années 1990. Ce ratio remonte même légèrement depuis le tournant des années 2000, conséquence de l'écart de croissance économique entre l'Afrique et les autres continents. Le taux de motorisation demeure très inférieur à celui de l'Asie et de l'Amérique latine, et l'accès à l'électricité se situe seulement entre 55 et 60 % de la population (56,5 % selon les estimations de l'AIE).

Si les pays qui disposent d'une énergie abondante peuvent être victimes de la « malédiction pétrolière » et si leur niveau de développement demeure très inégal, la pénurie structurelle en énergie, et notamment en courant électrique, constitue un obstacle au décollage des économies. La faiblesse de la production d'électricité limite l'éclairage des bâtiments, et donc la possibilité d'effectuer des tâches manuelles et intellectuelles après le coucher du soleil, alors que les périodes diurnes et nocturnes ont des durées tendanciellement équivalentes au fur et à mesure que l'on se rapproche de l'équateur. Le manque de lumière artificielle constitue un handicap majeur pour les

---

216 Selon les estimations de Jörg Schindler et de Hiromichi Yanagihara (2011), l'Afrique (49%) devance l'Amérique latine (31 %), l'Asie hors Chine (28 %), la Chine (12 %), les États européens non membres de l'OCDE (11 %), les pays de l'OCDE (7 %), la CEI (3 %) et le Moyen-Orient (1 %). Les données relatives à la CEI sont surprenantes compte tenu de l'importance des ressources forestières pour les populations rurales. Pour près de 2 milliards d'êtres humains, le recours à des matières carbonées et végétales brutes constitue l'unique source d'énergie, utilisée essentiellement à des fins domestiques.

217 Les stratégies d'accroissement du contenu en valeur ajoutée des productions locales ne concernent que les premières étapes de la transformation des matières premières. Si une grande partie des billes de bois est dorénavant sciée sur place, ce n'est qu'en 2015 que la première chocolaterie a été ouverte en Côte d'Ivoire.

travaux de lecture et d'écriture, ce qui est préjudiciable au bon déroulement de la scolarité[218]. De plus, le sous-développement des infrastructures (eau et irrigation, énergie et électricité, transports et réseaux routiers, télécommunications) (tableau 90) entraîne une allocation sous-optimale des fonds provenant des trois principales sources extérieures de financement (investissements directs étrangers, aide publique au développement, transferts des immigrés), qui compensent le manque chronique d'épargne domestique, y compris pour les pays rentiers. Et les approches moyennes masquent les disparités régionales : les quelque 600 millions d'Africains qui n'ont pas accès à l'électricité sont localisés dans les zones rurales[219] et la rapide pénétration de la téléphonie mobile en Afrique subsaharienne (à un taux supérieur à celui de l'accès à l'eau courante et à l'électricité) ne doit pas occulter le fait que six pays[220] concentrent la moitié des connexions[221].

Tableau 90 – Comparaison des taux de motorisation par continent (2013)

	Nombre de voitures particulières pour 1 000 habitants	Nombre de véhicules utilitaires pour 1 000 habitants	Taux global de motorisation pour 1 000 habitants
Afrique	24,2	11,9	36,1
Europe	381,1	63,2	444,3
Amérique	239,2	157,7	396,9
Asie	50,7	24,6	75,3
Océanie	432,8	112,0	544,8
Monde	114,2	46,2	160,3

Source : *Verband der Deutschen Automobilindustrie, Tatsachen und Zahlen 2014* (Syndicat de l'industrie automobile allemande, *Faits et chiffres 2014*)

2. La crise énergétique en Afrique du Sud

L'Afrique du Sud demeure la plus importante économie de l'Afrique, même si le Nigeria l'a récemment surpassée pour des raisons strictement comptables (son PIB varie en fonction des fluctuations des cours internationaux des hydrocarbures). Si la crise énergétique qui frappe actuellement ces deux pays illustre les difficultés auxquelles le processus d'électrification se heurte sur le continent, la situation en

218 Les populations n'ayant pas accès à l'électricité pour l'éclairage utilisent le plus souvent le pétrole lampant.

219 Un taux qui tend à augmenter en raison de la pression démographique et de la dégradation continue de l'état des infrastructures électriques.

220 Afrique du Sud, Ghana, Sénégal, Kenya, Nigeria, Tanzanie. La recharge des téléphones portables est assurée par les énergies renouvelables (micro-éoliennes et petits panneaux solaires).

221 Le taux de pénétration d'internet chez les ménages africains est estimé à 16 %.

Afrique du Sud est plus riche en enseignements que dans un pays où l'incurie de l'entreprise nationale d'électricité est palliée par un réseau dense de groupes électrogènes, solution rendue possible, comme en Angola, par l'abondance des produits pétroliers[222].

La consommation d'électricité en Afrique

Le PIB par habitant du Nigeria (5 600 $ en parité de pouvoir d'achat) représente 45 % de celui de l'Afrique du Sud. Le cumul du PIB des deux pays atteint la moitié de celui du continent africain. La consommation d'électricité par habitant au Nigeria (157 KWh en 2012) est comparable à celle du Kenya (156 KWh), du Soudan (158 KWh) et du Togo (147 KWh). Elle est inférieure à celle d'un pays aussi pauvre en énergie que le Sénégal (211 KWh). Elle est très inférieure à celle de l'Algérie (1 244 KWh), du Botswana (1 559 KWh), de l'Égypte (1 797 KWh), du Gabon (1 082 KWh), de la Libye (4 664 KWh), de l'Île Maurice (2 079 KWh), de la Namibie (1 578 KWh), de la Tunisie (1 380 KWh) et de l'Afrique du Sud (4 130 KWh). La consommation moyenne d'électricité par habitant en Afrique (592 KWh) est estimée au cinquième de son niveau mondial (2 960 KWh).

2.1. Un héritage lié au complexe minéralo-énergétique

La situation du secteur électrique en Afrique du Sud n'est pas représentative de celle du continent. Il s'agit d'une nation développée et possédant de très importantes rentes énergétiques et minières : un secteur minier qui contribua à l'électrification précoce du pays (plus de la moitié du courant était consommé par les mines d'or[223] à la fin des années 1940). Et, entre les deux guerres mondiales, le gouvernement sud-africain mena une politique volontariste d'industrialisation afin de créer un capitalisme national susceptible de faire contrepoids aux conglomérats anglo-saxons.

---

222 Afin de tenter de réformer le secteur électrique au Nigeria et constatant l'incapacité de la Power Holding Company of Nigeria à procéder aux investissements requis pour faire face à la demande, le gouvernement a décidé en 2014 de scinder ce conglomérat en dix sociétés de production et en cinq sociétés de distribution. La mise en concurrence des producteurs et l'appel aux investisseurs privés sont supposés pallier la pénurie structurelle en électricité chez le principal producteur et exportateur de pétrole du continent africain. La construction de centrales alimentées au gaz naturel constituerait une solution préférable à la production décentralisée d'électricité à partir d'un nombre très élevé de groupes électrogènes, tout en permettant de recycler le gaz associé, actuellement le plus souvent torché (ce qui provoque la retombée de particules polluantes).

223 Le prix de l'électricité représente un tiers du coût total de production de l'or. Le complexe minéralo-énergétique fut particulièrement énergivore. En 2014, le secteur minier a consommé 14,1 % de l'électricité produite en Afrique du Sud, contre 25 % pour l'industrie, 2,4 % pour l'agriculture, 1,4 % pour le transport ferroviaire et le solde pour les ménages, les administrations et les petites entreprises (électricité transportée majoritairement par les réseaux de distribution contrôlées par les municipalités) ; 5,7 % de la production a été exportée en 2014.

Comme les ressources en hydro-électricité sont limitées sur le territoire, l'Afrique du Sud a exploité sa rente charbonnière. Les compagnies d'électricité privées étant considérées comme peu compétitives car captant une part jugée trop importante de la rente, le gouvernement sud-africain créa dès 1923 un organisme public ayant pour fonction de fournir de l'électricité au plus bas prix possible afin de favoriser l'industrialisation du pays. Escom fut ainsi spécialisé dans la construction de centrales thermiques alimentées au charbon et de plus en plus puissantes. Son expertise technique et sa capacité à faire face à la croissance de la demande en électricité lui permirent de préserver une certaine autonomie vis-à-vis du pouvoir politique, tout en jouant un rôle de pionnier dans la promotion sociale de la majorité noire. Escom était alors considéré comme fournissant une des électricités les moins chères au monde, grâce à un coût du charbon particulièrement bas (tout comme les salaires des mineurs) et à des privilèges fiscaux.

Toutefois, confronté à des surcapacités de production (évaluées à un tiers au début des années 1990 et résultant de l'extrapolation inconsidérée des taux de croissance domestiques enregistrés dans les deux décennies précédentes), Escom perdit la majeure partie de son autonomie en 1987 et devint un instrument au service du pouvoir politique. Rebaptisé Eskom, il aurait dû être privatisé si l'accession au pouvoir de l'ANC en 1994 n'avait annulé ce projet. Depuis lors, un processus de politisation comparable à celui que le groupe pétrolier vénézuélien PDVSA a subi à partir de 2003 a été constaté, marqué par le départ massif de cadres techniques à la compétence avérée et par la nomination de responsables promus en raison de leur seule affiliation politique. Le contrôle d'Eskom est devenu un enjeu de lutte entre les différentes tendances de l'ANC et le symbole du *Black Power Empowerment*[224]. La composition des instances dirigeantes, dépourvues d'une véritable capacité à définir et à mettre en œuvre une stratégie à long terme, est soumise à des changements fréquents, ce qui n'empêche pas un mode de fonctionnement fortement centralisé et la préservation d'une expertise focalisée sur l'exploitation de grandes centrales thermiques alimentées au charbon. Pour le moment, les réformes visant à améliorer la capacité d'Eskom à produire une électricité de qualité en abondance (régionalisation de la distribution, développement de concurrents privés efficaces) ont échoué en raison des conflits d'intérêt qui traversent l'industrie électrique du pays, les antagonismes politiques se surajoutant aux options divergentes en matière de politique énergétique. C'est pourquoi, comme tous les pays émergents, l'Afrique du Sud est confrontée à une pénurie structurelle en électricité qui

---

224 La nomination de responsables appartenant à la majorité noire et la montée en puissance d'un capitalisme noir ayant vocation à se substituer au capitalisme blanc national et étranger, principalement anglo-saxon. La politique du *Black Economic Empowerment* a permis de créer une élite économique issue ou proche de l'ANC dans les secteurs rentiers (administration, banque, mines, import-export). En revanche, cette dernière est peu présente dans les secteurs directement productifs (agriculture et industrie) qui restent contrôlés par les classes techniciennes blanches. La grande médiocrité des services publics en Afrique du Sud rend difficile la promotion sociale au sein des populations défavorisées, quelle que soit leur appartenance ethnique.

entrave sa trajectoire de croissance, plus faible que celle des autres grands pays émergents[225].

Face à ces difficultés en termes d'offre, la demande électrique en Afrique du Sud a fortement progressé : la transition politique s'est traduite par une diminution du potentiel technologique du pays et par un démantèlement partiel de son complexe militaro-industriel, mais aussi par une large démocratisation de l'accès à l'électricité. Si les coupures de courant sont devenues récurrentes depuis 2006 (avec des pics en janvier 2008, en novembre 2013 et pendant toute l'année 2014), c'est parce qu'il existe un écart entre les capacités de production disponibles et la demande. Selon *Statistics of South Africa*, 12,8 des 15 millions de ménages sud-africains sont reliés au réseau électrique (soit 85 % contre 58 % en 1996) : les trois quarts de la population résidant dans les *townships* ont accès à l'électricité grâce à un système de prépaiement (achat auprès de revendeurs via une carte magnétique rechargeable) et, fin 2012, plus de 4 millions de compteurs à prépaiement avaient été installés dans le pays. Sans endiguer complètement la fraude, la transition politique a permis de satisfaire en partie une revendication à laquelle la population noire était particulièrement attachée[226].

Pourtant, la démocratisation de l'accès à l'électricité, qui remplace avantageusement les combustibles carbonés (pétrole lampant, charbon, bois, biomasse) pour couvrir les besoins domestiques, a fait des tarifs un objet permanent de contestation sociale, d'autant que son prix de vente a été maintenu longtemps à des niveaux très bas en raison de la rente charbonnière du pays. Le rétablissement d'une certaine vérité des coûts entraîne dorénavant des augmentations de prix d'autant moins supportées par les consommateurs qu'une partie de la production est détournée par des connexions sauvages et que la fourniture de courant est irrégulière, surtout dans les quartiers pauvres des grandes villes.

2.2. Une stratégie toujours tributaire de l'économie charbonnière

Le plan de développement de la production d'électricité en Afrique du Sud essaie de remédier à un tel goulet d'étranglement et prévoit un quasi-doublement à l'horizon 2030 (tableau 91). Les énergies carbonées, en repli, demeurent majoritaires, principalement grâce à la création de centrales alimentées au gaz naturel[227]. La

225 Le taux moyen de croissance de l'Afrique du Sud sur la période 2000-2013 (3,3 %) est inférieur à celui de l'Algérie (3,5 %), de l'Égypte (4,3 %), du Kenya (4,3 %) et du Nigeria (7,7 %). Il est égal à celui du Brésil et inférieur à celui de la Colombie (4,3 %) et de l'Indonésie (5,4 %) – exportatrices de charbon –, de l'Inde (6,9 %), de la Chine (9,8 %) – grosses importatrices de charbon –, de la Turquie (4,3 %) et de la Russie (4,8 %). L'Afrique du Sud est le plus faible des pays émergents et son appartenance à ce groupe est contestable d'un strict point de vue statistique.

226 Le droit d'accéder à l'électricité est mentionné dans la constitution de l'Afrique du Sud.

227 L'Afrique du Sud pourrait constituer un débouché par le gaz naturel du Mozambique et de la Namibie. Des gisements de gaz de schiste ont été découverts dans le Karoo (estimés à 12 milliards de tep), une région semi-aride et peu peuplée, dans laquelle les réserves d'eau sont rares. Aucun cadre juridique organisant la fracturation hydraulique n'est pour le moment en vigueur.

progression prévue de l'électricité d'origine nucléaire[228] est remarquable, comme celle des énergies renouvelables, même si la prise de conscience de la transition énergétique et du changement climatique a été particulièrement lente[229] dans ce pays.

Tableau 91 – Programme de production d'électricité en Afrique du Sud pour 2030 (en MW)

	2010	Répartition	2030	Répartition	Variation absolue	Variation relative
Centrales à charbon	34 821	74,1 %	41 071	46 %	6 250	17,9 %
Centrales à gaz	3 420	7,3 %	9 700	11 %	6 280	183,6 %
Centrales nucléaires	1 800	3,8 %	11 400	13 %	9 600	533,3 %
Hydro-électricité	2 150	4,6 %	4 759	5 %	2 609	121,3 %
Stockage-pompage	2 912	6,2 %	2 912	3 %	0	0,0 %
Éolien	800	1,7 %	9 200	10 %	8 400	1 050,0 %
Centrales solaires	200	0,4 %	1 200	1 %	1 000	500,0 %
Panneaux photovoltaïques	0	0,0 %	8 400	9 %	8 400	-
Autres	890	1,9 %	890	1 %	0	0,0 %
Total	**46 993**	**100,0 %**	**89 532**	**100 %**	**42 539**	**90,5 %**

Source : Department of Energy, *Integrated Resource Plan for Electricity, final report, 2011*

Aucune progression de l'usage industriel de la biomasse n'est envisagée : le développement du système agricultural d'Afrique du Sud est entravé par une alternance marquée de périodes de sècheresse et d'inondations. Et l'augmentation de l'hydro-électricité demeure contenue en comparaison de l'électricité nucléaire, sans tenir compte de l'éventuelle construction du barrage de Grand Inga sur le fleuve Congo.

La croissance future de l'économie sud-africaine est donc tributaire d'investissements considérables à réaliser dans la filière électrique et d'arbitrages qui dépendent des contraintes physico-économiques, des enjeux géopolitiques et des intérêts des parties prenantes, chacune des factions de l'ANC soutenant des stratégies énergétiques spécifiques car « intéressées » aux solutions qu'elles préconisent.

---

228 La centrale de Koeberg, située à 30 km au nord du Cap, comprend deux réacteurs (1 800 MW) mis en service en 1984 et en 1985. Elle a été construite par un consortium français (Framatome, Spie-Batignolles, Alstom), ce qui explique le soin tout particulier dont le marché sud-africain a fait l'objet de la part d'Areva.

229 Dubresson et Jaglin (2015, p-75) ont mis en évidence les atermoiements de la politique sud-africaine en matière d'énergies renouvelables. L'une des mesures les plus originales vise à installer 5,6 millions de chauffe-eau solaires d'ici 2020 en remplacement de leurs équivalents électriques.

Principale puissance économique et politique du continent, l'Afrique du Sud va devoir prendre des décisions fondamentales pour le système énergétique mondial. Le barrage de Grand Inga en République Démocratique du Congo ne pourra être construit que si les bailleurs de fonds obtiennent l'assurance qu'une partie significative de la production sera exportée vers le marché sud-africain, qui demeurera le premier marché africain solvable pour l'électricité dans les prochaines décennies. Le potentiel du nucléaire dans le pays est tel que le consortium chargé de construire les nouvelles centrales bénéficiera d'un avantage déterminant par rapport à ses concurrents : c'est pourquoi la rivalité entre la Chine, la Corée du Sud, la France, le Japon et la Russie, voire les États-Unis, est âpre. Si l'électricité par combustion du charbon est privilégiée (compte tenu des contraintes financières qui enserrent le développement du pays, renoncer à exploiter les ressources énergétiques nationales est exclu), l'Afrique de Sud ne sera pas en mesure de contrôler ses émissions de gaz à effet de serre.

Or, l'avenir du pays dépend de l'exploitation de nouvelles mines de charbon, ce qui relativise grandement la notion de transition énergétique. Le développement d'Eskom, confronté à une crise que seule l'extension de ses capacités de production permettra de surmonter[230], est totalement tributaire de l'économie charbonnière (85 % de la puissance installée et 92 % de la production en 2014, pour des achats annuels de 120-130 millions de tonnes). Malgré des programmes très ambitieux dans le renouvelable, l'Afrique du Sud devrait consommer 4 milliards de tonnes de charbon entre 2019 et 2051 pour produire son électricité[231].

Mais ces investissements charbonniers à venir sont susceptibles de provoquer une augmentation tendancielle du prix de la ressource. Les opérateurs miniers arbitrent entre la fourniture du marché intérieur et l'exportation (en particulier de charbon vapeur à destination de l'Inde et de la Chine), ce qui tend à provoquer un alignement par le haut des prix domestiques. De plus, si 60 % des approvisionnements en charbon sont fournis par de grandes entreprises (BHP-Billiton, Exxaro[232], Anglo American et Xstrata Glencore), une fraction importante et croissante des achats est réalisée désormais auprès de producteurs « juniors », conformément aux règles du *Black Economic Empowerment*[233]. Or ce *tenderpreneurship,* qui permet à des exploitants noirs de nouvelles mines de charbon de vendre à Eskom leur production à des conditions très

---

230 Une augmentation de 11 791 MW est prévue d'ici 2019, dont les centrales géantes de Medupi (4 764 MW) et de Kusile (4 800 MW), ainsi que la ferme éolienne de Sere (100 MW) et quelques centrales solaires.

231 Les utilisations du charbon en Afrique du Sud se répartissent entre la production d'électricité (65,8 %), l'élaboration de carburants de synthèse (22,7 %), les industries de base et la sidérurgie (8,5 %) et les usages domestiques (3 %).

232 Cette nouvelle entreprise minière, qui a racheté Total Coal en 2014, est conforme aux dernières dispositions relatives au *Black Economic Empowerment,* puisque la majorité absolue des actions (50 % plus une) appartient à des Noirs. Ce n'est pas le cas des trois autres principaux opérateurs miniers cités.

233 Ce qui explique l'attachement de l'ANC à cette source d'énergie et les difficultés à faire naître des sources alternatives de production d'électricité.

favorables (avec une prime à l'achat estimée à 15 %), contribue au renchérissement de la ressource. Les investissements dans l'industrie charbonnière comportent d'évidentes dimensions politiques et la captation par les élites noires affiliées à l'ANC d'une part croissante de la rente charbonnière porte préjudice à la situation financière de l'opérateur électrique sud-africain.

Un troisième facteur contribue à l'augmentation des prix du charbon : les nouvelles mines produisent un minerai de moindre qualité et doivent être équipées d'unités de purification et de traitement qui augmentent d'autant le coût des approvisionnements, tandis que les ressources en charbon vapeur de haute et moyenne qualités extraites dans le bassin de Mpumalangua (mines de Witbank, Highveld, Ermelo) sont quasiment épuisées. De plus, toutes les centrales à charbon doivent être dotées d'équipements permettant de réduire leurs émissions de gaz à effet de serre et les futures unités de Medupi et de Kusile auront recours à du charbon propre (désulfuration des gaz de combustion, refroidissement à sec rendu nécessaire par la pauvreté relative de l'Afrique du Sud en ressources hydriques). Enfin, le basculement total du transport routier vers le ferroviaire est également programmé, ce qui entraînera certes une rationalisation des flux, mais une augmentation des coûts dans un premier temps.

2.3. Une diversification du mix énergétique soumise à des contraintes contradictoires

Les marges de manœuvre d'Eskom sont étroites : dépendance pour les approvisionnements en charbon vis-à-vis des groupes miniers et des nouvelles entreprises, influence des producteurs d'équipements énergétiques sur les investissements, prix de vente du KWh décidé par l'organisme régulateur (NERSA), financements complémentaires accordés par le ministère sud-africain de l'Énergie. Sa situation financière dépend des subventions versées par l'État central aux municipalités afin qu'elles puissent apurer leurs dettes contractées auprès du producteur d'électricité. Car ce sont les municipalités qui gèrent les réseaux de distribution de proximité et qui supportent donc les factures impayées. Comme dans les autres pays d'Afrique, l'extension de l'accès à l'électricité se heurte à la faible solvabilité des consommateurs finals et il est probable que le subventionnement, et donc une socialisation plus ou moins importante de ses coûts de production et de distribution, favoriseraient sa diffusion dans un continent frappé par une pauvreté structurelle de masse.

La remise en cause d'Eskom n'est toutefois pas à l'ordre du jour. En théorie, sa part de marché dans l'électricité domestique devrait être réduite à 70 %, selon un objectif fixé en 1998 (le développement des énergies renouvelables étant quasiment réservé aux opérateurs privés indépendants). Dans les faits, l'entreprise publique conserve une position hégémonique car elle présente de trop grandes faiblesses pour être privatisée ou démantelée (ce qui équivaudrait à créer un groupe public en charge du transport de l'électricité et à privatiser les centrales électriques, qui seraient placées théoriquement en situation de concurrence pour vendre au gestionnaire du réseau de l'électricité aux prix les plus bas). Si la situation du marché sud-africain de l'électricité n'est pas encore suffisamment dégradée pour que les autorités appliquent une politique comparable à celle du Nigeria (désintégration de la filière), la transformation du secteur électrique dans les pays émergents sur le modèle européen ou nord-américain est prématurée, voire inopportune : le déséquilibre fondamental réside dans l'insuffisance structurelle de l'offre par rapport à la demande, et non dans la captation de rentes indues liées aux défaillances de marché.

Si seule l'entrée en fonctionnement de nouvelles centrales thermiques à charbon permettra de surmonter, à court terme, la crise énergétique majeure que connait l'Afrique du Sud, trois alternatives sont envisageables à plus longue échéance :

- Les énergies renouvelables sont pour le moment insuffisamment compétitives, surtout dans un pays marqué par de très grandes inégalités économiques et sociales[234]. Tant que leurs coûts n'auront pas diminué de manière drastique, l'électricité qu'elles produisent demeurera inaccessible à la majeure partie de la population, d'autant que l'Afrique du Sud n'est pas suffisamment riche pour les subventionner, comme le font les pays post-industriels et certains pays émergents. La solution réside peut-être dans la fourniture gratuite et universelle d'une quantité minimale d'électricité. Mais une telle option impliquerait que la communauté internationale finance les investissements par l'aide au développement, publique ou privée[235]. Une telle solution est envisageable pour les pays les moins avancés, mais peu acceptable pour la principale puissance économique de l'Afrique (l'accession du Nigeria à cette place de leader est provisoire car le repli des prix du pétrole conduit à une rétraction automatique de son PIB). Si le changement politique intervenu depuis la fin de l'apartheid ne permet pas d'inclure sans réserve l'Afrique du Sud dans la catégorie des nations émergentes, il empêche de l'assimiler à un pays subsaharien ordinaire : à bien des égards, le pays présente nombre de traits caractérisant les contrées latino-américaines, principalement exportatrices de matières premières et qui ne parviennent pas à sortir de la catégorie des pays à revenu intermédiaire.
- La fourniture de centrales nucléaires peut être assurée par la Chine, la Corée du Sud, les États-Unis, la France, le Japon ou la Russie. La décision sera prise par la présidence sud-africaine au moment opportun mais, compte tenu du montant des investissements, les constructeurs retenus devront apporter une solution à leur financement : ni pays rentier (malgré sa position dominante dans l'exportation des platinoïdes), ni nouvelle puissance industrialisée, l'Afrique du Sud connaît un équilibre extérieur très précaire et l'épargne domestique ne permet pas de financer l'achat de réacteurs nucléaires. Seule entreprise

234 Plus de la moitié des Sud-Africains (52,3 %) vivent sous le seuil de pauvreté et 36,4 % perçoivent moins de 2,5 $ par jour. Depuis la prise de pouvoir par l'ANC, 2,5 millions d'emplois ont été supprimés dans les mines et l'industrie manufacturière. Si les Noirs représentent 94,3 % de la classe inférieure de la société, la classe moyenne en compte 83,4 % et la supérieure 51,3 %.

235 L'Afrique du Sud et le Nigeria sont parvenus à capter la majorité des fonds alloués par la communauté internationale à l'Afrique pour financer des investissements destinés à réduire l'émission de gaz à effet de serre.

électrique africaine à exploiter des centrales nucléaires à ce jour, Eskom a été traditionnellement en faveur de cette source d'énergie, même si la gestion d'éventuelles nouvelles unités pourrait être confiée à un autre organisme, public ou privé.

- La troisième voie qui s'offre à Pretoria pour remplacer partiellement le charbon suppose la mise en place d'une stratégie énergétique à l'échelle régionale. Entre 1998 et 2004, Eskom a mené une politique d'internationalisation de ses activités en Afrique (tableau 92). Son expertise fut utilisée pour tenter d'asseoir l'influence politique de Pretoria sur tout le continent, dans le cadre d'une véritable diplomatie sud-africaine de l'électricité. Mais cet expansionnisme s'est traduit par un lourd passif financier en 2003 (la quasi-totalité des investissements réalisés à l'extérieur l'ayant été à perte) et par la survenue, en 2004, de la première grande crise énergétique en Afrique du Sud, faute de capacité productive nationale suffisante. Non seulement Eskom a recentré ses activités vers la seule Afrique australe, mais il est apparu à l'évidence que le développement des capacités productives en Afrique du Sud constituait sa priorité, condition *sine qua non* pour stimuler la croissance du pays. Une des raisons de cet échec a résidé dans l'incapacité de proposer les solutions les plus innovantes et les plus compétitives en matière de technologie électrique, à la différence des pays occidentaux et asiatiques. Sous le régime de l'apartheid, l'Afrique du Sud pouvait apparaître comme une véritable puissance technologique, mais la libéralisation des échanges internationaux a révélé les grandes faiblesses d'un système industriel visant prioritairement à armer le pays tout en restant peu compétitif à cause des sanctions internationales. C'est pourquoi une nouvelle internationalisation devrait adopter une autre tournure, d'autant que les pays limitrophes pourraient être en mesure d'exporter, à l'avenir, de l'électricité vers l'Afrique du Sud.

La solution de long terme à la crise énergétique en Afrique du Sud pourrait résider dans l'intégration régionale et dans le développement du *Southern African Power Pool*[236] (tableau 93). On pourrait alors assister à une inversion des flux électriques et l'Afrique du Sud aurait vocation à devenir un débouché – réputé solvable – pour les nouveaux producteurs d'Afrique australe.

236 Le *Southern African Power Pool* fut créé en 1995. Il correspond au volet électrique de la Communauté de développement de l'Afrique australe et regroupe Botswana Power Corporation, Electricidade de Moçambique, Electricity Supply Commission of Malawi, Empresa Nacional de Electricidade (Angola), Eskom (Afrique du Sud), Lesotho Electricity Corporation, Nampower (Namibie), Société Nationale d'Electricité (RDC), Swaziland Electricity Board, Tanzania Electricity Supply, Zambian Energy Supply Corporation, Zimbabwe Electricity Supply Authority, ainsi que deux entreprises de Zambie (Copperbelt Energy Corporation et Lunsemfwa Hydro Power Station) et deux opérateurs du Mozambique (Hidro Cahora Bassa et Mozambique Transmission Company). Les réseaux électriques de l'Angola, du Malawi et de la Tanzanie ne sont pas interconnectés au réseau du SAPP, dont le siège est à Harare.

Tableau 92 – Projets menés par Eskom en Afrique (hors Afrique du Sud), 1998-2004

Projets en hydro-électricité
- remise en état du barrage de Cahora Bassa au Mozambique (produisant une électricité à très bas coût qui est exportée en Afrique du Sud*)
- étude de faisabilité d'un troisième barrage sur le Zambèze (Mepanda Uncua)
- extension du barrage d'Inga en RDC et de barrages en Angola et en Namibie
- restauration de la capacité productive des deux centrales hydroélectriques pouvant desservir Kinshasa et Brazzaville (Zongo et Sanga)
- gestion de centrales hydroélectriques en Ouganda
- gestion du complexe hydroélectrique de Manantali desservant le Mali, la Mauritanie et le Sénégal
- gestion des centrales hydroélectriques de Mulungushi et Lusemfwa en Zambie
Projets en rénovation des réseaux
- participation au Western Power Corridor Project (liaison électrique entre la RDC, l'Angola, la Namibie, le Botswana et l'Afrique du Sud)
- connexion des réseaux du Malawi et du Mozambique
- projets d'électrification rurale au Lesotho et au Malawi
- réhabilitation de réseaux locaux au Nigeria
- installation de compteurs à prépaiement au Burundi et au Soudan
- desserte d'exploitations minières en RDC
- construction de lignes électriques au Mozambique
- réhabilitation de centrales thermiques en Libye

* Ce barrage fut construit entre 1969 et 1975, conjointement par le régime de l'apartheid et le pouvoir dictatorial au Portugal. Il produisait à cette époque 12 % de la consommation sud-africaine.

En réalité, tous ces pays se caractérisent par une demande structurellement supérieure à l'offre disponible, ce qui limite singulièrement leur potentiel à l'exportation. La couverture de leur demande domestique devrait représenter leur premier objectif, d'autant que leur consommation moyenne d'électricité par habitant y est inférieure à celle de l'Afrique du Sud. Tous leurs gouvernements pourraient dès lors utiliser leurs ressources domestiques[237] pour satisfaire en priorité les revendications de leurs populations et échapper ainsi aux accusations de céder à l'impérialisme énergétique de

237 Le Botswana devrait cesser d'importer de l'électricité en 2016 grâce à l'augmentation de la capacité de production de ses centrales thermiques, qui devrait passer à 1 266 MW en 2020 grâce aux gisements charbonniers de Mmamabula, de Mmamantswe et de Sese. Le groupe brésilien Vale, premier producteur mondial de fer, exploite la mine de charbon de Moatize au Mozambique. Le groupe anglo-américain Rio Tinto a acquis les droits d'exploitation de la mine de Benga et gère le Zambeze Project (dont la production de charbon est destinée à l'Inde). Grâce à sa centrale à gaz, la Namibie devrait tendre vers l'autonomie énergétique. Eskom pourrait, en revanche, avoir accès au gaz naturel extrait au large des côtes du Mozambique.

Pretoria. De plus, tous les pays d'Afrique australe ont intérêt à attirer les investissements des multinationales occidentales et asiatiques et à exporter leurs ressources énergétiques vers l'Asie (exportations réglées dans des devises bien plus fortes que le rand sud-africain[238]). Eskom devrait alors aligner ses conditions sur celles des importateurs brésiliens, chinois et indiens, en général plus compétitifs que lui.

Tableau 93 – Projets d'investissement dans le secteur électrique par le *Southern African Power Pool* en Afrique australe

Pays	Projets d'investissement	Capacité (MW)	Technologie	Année d'entrée en service
Mozambique	Benga	600	Charbon	2015
	Moatize	600	Charbon	2015
	Mphanda Nkuwa	1 500	Hydro-électricité	2017
	HCB North Bank	1 245	Hydro-électricité	2017
RDC	Inga III	3 500	Hydro-électricité	2018
Zambie	Kalungwishi	220	Hydro-électricité	2016
	Kafue Gorge Lower	750	Hydro-électricité	2017
Zimbabwe	Kariba South Extension	300	Hydro-électricité	2015
Zimbabwe-Zambie	Batoka	1 600	Hydro-électricité	2017
Botswana	MDDP (ex-Mmamabula)	300	Charbon	2015
Swaziland	Lubhuku	300	Charbon	2015
Namibie	Kudu	800	Gaz naturel	2016
Lesotho	Kobong Pumped Storage	800	Stockage-pompage	2017

Dès lors, il apparaît que l'intégration régionale ne constitue nullement un optimum économique. Tous ces pays sont très majoritairement des exportateurs de matières premières et acquièrent des biens d'équipement et de consommation ; seule l'Afrique du Sud est un pays industriel, rudement concurrencé par les nouveaux pays industriels asiatiques et connaissant un processus de désindustrialisation prématuré. Ces nations n'ont pas d'autre issue qu'une insertion toujours plus poussée dans la division internationale du travail, telle que la Chine et l'Inde sont en train de l'instaurer dans les océans Indien et Pacifique. Par conséquent, la stratégie d'Eskom est soumise à la reconfiguration de la hiérarchie économique dans l'espace asiatique, à la dépendance vis-à-vis des fournisseurs en équipements énergétiques et aux arbitrages auxquels le gouvernement d'Afrique du Sud va devoir procéder. À la différence du régime de l'apartheid qui maintenait le pays dans un certain isolement tant culturel

238 Entre 2000 et 2014, l'euro s'est apprécié de 30,5 % par rapport au dollar des États-Unis, de 48,1 % vis-à-vis du réal brésilien, de 10,4 % par rapport au yuan chinois, de 91,7 % face à la roupie indienne, de 95,8 % par rapport au rouble russe et de 125,4 % face au rand sud-africain.

qu'économique, le gouvernement de l'ANC a fait le pari de l'ouverture sur le monde, privilégiant dans un premier temps l'Afrique puis se tournant vers les pays émergents, en vue de remettre en cause l'emprise des pays post-industriels sur son économie.

La désindustrialisation de l'Afrique du Sud

Le processus de désindustrialisation de l'Afrique du Sud s'explique par la combinaison de quatre facteurs :

- la concurrence frontale avec les nouveaux pays industrialisés asiatiques dont les coûts de production sont plus faibles et qui bénéficient d'investissements incorporant les progrès technologiques les plus récents ;

- l'abandon des politiques volontaristes d'industrialisation (qui impliquait un contrôle des investissements des multinationales afin de protéger l'industrie nationale) au profit d'une insertion toujours plus poussée dans la division internationale du travail qui tend à cantonner l'Afrique du Sud dans un rôle de fournisseur de matières premières ;

- le renoncement au développement de branches élitistes (armement) au profit de secteurs susceptibles de répondre à la demande des nouvelles classes moyennes africaines ;

- une préférence marquée des nouvelles élites sud-africaines pour les activités rentières. Comme l'Australie, l'Afrique du Sud n'est pas en mesure de concurrencer les nouveaux pays industriels asiatiques et les pays post-industriels qui rassemblent toujours sur leurs territoires la majeure partie des activités de recherche et de développement. À l'exception de Sasol, entreprise leader dans la chimie du charbon, l'Afrique du Sud ne dispose pas de grands fleurons technologiques.

3. Les enjeux liés à la construction des méga-barrages en Afrique

Le marché sud-africain constitue un débouché idéal pour la production hydro-électrique du fleuve Congo. L'exploitation du son gigantesque potentiel constitue l'une des solutions pour remédier à la pénurie structurelle d'énergie en Afrique : moins de 4 % d'une puissance productive évaluée à 44 000 MW est actuellement utilisé[239] (le double de la capacité de production du barrage des Trois Gorges en Chine sur le Yang-Tsé-Kiang). On peut s'interroger sur les raisons de la sous-exploitation du potentiel colossal d'un fleuve dont le débit moyen de 44 000 m^3 par seconde peut atteindre 95 000 m^3 par seconde lors des crues maximales[240] (contre 30 000 et 80 000 pour

239 À titre de comparaison, la puissance installée du barrage le plus puissant en Afrique (Assouan) est de 2 100 MW, suivi par Cahora Bassa sur le Zambèze (2 075 MW).

240 Le débit moyen du Congo subit des variations significatives : 41 677 m^3 par seconde entre 1902 et 1959, 47 978 entre 1960 et 1970, 41 446 entre 1971 et 1981, 37 824 entre 1982 et 1994 et 40 725 entre 1995 et 2006. Les changements climatiques à venir pourraient entraîner une modification importante du régime hydrologique du fleuve et de ses affluents.

le Yang-Tsé-Kiang). Si les investissements à réaliser sont très importants (environ 80 milliards $ pour les barrages et les lignes à très haute tension destinées à l'interconnexion avec les cinq pools énergétiques du continent africain[241]), le coût direct de production de l'hydro-électricité est très faible, de l'ordre de 0,01 à 0,04 $ par KWh selon différentes estimations. À l'heure actuelle, c'est la source d'énergie la plus compétitive économiquement en Afrique et la plus productive techniquement (avec un taux d'efficacité énergétique des installations de production excédant 90 %).

Outre le fait que des fractions entières de la population africaine n'ont pas ou peu accès à la monnaie (en particulier en Afrique centrale), compte tenu de l'extrême faiblesse de leur pouvoir d'achat, le recouvrement des factures d'électricité se heurte à de grandes difficultés, rendant hypothétique la rentabilisation du projet. Le coût moyen du KWh produit à Grand Inga pour le consommateur final a beau être estimé à quelques centimes, il faut aussi ajouter le coût du transport qui dépend des distances parcourues. Mais les transmissions par ligne à courant continu à ultra haute tension permettent de réduire les pertes en ligne (moins de 3 % pour 1 000 km). C'est pourquoi l'hydro-électricité, malgré les énormes investissements initiaux requis, est l'énergie dont le coût de revient est cohérent avec le pouvoir d'achat des populations potentiellement desservies, à la différence des énergies renouvelables (solaire, éolien, biomasse industrielle), même si l'examen rétrospectif des étapes relatives à la construction des barrages d'Inga (tableau 94) permet de mieux cerner les difficultés inhérentes au développement de l'hydro-électricité en Afrique subsaharienne. Il serait parfaitement erroné de les ramener exclusivement à des questions géopolitiques et économiques en omettant les considérations techniques.

---

241 Il s'agit du Southern African Power Pool créé en 1995, du West African Power Pool créé en 1999 (Benin, Burkina Faso, Côte d'Ivoire, Ghana, Niger, Nigeria, Togo pour la Zone A ; Gambie, Guinée, Guinée-Bissau, Liberia, Mali, Mauritanie, Sénégal, Sierra Leone pour la Zone B), du Central African Power Pool créé en 2003 (Angola, Burundi, Cameroun, Congo-Brazzaville, Gabon, Guinée équatoriale, République Centrafricaine, RDC, Rwanda, Sao Tomé & Principe, Tchad), de l'Eastern African Power Pool formé en 2006 (Burundi, Djibouti, Égypte, Éthiopie, Kenya, Ouganda, République Centrafricaine, RDC, Rwanda, Soudan, Tanzanie), et du Comité maghrébin de l'électricité créé en 1973 (Algérie, Libye, Maroc, Mauritanie, Tunisie). La RDC appartient à deux pools électriques : ceux afférents à l'Afrique centrale et à l'Afrique orientale. La production d'électricité en Afrique est concentrée dans un petit nombre de pays : Afrique du Sud, Algérie, Angola, Cameroun, Égypte, Maroc, Nigeria, RDC et Éthiopie (après la mise en production du barrage sur le Nil bleu).

Tableau 94 – Approche diachronique du projet de Grand Inga

Années 1950	Construction de centrales électriques au Congo pour l'approvisionnement des sites miniers (Koni avec 42 MW, Mwadingusha avec 68 MW, Nzilo avec 108 MW, Nseke avec 248 MW).
1957	Création de l'Institut national d'études pour le Bas-Congo.
1960	Indépendance du Congo belge.
1969-1972	Construction d'Inga I (351 MW) financé par les groupes italiens Astaldi et Gruppo Industrie Elettromeccaniche per Impianti all'Estero (35 millions $), un prêt de la Banque européenne d'investissement (9 millions $) et un don du Fonds européen de développement (9 millions $).
1973-1980	Construction d'Inga II (1 424 MW) dont la production est destinée à alimenter les mines du Katanga (financé pour 460 millions $ par un large pool bancaire international) : deux consortiums (le français Alsthom, l'italien GIE, l'allemand Siemens d'une part, l'américain Westinghouse, sa filiale belge ACEC et l'autrichien Vöst-Alpine d'autre part) sont retenus.
1974-1977	Étude de faisabilité du projet Grand Inga par EDF (d'une capacité de 39 000 MW générés par 52 groupes de turbines de 750 MW) sans tenir compte des débouchés : il s'agit d'un barrage classique d'une taille gigantesque avec un lac réservoir.
1974	Inauguration d'une usine métallurgique à Maluku possédée par l'allemand DEMAG et l'italien Italimpianti (qui n'a réellement fonctionné que pendant 5 ans, à 10 % de sa capacité).
1974	Inauguration de la CINAT, une cimenterie (dont la capacité utilisée n'a jamais excédé 55 % de son potentiel théorique entre 1975 et 1983).
1983	Inauguration de la ligne à haute tension Inga-Shaba (1 774 km et 8 000 pylônes) d'un coût estimé entre 850 millions et 1,1 milliard $ (la ligne à très haute tension et le barrage Inga II représentant à cette époque 25 % de la dette extérieure du Zaïre) : les pertes en ligne sont estimées à 10 % de la production.
1985	Abandon d'un projet de construction d'une usine d'aluminium en raison, officiellement, d'une opposition entre Alusuisse et le gouvernement zaïrois (entraînant l'annulation du projet de la construction du port en eaux profondes de Banana).
1993	Présentation par EDF d'un projet d'interconnexion (5 680 km) entre le Zaïre et l'Egypte (Inga-Assouan) et desservant le Soudan, le Tchad et la République Centrafricaine, ainsi que l'ensemble des pays d'Afrique australe (réalisant ainsi le projet de Cecil Rhodes, formulé à la fin du XIXe siècle, de créer une liaison directe entre Le Caire et Le Cap).
1998 (3-29 août)	Interruption de la production d'électricité par des rebelles rwandais (dirigés par Ludo Martens) et rétablissement de la production après la reprise du barrage par l'armée angolaise (qui était un soutien du régime de Laurent Kabila).
2008-2011	Renouveau d'intérêt pour le projet du Grand Inga de la part du Conseil mondial de l'énergie et de la Banque africaine de développement (la période 1990-2007 étant marquée par des troubles endémiques et des situations de belligérance particulièrement meurtrières dans les provinces orientales de la RDC).
2010	Le taux d'accès à l'électricité en RDC est estimé à 9 % (35 % en zone urbaine et 1 % en zone rurale, le taux de raccordement sauvage étant évalué de manière forfaitaire).

2011	Situation de la fourniture d'électricité en RDC : potentiel hydroélectrique global estimé à 100 000 MW (42 % du potentiel africain techniquement exploitable), exploitation théorique de 2 500 MW, capacité de production effective de 1 200 MW (en raison de la vétusté des matériels, du délabrement des infrastructures et des carences en matière de maintenance).
2012	Abandon par BHP Billiton d'un projet de construire une fonderie d'aluminium de 800 000 tonnes (un investissement estimé à 3 milliards $) adossée au barrage Inga III, en raison des perspectives du marché de l'aluminium (ce qui entraîne la décision de mettre fin au projet d'exploiter la mine de bauxite de Boffa en Guinée).
2015	Environ 90 % des besoins énergétiques de la RDC sont couverts par le bois de chauffe et le charbon de bois.

Lors d'une réunion à Paris en 2013, EDF, GDF-Suez et la banque Lazard auraient décidé de relancer le projet Grand Inga : construction du barrage Inga III (4 800 MW en basse chute) sur un affluent du Congo, édification d'un barrage en amont (5 000 MW en haute chute) puis réalisation successive de cinq centrales supplémentaires (Inga IV à Inga VIII). Le coût du projet Inga III est estimé à 12 milliards $ et ses travaux auraient dû commencer fin 2015. Mentionné sur la liste des projets énergétiques sélectionnés par la Banque africaine de développement, il y prend cependant place avec un projet aussi improbable que le gazoduc transsaharien (tableau 95).

3.1. Les conditions requises pour la construction du barrage de Grand Inga

C'est tout un ensemble de conditions politiques et économiques qui doit être réuni afin que la construction du projet Grand Inga soit lancée.

La stabilisation politique en RDC est la condition *sine qua non* : la situation de belligérance dans la région des Grands lacs doit être maîtrisée, l'emprise du Rwanda sur le gouvernement de Kinshasa moins prononcée et la succession de l'ancien président Kabila a dû être assurée, en permettant à un personnage, présenté comme son fils, d'accéder à la fonction suprême. Dans les faits, le pouvoir politique en RDC est contrôlé par une élite en collusion avec certains intérêts économiques occidentaux. Or la situation politique reste marquée par des troubles endémiques dans quasiment toutes les régions et par des accès récurrents de violence politique dans les zones urbaines, d'autant que les forces armées de l'Ouganda et du Rwanda continuent de pratiquer ponctuellement des incursions dans les provinces orientales de cet immense pays.

La division du projet d'investissement en six étapes indépendantes les unes des autres, fractionnant les risques tout au long de son déroulement (voire permettant d'augmenter la capacité de production en fonction de la demande effective en électricité) paraît tout aussi indispensable, ainsi que la délégation de la maîtrise d'ouvrage à un ensemble d'entreprises occidentales (le cabinet américain Orrick Herrington & Sutcliffe, la banque d'affaires Lazard Frères et Tractebel Engineering, bureau d'études de GDF-Suez).

Tableau 95 – Grands projets énergétiques soutenus par la Banque africaine de développement pour 2012-2020 (*Program for Infrastructure Development in Africa*)

Projets de transport électrique
- *North South Transmission Link* reliant l'Egypte et l'Afrique du Sud (avec des embranchements en Afrique orientale).
- *Central Corridor* reliant l'Angola à l'Afrique du Sud (avec des embranchements en Afrique centrale).
- *North African Transmission Corridor* reliant l'Egypte au Maroc (avec des embranchements en Libye, en Tunisie et en Algérie).
- *West African Power Transmission Corridor* reliant le Ghana et le Sénégal (avec des embranchements en Afrique occidentale).
Grands projets hydroélectriques
- Great Millenium Renaissance Dam (Ethiopie)*.
- Lphanda-Nkuwa (Mozambique).
- Inga III (RDC).
- Barrage du projet Lesotho Highlands Water (Lesotho).
- Phase II du projet hydro-électrique (Lesotho).
- Sambalagou (Gambie).
- Kaleta II (Guinée).
- Batoga Gorge (Zambie-Zimbabwe).
- Rusisi III (Rwanda).
- Rusumo Falls development (Burundi-Rwanda-Tanzanie).
Projets de pipelines
- Oléoduc Ouganda-Kenya (exploitation du gisement pétrolier du lac Albert).
- Gazoduc Nigeria-Algérie.

* Avec une capacité de production de 6 000 MW, ce barrage va permettre à l'Éthiopie de devenir un important exportateur d'électricité. Addis-Abeba fait montre d'un grand volontarisme dans la promotion d'un développement exempt de l'émission de gaz à effet de serre. Il a également créé des zones franches destinées à accueillir des investissements chinois en misant sur une compétitivité-prix imbattable (industrie textile).

Le poids total de l'endettement ne pouvant être supporté par un État congolais jugé non fiable, incompétent et corrompu, un montage financier associant bailleurs de fonds privés et publics est nécessaire. La Société nationale d'électricité de la RDC est appelée à remplir uniquement une fonction d'exploitant sous la surveillance des multinationales occidentales. Il sera mis un terme à une division des fonctions réservant aux multinationales un simple rôle de constructeur et de fournisseur (voire d'opérateur) ; elles sont même appelées à devenir les propriétaires (exclusifs ou non) des infrastructures[242]. Notons que, sans le soutien des États-Unis pour l'électrification de l'Afrique, il n'aurait jamais été possible de relancer le projet de Grand Inga.

242 Il semble dorénavant exclu que les entités publiques congolaises supportent seules l'endettement colossal contracté auprès des organismes internationaux pour financer des actifs

L'opacité du régime politique de la République Démocratique du Congo

Laurent-Désiré Kabila, proche de Kigali, a été assassiné en janvier 2001. Son successeur a obtenu le retrait des troupes étrangères avec le soutien de la communauté internationale, et surtout de l'Afrique du Sud. La formation d'un gouvernement de transition d'unité nationale en juin 2003 a été acquise un an après l'envoi de la Mission d'observation des Nations unies pour le Congo (MONUC). L'Union européenne a dépêché des forces complémentaires entre juin et septembre 2003 (opération Artémis, essentiellement composée de troupes françaises) pour faire face aux troubles ayant éclaté en Ituri, relayées l'année suivante par un nouveau contingent européen (Eufor RD Congo) destiné à soutenir la MONUC. L'adoption d'une nouvelle constitution en décembre 2005 a permis la tenue d'élections l'année suivante, amorçant une certaine normalisation de la situation politique du pays. Il est envisagé dorénavant un retrait progressif de la MONUC, demandé par le gouvernement de Kinshasa et accepté en raison de son coût (1,4 milliard $) et de résultats jusqu'à présent assez peu probants.

De fait, cette situation politique illustre jusqu'à la caricature les traits propres à la gouvernance de la majorité des pays africains :

- grande opacité du mode de gouvernement ;

- tentatives de prolongation de la durée de l'exercice du pouvoir présidentiel (quitte à réviser la constitution) ;

- division et faible crédibilité des partis d'opposition, dont le degré de moralité n'est *a priori* pas tenu pour supérieur à celui des élites au pouvoir ;

- armée prédatrice, au même titre que les entités (rébellions, bandes criminelles, forces armées étrangères) qu'elle est censée combattre (l'armée se scinde généralement en une garde présidentielle bénéficiant de ressources importantes et une masse paupérisée et délaissée) ;

- redécoupages administratifs permettant au pouvoir central de consolider ses assises en accordant des privilèges et des prébendes à des personnages politiques susceptibles de devenir des rivaux potentiels ;

- mainmise sur les ressources naturelles avec la complicité de multinationales qui assurent leur exploitation et leur valorisation.

L'histoire de la RDC se caractérise par une succession d'ingérences extérieures : puissances coloniales après l'indépendance pour éviter la sécession du Katanga ; opérations de maintien de la paix organisées par l'ONU (numériquement les plus importantes de son histoire) ; invasions ponctuelles des forces armées en provenance des pays limitrophes. L'unité de cet immense pays demeure à bien des égards une fiction. Et pourtant, la RDC, avec ses extraordinaires ressources minières, forestières et agricoles, s'est trouvée au centre des première (caoutchouc) et seconde (coltan) mondialisations.

---

dont elles sont incapables de maximiser la rentabilisation. L'endettement du Zaïre était imputable à trois facteurs qui se renforçaient mutuellement : la réalisation d'investissements aux coûts non maîtrisés et dont la gestion était marquée par un profond laxisme ; la bienveillance complice des bailleurs de fonds ; le comportement prédateur des élites.

L'étape Inga III était soumise à la conclusion préalable d'un accord de fourniture en électricité avec l'Afrique du Sud, obtenu en 2014 pour des livraisons annuelles de 2 500 MW, une garantie indispensable afin d'obtenir le soutien des bailleurs de fonds publics et privés, ainsi que des institutions internationales – la Banque mondiale a depuis débloqué la première tranche du prêt destiné à financer le barrage. Mais cela implique l'élimination du principal concurrent, le projet Desertec[243] : compte tenu de la demande prévisionnelle en électricité tant en Afrique qu'en Europe, il aurait été difficile de rentabiliser les deux projets simultanément.

De surcroît, l'Afrique australe possède d'importants gisements de cuivre, en grande partie sous-exploités, qui pourront servir à doter le continent d'un véritable réseau de transport et de distribution d'électricité.

Toutes les garanties pour la réussite de ce mégaprojet ne sont naturellement pas réunies. À l'instar de l'Afrique du Sud, le secteur énergétique est utilisé par les élites politiques du pays pour procéder à une forme d'accumulation primitive du capital d'où peut émerger un capitalisme national. Toutefois, si le *Black Power Empowerment* permet effectivement à un capitalisme noir de se développer en Afrique du Sud, ce n'est pas encore le cas en RDC. Dans des économies faiblement développées sur le plan technologique, la principale source d'enrichissement réside dans des prélèvements – indus ou non – sur les rentes provenant de la vente de matières premières agricoles et surtout minières et énergétiques (la qualification de la légalité de semblables transferts étant difficile à opérer dans des États aux structures juridiques défaillantes).

Il faut en outre bien appréhender la réalité du terrain dans un pays comme la RDC. La construction du barrage de Grand Inga entraînera des effets environnementaux ambivalents. Le remplacement des réchauds à charbon de bois[244] par leurs équivalents électriques devrait en théorie limiter la déforestation, particulièrement intensive autour des centres urbains. À Kinshasa, capitale connaissant une rapide croissance démographique, moins de 12 % des ménages utilisent l'électricité pour la cuisson des aliments (un taux nettement plus bas dans les autres villes). Et l'amélioration qualitative de la fourniture en électricité (limitation des variations de tension et diminution de la fréquence des coupures de courant) devrait réduire les dommages causés aux appareils électriques.

Mais les effets pervers ne manqueront pas. Les barrages localisés en zone tropicale ou équatoriale provoquent une décomposition de la biomasse durant les premières années de la mise en eau des réservoirs. Cette réaction chimique utilise l'oxygène dissous dans l'eau et produit des émissions de méthane, lequel contribue à l'effet de serre avec une puissance bien supérieure au dioxyde de carbone : plus la biomasse est dense, plus sa décomposition entraîne l'émission de gaz à effet de serre. Or, la construction de Grand Inga implique la création d'une retenue d'eau de 350 km^2 dans la vallée de Mbundi. De plus, il faudra prévoir un plan de protection du port de Matadi,

---

243 Prévoyant l'alimentation de l'Europe en électricité d'origine solaire générée au Sahara ou dans les déserts du Moyen-Orient (cf. Chapitre 8).

244 Pour obtenir 1 kg de charbon de bois, il faut transformer 6 à 8 kg de bois.

situé à plusieurs dizaines de kilomètres en aval d'Inga, en cas de rupture des ouvrages. En revanche, comme il s'agit d'une région très peu peuplée, son inondation n'entraînera que de faibles transferts de population, à la différence de nombreux projets de barrages dans les pays émergents et en voie de développement.

3.2. Les limites à l'électrification en Afrique subsaharienne

L'hypothèse selon laquelle les consommateurs vont adopter des comportements réputés rationnels, tels que définis par les observateurs occidentaux non dénués de préjugés, ne résiste pas à une analyse approfondie du fonctionnement des marchés de l'énergie en RDC (et plus généralement en Afrique subsaharienne) : la forte augmentation de la production d'électricité risque de ne pas entraîner l'enchaînement des effets vertueux supposés.

L'irrégularité de l'approvisionnement en électricité de qualité constitue un profond motif de ressentiment social. C'est un thème fréquemment évoqué lors des campagnes électorales et, comme le récent changement de pouvoir l'a montré au Sénégal, l'incapacité à assurer la fourniture régulière d'une électricité de qualité peut être instrumentalisée pour demander, voire obtenir, une alternance au sommet de l'État. Les populations des pays post-industriels ont perdu le souvenir des inconvénients d'une fourniture d'une énergie en trop faibles quantités et de mauvaise qualité. Or, à l'ère numérique, il est indispensable de pouvoir garantir l'approvisionnement en électricité des zones urbaines, y compris dans les pays les moins avancés, en développement et émergents. Avec le Malawi, la Tanzanie, le Benin, Madagascar et le Kenya, la RDC fait partie des pays africains dans lesquels on dénombre plus de cinquante jours de coupures de courant par année, contre pas plus de cinq en Afrique du Sud.

La distribution d'électricité depuis les centrales électriques jusqu'aux consommateurs finals implique de construire un système technologique complexe composé de lignes à très haute, moyenne et à basse tension, et de connexions reliant les habitations aux réseaux locaux de distribution, dont la sauvegarde suppose que l'on fasse un pari sur la vertu des habitants des contrées traversées. Or, dans un continent aussi pauvre que l'Afrique, les systèmes de distribution d'énergie sont en permanence l'objet d'actes de prédation et de destruction. Ce qui a été observé au Nigeria pour les oléoducs a été également constaté en RDC pour les installations électriques (démontage des pylônes[245], vol de lignes électriques pour récupérer les métaux, pillage des installations électriques). La perspective de la construction d'une infrastructure énergétique suffit à révéler des comportements prédateurs, à susciter la formation de bandes de pillards, voire de mouvements irrédentistes : les motivations économiques sont intrinsèquement liées aux motivations politiques et il est profondément erroné de vouloir toujours distinguer ou hiérarchiser les raisons d'agir.

---

245 La ligne à très haute tension reliant Inga à Kolwezi (Katanga) fait périodiquement l'objet de déprédations.

De tels actes de prédation sont explicables par une double logique : symbolique et économique. Les zones rurales, qui n'ont pas accès à l'électricité, sont traversées par des lignes qui transportent le courant depuis les centrales à destination des villes. Détruire les infrastructures électriques est assimilable à un acte de vengeance de la part de populations délaissées par le pouvoir central, peu enclin à soutenir l'électrification des régions rurales. De plus, les composants des installations électriques ont une véritable valeur économique (recyclage des parties métalliques) et leur pillage constitue un moyen de survie dans des sociétés marquées par une très grande précarité économique. Et cela concerne l'intégralité des modes de génération de l'électricité, y compris les nouvelles énergies renouvelables. Or, il est impossible d'assurer la surveillance de l'ensemble des systèmes de production, de transport et de distribution de l'électricité dans un pays aussi vaste que la RDC (d'autant que les forces affectées à leur garde peuvent se montrer complices des actes de pillage et de destruction).

Ce sont les fractions les plus entreprenantes de la population (exploitant des magasins reliés à la chaîne du froid et des centres de production artisanaux, comme les boulangeries et les briqueteries, ou utilisatrices des NTIC) qui pâtissent principalement de l'irrégularité de la fourniture en électricité de qualité. Les personnes qui exercent des activités traditionnelles dans les secteurs formels et informels n'ont que peu ou pas recours à ces formes modernes d'énergie. Il existe dès lors un clivage dans les sociétés africaines entre les populations qui considèrent l'accès à l'électricité comme une condition *sine qua non* pour exercer leur profession et celles qui restent attachées *volens nolens* à leurs modes de vie traditionnels.

De plus, le développement de l'électrification porte préjudice à une filière économique qui va de la production au transport et à la distribution de bois et de charbon de bois et qui a permis la création d'emplois, très faiblement rémunérés certes mais nombreux, à la différence du secteur électrique qui utilise surtout des produits technologiques importés. L'électrification des modes de travail et d'existence est dès lors assimilable à une occidentalisation des pratiques imposée par le pouvoir politique central et les forces occidentales étrangères auquel, selon des croyances populaires, il est assujetti. C'est pourquoi il est si difficile d'obtenir le paiement des factures d'électricité. L'accès à cette source d'énergie est considéré soit comme un droit relevant des services publics de base, que tout gouvernement devrait en théorie fournir gratuitement à l'ensemble de la population, soit comme une forme de redistribution sauvage des rentes énergétiques accaparées par un pouvoir politique prédateur, à l'incompétence avérée et placé sous la domination de puissances étrangères. A cet égard, plutôt que de dénoncer un conspirationnisme qui irrigue tant de corps sociaux africains, l'attitude irrationnelle consisterait à considérer que les populations devraient adopter spontanément des comportements vertueux dans des pays dont les élites rivalisent de morgue, de corruption et d'impéritie.

Enfin, les populations subsahariennes sont la plupart du temps accoutumées à leurs modes de vie traditionnels. Les expériences menées pour limiter l'usage du bois ou du charbon de bois pour la cuisson des aliments (cuiseurs solaires, réchauds à gaz, foyers de cuisson améliorés utilisant de 40 à 50 % de moins de combustible) ont donné des résultats contrastés, voire peu couronnés de succès. Ces nouveaux dispositifs sont coûteux et parfois moins efficaces que les technologies traditionnelles[246]. Les modèles les plus performants sur le plan énergétique sont hors de portée pour la très grande majorité des habitants et les cuiseurs solaires diffusés par la *Gesellschaft für technische Zusammenarbeit* (organisme allemand de coopération) ne sont pas opérationnels le matin et le soir faute d'ensoleillement. Il arrive aussi que leur puissance soit insuffisante pour permettre une cuisson complète des aliments (une nécessité en Afrique pour des raisons sanitaires) et les plaques électriques alimentées par des batteries sont, en règle générale, moins efficaces que celles reliées au réseau électrique.

Les inventeurs de technologies susceptibles de réduire les nuisances environnementales des modes de vie traditionnels ont tendance à sous-estimer l'attachement des populations à leurs habitudes ancestrales et l'inertie consécutive des comportements, et donc à surestimer leur capacité à accepter des arguments jugés rationnels du point de vue occidental : réaliser des économies grâce à la baisse des quantités achetées de bois et de charbon de bois, ou diminuer le temps passé à la collecte du bois, ne constituent pas des objectifs pertinents pour les populations concernées. Ce sont plutôt l'extension des agglomérations urbaines et les difficultés croissantes à se procurer des produits ligneux qui obligent les utilisateurs de charbon de bois à se tourner vers des solutions électriques.

La vacuité, au sens d'oisiveté recherchée et d'inactivité voulue, tient une place centrale dans l'emploi du temps des populations étrangères aux impératifs imposés par la modernité occidentale. Paradoxalement, le ramassage du bois constitue non seulement une corvée nécessaire pour la survie de la cellule familiale, mais également un passe-temps, un cérémonial, dont la répétition structure le déroulement des journées, voire en organise et en ritualise la monotonie. Les économistes confèrent à leurs raisonnements une portée *a priori* universelle et, à force de sous-estimer leur ethnocentrisme, méconnaissent souvent les dimensions culturelles des comportements et des logiques spécifiques auxquelles elles correspondent, qui ne se confondent pas toujours avec la rationalité économique *stricto sensu.*

De plus, les économistes sous-estiment les efforts auxquels les populations doivent consentir pour conformer leurs comportements aux contraintes imposées par l'utilisation des technologies modernes. Ce qui est avéré pour les populations des pays les plus avancés l'est *a fortiori* pour celles des pays en développement et émergents.

---

246 Les prélèvements ligneux effectués par la filière locale bois-énergie dans la RDC sont probablement majoritaires. La forêt équatoriale fournit des moyens d'existence à une partie importante de sa population, mais ce pays est soumis à une déforestation industrielle d'autant plus intensive que l'application du code forestier de la part de l'administration congolaise, entretenant notoirement des liens collusoires avec les multinationales du bois, est particulièrement laxiste (exploitation en dehors des zones concédées, dépassement des volumes de coupe autorisés, collecte d'espèces protégées, marquage frauduleux des billes, non-paiement des redevances, non-respect des engagements d'indemnisation souscrits auprès des communautés locales). La RDC possède 150 millions d'hectares de forêts denses et humides (soit 60 % du bassin forestier d'Afrique centrale), dont 10 millions sont concédés à des sociétés industrielles.

Dans ce dernier cas, l'impératif d'adaptation n'est pas seulement analysable en tant qu'imposition d'un comportement hétéronormé (c'est-à-dire prescrit par une autorité extérieure considérée comme plus ou moins légitime), mais également comme une forme de violence symbolique, voire physique. Il peut susciter des résistances d'autant plus vives que les actions ordonnées sont considérées comme inhabituelles et incongrues, voire transgressives et étrangères aux modes de vie traditionnels, et ce, notamment dans les sociétés où les logiques holistes priment sur les individualistes. Postuler que, dans des proportions variables, l'emprise de la pensée magique continue de constituer un obstacle au développement de l'Afrique ne procède pas seulement de la perpétuation d'un mode de pensée dominant dans les pays en proie au désenchantement (au sens wébérien du terme), mais également de constats empiriquement établis et vérifiés.

Plutôt que de procéder à des arbitrages théoriques *ex ante* entre modes centralisés et décentralisés de production de l'électricité sur le continent africain, c'est en prenant en considération l'ensemble des motivations déterminant les comportements des consommateurs d'énergie et d'électricité en Afrique qu'il est possible de mettre en œuvre des politiques susceptibles de limiter réellement la déforestation.

4. Le développement embryonnaire des énergies renouvelables en Afrique

La généralisation de l'accès à l'électricité en Afrique suppose de disposer d'une énergie abondante à des coûts cohérents avec les pouvoirs d'achat locaux. Pour atteindre cet objectif, l'hydro-électricité demeure la source la plus compétitive, en sachant que le continent ne valorise que 8 % de son potentiel hydro-électrique économiquement exploitable, alors qu'il possède un dixième des réserves mondiales[247]. En revanche, les autres énergies renouvelables sont moins intéressantes à l'heure actuelle.

En géothermie, le potentiel est estimé à 9 000 MW (pour seulement 120 MW exploités), soit 15 % du total mondial à haute température, localisé principalement dans la vallée du Rift[248]. Environ 30 % des ressources mondiales théoriques en énergie éolienne terrestre seraient localisées en Afrique, pour l'essentiel près des littoraux (à

---

247 Ce potentiel est réparti entre la RDC (85 GW), l'Éthiopie (35 GW), l'Angola (18 GW), le Cameroun (15 GW), Madagascar (10 GW), le Gabon (7 GW), l'Égypte (6,2 GW), le Mozambique (5 GW), le Nigeria (4,6 GW), le Congo et le Zimbabwe (3 GW chacun), la Guinée équatoriale (2,6 GW), la Zambie (2,5 GW), la Guinée (2,4 GW), l'Ouganda et le Soudan (2 GW chacun), la Namibie et l'Afrique du Sud (1,5 GW chacun), la Côte d'Ivoire (1,3 GW), le Kenya, le Mali et le Maroc (1 GW chacun). Le potentiel hydro-électrique des autres pays africains est inférieur à 1 GW.

248 Éthiopie, Djibouti, Erythrée, Malawi, Mozambique, Ouganda, Rwanda, Tanzanie, Zambie et surtout Kenya avec le site d'Olkaria. Le Kenya a fixé un objectif de production de 5 000 MW en 2030 et Djibouti projette de couvrir 40 % de ses besoins énergétiques en exploitant cette source d'énergie.

l'exception de la zone désertique du Tibesti)[249] et le potentiel éolien *offshore* (alizés) est considérable, mais, dans l'état actuel des avancées technologiques, il demeure inaccessible. Les ressources en biomasse sont importantes (y compris les rebuts des cultures industrielles[250], utilisés pour produire la chaleur et l'électricité nécessaires à la transformation des matières premières), mais elles pâtissent de l'accaparement des surfaces agricoles et de la déforestation sauvage. Dans le solaire, presque la moitié du continent reçoit une énergie supérieure à 2 100 KWh par m^2 et par an (le reste se situant entre 1 500 et 1 900 KWh), mais rares sont les pays qui se lancent dans cette voie : c'est le cas du Burkina Faso, mais surtout de l'Afrique du Sud, pionnière en Afrique[251], tandis que les pays d'Afrique du Nord ont opté pour des centrales solaires combinées avec d'autres modes de génération[252].

La spectaculaire diffusion du téléphone portable en Afrique (le taux de pénétration est évalué aux deux tiers de la population) a été rendue possible par le rapide développement de l'énergie solaire dans les zones rurales, grâce la baisse du coût des panneaux majoritairement produits en Chine, mais également par la commercialisation en masse de *smartphones* à bas prix importés de Chine et par le développement des services mobiles prépayés, qui permet l'utilisation des portables comme moyen de paiement et l'ajustement au plus près de la consommation aux besoins[253]. C'est une évolution majeure dans la mesure où la téléphonie sans fil est un facteur d'émancipation et de développement dans tous les pays, mais surtout dans les continents où son équivalent filaire était très peu diffusé.

---

249 Selon la Banque africaine de développement, les meilleurs gisements éoliens sont localisés, par ordre d'importance, en Afrique du Sud, en Algérie, au Cap Vert, à Djibouti, en Égypte, en Érythrée, au Lesotho, à Madagascar, au Maroc, à l'Île Maurice, en Mauritanie, aux Îles Seychelles, en Somalie, au Tchad et en Tunisie. Les principaux parcs éoliens sont localisés en Afrique du Sud (Coega avec 43 MW, Cookhouse avec 138 MW et Jeffrey Bay avec 138 MW), au Maroc (Tarfaya avec 300 MW), en Égypte (golfe d'El Zayt avec 220 MW). Des projets sont en cours de réalisation au Cameroun (Monts Bamboutos avec 42 MW), au Kenya (lac Turkana avec 300 MW), en Mauritanie (Nouakchott avec 31 MW) et à Djibouti (60 MW).

250 L'industrie sucrière de l'île Maurice utilise un sous-produit de la canne à sucre, la bagasse, pour produire de l'électricité. Cette valorisation présente un triple avantage : éviter que sa décomposition ne dégage du méthane (un gaz à effet de serre augmenté), diminuer la dépendance aux importations d'énergies carbonées et contribuer à la rentabilisation de l'industrie sucrière (fortement concurrencée par des producteurs plus efficaces). La cogénération reste peu développée en Afrique et elle est surtout intéressante pour l'utilisation des sous-produits agricoles et forestiers.

251 Sites de Zagtouli avec 30 MW et Zina avec 20 MW pour le Burkina Faso, sites de Kaxu Solar One avec 100 MW, Xina Solar One avec 50 MW, Khi Solar One avec 50 MW et Bokpoort avec 50 MW en Afrique du Sud.

252 Hassi R'Mel en Algérie avec 120 MW, Beni Mathar au Maroc avec 20 MW et Kuraywat en Egypte avec 20 MW.

253 Le continent africain se caractérise par un faible taux de bancarisation (environ un dixième de la population). Mais une grande partie de l'économie informelle n'est pas monétisée, les échanges étant effectués par voie de troc.

Si la diffusion en masse des énergies renouvelables sur le continent se heurte à la contrainte financière interne (très faible pouvoir d'achat des consommateurs potentiels) et externe (la quasi-totalité des dispositifs technologiques étant importée), elle n'en comporte pas moins des avantages. L'un des principaux atouts des systèmes de production décentralisée de l'électricité (tableau 96) réside dans leur adaptation aux zones rurales éloignées des centrales et pour lesquelles la demande en énergie est trop limitée pour justifier une extension des réseaux de courant[254].

Tableau 96 – Modes de production centralisée et décentralisée d'énergie en Afrique

Production centralisée d'énergie	Production décentralisée d'énergie
Exploitation de centrales nucléaires	Location de batteries (avec rechargement et recyclage)
Exploitation de méga-barrages	Petit aérogénérateur (avec production locale de petites éoliennes)
Centrale hydro-électrique de grande et moyenne capacité	Microcentrale solaire (et systèmes photovoltaïques individuels)
Centrale thermique de grande et moyenne capacité	Microcentrale hydraulique
Exploitation de la géothermie	Centrale à biogaz exploitant la biomasse de proximité
Parc éolien	Foyer de cuisson à intensité énergétique améliorée
Centrale solaire	Filière locale de production d'agro-carburant (huile végétale pure produite à base de jatropha)
Production de matériaux de construction permettant l'isolation des bâtiments	Filière locale de production de manioc et de charbon de bois à partir de forêts gérées selon des modes de préservation durable
Production des équipements destinés à la chaîne du froid	Chambres froides dont l'électricité est fournie par de l'énergie solaire

***

254 Les pays du Maghreb sont parvenus à mener à leur terme leur programme d'électrification des campagnes. Ils constituent des modèles pour les nations africaines qui possèdent des ressources en énergie beaucoup plus importantes, mais qui délaissent leurs zones rurales au profit des villes (ce qui tend à accélérer l'exode rural). Sur une période de quinze ans, le Maroc a investi environ 2 milliards $ pour relier au réseau électrique 95 % de ses villages. Le Plan solaire marocain prévoit de créer plusieurs centrales solaires totalisant une puissance de 2 000 MW d'ici 2020. Celle de Noor-Ouarzazate 1 a été reliée au réseau en 2015 (160 MW) : elle a été construite par un consortium composé de l'entreprise saoudienne Acwa et d'opérateurs espagnols spécialisés. L'objectif du Maroc est de remédier à sa pauvreté en hydrocarbures et en hydro-électricité en développant les nouvelles énergies renouvelables (éolien et solaire).

À la différence de la Chine, mais comme l'Asie du Sud, l'Afrique n'est toujours pas parvenue à maîtriser sa croissance démographique : une amélioration significative des conditions matérielles d'existence moyennes de ses habitants sera difficile à obtenir, en dépit de l'amplification prévisible des flux migratoires vers les pays de l'hémisphère Nord.

Les enjeux des investissements industriels chinois en Afrique

Les multinationales originaires des pays émergents sont confrontées à des arbitrages plus complexes que leurs concurrentes des pays post-industriels. Dans les secteurs où le coût de la main-d'œuvre est le paramètre-clé (textile, transformation du cuir, industrie du jouet, activités de simple assemblage), les entreprises chinoises ont intérêt à délocaliser leurs unités de production dans des pays aux coûts salariaux moins élevés, s'ils disposent des infrastructures énergétiques, industrielles et logistiques requises. C'est le cas de pays proches de la Chine (Bangladesh, Cambodge, Inde, Pakistan, Sri Lanka, Vietnam). En revanche, le choix est plus délicat pour les industries à forte valeur ajoutée car ces multinationales sont loin d'avoir rattrapé leur retard, comme dans l'automobile.

Les constructeurs chinois exportent chaque année entre 200 000 et 250 000 véhicules en Afrique (sur un total de 1,5 à 1,7 million de véhicules importés par le continent). Exporter des biens industriels permet à Pékin de financer ses importations de matières premières, tout en augmentant le taux d'utilisation des capacités productives de son système industriel. Produire localement permet de bénéficier de coûts salariaux nettement plus bas, mais dans un environnement pâtissant d'importantes carences en infrastructures. Le principal avantage des zones les plus développées de la deuxième puissance mondiale est de posséder des infrastructures performantes ainsi qu'un réseau très dense de sous-traitance industrielle. Néanmoins, des investissements chinois ont été annoncés dans le secteur automobile en Afrique (Bénin, Cameroun, Égypte, Éthiopie, Kenya, Ouganda, Afrique du Sud). L'internationalisation des entreprises chinoises suscite un flux d'émigration de la part de salariés déjà expérimentés (cas des chantiers de BTP en Afrique ou d'usines délocalisées dans les pays limitrophes pour encadrer la main-d'œuvre locale employée dans les activités manufacturières).

Le cas de la Chine demeure spécifique car la légitimité de son système politique dépend en priorité de sa capacité à faire progresser le niveau de vie moyen de sa très nombreuse population. Ce contrat social implicite tend à être remis en cause en raison du ralentissement durable du rythme de croissance, un processus qui entraîne des blocages sociaux : interruption de l'exode rural, chômage structurel dans les secteurs employant les anciens ruraux dépourvus de qualification professionnelle, chômage important touchant les générations les plus récentes de diplômés, destruction d'emplois dans les secteurs primaire et secondaire au profit du seul tertiaire, arrêt de l'amélioration des conditions matérielles d'existence et de la promotion sociale. La croissance de l'économie chinoise, bien qu'en phase de décélération, continue par conséquent de reposer sur les exportations et l'investissement. Augmenter la consommation domestique supposerait de réaliser des réformes de structure qui risqueraient de déstabiliser le système politique du pays.

Les plans de relance mis en œuvre à partir de 2008 ont fortement accru le taux d'endettement des collectivités publiques. Or, le principal déséquilibre de l'économie chinoise réside dans son taux d'endettement global (public et privé, officiel et informel) anormalement élevé eu égard à son niveau de développement. Le système financier chinois se caractérise par une collusion entre l'État central, les collectivités territoriales, les entreprises publiques et privées bénéficiant d'un soutien privilégié des pouvoirs publics nationaux et locaux : ce sont ces entités qui captent la majeure partie des crédits accordés par les banques publiques. Les agents privés (entreprises et ménages) doivent, eux, se tourner vers le secteur financier informel pour obtenir des prêts, ce qui explique la difficulté pour évaluer le taux d'endettement effectif des différentes catégories d'agents économiques du pays.

En réalité, le continent est en train d'inventer une nouvelle forme de civilisation, reposant sur le développement de gigantesques agglomérations urbaines qui accueillent les populations fuyant des zones rurales surpeuplées : les principales migrations en Afrique se produisent à l'intérieur du continent. Le taux d'augmentation annuelle de la population urbaine est estimé à 4,5 %, avec un nombre de résidents dans les villes évalué à 300 millions de personnes, dont plus de 60 % survivent dans des bidonvilles. Quant aux emplois nécessaires pour occuper les très nombreuses nouvelles générations qui se présentent sur le marché du travail, ils seront créés pour leur grande majorité dans le secteur informel. Ces masses frustrées, conscientes des médiocres perspectives qui s'offrent à elles, représentent de réelles menaces pour les gouvernements en place, voire recèlent un véritable potentiel révolutionnaire.

Mais, à la différence des mégalopoles asiatiques, leurs homologues africaines comporteront peu d'activités véritablement énergivores. Comme les usines demeurent rares sur ce continent, qui ne semble pas appelé pour le moment à reproduire le modèle de développement de l'Asie (il n'est pas encore observé de véritable tendance à la délocalisation des activités industrielles depuis la Chine, l'Inde ou les autres pays asiatiques émergents), la croissance de la consommation d'énergie s'expliquera principalement par la croissance démographique. Pourtant, compte tenu du probable doublement du nombre d'habitants d'ici 2050, le simple maintien de la consommation d'énergie par habitant au niveau actuel, déjà très bas, va requérir des investissements considérables. L'Afrique a déjà inventé un modèle économique de sobriété énergétique par nécessité : l'énergie demeurera rare, maintenant les populations dans des conditions matérielles qui ne leur permettront guère qu'une survie dans la précarité, pour la grande majorité.

On peut dès lors légitimement s'interroger sur la poursuite de la trajectoire de croissance du continent : l'irrémédiable pénurie en énergie constitue, en l'état actuel des progrès technologiques, un obstacle insurmontable. Le cas de l'Afrique montre sans aucune ambiguïté que la vertu (autrement dit, la faiblesse des émissions de gaz à effet de serre) [255] est indissociable du renoncement au développement. Faute

[255] Comme ses émissions de gaz à effet de serre sont très limitées et ne sont soumises à aucun quota (elles ne sont significatives que pour l'Afrique du Sud et du Nord), l'Afrique joue un rôle secondaire dans les négociations climatiques internationales. La combustion de ses énergies carbonées ne contribue que de façon marginale au réchauffement de la planète, alors même que le massif forestier du Congo constitue, avec le bassin de l'Amazone, l'un des deux grands pôles forestiers qui contribuent à la régénération de l'atmosphère. C'est pourquoi aucun

d'investissement dans une industrie caractérisée par une forte intensité capitalistique, l'offre est incapable de satisfaire une demande stimulée par une croissance démographique relativement vive.

Dans ces conditions, seul le développement des énergies renouvelables non émettrices de gaz à effet de serre pourrait permettre de résoudre cette contradiction majeure entre l'impératif du développement (qui suppose l'augmentation de la production d'énergie) et celui de la préservation de l'équilibre environnemental. Comme le continent africain en est abondamment pourvu, il n'est pas à exclure qu'il propose un modèle de développement économique véritablement soutenable et durable. De façon paradoxale, la transition énergétique est peut-être en train de s'y dérouler.

engagement quantifié de réduction des émissions de gaz à effet de serre n'a été demandé à l'Afrique dans le protocole de Kyoto – que les États-Unis ont alors refusé de ratifier, prenant justement prétexte de cette discrimination.

Chapitre 8
Les énergies du futur

> *« Quand le vent du changement souffle, les uns construisent des murs et les autres construisent des moulins à vent ».*
>
> *Proverbe chinois*

L'avenir est, par essence, un imaginaire. C'est la raison pour laquelle son exploration est placée devant un dilemme : soit anticiper des changements dont il est impossible de savoir *ex ante* s'ils se réaliseront ou non ; soit, plus modestement, étudier dès à présent les possibilités de dépasser les antinomies et les apories. C'est la seconde option qui est ici retenue. Si les choix énergétiques dépendent *in fine* des ressources possédées par chaque pays, si de puissants déterminants historiques, sociaux et économiques enserrent les choix stratégiques nationaux dans le domaine de l'énergie et si les progrès dans l'électrification du monde apparaissent fortement contraints, cela n'exclut nullement de s'interroger sur des scénarios de basculements encore plus fondamentaux.

Le cœur de la question réside dans les modes de génération du courant électrique. Les énergies du futur susceptibles d'engendrer et de propulser la nouvelle révolution de l'électricité pourraient provenir soit des progrès et des ruptures dans le domaine de la recherche nucléaire, soit d'autres horizons, tels que le solaire ou l'hydrogène, tout autant marqués par le sceau de la plus grande des incertitudes à l'heure actuelle.

1. Les incertitudes de l'énergie nucléaire

Dans les années postérieures à la Seconde Guerre mondiale, l'utilisation de l'atome à des fins civiles a pu être considérée comme porteuse d'un grand avenir, voire comme une véritable panacée énergétique. Force est de constater que la situation a profondément évolué.

1.1. La délicate question de la sûreté des installations nucléaires

En faisant abstraction des contaminations provoquées par des essais atomiques militaires, deux catastrophes majeures sont survenues depuis le début de l'exploitation de l'énergie nucléaire à des fins commerciales : Tchernobyl en 1986 et Fukushima en 2011. Si les probabilités théoriques relatives aux accidents nucléaires potentiels ont tendance à sous-estimer leur occurrence, l'examen rétrospectif de ces deux catastrophes montre qu'elles auraient pu être évitées et qu'elles sont la conséquence directe des systèmes sociopolitiques propres aux pays où elles se sont produites.

L'explosion du réacteur 4 de la centrale nucléaire de Tchernobyl peut être interprétée comme l'émanation d'un modèle politique totalitaire : l'étatisme soviétique aboutissait à une déresponsabilisation généralisée des individus et seul un système aussi coercitif pouvait procéder à une mobilisation des forces armées qui n'avaient d'autre choix que de sacrifier leurs propres existences pour procéder aux travaux les plus urgents afin de contenir la progression de la radioactivité (d'autant que la centrale était dépourvue d'enceintes de confinement[256]). D'une part, les réacteurs RBMK présentaient des défauts de conception irrémédiables : le système d'arrêt d'urgence était trop lent puisque 20 secondes étaient nécessaires pour l'activer. D'autre part, les dispositifs de sécurité avaient été intentionnellement neutralisés par des opérateurs en provenance de Moscou pour pouvoir procéder à des manœuvres expérimentales. Cette violation caractérisée des règles de sécurité les plus élémentaires a provoqué une montée incontrôlable de la puissance des réacteurs saturés de xénon. La vaporisation de l'eau du réacteur est à l'origine de l'explosion qui souleva la dalle de béton de 1 200 tonnes recouvrant le cœur de la centrale, souffla le toit et provoqua l'éjection de très grandes quantités de matières radioactives dans l'atmosphère.

Le coût consécutif à l'accident de Tchernobyl a été colossal pour l'Union Soviétique – le coût direct a été estimé à cette époque à 15, voire 20 milliards $, ce qui représentait une fraction significative du PIB du pays[257] –, et il a hâté sa décomposition. Cette catastrophe s'est déroulée dans un contexte politique, économique et géopolitique qui devait lui être fatal : les réformes politiques voulues par son nouveau dirigeant, Mikhaïl Gorbatchev, se heurtaient à la résistance des appareils bureaucratiques et des forces conservatrices. Le contre-choc pétrolier, enclenché dès 1985, allait bientôt tarir l'unique

---

256 À la centrale de Three Mile Island, un enchaînement – statistiquement peu prévisible – d'erreurs humaines et de défaillances électromécaniques provoqua en 1979 la fonte de la moitié du réacteur nucléaire. Les enceintes de confinement évitèrent des relâchements de matières radioactives comparables à ceux de Tchernobyl. L'extrême gravité de cet accident est la principale raison pour laquelle l'énergie nucléaire a été pratiquement délaissée aux États-Unis depuis quatre décennies.

257 Compte tenu de la direction des vents dominants, les retombées furent plus dévastatrices en Biélorussie qu'en Ukraine même.

source en devises de la fédération et provoquer une aggravation des pénuries en biens de consommation. Et l'équipement de la résistance en armes modernes (missiles sol-air américains) rendait la victoire soviétique de plus en plus improbable en Afghanistan, le coût de cette intervention militaire devenant prohibitif (d'autant que les expéditions militaires en Afrique australe s'avéraient également très coûteuses et se heurtaient à de fortes oppositions).

Quant à la catastrophe de Fukushima (qui a abouti à la fusion partielle de trois réacteurs), elle prouve la complète impéritie des autorités japonaises, et surtout l'absence d'une véritable culture des *checks and balances* – la limitation des pouvoirs par des contre-pouvoirs – au sein de son système institutionnel. Il s'agit d'un cas emblématique de capture du régulateur par le régulé, puisque les entreprises japonaises d'électricité avaient la mainmise sur l'instance de contrôle des installations nucléaires avec la complicité du pouvoir politique. Les risques auxquels la centrale de Fukushima (et cette zone du Japon tout entière) étaient exposées étaient connus et, même si le tsunami fut d'une ampleur exceptionnelle, de semblables catastrophes s'étaient déjà produites auparavant[258]. Il aurait suffi d'entourer le site nucléaire d'une digue surélevée pour le protéger des vagues géantes[259]. Le Japon combat depuis plus de deux décennies la quasi-déflation qui accable son économie à la suite de la résorption des bulles spéculatives au début des années 1990 et, à cette fin, le gouvernement japonais a multiplié les plans de relance budgétaire qui ont abouti à couvrir l'Archipel de toutes sortes d'ouvrages d'art et d'infrastructures plus ou moins utiles (en particulier des jetées qui s'avancent dans la mer et des ponts à la finalité indéterminée). Il est très étrange, dans ce cas, que les autorités chargées de la surveillance des installations nucléaires n'aient pas demandé le renforcement de la sécurité des sites, surtout ceux implantés dans des zones sismiques sujettes à de forts risques d'inondation.

---

258 Lors de la tempête exceptionnellement intense de 1999, le cœur d'un ou de plusieurs réacteurs de la centrale nucléaire du Blayais en Gironde aurait pu connaître un destin similaire à ceux de Fukushima. Ce n'est qu'en 2006 que l'Autorité française de sûreté nucléaire a été créée en tant qu'instance administrative indépendante ne relevant plus de la hiérarchie du ministère de l'Industrie et possédant une réelle autonomie par rapport à l'exploitant unique des centrales nucléaires du pays. Une des raisons expliquant ce retard réside dans le fait que la création de ce contre-pouvoir ne fut longtemps pas considérée comme indispensable, au prétexte que les centrales nucléaires étaient exploitées par un opérateur public unique, au monopole à peine entamé par la libéralisation du marché de l'électricité et qui entretient des rapports de connivence avec les pouvoirs administratif, politique et industriel.

259 La centrale nucléaire d'Onogawa est plus proche de l'épicentre du séisme du 11 mars 2011 que celle de Fukushima : elle a subi une secousse sismique d'une intensité supérieure et le déferlement d'une vague d'une hauteur comparable. Mais aucun dommage sérieux n'y a été constaté car le site était entouré d'une digue de 14,8 mètres de haut et la centrale équipée d'un système auxiliaire (alimenté par une source d'électricité non raccordée au réseau électrique) de pompage pour le refroidissement des réacteurs pouvant capter l'eau, même en cas de retrait de la mer lors du reflux qui précède l'arrivée des vagues géantes.

Ces deux accidents majeurs ayant affecté des installations nucléaires civiles s'expliquent donc *in fine* par des erreurs humaines : l'irresponsabilité individuelle et la soumission à un ordre politique totalitaire ne tenant aucun compte des risques technologiques, d'une part ; la corruption d'un pouvoir politique et sa collusion avec le pouvoir économique restreignant l'exercice des contre-pouvoirs, d'autre part. Du point de vue purement technologique, ces systèmes extrêmement complexes ont donné la preuve de leur grande fiabilité : en règle générale, le risque inhérent aux installations nucléaires, tel qu'il est perçu par les populations, est supérieur à celui réellement encouru. En revanche, ils sont exposés à des aléas résiduels de nature socio-politique que les experts sont dans l'incapacité de maîtriser dans l'intégralité de leurs aspects : c'est pourquoi les exigences croissantes en matière de sécurité sont légitimes.

Depuis l'accident de Three Mile Island en 1979, les États-Unis demeurent un modèle en matière de surveillance et de contrôle des installations nucléaires, imités par la quasi-totalité des pays post-industriels, même si parfois tardivement (comme ce fut le cas pour la France). Les investissements réalisés depuis cet accident majeur ont réduit le nombre moyen d'incidents mettant en jeu la sécurité de 2,5 à 0,1 par installation pendant toute sa durée d'exploitation. Mais, si le nombre d'accidents dans les pays à hautes exigences technologiques tend à décroître, l'énergie nucléaire se développe surtout aujourd'hui dans des pays rentiers ou émergents où les préoccupations en matière de sécurité sont loin d'être aussi élevées car les conditions d'existence y sont beaucoup plus précaires et l'être humain n'est pas associé à une valeur comparable à celle qui prévaut dans les pays avancés. C'est pourquoi les principaux risques liés à la diffusion des usages commerciaux de l'énergie nucléaire résident moins dans la prolifération des armes atomiques que dans l'augmentation très sensible des risques d'accidents majeurs dans des installations au niveau de sécurité indéterminé, faute de compétences scientifiques et techniques adaptées. La probabilité d'un accident d'ampleur majeure a fortement crû, mais principalement dans les pays où la maîtrise de l'atome civil représente un défi (tableau 97).

1.2. La remise en cause de la rentabilité du nucléaire

La structure des coûts des différentes sources d'énergie a été remise en cause par trois changements majeurs : la libéralisation des marchés de l'électricité ; la concurrence des énergies renouvelables ; le constat que les coûts de l'électricité générée par les centrales nucléaires sont croissants et que, par conséquent, les effets d'apprentissage et les économies d'échelle ne s'appliquent pas à ce secteur d'activité (tableau 98).

Tableau 97 – Échelle internationale d'évaluation des événements nucléaires

Qualification de l'accident	Répercussions en dehors de l'installation (émissions de matières radioactives mesurées en térabecquerels)	Répercussions à l'intérieur de l'installation	Principaux exemples
Accident catastrophique	Libération massive de matières radioactives (équivalente à plus d'un multiple de 10 000 TBq d'iode 131) - Répercussions catastrophiques sur la santé et sur l'environnement dans une zone très importante (Nord de l'Ukraine, Biélorussie, zone de 20 km autour de Fukushima).	Complète destruction de l'installation.	1986 : catastrophe de Tchernobyl (libération de 4 à 6 millions de TBq). 2011 : catastrophe de Fukushima (libération de 0,5 à 1 million de TBq).
Accident grave	Libération importante de matières radioactives (équivalente à plus d'un multiple de 1 000 à 10 000 TBq) - Mise en œuvre de l'ensemble des mesures protectrices.	Dégâts importants affectant le cœur du réacteur et les circuits transportant les fluides. Grave contamination ou irradiation des personnels pouvant conduire à des affections majeures.	1957 : catastrophe de Kychtym à l'installation technique de Majak en Russie (libération probable inférieure à 0,5 million de TBq).
Accident sérieux	Libération limitée de matières radioactives (équivalente à plus d'un multiple de 100 à 1 000 TBq) - Mise en œuvre de quelques mesures protectrices.	Dégâts importants affectant le cœur du réacteur et les circuits transportant les fluides. Grave contamination ou irradiation des personnels pouvant conduire à des affections majeures.	1957 : incendie du cœur du réacteur du site de production de plutonium de Windscale Sellafield au Royaume-Uni (libération estimée entre 1 800 et 47 000 TBq). 1979 : fusion du cœur de la centrale nucléaire de Three Mile Island à Harrisburg aux États-Unis (libération estimée à 750 TBq).
Accident avec des conséquences locales	Libération faible ou limitée dans le temps de matières radioactives (équivalent à plus d'un multiple de 10 à 100 TBq) - Exposition de la population aux rayonnements radioactifs comparable à l'exposition naturelle à la radioactivité.	Dégâts affectant le cœur du réacteur et les circuits transportant les fluides. Grave contamination ou irradiation des personnels pouvant conduire à des affections majeures.	1977 : accident de la centrale nucléaire de Bohunice (Slovaquie). 1999 : accident à l'usine de retraitement des déchets de Tokai (Japon).

Incident sérieux	Très faibles émissions de matières radioactives - Exposition de la population aux rayonnements radioactifs comparables à une fraction de l'exposition naturelle à la radio-activité.	Grave contamination ou irradiation des personnels pouvant conduire à des affections majeures. Révision des réglementations en matière de sécurité.	1975 : incident à la centrale nucléaire de Lubmin (à Greifswald en ex-RDA). 2005 : libération de matières radioactives (uranium et plutonium) à Sellafield (Royaume-Uni).
Incident		Divergence par rapport à l'exploitation normale de l'installation (la non-résolution des problèmes pouvant conduire à une requalification des conséquences de cet incident sur l'échelle des risques nucléaires).	2001 : incident à la centrale nucléaire de Philippsburg (Allemagne). 2006 : incident à la centrale nucléaire de Forsmark (Suède).
Anomalie		Aucune signification pour les normes de sécurité.	1987 : anomalie à la centrale nucléaire de Biblis (Allemagne). 2009 : anomalie à la centrale nucléaire de Cattenom (France). 2011 : anomalie à la centrale nucléaire de Fessenheim (France).
Evénement sans implication sur le plan de la sécurité (ou avec des conséquences mineures)			2007 : incendie du transformateur à la centrale nucléaire de Krümmel (Allemagne). 2011 : fuite du bassin de refroidissement à la centrale nucléaire de Brunsbüttel (Allemagne).

Source : Hahn et Radkau, *Aufstieg und Fall der deutschen Atomwirtschaft*,

Tableau 98 – Principaux déterminants des prix des différentes énergies

	Coût du combustible	Prise en compte des émissions de CO_2	Libéralisation du marché de l'électricité	Couverture de la demande de base	Couverture de la demande de pointe
Nucléaire	Faible (environ 6 % à 8 % du coût direct).	Concurrence des énergies renouvelables (pour lesquelles un objectif de production a été fixé et qui enregistrent des gains d'efficience, alors que l'énergie nucléaire présente des coûts croissants).	Risques élevés liés à la taille des investissements, aux pannes et aux accidents (socialisation d'une partie des dépenses de R&D, de traitement et de stockage des déchets).	Très bien adapté (rentabilité dépendant du nombre de jours de production).	Peu adapté.
Charbon	Déterminant.	Plus ou moins élevé en fonction du prix du CO_2 (fortes incertitudes sur les techniques de capture et de stockage du CO_2).	Relative flexibilité.	Très bien adapté.	Adapté.
Gaz	Déterminant.	Limité (impacts environnementaux et sociaux de l'exploitation des gaz non conventionnels mal connus).	Relative flexibilité.	Relativement bien adapté.	Adapté
Énergies renouvelables	Nul (sauf pour la biomasse en raison des coûts de collecte des débris végétaux).	Emissions de CO_2 quasiment nulles lors de la production, mais importantes lors de la production des installations génératrices d'électricité.	Absence de flexibilité.	Intermittence de la production (nécessité de prévoir des capacités de production complémentaires).	Intermittence de la production (nécessité de prévoir des capacités de production complémentaires).
			Incitations financières pour atteindre les objectifs fixés en matière de transition énergétique.		

Les élites françaises ont été promptes à incriminer les particularismes culturels allemands après la décision de Berlin d'abandonner l'atome : un rapport à la nature fondé sur une exaltation romantique et une sacralisation païenne de la forêt, la peur irrationnelle et instinctive du nucléaire au sein des populations, les vicissitudes d'une vie politique contraignant le parti social-démocrate affaibli à conclure une alliance de gouvernement avec un parti écologiste ancien, mais à l'influence électorale fluctuante, le refus d'une source d'énergie qui a autant symbolisé l'affrontement Est-Ouest que le système économique communiste, la perpétuation d'un *Sonderweg*[260] et la volonté de montrer la voie à emprunter à l'Europe, en opposition à une France arcboutée sur ses archaïsmes nationalistes et militaristes. Pourtant, la décision prise par l'Allemagne de quitter le nucléaire découle des transformations que l'on vient d'évoquer, c'est-à-dire d'une logique purement économique.

Les coûts croissants de l'énergie nucléaire[261] s'expliquent par la combinaison de trois facteurs :

- l'absence de longues séries qui, en matière d'infrastructure énergétique, n'aurait de sens que pour des centrales de petite taille, même si l'effet d'apprentissage a pu jouer pour les pays ayant décidé de se doter d'un important parc de réacteurs, comme la Corée du Sud, la France et le Japon[262],
- l'incorporation discontinue des progrès technologiques à cause des longues périodes pendant lesquelles aucune centrale n'est construite,
- le renforcement des exigences de sécurité à la suite de l'accident de Fukushima.

C'est en premier lieu le renforcement des exigences réglementaires en termes de sécurité qui explique l'augmentation du coût de revient de l'électricité d'origine

---

260 Le *Sonderweg* (chemin spécifique) renvoie à une théorie de l'exception germanique, expliquant l'histoire récente de l'Allemagne par ses spécificités (en particulier son unification tardive et son rôle central dans la deuxième révolution industrielle). Si la France ramène la part du nucléaire à 50 % dans sa production d'électricité, elle diminuera sa part relative d'un pourcentage (globalement 25 %) correspondant à la place qu'occupait le nucléaire dans la production d'électricité en Allemagne avant 2011. Pour les deux pays, la part du nucléaire dans la production d'électricité serait diminuée d'une fraction équivalente, ce qui relativise l'abandon du nucléaire par l'Allemagne.

261 Le prix d'achat garanti du MWh pour le premier EPR (avec deux réacteurs de 1 600 MW chacun) construit au sud-ouest du Royaume-Uni à Hinkley Point s'élèverait à 92,5 £. Il passerait à 89,5 £ pour le second EPR (avec deux réacteurs de 1 600 MW chacun) localisé à Sizewell dans l'est du pays s'il est finalement construit. Cette baisse traduit l'augmentation de la productivité liée à l'effet d'apprentissage. Toutes les centrales nucléaires au Royaume-Uni sont localisées au bord des côtes.

262 La mise au point de la nouvelle génération de réacteurs (l'*European Pressurized Reactor* étant devenu l'*Evolutionary Power Reactor*) entraîne des coûts spécifiques qu'il ne sera possible d'amortir que sur un nombre significatif d'unités afin de bénéficier d'économies d'échelle et si certains pays-clés (surtout émergents comme l'Inde et l'Arabie saoudite) décident de s'en doter. Mais, comme l'uranium est une matière première fossile, l'extension de son utilisation devrait logiquement en augmenter le prix : le nucléaire ne représente en aucun cas une solution à portée universelle.

nucléaire, au point de porter atteinte à sa compétitivité. Sans compter les questions du stockage des déchets hautement radioactifs à longue durée de vie et du démantèlement des centrales, non résolues, et dont les coûts ne sont pas réellement pris en compte dans le calcul de la rentabilité prévisionnelle des installations, dans la mesure où leur poids dans l'équation générale d'actualisation est très faible (surtout si la durée d'une centrale est prolongée au-delà de 40 ans et si l'on tient compte de la demi-vie[263] des éléments radioactifs les plus virulents qui s'étend de 200 000 ans à 16 millions d'années). Sans oublier non plus le fait que le démantèlement génère de très importantes quantités de déchets et de matériaux plus ou moins radioactifs dont le traitement et le recyclage ne font pas l'objet de processus satisfaisants. Cela explique que le démontage des installations hors service demeure une simple option et il n'est pas à exclure que leur confinement ne constitue une solution transitoire préférable, du moins tant que des techniques de décontamination efficaces n'auront pas été mises au point. Cette approche peut sembler contrevenir au sens commun et réserver égoïstement la résolution de ces questions technologiques très complexes aux générations futures : en réalité, elle parie sur leur capacité à résoudre des problèmes pour lesquels il n'existe, pour le moment, aucune solution véritablement adaptée[264].

Mais quitter ou non le nucléaire ne saurait se réduire à de simples considérations financières. Il est en effet impossible, compte tenu de l'ensemble des contraintes techniques, réglementaires et économiques, d'établir un classement hiérarchique, permanent et univoque des coûts de production des différentes sources d'énergie. De plus, les coûts directs ne correspondent pas aux coûts complets de production en raison des subventions directes et indirectes concernant, à des niveaux certes variables, l'ensemble de ces branches : une fraction plus ou moins importante des dépenses de la filière énergétique fait l'objet d'une socialisation[265].

Le choix de l'énergie nucléaire répond également à une question de prestige national : il est essentiel pour les pays émergents de montrer qu'ils sont capables de maîtriser des systèmes technologiques aussi complexes qu'une centrale nucléaire, fût-elle livrée « clés en mains », les considérations économiques étant alors reléguées au second plan. Le choix de l'énergie nucléaire est toujours la réponse à une pénurie en sources d'énergie alternatives, et donc une solution par défaut eu égard aux contraintes spécifiques à cette forme d'énergie (un choix auquel échappe un grand nombre de

263 Période de temps nécessaire à la désintégration de la moitié des noyaux radioactifs.

264 C'est pour la même raison qu'il est rationnel de laisser intactes certaines zones des chantiers de fouilles archéologiques. Les générations futures d'archéologues disposeront de moyens techniques beaucoup plus avancés qui leur permettront de mettre en évidence des découvertes auxquels leurs homologues n'ont pas accès actuellement, faute de technologies appropriées.

265 Le calcul du prix de revient complet de l'électricité produite par le parc nucléaire français dépend du degré de socialisation des activités situées en amont (recherche fondamentale et appliquée) et en aval (sécurisation des sources d'approvisionnement en uranium en Afrique, traitement et stockage des déchets radioactifs, choix du démantèlement – ou non – des centrales actuellement en fonctionnement).

pays) : pour les nations ayant consenti de très importants efforts pour la maîtriser, le renoncement équivaut à un gaspillage considérable de ressources.

1.3. Une certaine stagnation dans la production d'uranium

Une telle analyse permet de comprendre la stagnation de la production mondiale d'uranium depuis le début des années 1980 (tableau 99), avec des volumes totaux oscillant entre 40 000 et 60 000 tonnes par an (après rectification des chiffres relatifs aux pays de l'ex-camp soviétique), même si une partie du combustible est recyclée et réutilisée, comme les matières fissiles obtenues lors des opérations de démantèlement des armes nucléaires. Ces données doivent cependant être appréhendées avec une grande circonspection. De plus, les volumes des petits producteurs sont également entachés d'incertitudes, comme pour l'ensemble des ressources minérales.

Le Kazakhstan est devenu le premier fournisseur mondial en uranium et sa position tend à se renforcer, principalement au détriment du Canada, mais aussi de la Russie et des États-Unis, en recul[266]. L'ouverture des mines de Dornod et de Dulaan Uul en Mongolie accroîtra la dépendance vis-à-vis de l'Asie centrale[267]. La Chine s'est engagée en 2011 à importer 55 000 tonnes d'uranium kazakh jusqu'en 2015, concrétisant ainsi, au grand dam de la Russie, la stratégie de diversification de ses sources d'approvisionnement. Elle tend à privilégier désormais l'Afrique : l'accord avec la Namibie de 2013 prévoit que la production d'uranium de la mine de Husab, dans la région occidentale d'Erongo, lui sera destinée, ce qui devrait couvrir une part significative de sa demande en uranium à partir de 2020[268].

De fait, le continent africain continue de jouer un rôle appréciable dans l'extraction de l'uranium : si l'Afrique du Sud recule, le Niger et la Namibie maintiennent leurs positions respectives et quelques nouveaux producteurs (comme le Malawi) sont apparus, tout en demeurant marginaux. Si le Niger a reporté l'ouverture d'une troisième mine à Imouraren, à côté de celles d'Arlit et d'Akokan, la plus grande mine d'uranium à ciel ouvert au monde, des gisements estimés à 27 000 tonnes ont été découverts en Tanzanie (régions de Bahi-Senke et de Nambumbo) et les réserves du gisement de Bakuma en République Centrafricaine sont estimées à 40 000 tonnes (son exploitation est rendue très difficile par l'absence d'infrastructure, la déliquescence de l'État, une situation intérieure conflictuelle et, surtout, ses spécificités géologiques).

---

266 Astana renforce sa prééminence avec les sites miniers de Kharasan, Zarechnoye, Budenovskoye, Moinkum et Semizbai.

267 L'administration atomique de l'Iran a fait savoir en 2013 que les réserves du pays en uranium s'élevaient à 4,4 millions de tonnes (contre 1,5 million de tonnes précédemment) et que deux nouvelles mines avaient été mises en exploitation (Saghand I et II dans la province centrale de Yazd).

268 Pékin a, en revanche, échoué dans la prise de contrôle d'une mine au Niger, un coup d'État renversant le gouvernement favorable à l'accord.

Tableau 99 – Répartition estimée de la production mondiale d'uranium (en %, par ordre décroissant en 2013)

	Kazakhstan	Canada	Australie	Niger	Namibie	Russie	Ouzbékistan	États-Unis	Chine
1984	-	27,92	10,98	8,19	9,00	16,25	-	13,19	-
1985	-	27,17	8,02	7,95	9,25	16,25	-	10,78	-
1986	-	30,06	10,65	7,98	8,94	16,67	-	8,15	-
1987	-	31,09	9,45	7,42	8,85	16,25	-	5,76	-
1988	-	22,66	6,42	5,39	6,38	14,55	-	9,18	-
1989	-	19,74	6,31	5,15	5,31	13,82	-	9,19	-
1990	-	17,41	7,04	5,66	6,41	15,96	-	4,83	-
1991	-	18,49	8,55	6,71	5,55	20,39	-	6,93	-
1992	-	25,76	6,47	8,21	4,66	25,48	-	6,09	-
1993	-	27,88	7,12	8,81	5,15	26,67	-	3,83	-
1994	-	30,48	6,98	9,52	6,03	24,44	-	4,13	-
1995	4,93	31,62	11,22	8,99	6,06	6,80	6,05	3,63	-
1996	3,46	33,43	14,23	9,51	7,01	5,72	4,17	3,72	-
1997	3,05	33,59	15,34	9,76	8,11	5,59	4,93	3,63	-
1998	3,71	31,91	14,30	10,83	8,11	5,84	5,84	3,79	-
1999	5,01	25,93	18,93	9,21	8,48	6,31	6,72	4,10	-
2000	5,24	30,64	21,74	8,30	7,79	5,74	6,74	4,30	1,43
2001	5,50	34,43	21,33	8,03	6,16	6,87	5,40	2,78	1,80
2002	6,93	32,18	19,01	8,53	6,47	8,04	5,16	2,55	2,02
2003	8,42	29,36	21,26	8,83	5,72	8,85	4,49	2,19	2,11
2004	8,70	28,83	22,33	8,16	7,55	7,96	5,01	2,10	1,86
2005	10,44	27,87	22,81	7,41	7,54	8,22	5,51	2,49	1,80
2006	13,38	25,00	19,25	8,71	7,78	8,27	5,73	4,24	1,90
2007	16,08	22,95	20,86	7,64	6,97	8,27	5,62	4,01	1,72
2008	19,43	20,52	19,22	6,91	9,96	8,03	5,33	3,26	1,75
2009	27,61	20,04	15,72	6,39	9,11	7,02	4,78	2,86	1,48
2010	33,18	18,23	10,99	7,82	8,38	6,64	4,47	3,09	1,54
2011	35,62	16,75	10,96	7,97	5,97	5,48	5,49	2,81	2,75
2012	36,54	15,42	11,98	8,00	7,70	4,92	4,11	2,74	2,57
2013	37,84	15,65	10,65	7,59	7,24	5,26	4,02	3,08	2,43

	Malawi	Ukraine	Afrique du Sud	Inde	Rép. tchèque	Brésil	Roumanie	Pakistan	Allemagne	France
1984	-	-	14,37	-	-	-	-	-	-	-
1985	-	-	12,20	-	-	-	-	-	-	-
1986	-	-	11,87	-	-	-	-	-	-	-
1987	-	-	10,04	-	-	-	-	-	-	-
1988	-	-	7,07	-	-	-	-	-	-	-
1989	-	-	5,06	-	-	-	-	-	-	5,56
1990	-	-	4,91	-	-	-	-	-	-	5,67
1991	-	-	3,88	-	-	-	-	-	-	5,61
1992	-	-	4,62	-	-	-	-	-	-	5,95
1993	-	-	4,85	-	-	-	-	-	-	5,21
1994	-	-	5,40	-	-	-	-	-	-	3,17
1995	-	-	4,36	-	-	-	-	-	-	3,32
1996	-	-	4,14	-	-	-	-	-	-	-
1997	-	-	3,14	-	-	-	-	-	-	-
1998	-	-	2,82	-	-	-	-	-	-	-
1999	-	-	2,90	-	-	-	-	-	-	-
2000	-	1,43	2,47	0,43	1,43	0,14	-	-	0,08	-
2001	-	2,06	2,40	0,63	1,25	0,16	-	-	0,07	-
2002	-	2,22	2,28	0,64	1,29	0,75	-	-	0,59	-
2003	-	2,25	2,13	0,65	1,27	0,87	-	-	0,42	-
2004	-	1,99	1,88	0,57	1,02	0,75	-	-	0,37	-
2005	-	1,92	1,62	0,55	0,98	0,26	0,22	0,11	0,23	0,02
2006	-	2,03	1,35	0,45	0,91	0,48	0,23	0,11	0,16	0,01
2007	-	2,05	1,31	0,65	0,74	0,72	0,19	0,11	0,10	0,01
2008	-	1,82	1,49	0,62	0,60	0,75	0,18	0,10	0,00	0,01
2009	0,20	1,65	1,11	0,57	0,51	0,68	0,15	0,10	0,00	0,02
2010	1,25	1,58	1,09	0,75	0,47	0,28	0,14	0,08	0,00	0,01
2011	1,55	1,63	1,07	0,73	0,42	0,49	0,14	0,08	0,10	0,01
2012	1,89	1,65	0,80	0,66	0,39	0,40	0,15	0,08	0,00	0,01
2013	1,90	1,80	0,91	0,67	0,38	0,33	0,13	0,07	0,05	0,00

Source : OCDE – Agence de l'énergie nucléaire et AIEA (Agence internationale de l'énergie atomique)

Tableau 100 – Répartition estimée des réserves mondiales d'uranium

	Réserves assurées (en milliers de t)	Réserves probables (en milliers de t)	Total (en milliers de t)	Réserves assurées (%)	Réserves probables (%)	Total (%)
Australie	1 180	559	1 739	16,6	12,7	15,1
États-Unis	472	0	472	6,7	0,0	4,1%
Canada	422	193	615	6,0	4,4	5,4
Kazakhstan	402	417	819	5,7	9,5	7,1
Namibie	363	156	519	5,1	3,5	4,5
Niger	341	105	446	4,8	2,4	3,9
Russie	218	432	650	3,1	9,8	5,7
Afrique du Sud	193	179	372	2,7	4,1	3,2
Brésil	156	121	277	2,2	2,7	2,4
Ukraine	143	81	224	2,0	1,8	1,9
Chine	110	57	167	1,6	1,3	1,5
Monde	7 089	4 402	11 491	100,0	100,0	100,0

Source : OCDE – Agence de l'énergie nucléaire et AIEA (Agence internationale de l'énergie atomique)

Quant au Maroc, il entend valoriser l'uranium contenu dans les gisements de phosphates [269] : s'il pouvait être produit dans des conditions économiquement soutenables, les réserves mondiales en uranium en seraient fortement augmentées. Comme pour tous les métaux, ce sont les conditions géologiques et techniques qui déterminent la rentabilité de l'exploitation des gisements (les cours des minerais n'étant guère prévisibles). Dans le cas de l'uranium, le caractère hautement stratégique de ce minerai explique que les focalisations géopolitiques – plus ou moins fondées, voire parfois purement fantasmatiques – tendent à l'emporter sur les considérations techniques. L'industrie minière est l'un des secteurs où les décisions sont les plus difficiles et les plus risquées à prendre, compte tenu du montant des investissements à réaliser pour ouvrir de nouveaux sites de production.

Il existe une distorsion manifeste entre la répartition de la production et celle des réserves qui représentent 200 ans de consommation actuelle, du moins tant que les cours se maintiennent à des niveaux suffisamment rémunérateurs pour rentabiliser les nouveaux sites[270], les réserves étant plus équitablement répandues sur Terre. Mais la

---

[269] Les quatre principaux détenteurs de réserves de phosphate au monde seraient le Maroc, la Chine, la Jordanie et l'Afrique du Sud. Si les techniques d'extraction d'uranium à partir des gisements de phosphate s'avèrent compétitives, ils compteront parmi les principaux producteurs d'uranium dans l'avenir.

[270] Les réserves en uranium dissous dans l'eau de mer (3,3 mg par m^3) sont estimées à 4,5 milliards de tonnes. Son extraction est dès à présent technologiquement possible grâce à des résines conçues *ad hoc*, mais à des coûts exorbitants.

forte progression de certains pays émergents ou pauvres dans la production d'uranium s'explique aussi par les importantes pollutions générées par cette activité minière. Ainsi, les pays autoritaires bénéficient d'un avantage concurrentiel par rapport à ceux dont les populations peuvent faire valoir leurs droits et, en conséquence, peser sur l'extraction des minerais, voire l'interdire. Ainsi, l'exploitation de l'uranium slovaque est très difficile : les sites sont situés dans des parcs nationaux, près de lieux touristiques ou à la périphérie des villes. L'un des gisements d'uranium les plus denses au monde, Kuriskova (avec des réserves estimées à 8 700 tonnes), se trouve à quelques kilomètres de la ville de Kosice. La Slovaquie est l'un des pays les plus nucléarisés au monde puisque, jadis arriérée, elle a connu une industrialisation forcée sous le régime communiste, alors que la République tchèque, l'un des foyers de la seconde révolution industrielle, a perdu son avance technologique.

2. Géopolitique de l'énergie nucléaire à des fins civiles

La production d'électricité d'origine nucléaire enregistre un recul relatif depuis une quinzaine d'années au plan mondial (tableau 101). Seul un très petit nombre de pays dispose d'une électricité en majorité ou significativement issue de centrales nucléaires : France, Slovaquie, Belgique, Hongrie et Ukraine (la Lituanie ayant été contrainte de fermer son unique site), soit trois anciens pays communistes pauvres en ressources énergétiques ainsi qu'une nation dont le secteur électrique était un monopole public, symbole des nationalisations de l'après-guerre[271] et ancien bastion des syndicats communistes, et un petit pays enclavé dont l'économie est dominée par ses puissants voisins (la France dans le secteur énergétique, Suez[272] ayant été appelé à contrer la tentative de rachat de la Société générale de Belgique par l'italien Olivetti en 1988). Néanmoins, l'atome civil reste important pour une trentaine de pays et plusieurs nations émergentes ou rentières aspirent à se doter de réacteurs pour diversifier leur mix énergétique.

Mais c'est surtout l'analyse des nouveaux projets de centrales qui permet de comprendre la géopolitique du nucléaire civil, indépendamment de la volonté des États de se doter d'armes atomiques. Le nombre de pays susceptibles de fournir des centrales nucléaires est très limité et la concurrence acérée qu'ils se livrent est un paramètre susceptible d'expliquer certains dysfonctionnements (comme la crise d'Areva).

---

271 Le malthusianisme des producteurs privés d'électricité fut considéré comme l'une des causes du déclin économique de la France entre les deux guerres mondiales.

272 L'absorption totale a été réalisée en 1998 et la SG/B a fusionné en 2003 avec l'énergéticien belge Tractebel, ce qui explique que Suez, groupe d'origine française, soit devenu un opérateur dans le secteur nucléaire.

Tableau 101 – Part du nucléaire dans la production totale d'électricité (en %)

	1985	1990	1995	2000	2005	2010	2014
États-Unis	14,9	19,1	20,2	19,9	19,3	19,6	19,5
Canada	13,2	15,2	17,6	12,1	14,9	15,4	17,3
Allemagne	26,5	27,7	28,7	29,4	26,3	22,4	15,8
Belgique	60,4	60,2	55,6	57,3	54,7	50,4	46,1
Bulgarie	31,6	34,8	41,3	44,4	41,8	33,1	33,6
Espagne	20,3	33,0	31,0	26,8	19,6	20,5	20,6
Finlande	38,3	35,4	30,2	32,5	33,5	28,6	35,1
France	65,2	74,8	76,4	76,8	78,7	74,7	78,4
Hongrie	24,2	48,4	41,3	40,3	38,7	42,2	53,6
Pays-Bas	6,2	4,9	5,0	4,4	4,0	3,4	4,0
Rép. tchèque	4,1	20,1	20,1	18,5	29,9	32,6	35,2
Roumanie	0,0	0,0	0,0	10,5	9,4	19,1	18,5
Royaume-Uni	20,5	20,6	26,4	22,6	20,5	16,3	19,0
Russie	10,3	10,9	11,5	14,9	15,5	16,4	17,0
Slovaquie	41,7	50,1	44,2	53,8	56,7	52,6	56,9
Suède	42,7	46,6	47,4	37,7	43,4	37,5	40,4
Suisse	39,9	42,4	39,5	39,1	37,2	37,3	37,1
Ukraine	19,6	25,5	36,4	45,8	48,0	47,5	48,6
Chine	0,0	0,0	1,2	1,2	2,1	1,7	2,2
Corée du Sud	26,7	44,7	32,9	37,5	37,7	30,0	30,2
Inde	2,5	2,3	1,9	2,8	2,6	2,5	2,9
Japon	22,6	23,3	29,7	30,2	25,4	25,3	0,0
Pakistan	1,4	0,9	0,8	1,5	3,0	2,7	5,7
Taïwan	51,7	36,4	26,5	20,8	17,6	16,9	16,3
Argentine	12,8	14,3	10,5	6,9	6,5	5,6	4,0
Brésil	1,8	1,0	0,9	1,7	2,5	2,8	2,6
Mexique	0,0	2,4	5,5	4,0	4,5	2,2	3,3
Afrique du Sud	4,0	5,4	6,3	6,5	4,9	4,9	6,4
Monde	14,9	16,9	17,5	16,8	15,1	12,9	10,8

Source : calculs à partir de la *BP Statistical Review*

2.1. Perspectives de développement du nucléaire civil

Les pays post-industriels disposant d'un important parc nucléaire continuent parfois d'implanter de nouvelles centrales. Les États-Unis ont prévu d'accroître leurs capacités de production de 4 000 MW et quatre nouveaux réacteurs ont été mis en chantier en 2013 (deux à Vogtle en Georgie et deux à Summer en Caroline du Sud). La Corée du Sud prévoit de couvrir, à l'horizon 2030, 60 % de sa consommation électrique par des installations nucléaires : 14 nouveaux réacteurs sont programmés d'ici 2024 et il n'est pas exclu que le Japon l'imite un jour. En Europe, la Finlande, le Royaume-Uni et la France se sont engagés dans la construction d'unités d'EPR[273]. Mais ces nations avancées préfèrent généralement renouveler les unités technologiquement déclassées ou ayant dépassé la durée d'exploitation, et ce, dans des conditions de sécurité optimales. De fait, il semble qu'il soit moins onéreux de prolonger la vie des centrales déjà en fonctionnement que d'en construire de nouvelles, comme le prouvent les surcoûts supportés par les EPR en voie de réalisation. Mais cette considération doit être relativisée dans la mesure où il s'agit d'unités relevant d'une nouvelle technologie et bâties par des entreprises qui ont dû reconstituer leurs expertises en matière d'ingénierie nucléaire civile, puisque la relance actuelle des investissements fait suite à une longue phase d'arrêt de la construction de centrales.

Cependant, l'accroissement des capacités de production est le plus manifeste du côté des pays émergents possédant déjà des centrales nucléaires, qu'il s'agisse de l'Afrique (Afrique du Sud[274]), de l'Amérique latine (Argentine[275], Brésil[276], Mexique[277]), de l'Europe centrale et orientale (Roumanie, Slovaquie, République tchèque, Ukraine) et, surtout, de l'Asie. Si l'on excepte le Pakistan et Taiwan, l'Indonésie, nouvelle venue, pourrait développer cette énergie à partir de 2017-2019, mais la géographie très particulière (risques volcaniques, sismiques et de tsunamis) de cet immense archipel transforme la sélection du site d'implantation en un exercice particulièrement périlleux. L'administration thaïlandaise de l'électricité prévoit aussi la construction de cinq unités nucléaires pour une capacité totale de 5 000 MW à partir de 2020. Mais ce sont d'abord l'Inde et surtout la Chine qui se signalent par l'importance des investissements

---

273 Sans oublier les Pays-Bas et surtout la Suède, où le moratoire adopté par référendum en 1980 a été modifié en 2010, ouvrant la possibilité de remplacer les dix réacteurs en fonctionnement (3 à Forsmark, 3 à Oskarshamn et 4 à Ringhals) par des installations plus modernes.

274 Si le barrage de Grand Inga sur le fleuve Congo venait à être construit au Congo-Kinshasa, il constituerait la plus puissante centrale électrique au monde, ce qui rendrait inutile la construction de centrales nucléaires en Afrique du Sud. En juillet 2015, deux accords ont été conclus entre Pretoria et Moscou, l'un portant sur la formation dans le domaine de l'énergie nucléaire, l'autre relatif à sa promotion auprès des populations.

275 Buenos Aires est le pionnier de l'énergie nucléaire en Amérique latine : la centrale Atucha I est entrée en fonctionnement dès 1974. Il a déjà exporté sa technologie nucléaire en Roumanie, au Pérou, en Algérie, en Égypte et en Australie.

276 La première centrale nucléaire brésilienne, Angra I, est entrée en service en 1982 et elle est de conception américaine. La deuxième centrale, Angra II, a été reliée au réseau en 2000 et a été conçue en Allemagne.

277 La centrale mexicaine située à Laguna Verde dans l'État de Veracruz, une zone sismique exposée aux ouragans, est entrée en activité en 1989. Il est prévu que dix nouvelles centrales nucléaires soient construites d'ici 2028. Les gisements d'uranium que le Mexique possède n'ont pas été jusqu'à présent exploités.

dans ce secteur. Pékin est en train de se doter d'installations très avancées sur le plan technologique (réacteur CPR-1000 dérivé de l'EPR français, réacteur à haute température électrogène de 200 MW). Le plan chinois pour le développement à long terme de l'énergie nucléaire 2005-2020 prévoit la création d'une capacité totale de production de 70 GW à l'horizon de 2020 et de 250 GW pour la décennie suivante. Le programme indien prévoit que la capacité de production d'électricité d'origine nucléaire à l'horizon de 2020 pourrait atteindre 20 GW : malgré les accords de coopération relatifs aux usages civils de l'énergie nucléaire conclus en 2008 avec les États-Unis, la Russie et la France à la suite de la levée de l'embargo sur la fourniture de matériels nucléaires, la détermination du subcontinent indien dans ce domaine n'est en aucun cas comparable à celle de la Chine.

L'avenir de la géothermie en Indonésie

En 2008, un plan d'extension des capacités de production d'électricité d'au moins 10 000 MW (soit un quart des capacités actuelles) a fait l'objet d'une annonce officielle. Or l'Indonésie, qui se caractérise par de très fortes émissions de dioxyde de carbone du fait de la déforestation (800 000 hectares par an pour la plantation de palmeraies) et de gigantesques incendies de tourbières, entend exploiter une ressource dont elle est le premier détenteur mondial : son potentiel géothermique, estimé à 27 GW, soit 40 % des réserves mondiales, grâce aux 170 volcans en activité sur son territoire. L'électricité est produite à partir de la vaporisation de l'eau au contact du magma ou des roches chaudes. Très abondante et renouvelable, cette énergie ne représente pour le moment que 2 % de l'offre énergétique du pays (avec 7 installations à Java, Sumatra et Sulawesi, soit la troisième puissance installée d'électricité d'origine géothermique au monde après les États-Unis et les Philippines). Deux obstacles s'opposent cependant à son développement, le coût très important de l'exploration du sous-sol et des forages, et un prix d'achat de l'énergie trop bas pour rentabiliser les investissements. Mais ils seraient susceptibles d'être facilement levés : des mécanismes financiers (subventions ou fonds de garantie) pourraient limiter les risques liés à l'exploration, et quant à la revalorisation des prix d'achat de l'électricité d'origine géothermique, il s'agit d'une décision politique dont l'impact sur les finances publiques serait bien plus limité que le subventionnement des hydrocarbures. En revanche, la déperdition d'une partie de l'électricité produite est inévitable puisque les lieux de production (les zones volcaniques) sont nécessairement éloignés des grands centres de consommation.

Bien que ces plans de promotion de l'énergie nucléaire relèvent parfois d'une idéologie développementaliste à finalité incantatoire, le nucléaire civil continue de représenter l'unique solution des pays asiatiques très fortement peuplés pour généraliser l'accès à l'énergie électrique. Il existe ainsi une congruence entre les idéaux communistes (prônant la démocratisation de l'accès à l'électricité dès 1918) et l'atome civil. Une conception synthétique et strictement matérialiste de l'histoire du communisme pourrait s'énoncer de la sorte : un système politique qui s'est maintenu pendant plus de sept décennies grâce aux exportations d'hydrocarbures de l'Union Soviétique et qui a généralisé l'accès à l'électricité, mais a échoué à développer la civilisation de l'automobile.

2.2. La stratégie russe dans le nucléaire civil

Ces outsiders du secteur nucléaire doivent acquérir leurs centrales auprès de pays maîtrisant cette technologie. Compte tenu de l'ampleur des investissements, la Russie présente une offre redoutablement compétitive. De plus, elle maîtrise l'intégralité de la filière et peut aussi bien garantir la fourniture de l'uranium enrichi que le retraitement des déchets radioactifs. Ayant profondément amélioré ses technologies nucléaires discréditées après la catastrophe de Tchernobyl, Moscou s'est lancé dans un important programme de construction de nouvelles centrales avec pour finalité de doubler la part d'électricité domestique d'origine nucléaire pour atteindre un tiers), tout en poursuivant hors de ses frontières deux objectifs : renforcer les liens avec ses pays limitrophes ; accroître sa présence dans des contrées où elle entretenait déjà des relations plus ou moins proches.

La Russie construit actuellement deux réacteurs de modèle VVER dans l'enclave de Kaliningrad, dont le courant devrait être destiné à l'exportation vers la Pologne et la Lituanie. Confrontées à la nécessité de diversifier leur mix énergétique, Varsovie et Vilnius envisagent pourtant de se doter de leurs propres centrales. La première, déçue par le gaz de schiste, prévoit la mise en service d'une capacité de 3 000 MW[278]. La seconde, confrontée à la fermeture pour des raisons de sécurité de son unique centrale d'Ignalina fin 2009 et depuis lors tributaire des importations d'électricité et de gaz naturel onéreuses en provenance de Russie, tente de soutenir le projet d'un nouveau réacteur situé à Visaginas, près de la frontière biélorusse. Mais la population lituanienne l'a rejeté à 65 % lors d'un référendum consultatif organisé en 2012, jugeant surdimensionné un investissement de 4,9 milliards € (financé à 38 % par la Lituanie) pour une économie d'une aussi petite taille. De fait, une telle unité de 1 350 MW, qui ne pourrait être rentabilisée qu'en exportant une partie de la production vers la Pologne, est apparue comme un concurrent inutile aux réacteurs prévus dans l'enclave de Kaliningrad et en Biélorussie[279].

À l'extérieur de ses frontières, la Russie occupe une place déterminante dans la modernisation et la construction de nouveaux réacteurs dans les pays d'Europe centrale et orientale, déjà dépendants de ses importations d'hydrocarbures. Après les succès

---

278 L'Union Soviétique avait entrepris de construire quatre réacteurs à Żarnowiec, à 70 km de Gdansk, dans les années 1980. Ce chantier fut abandonné en 1990 lorsqu'il apparut manifeste que la Pologne ne relevait plus de sa sphère d'influence et que les réacteurs de type RBMK étaient irrémédiablement défectueux.

279 Lors d'un précédent référendum organisé en 2008, la population lituanienne s'était prononcée à 91 % en faveur de la prolongation de la durée d'exploitation de l'ancienne centrale nucléaire jusqu'à la construction d'une nouvelle unité. Le coût du démantèlement de la centrale d'Ignalina est estimé à 3 milliards € et la Lituanie s'est engagée à y procéder.

remportés en Bulgarie et surtout en Hongrie (pays qui avait pourtant cherché, après la chute du rideau de fer, à se désengager de son influence), ainsi que le probable contrat avec la Biélorussie[280], les choix que la République tchèque et la Slovaquie vont devoir opérer seront décisifs (entre les consortiums russe, japonais et français) (tableau 102).

Tableau 102 – Évolution des parcs nucléaires des anciens pays communistes d'Europe centrale et orientale

Bulgarie	Centrale de Kosloduj : fermeture des quatre réacteurs les plus anciens, prolongement de l'exploitation des réacteurs 5 et 6 rendus conformes aux normes de sécurité, et projet de construction d'un réacteur supplémentaire. Centrale de Belene : abandon du projet de construction (deux réacteurs).
Hongrie	Centrale de Paks : entrée en fonctionnement des quatre réacteurs entre 1982 et 1987, et doublement prévu de la capacité de production (réalisé par Rosatom).
Rép. tchèque	Centrale de Dukovany : raccordement au réseau des 4 réacteurs en 1985 et en 1987. Centrale de Temelin : achèvement de deux réacteurs par Westinghouse en 2000 et en 2003, et construction de deux réacteurs supplémentaires prévue.
Roumanie	Centrale de Cernavoda (alimentée à l'uranium non enrichi) : entrée en fonctionnement en 1996 réacteur 1) et 2007 (réacteur 2) ; construction de deux réacteurs supplémentaires sur le même site à partir de 2008 (retrait en 2011 de l'allemand RWE, de l'espagnol Iberdrola et du français GDF-Suez en raison des incertitudes économiques).
Slovaquie	Centrale de Bohunice : fermeture en 2006 et 2008 des réacteurs de conception soviétique entrés en service en 1978 et en 1985, fonctionnement des deux réacteurs entrés en service en 1984 et en 1985 et construction d'un cinquième réacteur prévue. Centrale de Mochovce (majoritairement détenue par l'italien Enel) : raccordement au réseau en 1998 et en 2000, et construction de deux nouveaux réacteurs à partir de 2009 (qui auraient dû entrer en service fin 2012 et fin 2013).
Slovénie	Centrale de Krsko (exploitée depuis 1981 en commun par la Slovénie et la Croatie) : un réacteur de 700 MW construit sous licence Westinghouse.
Ukraine	Centrale de Tchernobyl : fermeture définitive en 2000 et construction actuellement d'un nouveau sarcophage.

280 La Biélorussie, dépourvue de ressources énergétiques et minières (à l'exception du potassium), a conclu un accord avec Moscou en 2011 afin de construire d'ici 2018 une centrale à Ostrowez, à la frontière de la Lituanie, dotée de deux réacteurs de 1 200 MW chacun, et financé par la Russie à hauteur de 9,4 milliards $. Depuis la fermeture de la centrale nucléaire d'Ignalina en Lituanie fin 2009 (un réacteur RBMK du même type que celui qui a fondu à Tchernobyl), seules la Russie, l'Ukraine et l'Arménie, parmi les ex-républiques soviétiques, possèdent actuellement des centrales nucléaires sur leurs territoires. Le Kazakhstan, premier producteur mondial d'uranium, pourrait néanmoins devenir une puissance nucléaire afin de réserver ses énergies carbonées à l'exportation.

Le cas de l'Arménie constitue une autre illustration de la puissance, directe ou indirecte, de la Russie dans le secteur du nucléaire civil. La centrale de Mezamor est entrée en service en 1979, avec deux réacteurs de 376 MW chacun. La production a été interrompue trois mois après le tremblement de terre dévastateur de décembre 1988, le réacteur 1 définitivement fermé en 1995 et le réacteur 2 remis en service pour faire face à la pénurie d'énergie consécutive au blocus économique décidé par l'Azerbaïdjan. En dépit de la promesse de fermeture faite à Washington en 1999, Mezamor devrait rester en fonctionnement jusqu'en 2016, Moscou considérant que ce réacteur (localisé en zone sismique) est en mesure de supporter une secousse tellurique importante. Tout en ayant lancé en 2009 un appel d'offre international pour la construction d'un nouveau réacteur, l'Arménie n'est pas parvenue à se dégager de sa dépendance énergétique et financière vis-à-vis de la Russie : dès l'année suivante, Erevan a signé avec Moscou un contrat pour une nouvelle centrale (1 000 MW), à construire sur le terrain de l'actuelle installation, pour un coût estimé à 5 milliards $. L'offre russe était d'autant plus compétitive que Moscou fournissait également le financement et que Rosatom possède indirectement le réseau électrique national depuis 2005.

Au Proche et au Moyen-Orient, la concurrence n'était pas en mesure de présenter des offres aussi compétitives que celle de Moscou. La France propose des réacteurs de nouvelle génération (EPR) aux coûts très élevés, à la construction longue et à la technologie très complexe, et qui n'ont pas prouvé leur fiabilité technique sur une période suffisante : l'innovation dans le nucléaire civil n'est pas nécessairement un gage de compétitivité. L'offre japonaise est discréditée par l'accident de Fukushima qui a révélé les faiblesses et les dysfonctionnements de cette filière au Japon. Quant aux États-Unis, leur retour dans la construction de centrales nucléaires est trop récent. C'est pourquoi Rosatom a été retenu en 2010 pour la construction, d'ici 2020-2022, d'une centrale (avec quatre réacteurs d'une capacité totale de 4 800 MW) pour 20 milliards $ à Akkuyu sur la rive turque de la Méditerranée près de Büyükeceli, ainsi que, succédant à Siemens, pour achever le très symbolique chantier de la centrale iranienne de Buschehr [281]. La Jordanie, dépourvue de ressources énergétiques à l'exception de schistes bitumineux, a aussi conclu un accord avec la Russie en mars 2015 pour la construction de sa première centrale nucléaire (deux réacteurs d'une puissance de 1 000 MW chacun pour un montant global estimé à 10 milliards $). Quant aux futurs réacteurs du Bangladesh[282] et du Vietnam[283], ils seront selon toute vraisemblance fournis aussi par Rosatom.

---

[281] Fin septembre 2014, Téhéran a pris le plein contrôle de cette centrale (1 000 MW). Selon le directeur de l'administration iranienne de l'énergie atomique, des experts russes sont présents sur ce site pour seconder, former et conseiller les équipes iraniennes chargées de son exploitation. La construction de deux nouvelles centrales nucléaires près du site de Buschehr a été signée à Moscou en novembre 2014. L'objectif affiché par Téhéran est de disposer de 20 réacteurs de 1 000 MW chacun (dont quatre dans la région de Buschehr).

[282] Le Bangladesh a dû se tourner vers le nucléaire car il possède l'une des principales industries textiles du monde, exploite déjà ses ressources limitées en gaz naturel et sa densité de peuplement très élevée entrave le développement des ressources renouvelables, comme en Inde.

En Afrique aussi, l'influence de l'ancienne superpuissance devrait permettre au Kremlin d'avancer ses pions. Ainsi, l'Angola, qui possède des gisements d'uranium dans l'enclave de Cabinda, a exprimé son intention de développer l'atome civil pour résoudre les pénuries récurrentes en électricité (70 % des entreprises dans ce pays sont tributaires de générateurs alimentés au diesel).

Les revers ne manquent pas cependant, pour des raisons politiques avant tout. Confrontée à la nécessité d'augmenter sa production d'électricité et de réduire sa dépendance aux importations en hydrocarbures, la Turquie a conclu en 2013 un accord avec un consortium nippo-français pour la construction d'une seconde centrale nucléaire, à Sinop sur le littoral de la mer Noire[284]. C'est avec l'aide du Japon que le Vietnam construira deux autres centrales[285]. Surtout, le contrat russo-iranien a conduit les Émirats arabes unis à se tourner vers un fournisseur pro-occidental, le sud-coréen Tepco allié au japonais Toshiba et à l'américain Westinghouse[286].

Mais c'est le choix de l'Arabie saoudite qui sera décisif pour la configuration future de l'industrie nucléaire mondiale. Le plan saoudien de développement de l'énergie nucléaire, prévoyant de doter le royaume d'une capacité de production de 23 900 MW en 2020 (16 réacteurs) et de 54 100 MW en 2032, est extrêmement ambitieux, pour des raisons économiques (exporter le maximum d'hydrocarbures), mais aussi car seule l'augmentation massive de la production nucléaire est économiquement rentable pour réduire drastiquement les émissions de gaz à effet de serre dans la péninsule arabique. Pour le moment, Riyad a signé des accords de coopération nucléaire avec l'ensemble des fournisseurs potentiels (Toshiba-Westinghouse, EDF-Areva, Korea Atomic Energy Research Institute et Rosatom), d'autant plus intéressés que, à la différence des autres potentiels acquéreurs de centrales nucléaires, la vente à l'Arabie saoudite ne nécessite pas de mettre en place un plan de financement spécifique. Il est probable que le royaume wahhabite cherchera à diversifier ses fournisseurs, à la fois pour prévenir les risques de dépendance technologique et pour limiter l'impact de ses choix dans la configuration de l'industrie nucléaire civile mondiale.

---

283 Un accord a été signé en 2010 entre Rosatom et Hanoï prévoyant la construction de deux réacteurs, qui devraient être raccordés au réseau d'ici 2020.

284 Pour un montant globalement équivalent à celui de la première centrale, quatre réacteurs de 1 200 MW chacun doivent être construits par Mitsubishi, Itochu et Areva (l'opérateur pressenti étant GDF-Suez).

285 Soit quatre réacteurs de 1 000 MW chacun. Hanoï prévoit de disposer de huit centrales nucléaires dotées de treize réacteurs à horizon 2030.

286 La centrale nucléaire Barakah I devrait être opérationnelle en 2017 et celle de Barakah II l'année suivante. L'Emirates Nuclear Energy Corporation a acquis quatre réacteurs d'une capacité de 1 400 MW chacun à la Corée du Sud pour 20,4 milliards $. Compte tenu de la proximité entre Abu Dhabi et Riyad, cette première installation nucléaire civile dans la péninsule arabique peut être interprétée comme le prélude au programme d'équipement nucléaire civil de l'Arabie saoudite.

Les causes de la crise de l'industrie nucléaire en Europe

L'Europe est le continent à la pointe de la lutte contre le changement climatique et donc de la génération d'électricité décarbonée. Or le nucléaire est la source d'énergie la mieux adaptée pour remplacer le charbon (voire le gaz naturel) pour la production de l'électricité de base et il est relativement complémentaire des énergies renouvelables. Mais la France est le seul pays européen à posséder une industrie nucléaire compétitive, directement concurrencée par les deux anciens leaders du monde communiste : la Chine et la Russie.

Les succès de la Russie et de la Chine en Europe centrale et au Royaume-Uni s'expliquent d'abord par des raisons financières. Ce sont des pays qui ne disposent pas d'une épargne domestique actuellement suffisante (mesurée par le solde de la balance des paiements courants) pour financer des investissements de montants aussi considérables (Finlande, Hongrie, Pologne, République tchèque, Royaume-Uni, Slovaquie, Turquie). Les entreprises exportatrices de centrales nucléaires doivent également prévoir leur financement.

Le financement d'une partie du programme nucléaire du Royaume-Uni par deux conglomérats appartenant au complexe militaro-industriel chinois (*General Nuclear Power* et *China National Nuclear Corporation*) illustre le renversement des rapports de dépendance. L'accord prévoit, en effet, que les entreprises chinoises assurent le financement d'un tiers des deux premiers EPR (Hinkley Point), le co-financement des autres EPR (Sizewell) et la construction d'une centrale chinoise de troisième génération (« Hualong ») dans l'Est du Royaume-Uni à Bradwell. L'industrie nucléaire française a permis à la Chine de maîtriser la technologie des centrales nucléaires de deuxième et troisième générations. Dorénavant, ce sont les groupes chinois qui sont en mesure de proposer une offre compétitive, y compris dans les pays post-industriels. Manifestement, Pékin a obtenu d'imposer sa solution technologique propre en échange du co-financement des autres centrales nucléaires.

Tous les pays ne peuvent pas accueillir une centrale nucléaire sur leur territoire. Trois conditions principales sont requises :

- fournir des débouchés suffisants à la production d'électricité pour pouvoir rentabiliser un tel investissement (sauf à pouvoir compter sur des flux récurrents à l'exportation) ;
- posséder des équipes transdisciplinaires de scientifiques et d'ingénieurs de très haut niveau[287] ;
- avoir atteint un certain stade de développement ou connaître un processus d'industrialisation accélérée[288].

287 Il semblerait que l'exploitation de la centrale acquise par Abu Dhabi bénéficiera du concours technique d'experts internationaux.

288 Le manque d'infrastructures constitue un handicap pour l'implantation d'une centrale nucléaire tant au Bangladesh qu'au Vietnam (et *a fortiori* en Bolivie et au Ghana malgré l'accord conclu avec Rosatom). Néanmoins, Hanoï doit considérablement augmenter sa production d'électricité s'il veut rester la principale zone d'implantation des usines chinoises délocalisées.

Ces trois critères excluent les petits pays isolés, les pays au niveau de développement insuffisant et ceux dont la structure économique repose principalement sur les secteurs primaire et tertiaire. D'autres nations, qui remplissaient *a priori* les critères, ont pu volontairement renoncer à cette forme d'énergie ce qui, dans le contexte de renouveau du nucléaire, souligne leur profonde singularité : principalement l'Allemagne et les pays relevant de sa sphère d'influence culturelle (Autriche, Belgique, Suisse), mais également les pays du Sud de l'Europe (Espagne[289], et surtout Italie, pays dans lequel un référendum a confirmé en 2011 l'abandon de l'énergie nucléaire à une majorité écrasante de 94 % des votants). Un autre pays a renoncé délibérément à l'énergie nucléaire : les Philippines, puisque le gouvernement Aquino a fermé en 1986 l'unique centrale, localisée sur l'île de Bataan au large de Manille, officiellement en raison des risques d'éruptions volcaniques, de tremblements de terre et de typhons, mais officieusement car cette centrale constituait un symbole du régime Marcos qui venait d'être renversé. Comme en Europe, les pays asiatiques, géographiquement proches, prennent des décisions divergentes en matière d'atome civil.

2.3. La relance des surgénérateurs et l'hypothèse des centrales au thorium

S'il apparaît que l'énergie nucléaire représente une solution pertinente pour les pays pauvres en sources d'énergies alternatives et qui veulent développer leurs tissus industriels (nations émergentes est-européennes ou asiatiques), le modèle français n'est pas généralisable, faute de ressources mondiales suffisantes en uranium. La tendance à long terme de la production d'électricité nucléaire lui permettrait, au mieux, de maintenir sa part de marché, non de faire face à la hausse de la demande en énergie. Mais deux solutions pourraient relancer l'énergie d'origine nucléaire : les surgénérateurs et les centrales alimentées au thorium.

Les générations de réacteurs nucléaires

La première génération de réacteurs nucléaires (1950-1965) correspondait à des prototypes, la deuxième comprenait les réacteurs les plus exploités (réacteur à eau pressurisée, à eau bouillante), ainsi que le CANDU (réacteur canadien à deutérium et à uranium). La troisième génération est plus diversifiée : la filière canadienne des surgénérateurs (CANDU-6 et AP-1000), les centrales développées à partir des modèles de base de Westinghouse (réacteur à eau bouillante avancé, réacteur à eau bouillante à fonctionnement simplifié, réacteur avancé à eau légère, Système 80+, un

---

289 Le plan de développement de l'énergie nucléaire décidé en 1975 par le régime franquiste prévoyait initialement la construction de 70 réacteurs pour une capacité totale de 35 000 MW. Son abandon fut décidé en 1983 (achèvement de deux centrales et interruption de la construction de cinq autres) et la sortie de l'atome définitivement entérinée en 2004 (la durée d'exploitation des centrales en fonctionnement faisant l'objet d'une décision de prolongation en 2011).

réacteur avancé à eau légère) ainsi que le réacteur pressurisé européen (EPR pour *European Pressurized Reactor*).

Au sein de la quatrième génération, on peut distinguer : les réacteurs à neutrons rapides refroidis à l'hélium, à cycle de combustible fermé ; à très haute température, modérés au graphite et refroidis à l'hélium gazeux, à cycle ouvert ; refroidis à l'eau supercritique ; à neutrons rapides refroidis au sodium liquide, à cycle fermé ; à neutrons rapides, refroidis au plomb ; à sels fondus.

En France, le modèle « réacteur rapide refroidi au sodium » avait été retenu pour les surgénérateurs Phénix, arrêté en 2009, et Superphénix, stoppé dès 1998. ASTRID (*Advanced Sodium Technological Reactor for Industrial Demonstration*) appartient à la même catégorie : il pourrait entrer en service en 2020. Ces centrales sont beaucoup plus complexes que l'EPR car le sodium est inflammable au simple contact de l'eau et de l'air : leur ingénierie requiert donc de multiplier les circuits d'une étanchéité absolue.

Les surgénérateurs

Les surgénérateurs auraient pu représenter une source d'énergie quasi-infinie. Leur principal avantage réside dans la maximisation du potentiel énergétique des matières fissiles (uranium, plutonium). Les réacteurs à neutrons rapides produisent plus de plutonium qu'ils n'en consomment en utilisant de l'uranium 238 (99,3 % de l'uranium existant à l'état naturel, puisque seulement 0,7 % de l'uranium naturel – l'U235 – est fissile). Le potentiel de l'uranium naturel est valorisé 50 fois davantage dans un surgénérateur que dans un EPR. De plus, l'ensemble des aspects techniques liés à l'emploi du plutonium comme combustible retraité et recyclé semble dorénavant maîtrisé : le plutonium et les actinides supérieurs, caractérisés par leur très longue durée de vie, peuvent être éliminés (le premier par les surgénérateurs et les seconds par fission dans des flux de neutrons rapides), alors que la production annuelle d'électricité en France génère 50 tonnes de produits de fission (dont 10 % sont radioactifs pour de très longues périodes). Et les accidents comparables à ceux de Tchernobyl et de Fukushima sont théoriquement impossibles : le comportement des surgénérateurs est stabilisé en cas d'augmentation anormale de la puissance et les échangeurs sodium-air pour le refroidissement des réacteurs ne nécessitent pas l'activation d'un système d'approvisionnement en eau. Au final, le montant de l'investissement pour un surgénérateur serait supérieur d'un quart à celui d'un EPR, mais ses dépenses de fonctionnement seraient moindres puisqu'il est alimenté à l'uranium appauvri (qui ne nécessite pas le long et coûteux processus d'enrichissement).

C'est pourquoi, une quinzaine d'années après l'arrêt définitif de Superphénix (évalué en 1996 à 10 milliards €, sans compter les dix ans de combustibles stockés sur le site), la France a relancé en 2012 son programme d'étude sur les réacteurs à neutrons rapides avec le projet ASTRID (600 MW). D'autres grandes puissances l'ont suivie : la Chine avec la construction du CEFR (60 MW), l'Inde avec l'exploitation du FBTR (50 MW) et la construction du PFBR (500 MW), la Russie avec l'exploitation du BN600 (600 MW) et la construction du BN800 (800 MW), le Japon avec l'exploitation de Joyo (50 MW), la relance de l'exploitation de Monju (250 MW) et l'étude du projet JSFR (1000 MW). Tous ces pays appartiennent à l'espace eurasiatique. Les Anglo-saxons ont pris leurs distances par rapport à ce type de centrale développé par des nations fortement peuplées pour lesquelles le nucléaire est quasiment la seule technologie permettant de démocratiser l'accès à l'électricité, ou par des pays ayant une forte tradition de recherche dans ce domaine.

Les centrales au thorium

Le thorium est un métal aussi abondant[290] que le plomb dans l'écorce terrestre et trois fois plus que l'uranium. Le thorium 232, isotope représentant la totalité du thorium extrait sur Terre, est un noyau fertile, puisque son descendant, l'uranium 233, est fissile après capture d'un neutron et transformation en protactinium 233. En conséquence, il pourrait être utilisé comme une source d'énergie dans des centrales nucléaires conçues *ad hoc*. Les défenseurs des centrales au thorium, dont la plus célèbre est le *Rubbiatron (Accelerator-Driven Systems)* conçu par Carlo Rubbia, prix Nobel de physique et ancien directeur du CERN de Genève, soulignent leurs avantages spécifiques (tableau 103). Deux catégories de centrales sont susceptibles d'employer le thorium.

- *Les centrales ayant recours à la spallation*. Des protons à haute énergie, accélérés dans un synchrotron, sont dirigés sur une cible métallique (en plomb ou en plomb-bismuth[291]) et entrent en collision avec les noyaux de métal. Les neutrons qui en résultent transmutent les atomes de thorium et enclenchent la réaction de fission. L'uranium 233 se fissionne du fait des bombardements de neutrons, ce qui provoque un dégagement de chaleur récupérée par un liquide caloporteur qui la transfère à une turbine génératrice d'électricité. Mais la spallation est un processus très complexe provoquant de nombreuses interactions et sous-produits radioactifs, et dont la maîtrise de tous les effets demeure problématique.
- *Le réacteur à sels fondus*. Il n'emploie pas d'accélérateur de particules pour produire des neutrons et n'utilise pas la technique de la spallation. Son fonctionnement est plus proche d'une centrale nucléaire classique, mais en recourant à des sels fondus pour la réfrigération et l'échange de chaleur. Il s'agit d'une catégorie particulière des six types appartenant à la quatrième génération de réacteurs nucléaires. Le développement de ce type d'installation implique que

---

290 Les réserves exploitables sont estimées entre 2 et 4 millions de tonnes. Selon les estimations basses de l'OCDE – Agence de l'énergie nucléaire, elles se répartissent entre l'Australie (420 000 tonnes), les États-Unis (400 000), la Turquie (340 000), l'Inde (320 000), le Venezuela (300 000), le Brésil (240 000), la Norvège (130 000), l'Égypte (100 000), la Russie (75 000), le Groenland (55 000), le Canada (45 000) et l'Afrique du Sud (20 000).

291 La Chine se trouve actuellement en position quasi-monopolistique pour la production du bismuth dans le monde, une situation qui ne pourra être renversée qu'en relançant fortement les investissements miniers en dehors de son territoire.

de grands progrès soient accomplis, notamment pour réaliser des alliages capables de supporter la corrosion des sels liquides, et que les processus de solubilité et de purification de ces sels soient parfaitement connus et maîtrisés. Comme l'économie des hydrocarbures et des énergies renouvelables, l'énergie nucléaire est très consommatrice en métaux et son exploitation suppose le développement d'une métallurgie à très haute intensité technologique.

Tableau 103 – Avantages des centrales nucléaires alimentées au thorium

Avantages des systèmes pilotés par accélérateurs
- Fonctionnement de la centrale dans des conditions de pression ambiantes.
- Abondance du thorium par rapport à l'uranium (le premier ne requérant pas un enrichissement préalable, ce qui élimine les coûts inhérents à la séparation isotopique).
- Sous-criticité du système lui conférant une grande sécurité (pas de risque d'emballement des réacteurs sauf en cas de perte du liquide de refroidissement), ce qui le rend de surcroît adapté aux zones densément peuplées et politiquement instables.
- Possibilité de construire des centrales de petite taille adaptées à la consommation d'électricité des pays peu développés.
- Cycles de fonctionnement plus longs que dans une centrale nucléaire classique, mais longueur des arrêts pour l'entretien des différents dispositifs technologiques.
- Très faible production de plutonium et d'actinides mineurs (de plus ces sous-produits ont une durée de vie relativement courte – 500 ans – comparativement à ceux issus des centrales nucléaires alimentées à l'uranium).
- Incinération du plutonium et des actinides mineurs.
- Quasi-impossibilité d'utiliser le combustible pour des finalités militaires.
Avantages spécifiques des réacteurs à sels fondus
- Utilisation d'un combustible liquide, ce qui élimine les risques de fonte du réacteur.
- Dispositifs de sécurité (coefficient de température négatif, évacuation du combustible dans des conteneurs séparés par gravitation).
- Retraitement du combustible en continu (non nécessité de changer les barres de combustibles tous les 18 mois).

Les promesses dont les centrales au thorium sont porteuses se heurtent à un double principe de réalité : l'engendrement des protons suppose de doter chaque centrale d'un synchrotron, un système technologique très coûteux ; par ailleurs, les centrales au thorium sont des ensembles très complexes dont l'ensemble des dispositifs n'est pas encore maîtrisé dans tous leurs aspects. L'économie du thorium présente certaines analogies avec celle de l'hydrogène : la génération de la source première d'énergie (les protons pour le thorium, l'électricité pour l'électrolyse de l'eau) mobilise de très importantes ressources et ces technologies sont encore trop complexes pour pouvoir faire l'objet d'une diffusion massive, y compris dans les pays très fortement peuplés et à haut potentiel scientifique (Chine, Inde)[292]. C'est pourquoi, même si les centrales au thorium sont en phase de recherche appliquée alors que la fusion nucléaire en est encore au stade des recherches théoriques fondamentales, il existe une volonté internationale de privilégier la fusion.

3. Les hypothétiques nouvelles énergies

Au-delà des perspectives inégalement réalistes du nucléaire, d'autres domaines sont souvent évoqués, qui offriraient une solution plus ou moins définitive au problème de l'énergie sur Terre. De telles voies, en l'état actuel de la recherche et de la technologie, demeurent potentielles, mais seule leur exploration permettra de pouvoir faire bénéficier l'ensemble de l'humanité d'une énergie abondante et à bas coûts.

3.1. Le scénario lointain de la fusion nucléaire

Il existe une distorsion manifeste entre l'instrumentalisation de la fusion nucléaire à des fins politiques et la réalité des recherches fondamentales en cours. Pour le moment, deux filières sont explorées : tokamak et stellarator pour la fusion magnétique, lasers et accélérateurs d'ions pour la fusion inertielle. La fusion est une source d'énergie qui n'est confrontée à aucune contrainte de rareté et dont les externalités négatives sont limitées. De plus, sa structure de coûts est comparable à celle des surgénérateurs : les investissements sont colossaux, mais les dépenses de fonctionnement relativement limitées. Les recherches dans le domaine de la fusion nucléaire sont extrêmement complexes et ce serait préjuger du génie humain que de postuler qu'elles seront couronnées de succès et aboutiront à une production industrielle d'énergie. C'est vers les années 2040-2050 que cette hypothèse sera levée, à une période où des investissements considérables devront être réalisés dans les systèmes énergétiques du futur.

3.2. L'illusion d'une énergie solaire illimitée

L'apparition de la vie sur Terre résultant, entre autres, de la distance adéquate avec son étoile, il serait logique que sa perpétuation dépende de la capacité à y reproduire l'énergie solaire (via la fusion de l'hydrogène) ou à transformer de manière efficace le rayonnement solaire en électricité. Pourquoi, dès lors, le solaire n'est-il pas davantage utilisé comme source d'énergie ? D'autant que la consommation mondiale d'énergie primaire correspond à l'énergie solaire captée sur une surface de 900 000 km^2 sur la base d'une durée d'ensoleillement de 1 000 heures par an (soit 10 % de la surface du désert du Sahara qui bénéficie d'une durée d'ensoleillement moyenne de 2 200 heures par an). Ainsi, aménager 5 % de la surface du Sahara avec des panneaux solaires

---

292 Les pays les plus intéressés par ce type de centrale sont la Chine, l'Inde, le Japon, la France, la Belgique, la Norvège, le Canada, les États-Unis et la Russie.

suffirait à couvrir en théorie la consommation actuelle d'énergie primaire de la planète entière, et à faire face à l'accroissement prévisible de la demande en énergie. Mais les installations photovoltaïques ont actuellement un rendement défavorable d'environ 15 % : elles ne restituent donc que 150 watts par m^2 sur les 1 000 que fournit le rayonnement solaire[293]. Ce n'est qu'à condition d'augmenter fortement ce rendement que l'énergie solaire pourrait s'imposer comme universelle, y compris dans les zones bénéficiant d'un ensoleillement limité grâce aux progrès (encore à réaliser) en matière de transport de l'électricité. Les gains obtenus depuis plus de quatre décennies sont déjà considérables, mais seule une foi inébranlable dans les progrès de la science permet de les extrapoler pour l'avenir.

Servir de sources alternatives de production pour les centrales électriques européennes, fortement sollicitées pendant les mois froids, grâce à des importations de courant en provenance des régions sahariennes, comme le prévoit le projet Desertec, pourrait donc parfaitement s'inscrire dans le processus de la transition énergétique. Les deux zones géographiques présentent des conditions climatiques qui les rendent complémentaires pour la production d'électricité à partir des énergies renouvelables : pic de production pendant l'été en Europe, le Sahara pouvant produire de l'énergie photovoltaïque sans interruption tout au long de l'année. Mais, en dépit de l'intérêt exprimé par plusieurs multinationales pour la construction de gigantesques centrales photovoltaïques en plein désert, la réalisation de Desertec se révèle pour le moment irréaliste pour un ensemble de raisons[294].

En effet, transformer le désert du Sahara en une gigantesque centrale solaire impliquerait de déployer des forces de sécurité considérables pour surveiller les installations : des expériences précédemment menées dans les pays du Sahel ont montré que les sites productifs étaient très souvent pillés (pompes hydrauliques actionnées à l'énergie solaire). De plus, ces équipements doivent être suffisamment robustes et protégés pour résister aux tempêtes de sable et aux variations extrêmes de température et ils nécessitent des dépenses d'entretien considérables.

En second lieu, la production d'une quantité aussi gigantesque de panneaux solaires suppose de recourir massivement à une source d'énergie extérieure, probablement le charbon, afin de fondre les quantités colossales de silicium requises, entraînant une augmentation de la teneur en dioxyde de carbone de l'atmosphère : la fabrication des installations techniques destinées à produire de l'électricité est toujours génératrice d'importantes pollutions. Et les panneaux solaires présentent encore un rendement limité et les progrès sont lents, obtenus grâce à un usage massif de métaux rares dont la pénurie relative constitue toujours un obstacle difficilement surmontable.

---

293 Le rendement à l'hectare de l'énergie solaire, malgré son encombrement spatial, est 9 fois supérieur à celui du biogaz, méthane obtenu à partir de la fermentation de débris végétaux.

294 Le coût total des centrales solaires implantées dans les déserts nord-africains était estimé initialement à 400 milliards € pour 100 GW à horizon 2050. Siemens s'est retiré du projet dès 2012.

Plus en aval, le stockage et le transport de l'électricité n'ont pas de solution. Les piles électriques consomment aussi des quantités considérables de métaux. Et, si les réseaux intelligents sont probablement appelés à connaître des progrès décisifs, le transport sur longue distance de l'électricité se heurte aux lois d'airain de la physique fondamentale malgré les progrès enregistrés. C'est l'éloignement entre les déserts et les zones de forte consommation qui obère le plus la rentabilité des centrales solaires localisées dans les zones à ensoleillement maximal[295].

La généralisation de l'électricité pour l'ensemble des besoins énergétiques demeure hypothétique : ce n'est pas seulement la pénurie relative de courant qui freine le développement des véhicules à motorisation électrique, mais aussi certains obstacles physiques (dont la rareté relative des métaux). C'est pourquoi les Émirats arabes unis, l'Iran, la Jordanie, l'Égypte et l'Arabie saoudite ont opté pour l'énergie nucléaire plutôt que de recourir au solaire, même si l'acheminement de l'électricité sur de longues distances n'est pas un problème pour ces pays. Quel que soit le mode de production de l'électricité, solaire ou nucléaire, les pays rentiers se trouvent dans l'obligation de ne pas gaspiller leurs ressources en hydrocarbures afin de les réserver à l'exportation.

De plus, le projet Desertec entre en contradiction avec l'un des objectifs fondamentaux de la politique européenne dans le domaine des énergies renouvelables : l'accroissement de son indépendance énergétique, et non la substitution d'une dépendance russe par une dépendance saharienne. Et le développement du potentiel solaire des pays du Sud de l'Europe (Portugal, pionnier du continent pour ses centrales solaires : sites d'Amareleja, de Serpa et de Moura ; Espagne avec les centrales d'Andasol I et II) apparaît comme beaucoup plus compatible avec un tel objectif de développement du renouvelable et de diversification du mix énergétique. Les intérêts de certains pays d'Afrique du Nord sont complémentaires avec cette vision : la politique officielle de l'Algérie n'est pas d'exporter à grands frais de l'électricité issue de sources renouvelables vers l'Europe, mais de réserver cette dernière pour ses besoins domestiques (avec un objectif de 40 % d'électricité renouvelable à l'horizon 2030) et d'exporter une part croissante de son gaz, notamment sur l'autre rive de la Méditerranée. L'Espagne, qui a fortement augmenté sa capacité de production d'électricité à partir d'énergies renouvelables, pourrait exporter ses excédents vers un pays aussi pauvre en énergie que le Maroc (d'autant que la situation économique de la péninsule ibérique laisse d'importantes capacités sous-utilisées), les distances d'acheminement étant réduites.

---

295 Même l'Allemagne est confrontée à de redoutables difficultés pour intégrer les sources intermittentes de production d'électricité à son propre réseau électrique et pour resynchroniser ses pôles d'offre et de demande. *A fortiori*, l'exportation d'électricité entre pays européens demeure toujours problématique en raison de l'interconnexion insuffisante des réseaux nationaux.

3.3. Les hydrates de méthane en question

Non assimilables à des gaz non conventionnels (gaz de schiste, gaz de houille, gaz extrait des réservoirs compacts), les hydrates de méthane sont constitués d'un mélange d'eau et de méthane qui, sous certaines conditions de pression et de température, se transforme en cristal (de la famille des clathrates). Stables dans la partie supérieure des couches sédimentaires des régions arctiques (pergélisol) et dans les sédiments superficiels des eaux océaniques profondes, ces hydrates se dissocient en cas de réchauffement pour former de l'eau et du méthane[296].

L'exploitation d'une telle ressource paraît écartée pour le moment, pour des questions de coût et de volumes. D'une part, les expériences d'exploitation pilotes poursuivies actuellement par le Japon au large de ses côtes s'avèrent fort coûteuses : avec la technologie actuelle, les opérations de dépressurisation, de stimulation thermique et d'injection d'inhibiteurs ne peuvent pas être réalisées dans des conditions économiques soutenables [297]. D'autre part, le gaz naturel, sous ses formes conventionnelles et non conventionnelles, est suffisamment abondant pour ne pas inciter les entreprises du secteur à s'intéresser à cette forme particulière de ressource. La fonte du pergélisol consécutive au réchauffement climatique, en libérant de grandes quantités de méthane dans l'atmosphère, constitue la principale menace à terme.

3.4. L'avenir incertain de l'hydrogène

L'hydrogène est la source d'énergie la plus répandue sur Terre : son pouvoir énergétique est très supérieur à celui des hydrocarbures (2,5 fois plus élevé que celui du méthane). Mais son exploitation se heurte à de nombreux obstacles.

Utilisé en tant qu'additif dans les carburants traditionnels, l'hydrogène pourrait servir de combustible pour les moteurs à combustion interne[298]. Cet emploi direct est cependant rendu difficile pour trois raisons :

---

296 Les eaux et fonds sous-marins pourraient fournir une énergie intarissable (hydrates de méthane, carburants produits à partir d'algues, hydrogène, lithium, nodules polymétalliques, uranium, thorium), à condition de disposer des technologies d'exploitation adéquates et compétitives.

297 L'expérience menée par le Japon en 2013 (à une profondeur de 1 000 mètres sous-eau et de 300 mètres sous le plateau continental) a tourné court : les débits sont insuffisants pour rentabiliser des forages *offshore* et, donc, pour lancer une exploitation industrielle. De plus, il existe un risque non maîtrisé d'effondrement des réservoirs lors des opérations d'exploration et surtout de production, ce qui pourrait dégager des quantités considérables de méthane dans l'atmosphère. Le Japon, comme la zone arctique, possède de considérables réserves d'hydrate de méthane dans ses eaux territoriales.

298 Le vaporeformage du méthane est la technique la plus utilisée pour produire l'hydrogène (95 % des quantités), et non l'électrolyse (une réaction électrochimique dont le rendement est de 60-70 % et qui produit un hydrogène à très haut degré de pureté). L'électrolyse à membranes polymères d'ions présente le même rendement, mais elle implique le recours au platine comme catalyseur. Le prix de l'hydrogène est principalement tributaire du prix de l'électricité et de l'amortissement des électrolyseurs (et donc de leur durée d'utilisation). L'hydrogène produit

- un rendement énergétique médiocre (35 % contre 50 % pour la pile à combustible), puisque la compression de l'hydrogène (à la pression énorme de 700 bars) requiert une forte consommation d'énergie ;
- l'émission de polluants très nocifs (oxydes d'azote) ;
- les coûts considérables entraînés par la construction des infrastructures requises pour la chaîne d'approvisionnement en hydrogène (le stockage embarqué de l'hydrogène ne pouvant s'opérer que sous forme gazeuse).

Les coûts considérables requis pour la création d'un réseau de distribution de l'hydrogène impliquent qu'il soit acheminé par camion, alors que son caractère hautement inflammatoire et explosif, couplé à sa fluidité (comme il s'agit de la plus petite molécule, il fuit par les moindres fissures), rend son utilisation délicate. Il est exclu à l'heure actuelle que l'hydrogène fasse concurrence au pétrole, au gaz et et à l'électricité. L'Union européenne n'a d'ailleurs fixé aucun objectif pour le développement de réseaux de distribution et l'AIE reconnaît que l'hydrogène ne pourrait se substituer aux énergies fossiles dans le secteur des transports qu'à très long terme en raison des coûts très élevés des installations requises pour son stockage et son transport.

La deuxième utilisation envisageable de l'hydrogène concerne la technologie de la pile à combustible. Les véhicules qui en sont dotés possèdent une autonomie de 500 à 600 km et le temps de recharge est limité à quelques minutes. Sous cet angle, l'hydrogène pourrait rivaliser avec les carburants conventionnels et les biocarburants. Mais le développement commercial des moteurs à hydrogène est freiné par quatre paramètres : le coût très élevé de la pile à combustible et de l'électrolyseur (générateur non réversible, la pile suppose l'adjonction d'une batterie qui puisse récupérer l'électricité produite lors des phases de la mobilité du véhicule) ; la sécurité des installations confinant l'hydrogène ; la génération d'une électricité très abondante à bas coût[299] ; la disponibilité en platine. Ce dernier point est crucial, car il s'agit d'un métal précieux déjà utilisé dans les pots catalytiques en quantités limitées mais, compte tenu de sa rareté et de son prix, recyclé à 90-95 %. Le développement des piles à hydrogène impliquerait une forte augmentation de la production de ce métal avant que les quantités récupérées ne puissent couvrir une part significative de la demande additionnelle ou que son remplacement par de nouveaux catalyseurs, principalement à base de fer et de nickel, ne soit envisageable : les solutions alternatives sont toujours au stade de la recherche fondamentale. Plus largement, l'économie de l'hydrogène se révèle hautement consommatrice en métaux de base et rares.

à partir de l'électricité générée par une éolienne a un coût représentant 15 à 25 fois le prix actuel du gaz naturel en Europe. Environ 600 milliards de m^3 sont produits chaque année dans le monde : 44 % sont utilisés pour le raffinage du pétrole (la conversion des bruts lourds et la désulfuration de l'essence et du gazole), 38 % pour la production d'ammoniac et 18 % pour la fabrication de produits chimiques (méthanol, amines, eau oxygénée).

299 La production d'hydrogène à partir de la dégradation bactérienne d'algues supposerait de consacrer des zones très étendues à leur culture (plusieurs centaines de milliers de km^2), qui pose des problèmes spécifiques, pour le moment insuffisamment maîtrisés.

Ainsi, les applications actuelles de l'hydrogène ne concernent que des niches, comme les générateurs d'électricité qui concurrencent directement les piles électrochimiques : concentrateurs d'oxygène, vélos électriques, systèmes de surveillance à distance, recharges de téléphones, antennes relais, serveurs informatiques, micro-cogénérateurs pour les usages domestiques, moyens d'alimentation pour les objets nomades (téléphones, ordinateurs, baladeurs, dispositifs d'éclairage). Les piles à hydrogène équipent aussi certaines flottes de chariots élévateurs car elles se sont avérées plus efficaces que les batteries électriques classiques pour les engins de levage et de manutention intervenant dans des milieux fermés (où le recours à des carburants émettant des gaz polluants est interdit).

Mais l'hydrogène constitue aussi un moyen alternatif de stockage de l'électricité : le courant produit par des sources intermittentes (énergies éolienne et photovoltaïque), qui n'est pas appelé au même moment par le réseau, peut être dirigé vers des électrolyseurs afin de produire de l'hydrogène. La croissance des énergies renouvelables peut s'accompagner du développement d'une filière de l'hydrogène. C'est d'ailleurs l'une des voies explorées actuellement en Allemagne[300].

En définitive, comme cette source d'énergie ne s'impose pas par sa seule compétitivité, des innovations technologiques majeures seront indispensables si l'on souhaite développer une véritable économie de l'hydrogène. Mais si de nouveaux procédés moins énergivores pour le produire venaient à être inventés, alors il est hautement probable que la civilisation de l'hydrogène succéderait à celle reposant sur le carbone, et que les groupes de pression défendant les autres sources d'énergie, face auxquels les promoteurs de l'hydrogène sont aujourd'hui bien impuissants, seraient défaits.

***

L'histoire des systèmes énergétiques se mêle à celle des civilisations humaines et c'est la valorisation et l'exploitation de nouvelles sources d'énergie qui ont permis à l'humanité de se développer. Seule la puissance créatrice de l'homme permet de surmonter les apories auxquelles tout système énergétique se heurte à un moment ou un autre. C'est bien la volonté de rendre réels et concrets des « imaginaires énergétiques » qui constitue l'un des moteurs de l'Histoire.

---

300 Cinq projets sont en cours de réalisation : le parc énergétique de Mayence (production d'hydrogène à partir d'électricité éolienne), la centrale électrique et les stations-service de l'aéroport de Berlin-Brandebourg (alimentées à partir d'un mélange de biogaz et d'hydrogène), l'alimentation en hydrogène de quelques bus à Hambourg, l'injection d'hydrogène produit à partir d'électricité d'origine éolienne dans le réseau distribuant le gaz naturel à Falkenhagen (Brandebourg) et la production de méthane-carburant grâce à de l'hydrogène et du dioxyde de carbone issu d'une centrale à biomasse en Basse-Saxe.

Conclusion

« Espérer, c'est démentir l'avenir ».
Émile Cioran

La production d'une énergie propre en des quantités illimitées et à des coûts bas constitue la nouvelle utopie de l'humanité. Mais, si la transition énergétique constitue un l'horizon indépassable auquel les sociétés humaines vont faire face dans le siècle à venir, elle est aussi un objectif technique et politique à la réalisation très incertaine. Sa réalisation est surdéterminée par le progrès scientifique qui devrait reconfigurer les cadres de l'économie de l'énergie, voire déplacer les contraintes imposées par les lois de la thermodynamique et de l'entropie, ou il faudra consentir à une régression des conditions matérielles d'existence difficilement supportables pour des populations accoutumées à un certain confort.

Une nécessaire fuite en avant dans le progrès technique

Loin du retour à des solutions typiques du monde pré-industriel, une telle perspective suppose la mise en place de solutions globales s'appuyant sur les technologies numériques. Le réseau des « villes en transition », dont la création remonte à 2006, illustre la propension à créer des isolats autosuffisants et protégés de la crise énergétique qui sévirait dans le reste du monde. Or, une telle approche est artificielle, voire utopique, car elle ne tient pas compte des conditions de production des installations industrielles utilisées pour la génération des énergies renouvelables dans ces unités urbaines. Seuls des systèmes industriels hautement développés sont capables d'en assurer la conception, la fabrication, la maintenance et le progrès[301].

301 Comme le développement des énergies renouvelables remonte au début des années 1990 en Allemagne, le rythme d'avancement du progrès technique dans ce secteur d'activité a déjà fait l'objet d'évaluations : au-delà de 15 à 20 années, une installation éolienne et un panneau solaire sont considérés comme frappés d'obsolescence technologique et d'usure mécanique. Le développement des énergies renouvelables n'implique pas une sortie de la civilisation

L'existence des « villes en transition » n'est donc rendue possible que parce qu'un système industriel mondialisé et fortement générateur de nuisances environnementales produit les équipements industriels nécessaires aux énergies renouvelables. De plus, l'optimisation des processus de production, de distribution et de consommation de l'énergie implique de recourir à des technologies de plus en plus complexes, reposant sur le développement de nouvelles capacités de traitement massif des données numériques : les solutions locales à la crise énergétique globale sont le plus souvent factices et fictives, et l'optimisation de la consommation suppose de ne pas entraver le développement des technologies numériques.

C'est pourquoi l'avènement de l'ère de l'efficacité énergétique n'implique nullement la sortie de l'ère de l'anthropocène[302], mais un renforcement considérable de l'emprise des systèmes technologiques sur les biotopes naturels et les sociétés humaines. Seuls les progrès scientifiques et technologiques, et non la régression vers les temps pré-industriels, permettront de relever le défi que la transition énergétique représente et de surmonter les impasses auxquelles la civilisation industrielle est confrontée.

L'interdépendance entre fossile et renouvelable

Comme l'illustre le cas des « villes en transition », la première de ces apories réside dans l'interdépendance des énergies fossiles et renouvelables. Les dispositifs utilisés pour la génération d'électricité à partir des principales sources renouvelables (courants marins, marées, vagues, soleil, vent) sont des systèmes complexes à haute intensité technologique dont la réalisation requiert de très importantes quantités d'énergies fossiles, nécessaires pour la transformation des métaux et du silicium. De même, les différentes applications de la biomasse (biocarburants, production de chaleur, génération de méthane par fermentation des débris végétaux et alimentant des centrales électriques) sont soumises à des contraintes spécifiques, en particulier logistiques, consommatrices d'énergies fossiles – c'est pourquoi les centrales alimentées par le biogaz ne peuvent être rentabilisées que si la collecte des matières premières végétales est effectuée dans une zone proche.

Quant à l'hydrolyse de l'eau, seule façon de produire en très grandes quantités de l'électricité à bas coût à partir de l'hydrogène, elle demeure aussi coûteuse en énergie. L'isolation des bâtiments oblige de recourir à d'importantes quantités de matériaux de construction (double vitrage, murs composés de deux parois séparées par une couche d'air, laine de verre, isolants synthétiques), dont la fabrication est très énergivore. L'une des raisons pour laquelle la France accuse du retard dans ce domaine réside dans le

industrielle, mais, au contraire, son approfondissement en optimisant le fonctionnement des systèmes mécaniques grâce au recours aux technologies numériques.

302 Période pendant laquelle l'influence de l'espèce humaine est devenue prépondérante pour expliquer les évolutions de son environnement naturel, les transformations de la Terre et de son atmosphère.

caractère tempéré de son climat océanique qui rend difficile la rentabilisation des investissements pour l'isolation des bâtiments. Les pays les plus avancés dans la maîtrise de ces techniques sont ceux qui doivent faire face à de très importantes amplitudes thermiques (pays scandinaves et germaniques).

Établir le bilan énergétique de chaque mesure visant à accomplir la transition énergétique permet de réaliser qu'il faut consentir, à court terme, une augmentation significative des émissions de dioxyde de carbone pour obtenir une réduction à moyen et à long terme, si les prévisions s'avèrent exactes.

La dépendance aux métaux

Le développement du renouvelable est soumis à une double contrainte de rareté : les énergies fossiles et les métaux rares, dont des volumes considérables sont utilisés par exemple pour la construction des turbines installées dans les éoliennes. Si le pic pétrolier s'apparente davantage à une longue phase de stagnation de la production, les « pics minéraliers » pourraient connaître une évolution semblable. D'ailleurs, les deux interagissent, la raréfaction des métaux rares nécessitant un accroissement de la dépense énergétique ne serait-ce que dans le domaine de l'exploration et de l'exploitation minière.

La mondialisation a provoqué une profonde reconfiguration de l'économie minière internationale, voire une inversion des rapports de force entre les anciens pays industriels et les contrées émergentes : les nouvelles nations industrielles asiatiques sont devenues les principaux débouchés pour les minerais et certains pays émergents en sont aussi les fournisseurs majeurs. Les marchés des minerais et des métaux sont fragmentés et opaques, surtout quand il s'agit de volumes limités (informations parcellaires et d'une fiabilité douteuse), et il est impossible d'obtenir un degré de transparence comparable à celui des quelques grandes matières premières qui font l'objet d'une cotation sur les marchés d'envergure mondiale. Pour les investisseurs, il est très difficile d'accéder à ces micro-marchés, souvent contrôlés par un petit nombre d'acteurs unis par des rapports de connivence et de collusion[303].

La transition énergétique ne signifie donc nullement s'affranchir de toute dépendance vis-à-vis des matières premières, mais remplacer une dépendance par une autre. Pionnière[304] de la transition énergétique et ayant renoncé au nucléaire, l'Allemagne a renforcé sa dépendance traditionnelle vis-à-vis du charbon tout en devenant tributaire des éléments chimiques indispensables à la fabrication des

303 Ces nouveaux intervenants, s'ils ont contribué à accroître la volatilité des prix, n'influent pas sur les niveaux d'équilibre des prix des matières premières minérales à long terme.

304 La Californie a connu un fort développement des énergies renouvelables dans les années 1990, mais qui a été fortement ralenti au cours de la décennie suivante en raison des contraintes budgétaires et de l'abondance du gaz naturel (gaz de schiste) dont la combustion a permis de produire de grandes quantités d'électricité à bas coût.

dispositifs générant de l'électricité à partir du vent, de la biomasse et du soleil. À bien des égards, sa dépendance aux platinoïdes perdure en raison de la puissance de son industrie automobile, et même s'accroît car ces éléments sont indispensables à l'économie des hydrocarbures et de l'hydrogène. Elle est renforcée par celle aux terres rares et aux éléments-clés utilisés pour la fabrication des composants électroniques (bismuth, gallium, germanium, indium) et des batteries électriques (lithium).

Une telle soumission se retrouve du côté des pays exportateurs : c'est le cas de la Chine, mais aussi d'autres pays dont l'économie est davantage tributaire des marchés des matières premières, comme l'Indonésie ou l'Afrique du Sud. Ainsi, le changement de régime politique à Pretoria n'a en rien modifié les structures économiques fondamentales du pays : la filière des platinoïdes (essentiellement le platine, le palladium et le rhodium) et de leurs applications (catalyseurs et pots catalytiques) représente toujours entre 12 et 15 % de ses exportations et, compte tenu de la précarité du commerce extérieur du pays, aucun gouvernement ne peut accepter une dégradation par trop marquée de la compétitivité dans ce secteur[305].

Le maintien des rigidités technologiques

Du point de vue énergétique, l'Europe incarne un paradoxe frappant. Compte tenu de son haut niveau de consommation et de sa pauvreté en ressources fossiles (ou plus exactement de leur épuisement prématuré, compte tenu de son rôle de pionnier dans les révolutions industrielles), le Vieux continent se situe au cœur de la transition énergétique (qui a son épicentre en mer du Nord), alors que, par exemple, la grande richesse de l'Amérique du Nord en énergies carbonées l'empêche de mener des politiques véritablement innovantes dans le domaine. Pourtant, il n'existe pas de véritable politique européenne de l'énergie, à l'image des choix antithétiques opérés par l'Allemagne (les énergies renouvelables) et la France (la fission et la fusion nucléaires), dans la mesure où les ressources que Berlin et Paris peuvent consacrer au développement de nouvelles énergies sont nécessairement limitées.

Ces politiques divergentes n'en sont pas moins l'expression – antithétique – d'un même volontarisme. L'Allemagne mène une véritable politique énergétique car, depuis un quart de siècle, elle applique avec constance une stratégie qui implique une double rupture : l'abandon du nucléaire et le développement des énergies renouvelables. La France est tout aussi opiniâtre dans la préservation de son unique rente technologique : son expertise dans le nucléaire.

Mais la configuration du mix énergétique ne peut pas aller contre la transformation « spontanée » de systèmes dotés d'une forte inertie. Si l'Allemagne fait office de pionnier pour la mise en œuvre de la transition énergétique, c'est d'abord parce que cette

---

305 C'est pourquoi les augmentations de salaire accordées aux mineurs sud-africains couvrent, en réalité, à peine l'inflation qui ronge ce pays, ce qui exacerbe la conflictualité sociale et les dissensions au sein du mouvement social.

politique sert ses intérêts fondamentaux et que les autres pays candidats possibles y ont renoncé. À l'inverse, la France ne s'y engage qu'avec réticence et circonspection car ses tropismes ne se confondent pas avec ceux de son voisin.

Les choix énergétiques opérés des deux côtés du Rhin sont le résultat de compromis propres à chaque nation, pour lesquels les marges de liberté sont nécessairement contraintes. Chaque pays a les groupes de pression dont ses richesses spécifiques le dotent : le lobby nucléaire allemand est moins puissant que son homologue français, mais le lobby charbonnier a disparu depuis longtemps en France, faute de ressource à exploiter dans des conditions économiquement soutenables. Les constructeurs automobiles français n'ont dû leur survie qu'au soutien apporté par un État qui essaie d'atténuer les inégalités entre les compétiteurs au plan mondial. Quant aux opinions publiques, elles sont animées par des tropismes qui révèlent les angoisses contribuant à façonner leurs identités : le rejet de l'énergie nucléaire constitue un « leurre moteur » qui oriente les comportements des électeurs allemands, pas ceux des électeurs français, ou dans une bien moindre proportion.

Une telle inertie stratégique tient à distance les vicissitudes de court terme et les vaines agitations : les déclarations politiques, souvent ambitieuses en termes de transition énergétique et de protection du climat, en attestent. La force obligatoire des textes législatifs a perdu de sa substance et les objectifs proclamés dans les lois, vidés de leur valeur juridique, n'ont qu'une portée symbolique. Ces objectifs indiquent une direction, non un itinéraire et encore moins une méthode. Il arrive même que les textes de lois présentent des formulations incohérentes, voire paralogiques, comme si les équilibres politiques devaient primer sur les équations mathématiques et les lois de la physique. Les objectifs proclamés poursuivent le plus souvent des finalités psychologiques[306] : le simulacre de l'action publique tient parfois lieu de politique environnementale. Il est toutefois vrai qu'étant donné le degré d'incertitude qui affecte les scénarios énergétiques pour le futur, l'atteinte de ces objectifs pourrait se révéler *a posteriori* plus préjudiciable que de les éviter ou de les contourner. La transition énergétique est un processus long, complexe et surtout incertain.

La lenteur des progrès dans le domaine de l'efficacité énergétique

L'innovation est devenue une dynamique irréversible dans des sociétés qui n'admettent qu'un unique fondement légitimateur : la pensée scientifique et ses applications technologiques, dans la mesure où le progrès technique est désormais l'ultime refuge du progressisme. Mais elle n'est un processus ni constant dans sa diffusion, ni régulier dans ses amplitudes, puisqu'elle se diffuse avec une vitesse qui

---

306 Comme les États-membres de l'Union européenne doivent conformer leurs législations nationales aux directives européennes, ils ont tendance à se livrer à une compétition pour afficher les objectifs les plus ambitieux, et donc les plus irréalistes, à partir des valeurs minimales fixées au niveau supranational.

diffère selon les milieux. Les normes techniques n'ont aucune portée rétrospective : elles ne concernent que les nouvelles générations de réseaux, de bâtiments, de véhicules et de machines. En conséquence, l'efficacité énergétique ne s'améliore que progressivement, au fur et à mesure que les parcs se renouvellent, à la vitesse où les anciens actifs, frappés d'obsolescence et d'usure, sont remplacés par de nouveaux aux performances énergétiques supérieures. C'est pourquoi il est préférable d'adopter une attitude expectative, et donc d'attendre que les actifs incorporent des innovations décisives pour les renouveler.

L'efficacité énergétique concerne prioritairement deux secteurs : le logement et le transport. Les progrès réalisés pour les bâtiments sont spectaculaires : certains sont même producteurs nets d'énergie. Seulement, sauf catastrophe majeure (séismes, guerres), le rythme de renouvellement des actifs immobiliers est très lent. Les dépenses destinées à la rénovation des vieux bâtiments sont souvent disproportionnées par rapport aux gains attendus et les investissements ne seront rentabilisés que sur de longues durées. Mais il serait encore plus absurde du point de vue énergétique de détruire la partie la plus ancienne du parc immobilier pour la remplacer par des bâtiments à énergie positive. L'échec partiel de la rénovation urbaine des *Länder* orientaux en Allemagne illustre cet apparent paradoxe.

La forte croissance de l'ex-RDA entre 1992 et 1998 s'explique par la reconstruction ou la rénovation d'une grande partie de son patrimoine immobilier[307], alors que son tissu industriel s'était effondré, incapable de supporter la concurrence des systèmes technologiques occidentaux. Mais, une fois ce gisement de croissance épuisé, cette partie de l'Allemagne est entrée dans une longue phase d'atonie économique dont elle commence à peine à émerger. Les installations énergétiques les moins productives et les plus subventionnées s'y sont développées (en particulier les unités de méthanisation) car les énergies renouvelables étaient soutenues par d'importants transferts et que les autres branches industrielles, originaire de l'ouest du territoire, devaient faire face à un mouvement de délocalisation sans équivalent dans l'histoire économique, en priorité à destination d'Europe centrale. Avant la réunification de l'Allemagne, il était de bon ton d'opposer le « miracle économique » de la RFA à « l'économie du miracle » de la RDA. La réunification, puis le développement des énergies renouvelables, ont donc donné naissance à de nouveaux « villages Potemkine »[308], un mouvement qui a tendance à s'épanouir dans l'ensemble des

307 À la fin de ce cycle de croissance, le nombre de logements vacants s'élevait à plusieurs centaines de milliers dans cette partie de l'Allemagne, et le système bancaire allemand, qui avait largement financé cette surproduction d'actifs immobiliers, se trouvait dans une situation critique. Mais les mécanismes marchands s'avérèrent opérants : leurs prix baissaient au fur et à mesure que les stocks s'accumulaient. En réalité, les banques furent longtemps incitées à persévérer dans cette voie en raison des subventions accordées par les organismes chargés de financer la réunification des deux Etats allemands et pour doter les nouveaux Länder d'un véritable patrimoine immobilier.

308 Les systèmes énergétiques « Potemkine » désignent les éoliennes installées dans des régions peu ventées ou les panneaux photovoltaïques recouverts de neige une bonne partie de l'année. L'expression « village Potemkine » fait référence aux villages traversés par l'impératrice

campagnes allemandes (voire dans les pays qui ont imité ce mode de croissance en partie fictive, caractérisant des pays riches qui peuvent subventionner sur des durées longues des installations peu productives et engendrer des « économies Potemkine » à partir des énergies renouvelables).

La France a opté pour une version moins radicale de la transition énergétique, plus orientée vers les transports – l'Hexagone étant l'une des principales destinations touristiques au monde, il est déjà parsemé de « villages Potemkine ». Mais, les villes étant déjà desservies par des réseaux de transport en commun relativement denses, il sera difficile de persévérer dans cette voie. En revanche, l'ancien constructeur automobile national est devenu l'un des leaders mondiaux de la voiture électrique, laissant la motorisation hybride aux Japonais, tandis que les firmes automobiles allemandes font mine de s'intéresser à une solution technologique qu'ils pensent condamnée d'avance, sans compter qu'ils jugent préférable de doter leurs véhicules de moteurs à essence très performants plutôt que de produire de l'électricité grâce à la combustion du lignite. Mais les ventes restent fort limitées et, sans l'obligation imposée aux organismes publics de se doter de flottes de véhicules électriques (et sans le recours à un parc nucléaire déjà fortement sollicité), elles seraient confidentielles.

La dimension cruciale des économies d'énergie

De nombreux scénarios sont élaborés en matière d'économie de l'énergie et se caractérisent par une convergence des prévisions, sauf à désirer la mise en œuvre de politiques volontaristes avec des inflexions radicales dans la structure des mix énergétiques (comme par exemple une accélération du développement des énergies renouvelables ou l'abandon – différé ou prématuré – du nucléaire). En retenant les hypothèses d'une croissance démographique de 0,9 % entre 2005 et 2030, d'une croissance économique de 2,7 % et d'une progression de la demande d'énergie de 1,2 % (et donc une hausse annuelle de l'efficacité énergétique – la consommation d'énergie par unité de PIB – de 1,5 %), la multinationale américaine Exxon a élaboré un scénario impliquant une augmentation d'un tiers de la production d'énergie par rapport à son niveau actuel. Le britannique BP a proposé un scénario alternatif portant sur la période 2012-2035 : avec une progression annuelle de la demande mondiale d'énergie évaluée à 1,5 % et une hausse annuelle de l'efficacité énergétique de 1,9 %, la demande mondiale en énergie devrait progresser de 40 % jusqu'en 2035, ce qui corrobore globalement les projections d'Exxon (tableau 104).

Catherine II de Russie lors de sa visite en Crimée (1787), reconquise aux Tatars : afin de masquer la pauvreté des lieux, son ministre Potemkine aurait fait ériger de fausses façades luxueuses en carton-pâte.

Tableau 104 – Prévisions de la croissance des sources d'énergie selon Exxon et BP (2005-2030 / 2012-2035, en % annuels)

	Pétrole	Charbon	Gaz naturel	Biomasse	Nucléaire	Hydro-électricité	Autres énergies renouvelables
Exxon	0,80	0,50	1,80	0,50	2,30	2,20	9,60
BP	0,80	1,10	1,90	-	1,90	1,80	6,40

Ces taux[309] sont à relativiser car ils procèdent de l'extrapolation des tendances déjà observées et de choix en matière de mix énergétique.

Selon Exxon, à l'horizon 2030, la hausse totale de la production mondiale d'énergie est supposée atteindre 4 milliards de tep (comparable à la production actuelle de pétrole par an) et les économies d'énergies sont censées s'élever à 7,5 milliards de tep (optimisation de l'utilisation de l'énergie, isolation des bâtiments, amélioration de la distribution de l'électricité via les *smart grids*, les compteurs intelligents et les objets connectés, et donc la convergence entre les technologies de l'énergie, de la communication et de l'information).

Pour deux des plus importantes multinationales dans le secteur des énergies fossiles, l'une des sources appelée à connaître le plus important développement à l'horizon de 2030-2035 est constituée par... les économies d'énergie, à côté du gaz naturel et des énergies renouvelables (hydro-électricité incluse), voire de l'électricité nucléaire. Un pari qui sera difficile à relever : un tel scénario impliquerait la réalisation de programmes d'investissement colossaux et, surtout, hautement énergivores. Mais si ces prévisions ne devaient pas se réaliser, si l'efficacité énergétique n'enregistrait pas de progrès significatifs, alors le monde serait confronté à une pénurie énergétique majeure. Sur ce point au moins, les organismes internationaux, les multinationales de l'énergie, les administrations publiques nationales et les groupes de pression issus de la société civile ont fini par s'accorder.

L'incertitude technologique et le « signal-prix »

La hiérarchisation des différentes énergies qui finira par s'imposer est par conséquent tributaire des avancées scientifiques et des progrès technologiques qui se dessineront au cours des prochaines décennies. Cela signifie que la transition

---

309 Certains résultats présentés par Exxon sont surprenants. Celui du charbon peut paraître sous-estimé en raison de son poids dans les mix énergétiques des nouveaux pays industriels asiatiques. Ceux du gaz naturel et surtout de l'électricité d'origine nucléaire peuvent sembler surestimés. Le taux de croissance des autres sources renouvelables est proche de celui enregistré par l'Allemagne depuis 1990, pays le plus avancé dans la voie de la transition énergétique. Les prévisions de BP semblent plus réalistes. Les taux de croissance de l'efficacité énergétique sont cohérents avec celui retenu dans les projections de l'AIE et de l'EIA.

énergétique est très difficile à anticiper, comme l'est toute rupture majeure. Les décisions capitales devront être prises vers 2050, période où les différentes technologies seront suffisamment matures pour que les arbitrages fondamentaux puissent être effectués. Selon les sources d'énergie qui s'imposeront vers 2040-2050, la politique énergétique actuellement mise en œuvre par l'Allemagne sera considérée comme l'œuvre d'un précurseur ou comme une impasse : toute évaluation est, pour le moment, prématurée.

Face à cet aléa techno-scientifique fondamental, le « signal prix » ne peut jouer qu'un rôle secondaire, même si seul un renchérissement important et durable des hydrocarbures rendra les énergies alternatives plus compétitives. Le prix constitue seulement un paramètre permettant de procéder aux arbitrages à court terme et donc d'orienter les comportements des agents économiques. Il ne fait que traduire l'ajustement ponctuel entre les capacités de production et la demande. Les interventions économiques, qui modifient les prix des différentes sources d'énergie afin de soutenir leur développement en orientant les comportements des consommateurs, n'ont que des effets marginaux sur le rythme des découvertes. De plus, du fait de la dualité de leur nature (confrontation entre l'offre et la demande, somme des coûts), les prix sont nécessairement évolutifs dans le temps, au fil des améliorations technologiques. Ainsi, le développement des énergies renouvelables est la conséquence des progrès réalisés en aéronautique et en électronique durant les années 1980, et non d'un niveau de prix relatifs défavorable aux hydrocarbures. Et l'Allemagne s'est lancée dans la transition énergétique dans les années 1990, au moment de sa réunification, à une période où les cours des énergies carbonées étaient particulièrement bas.

Non seulement le « signal-prix » n'a donc qu'une influence relative sur l'évolution des technologies, mais il ne saurait subvertir fondamentalement les rapports de quantités. Lorsque les capacités productives sont saturées ou inexistantes, les prix ne sont plus en mesure en remplir les fonctions qui leur sont traditionnellement dévolues par la théorie économique et l'absence d'offre additionnelle ou potentielle rend les mécanismes marchands inopérants. Lorsque les prix de l'énergie sont fixés par voie réglementaire et non par la confrontation entre l'offre et la demande, le rationnement est inéluctable, que leur niveau soit élevé (ce qui peut provoquer l'exclusion d'une partie des consommateurs) ou particulièrement bas, comme dans nombre de pays émergents et en développement où les prix de l'énergie sont plus ou moins subventionnés.

Les prix sont soumis aussi aux contraintes macro-économiques spécifiques des pays et il faut relier les choix énergétiques aux conséquences en termes de balances des paiements. Ainsi, bien que la comparaison des coûts leur ait été défavorable, les parcs éoliens localisés au large des côtes ont été développés par plusieurs pays car le choix d'une énergie nationale leur permettait de réduire leur dépendance à l'importation d'énergies fossiles (Allemagne, Belgique, Danemark, Pays-Bas, Royaume-Uni, Suède). Un raisonnement identique explique l'importance de la production d'électricité d'origine nucléaire en France et, dans une moindre mesure, en Corée du Sud et au Japon (ainsi qu'en Bulgarie, en Hongrie, en République tchèque et en Slovaquie). Plus largement, des pays à l'équilibre extérieur précaire doivent évaluer la rentabilité de leurs investissements énergétiques en prenant en considération l'impact sur leurs balances des paiements. Mais la contrainte extérieure s'applique également aux pays rentiers, exportateurs d'énergie : l'option de certaines monarchies pétrolières pour le nucléaire découle également de la nécessité de préserver un flux important de recettes que l'exportation des hydrocarbures leur procure afin d'assurer les investissements indispensables à leur développement économique et à leur stabilité politique et sociale.

De nombreux exemples pourraient être évoqués afin d'illustrer le caractère relativement inopérant de l'effet-prix dans le domaine de la transition énergétique. Ainsi, la taxation supplémentaire des émissions de dioxyde de carbone devrait en théorie constituer un stimulant monétaire favorisant le développement des énergies renouvelables au détriment des fossiles. Dans les faits, elle ne peut remplir sa fonction que si des solutions alternatives existent (or, les hydrocarbures sont en situation de quasi-monopole pour la fonction « transport », ce qui explique que la « taxe carbone » soit perçue comme un impôt supplémentaire) et que si elle parvient à compenser les écarts de prix entre les différentes sources d'énergie. De plus, le développement de la production des gaz de schiste aux États-Unis a provoqué l'effondrement de leur prix, stimulant la production d'électricité sur leur territoire à partir de centrales au gaz naturel. L'exportation des excédents de charbon extrait aux États-Unis sur le marché européen à prix cassés a rendu les centrales électriques alimentées par ce combustible nettement plus rentables, provoquant la fermeture de celles alimentées au gaz naturel. Un tel arbitrage a provoqué une hausse des émissions de dioxyde de carbone en Europe que tant la fiscalité sur le carbone que les cours des « droits à polluer » ont été incapables de contrecarrer.

Mais, au-delà de son inefficacité, l'effet-prix peut ralentir la transition énergétique et déclencher de véritables effets pervers. De même que l'échec (pour le moment) de la taxe carbone a empêché toute stimulation des nouvelles énergies, les subventions versées à l'énergie solaire, qui se sont surajoutées à la baisse du coût de revient des panneaux produits sur le territoire chinois (la transformation du silicium faisant massivement appel au charbon extrait localement) ont fini par ralentir la dynamique du progrès technique dans cette branche. Les panneaux importés de Chine, dont la fabrication est très polluante, sont obsolètes, si bien que la baisse en partie artificielle de leur prix entrave la diffusion du progrès technologique (pose de panneaux plus coûteux, mais plus respectueux de l'environnement et plus efficaces technologiquement). Cette nouvelle génération de panneaux ne peut être rentabilisée que si les dispositifs d'incitation prennent en compte à la fois les conditions de production (via l'instauration d'une « taxe carbone » assise sur les importations et reflétant la consommation en énergie fossile entraînée par leur fabrication) et leur niveau technologique, autrement dit en pénalisant doublement les panneaux d'ancienne génération importés de Chine. Mais il ne s'agirait que d'une solution transitoire puisque de nouvelles générations de panneaux apparaîtront à plus ou moins longue échéance, remettant une fois de plus les équilibres environnementaux et économiques en cause et rendant nécessaire une inflexion ultérieure des niveaux des prix.

Les ambiguïtés de la notion de coût

Les politiques fondées sur l'effet-prix sont confrontées à un obstacle supplémentaire : les incertitudes qui grèvent le calcul du coût des sources d'énergie. Ainsi, le coût de l'électricité produite par des centrales nucléaires est l'objet de controverses qui opposent les partisans et les adversaires de cette source d'énergie. Mais il dépend principalement de deux paramètres complémentaires :

- D'une part, le renforcement des contraintes de sécurité a considérablement accru son coût de revient (de 50 à plus de 100 %, selon les estimations), provoquant une convergence tendancielle vers le prix de l'électricité produite à partir des installations éoliennes *onshore*.
- D'autre part, et au-delà de ces obligations réglementaires, le coût complet de l'électricité d'origine nucléaire devrait également inclure les dépenses entraînées par le démantèlement des centrales en activité, par le recyclage et le stockage des sous-produits radioactifs. Mais il ne s'agit que de simples options décidées par les autorités politiques : la fermeture des centrales nucléaires n'implique pas qu'il soit procédé à leur démantèlement, comme le retraitement des éléments radioactifs relève d'un choix industriel et environnemental, ces déchets pouvant être entreposés dans des zones désertiques.

La mesure des coûts des différentes sources d'énergie disponibles est donc un exercice complexe, reposant sur des conventions et prenant en compte l'ensemble des paramètres. Mais la prise en compte de l'intégralité des externalités (effets économiques indirects non retenus dans le calcul des coûts directs de production et de distribution) est illusoire. L'origine des coûts des systèmes énergétiques et de leur évolution ne correspond qu'à une première étape du problème. Plus en aval, il s'agit de décider de l'imputation de ces coûts : savoir qui supportera le poids financier de la transition énergétique, même si elle sera inévitablement à la charge du consommateur final.

L'impératif économique implique que le prix de l'énergie corresponde à son coût le plus complet possible (c'est-à-dire intégrant au maximum les externalités) afin de ne pas fausser les processus d'allocation des ressources et d'optimiser les arbitrages auxquels les consommateurs doivent procéder. Mais l'exigence de justice sociale implique, d'un autre côté, que les besoins fondamentaux des populations soient satisfaits dans des conditions compatibles avec les ressources financières dont elles disposent. C'est pourquoi une fraction des dépenses énergétiques fera l'objet d'une socialisation : des prélèvements obligatoires financeront une partie des coûts induits par la transition énergétique, en particulier les coûts de construction et de modernisation des infrastructures. La répartition du financement de la transition énergétique est donc une décision de nature politique et porte en germe des conflits potentiels de répartition, à la fois au sein des pays concernés et entre pays rivalisant pour s'approprier des ressources en voie de raréfaction. Ce qui explique pourquoi le secteur énergétique est strictement encadré par la puissance publique, voire en partie nationalisé.

La COP21, un succès à mettre en perspective

L'objectif principal de la conférence de Paris de décembre 2015 était d'inverser les tendances actuelles qui conduisent inéluctablement à un réchauffement supérieur à 4-5° à la fin du siècle, provoquant un effet d'emballement difficilement réversible. En ce sens, l'accord obtenu constitue un succès inespéré, compte tenu des intérêts opposés des 195 pays membres de la convention-cadre des Nations unies sur les changements climatiques : il prévoit de limiter le réchauffement climatique à 2° (voire 1,5 à la demande des pays les plus exposés à la montée du niveau de la mer) par rapport à la période antérieure aux différentes révolutions industrielles (sans oublier que l'augmentation de la température s'élève déjà à 1°). Ce consensus mondial obtenu à Paris contraste avec le protocole de Kyoto (adopté en 1997 et entré en vigueur en 2005), dont il prend la succession, et qui prévoyait que seuls les pays développés et en transition vers une économie de marché réduisent de 5,3 % leurs émissions moyennes de gaz à effet de serre sur la période 2008-2012 par rapport à 1990.

La principale originalité de l'accord de 2015, fondé sur une logique avant tout politique, réside dans son profond pragmatisme, qui va de pair avec le refus de la coercition, potentiellement génératrice de tensions internationales. Ce sont les pays eux-mêmes (187 sur 195) qui ont proposé leurs propres plans de maîtrise (*Intended Nationally Determined Contributions*) des émissions de gaz à effets de serre. Quant au suivi du contrôle des objectifs affichés, il est prévu qu'un comité d'experts vérifie le respect des engagements souscrits et fasse part publiquement de ses observations (mécanisme dit du *Monitoring, Reporting and Verification*). C'est donc à la communauté internationale, aussi bien les États que les organisations issues de la société civile, qu'il appartient d'évaluer l'application effective de cet accord. De toute façon, l'absence d'une organisation mondiale de l'environnement (à l'instar de celle régissant le commerce qui dispose de mécanismes reconnus par les États-membres pour régler les différends commerciaux) rendait nécessaire le principe de la surveillance multilatérale des États. L'esprit de coopération doit prévaloir sur la désignation de pays coupables, d'autant que les responsabilités sont collectives et qu'il est délicat d'imputer à chaque entité nationale des torts spécifiques. Alors que le protocole de Kyoto prévoyait des pénalités (les dérapages en matière d'émission de gaz à effet de serre étant sanctionnés par une réduction supplémentaire de 30 %) et que, pour y échapper, le Canada, la Russie, le Japon et l'Australie s'en sont retirés sans encourir la moindre rétorsion, il serait contraire à l'esprit de la COP21 de mettre des pays au ban de la communauté internationale sous prétexte qu'ils contreviennent à leurs engagements en matière d'émission de gaz à effet de serre. Une telle souplesse est d'ailleurs inscrite dans le statut juridique du document signé, un accord international, ni traité ni protocole, un texte doté de telles désignations devant obligatoirement entraîner une ratification – problématique – par le Congrès des États-Unis.

Le pragmatisme de la démarche impliquait la prise en compte des spécificités de chaque partie prenante. Nulle mention des choix énergétiques à effectuer (renouvelable ou pas, notamment), ni des voies à privilégier en termes de recherche et de développement. Nulle mention non plus de l'organisation d'un marché du dioxyde de carbone à l'échelle mondiale, voie maîtresse pour les économistes afin d'orienter les investissements vers les énergies décarbonées, voire simplement au niveau des ensembles économiques intégrés (États-Unis et Canada, Union européenne, Chine, Péninsule indienne, Mercosur), une solution plus réaliste compte tenu des différentiels en matière de structures de coûts des zones économiques selon leur stade de développement. Les objectifs mentionnés par la COP21 sont de nature essentiellement qualitative : obtenir « *un pic des émissions mondiales des gaz à effet de serre dès que possible* », parvenir à « *un équilibre entre les émissions d'origine anthropique et les absorptions par des puits de carbone au cours de la deuxième moitié du siècle* ».

Cet esprit de consensus se reflète enfin dans les décisions concernant les rapports entre les pays du Nord et du Sud. Ces derniers ne peuvent maîtriser leurs émissions de gaz à effet de serre que s'ils sont aidés par les premiers, qui ont accepté en 2009, lors de la conférence de Copenhague (COP15), de leur verser 100 milliards $ par an à partir de 2020 pour les aider à faire face aux conséquences du changement climatique. Désormais, ce montant constitue un minimum, « *un nouvel objectif chiffré collectif devant être fixé avant 2025* », mais cet engagement figure dans la décision d'accord et non dans l'accord lui-même, une telle promesse, nécessaire pour obtenir l'acquiescement des pays africains, pouvant constituer un obstacle insurmontable à l'acceptation de l'accord par les États-Unis. Et la décision d'accord exclut tout principe d'indemnisation de la part des pays riches en faveur les pays pauvres au titre des préjudices climatiques subis par ces derniers : la lutte contre le réchauffement global doit reposer sur des mécanismes de coopération internationale et non sur la mise en cause de responsabilités collectives, d'autant que les torts sont en réalité partagés et que les dommages causés par des accidents climatiques de forte intensité sont proportionnels à la richesse des pays affectés.

La souplesse de l'accord signé lors de la COP21 est cependant porteuse de nombreuses ambiguïtés et limites. En l'état, les engagements sont insuffisants, puisqu'ils correspondent à une augmentation tendancielle de la température de 3°, soit le double de l'objectif souhaité. En particulier, aucune contrainte en termes de combustion des énergies les plus émettrices de gaz à effet de serre (charbon) n'est explicitement mentionnée. Il est vrai que l'accord de Paris ne correspond qu'au début d'un long processus : son entrée en vigueur ne doit se produire qu'en 2020, et les contributions nationales sont prévues être révisées tous les cinq ans, la première devant intervenir en 2025, soit seulement dans une décennie (la France, l'Union européenne, les États-Unis, le Brésil et 80 pays en développement se sont cependant engagés à réviser les leurs avant 2020).

La complexité du lien entre réchauffement climatique et relations Nord-Sud

Le réchauffement climatique exacerbe les oppositions entre pays du Nord et du Sud. Les premiers, dont l'essor économique a reposé sur la combustion de quantités considérables d'énergies carbonées, portent la responsabilité de la majeure partie des émissions passées de gaz à effet de serre, mais la croissance rapide des seconds se fonde essentiellement sur ces mêmes énergies carbonées, au point que les pays du Sud sont à l'heure actuelle les principaux émetteurs de gaz à effet de serre : la logique de la mondialisation et, en particulier, la délocalisation des usines les plus polluantes vers les régions émergentes et en développement les désavantagent sur ce point. De même, le développement de l'Europe et de l'Amérique du Nord a entraîné la déforestation de très vastes zones et la préoccupation de la sauvegarde de leurs patrimoines forestiers est récente : mais, les pays du Sud, confrontés à une forte croissance démographique, procèdent également à la déforestation de grandes étendues boisées, à la fois pour accroître les surfaces cultivées et produire des matières premières et des énergies ligneuses (bois et charbon de bois). Et il est peu probable que la diminution des surfaces boisées en zones équatoriales et tropicales puisse être compensée par leur augmentation au Canada et en Russie : la hausse des températures entraîne une dégradation qualitative des patrimoines forestiers boréaux – sans compter que le dégel du pergélisol risque de libérer des quantités colossales de méthane. La difficulté de mesure des impacts et des responsabilités respectives est donc un obstacle majeur à l'établissement d'une « justice » climatique.

C'est en réalité le clivage Nord-Sud qui doit être reconsidéré dans le débat sur l'émission des gaz à effet de serre. Les antagonismes entre pays du Sud sont parfois particulièrement prononcés en fonction de leurs niveaux relatifs de développement. Ainsi, l'opposition entre Chine et Inde qui reprend un axe fondamental de la géopolitique du continent asiatique : tandis que Pékin, qui a accompli une grande partie de son rattrapage économique, veut maîtriser ses émissions de gaz à effet de serre puisque la pollution atmosphérique apparaît dorénavant comme un obstacle à la poursuite de son essor, New Delhi aspire en priorité à combler le retard vis-à-vis de son rival et à se développer dans des conditions relativement similaires, en consommant de très grandes quantités de charbon. C'est pourquoi le clivage le plus pertinent oppose les nations vertueuses (l'Europe par volontarisme, l'Afrique par nécessité) aux pays les moins avancés dans la maîtrise de leurs émissions de gaz à effet de serre (pays anglo-saxons non européens, contrées asiatiques en rattrapage, exportateurs d'énergies carbonées). Et puisque les pays du Nord sont surendettés, ce sont surtout certains pays rentiers, en majorité des exportateurs d'hydrocarbures, qui auraient été en mesure d'aider les pays les moins avancés – l'effondrement des prix des hydrocarbures, probablement durable, rend cette perspective de moins en moins crédible. Il est vrai que, plus que de purs transferts financiers, les pays les moins développés ont surtout besoin d'une mise à disposition des technologies les plus efficaces (venant du Nord) pour contenir les émissions de gaz à effet de serre.

De plus, l'irréversibilité des engagements est contredite par la facilité avec laquelle un pays peut se soustraire à ses obligations, un retrait pouvant s'effectuer par une simple notification trois ans après l'entrée en vigueur de l'accord pour le pays concerné.

Il n'est pas à exclure qu'une alternance politique en Australie, au Canada, aux États-Unis, en Chine ou en Inde ne conduise ces nations à réfuter leurs engagements en matière d'émission de gaz à effet de serre. Alors que Washington n'avait pas, pour sa part, ratifié le protocole de Kyoto, Ottawa s'en est successivement retiré. Il est vrai que l'équilibre des comptes extérieurs du Canada et de l'Australie, pays particulièrement frappés par la désindustrialisation, est tributaire des exportations de matières premières[310].

Enfin, certains domaines ne sont pas couverts par l'accord, en particulier les émissions de gaz à effet de serre qui se produisent en dehors des territoires relevant de la souveraineté des États-membres (or les activités de transport aérien et maritime sont à l'origine de 10 % de ces émissions), et aucune action spécifique n'est prévue pour lutter contre l'acidification des océans et la nouvelle extinction des espèces.

En plaçant les négociations climatiques sous l'égide des Nations unies, la communauté internationale a peut-être fait montre d'un certain idéalisme. Dans les faits, 28 ensembles (27 pays et l'Union européenne) génèrent à eux seuls 86 % des émissions de gaz à effet de serre. Ce sont les politiques énergétiques des États-Unis, des trois pays asiatiques en voie d'industrialisation (Chine, Inde, Indonésie), des pays anglo-saxons non européens (Australie, Canada), des nations rentières fortement peuplées (Iran, Arabie Saoudite, Kazakhstan) et des principaux pays industriels émergents (Brésil, Mexique, Afrique du Sud, Turquie, Thaïlande, Taïwan) qui déterminent l'évolution de ces émissions. On peut donc se demander si les stratégies nationales et régionales ne sont pas destinées à l'emporter sur les logiques multilatérales. À bien des égards, la poursuite (Chine) ou la relance (Russie, voire Inde, Japon et Corée du Sud) du programme de construction de centrales nucléaires, la signature en 2014 de l'important contrat d'approvisionnement en gaz sibérien par la Chine ou l'accord conclu la même année entre Pékin et Washington sur la réduction de leurs émissions respectives de gaz à effet de serre pourraient se révéler bien plus décisifs pour la maîtrise du réchauffement climatique que l'accord obtenu à la COP21. À condition de réunir les moyens suffisants pour développer les activités de recherche et de développement (la forte croissance des énergies renouvelables est d'abord rendue possible par la diminution sensible de leurs coûts, ce qui permet de diminuer les subventions dont elles bénéficient), il n'est pas à exclure que la transformation à venir des systèmes énergétiques nationaux ne constitue la voie la plus efficace pour réduire

---

310 Sans compter que l'adoption de normes ne préjuge en rien de leur application effective. La Bolivie illustre jusqu'à la caricature l'écart existant entre les normes juridiques et les politiques mises en œuvre. Les proclamations contenues dans la constitution de ce pays, tant en ce qui concerne le respect des droits des minorités ethniques que la préservation de leurs environnements, sont contredites par une exploitation toujours plus intense des ressources localisées dans les zones peuplées par les peuples premiers et dans les parcs naturels. Il est vrai qu'il s'agit de la seule option offerte au gouvernement bolivien pour se procurer des ressources permettant de financer les politiques sociales qui s'adressent à la majorité de ses ressortissants.

les émissions de gaz à effet de serre, voire pour rétablir les conditions climatiques qui prévalaient avant les révolutions industrielles.

Le bel avenir des énergies carbonées, la raréfaction des ressources et le retour à la sobriété énergétique

Il n'existe pas de scénario crédible qui n'accorde une place plus ou moins importante aux énergies carbonées pour les décennies à venir, même si, contrairement aux réserves en charbon et en gaz naturel (abondantes), les réserves en pétrole font l'objet de controverses. De plus, deux facteurs sont susceptibles de bouleverser, en la relançant, l'économie pétrolière : l'amélioration des taux de récupération et l'ouverture de nouvelles perspectives en Amérique du Nord, avec les sables bitumineux de l'Alberta et surtout les schistes bitumineux dont les États-Unis posséderaient les principaux gisements au monde et qui, en cas de progrès décisifs en termes de rendement énergétique, pourraient permettre à Washington de dominer l'économie pétrolière mondiale pendant plusieurs siècles (le potentiel de ces schistes bitumineux serait sans commune mesure avec celui du pétrole de roche-mère – ou pétrole de schiste – exploité actuellement).

Ce constat souligne à quel point la maîtrise du changement climatique procède d'abord du volontarisme politique. L'exemple de l'Allemagne montre aussi que le choix des énergies renouvelables et le renoncement au nucléaire conduisent à une augmentation des émissions de gaz à effet de serre, dans un premier temps tout au moins. À plus long terme, les émissions additionnelles de dioxyde de carbone diminueront drastiquement au fur et à mesure de la disparition des sources d'énergie carbonées, mais il est probable que les quantités de gaz à effet de serre accumulées dans l'atmosphère auront, entre-temps, rendu l'augmentation de la température irréversible.

Le bel avenir des énergies carbonées souligne une nécessité de principe : toute description de l'avenir doit tenter de bien distinguer le souhaitable du probable, les états du réel jugés comme désirables et ceux qui sont, selon les différents scénarios retenus, susceptibles de se produire. Or, la transition énergétique est parfois présentée comme l'avènement d'un nouvel âge d'or, surtout par les organismes relevant de la mouvance écologiste. En ce sens, elle est assimilable à un projet utopique, d'autant que les objectifs fixés en matière de réduction de la consommation d'énergie et d'émissions polluantes sont très ambitieux et, à bien des égards, irréalistes. La plupart du temps, les extrapolations en matière d'augmentation de l'efficacité énergétique, notamment, sont tellement volontaristes qu'elles en perdent en crédibilité.

Il est vrai qu'aucun lien automatique entre abondance énergétique et croissance économique ne saurait être garanti, de même que les ressources énergétiques ne peuvent à elles seules subvertir les trajectoires de développement des pays producteurs. La rareté relative des ressources peut expliquer l'arrêt du processus de rattrapage de l'Amérique latine (à l'exception du Venezuela, principale victime de la

« malédiction pétrolière »), mais les pays du Sud possédant des rentes énergétiques abondantes (y compris renouvelables) ne se sont pas pour autant transformés en des nations développées (et certains pays du Nord, devenus rentiers, sont également menacés par cette « malédiction pétrolière »).

Pourtant, dans l'état actuel des connaissances en physique théorique, le découplage entre la croissance du PIB et la hausse de la consommation d'énergie relève de l'ordre de l'impensé[311]. Dans ces conditions, le respect des objectifs de la transition énergétique, aussi bien en termes d'efficacité énergétique que de lutte contre le réchauffement climatique, pourrait signifier l'interruption du processus de croissance, voire une longue phase de décroissance. Ainsi, la dynamique telle qu'elle est imaginée actuellement en Allemagne pourrait conduire à une contraction durable et irréversible du PIB outre-Rhin, d'autant que les perspectives démographiques de ce pays sont orientées à la baisse.

Au-delà du climat, la question de la contrainte de rareté continue à se poser[312]. Si aucune source d'énergie abondante et à bas coût n'est découverte, si les perspectives dans les énergies carbonées déclinent, les niveaux de vie pourraient régresser et devenir comparables à ceux des époques pré-industrielles. Loin d'être volontaires, la frugalité et la sobriété contraintes deviendraient alors les horizons indépassables d'une humanité privée d'énergie, à l'instar des pays émergents et en développement d'aujourd'hui, où le mode normal d'ajustement de l'offre à la demande d'énergie est le rationnement de l'offre – et donc les coupures d'électricité. Une telle situation de pénurie récurrente permettrait aux consommateurs de prendre conscience de la notion de gaspillage et d'opérer le départ entre les besoins de base et les achats superflus : la très grande majorité des habitants des pays post-industriels (moins d'un sixième de la population mondiale) a tendance à oublier que leur mode de vie dispendieux constitue

---

311 Les travaux de Jean-Marc Jancovici montrent qu'il existe une relation quasi-linéaire entre le PIB et la consommation d'énergie, autrement dit qu'au niveau mondial l'efficacité énergétique n'a quasiment pas progressé en un demi-siècle. Il est possible d'en déduire que l'augmentation apparente de l'efficacité énergétique dans un pays donné s'explique par la délocalisation d'activités très énergivores au-delà de ses frontières, un mécanisme qui s'est accéléré dans le cadre de la seconde mondialisation. En revanche, la problématique, classique en économie de l'énergie, sur le sens du lien de causalité entre la croissance économique et la progression de la consommation en énergie, est l'objet de controverses relativement indécidables.

312 À moins de considérer comme envisageable l'exploitation de ressources en provenance d'autres corps célestes. Dès à présent, des entreprises ont été créées afin d'exploiter les minerais localisés dans des astéroïdes géocroiseurs : certains, dans le système solaire, recèleraient des gisements estimés à plusieurs milliards de tonnes de minerais communs (fer, nickel) et à plusieurs millions de tonnes de métaux précieux. Mais il s'agit d'un raisonnement paralogique. Si l'on parvenait à envoyer des vaisseaux parcourir les espaces intersidéraux ou intergalactiques pour prospecter et exploiter d'autres planètes, cela présupposerait que l'on dispose de sources d'énergie suffisamment puissantes pour arracher à l'attraction terrestre des systèmes technologiques pesant plusieurs centaines de milliers de tonnes, et donc que la question de l'approvisionnement en une énergie abondante et peu onéreuse ait été préalablement résolue.

une exception à la surface de la Terre et que, faute de ressources énergétiques suffisantes, il ne peut pas être généralisé à l'ensemble de l'humanité.

Le nouveau topique véhiculé par les représentations dominantes et synthétisé par l'expression ambivalente « mondialisation heureuse » avance que, sans la forte croissance enregistrée par l'économie mondiale depuis un quart de siècle (interrompue cependant par une crise qui aurait pu dégénérer en une dépression comparable à celle des années 1930 si une politique monétaire, à l'opposé de celle alors mise en œuvre, n'avait permis le sauvetage du système financier mondial), jamais la misère n'aurait enregistré un tel recul sur Terre. En effet, le PIB mondial a plus que doublé, passant de 30 000 milliards $ à la fin du deuxième millénaire à plus de 70 000 aujourd'hui[313]. Des esprits plus avisés pourraient néanmoins renverser cette analyse en alléguant que la persistance d'une situation de misère de masse en Asie du Sud et en Afrique est, justement, la condition *sine qua non* de la préservation des grands équilibres environnementaux : les émissions de gaz à effet de serre atteindraient des niveaux insupportables si la consommation moyenne d'énergie des Indiens et des Africains devait approcher celle des Chinois (et *a fortiori* des Nord-Américains et des Européens) et si ces zones alignaient leurs taux respectifs de motorisation sur celui de l'Empire du milieu, désormais premier marché automobile mondial (mais dont la croissance excessive a conduit à des surinvestissements importants, contribuant à la formation d'une « bulle de l'automobile »).

C'est pourquoi il est erroné de prétendre que les objectifs de préservation des équilibres environnementaux et de diminution des inégalités sociales sont compatibles, surtout à l'échelle planétaire. La mondialisation porte en elle-même les apories qui aboutiront à son autolimitation, voire à sa propre annihilation. Et seuls les progrès scientifiques et les avancées technologiques permettront de surmonter cette contradiction fondamentale. Il est donc légitime de s'interroger sur les vertus de la croissance économique, si cette dernière implique que le niveau de pollution atmosphérique des grandes métropoles africaines s'aligne sur celui des chinoises ou des indiennes[314].

Si le scénario de la rareté énergétique devait finir par s'imposer, non seulement les inégalités sociales se creuseraient à l'échelle planétaire, mais la population mondiale s'ajusterait aussi aux ressources disponibles, réactivant un processus bien connu décrit par Malthus. L'explosion démographique du XXe siècle et du début du nouveau millénaire apparaîtrait alors comme un phénomène exceptionnel et écologiquement

---

313 Une estimation calculée en recourant aux taux de change courants, leurs variations très importantes rendant l'additivité des PIB des économies nationales fausse d'un point de vue mathématique.

314 Il existe une corrélation statistiquement validée entre la poursuite de l'expansion économique reposant sur la consommation des matières premières carbonées, l'augmentation du niveau de vie de la majorité de la population mondiale et l'intensité du réchauffement climatique à venir. C'est pourquoi l'amélioration des conditions matérielles d'existence des populations passe dorénavant par l'accroissement de l'intensité énergétique, c'est-à-dire un usage plus efficace de l'énergie.

insoutenable. Mais les problématiques concernant le niveau de la population mondiale (et donc son empreinte sur les ressources naturelles) sont devenues le point aveugle du débat énergétique, et plus largement l'un des grands impensés des sciences sociales et économiques, comme en témoigne la non-reconduction par l'ONU des sommets jadis régulièrement consacrés à la démographie (le dernier ayant eu lieu au Caire en 1994).

L'humanité est placée devant un dilemme. Soit elle se contente d'attendre que les réserves en énergies fossiles s'épuisent, auquel cas les nouvelles – et relativement limitées – découvertes ne feront que retarder l'échéance. Soit elle décide d'adopter une stratégie active, de mettre au point et de développer de nouvelles sources d'énergie, unique solution afin d'éviter à terme un état stationnaire, un scénario imposé si la prévention de la hausse de la température moyenne terrestre constitue un véritable objectif aux yeux de la communauté internationale.

Mais, pour le moment, il n'est pas certains que ces défis soient relevés.

Bibliographie

Abdel-Rahman Mohamed, Simelane Thokozani (editors), *Energy Transition in Africa*, Africa Institute of South Africa, Pretoria, 2011

Amsellem David, *La guerre de l'énergie*, Éditions Vendémiaire, Paris, 2011

Arbeitsgemeinschaft EnergieBilanzen e.V., *Auswertungstabellen zur Energiebilanz für die Bundesrepublick Deutschland, 1999 bis 2013*, Berlin, 2013

Bardt Hubertus, *Energieversorgung in Deutschland, wirtschaftlich, sicher und umweltverträglich*, IW-Positionen 45, Institut der deutschen Wirtschaft, Köln Medien GmbH, 2010

Bardt Hubertus, Niehues Judith, Techert Holger, *Die Förderung erneuerbarer Energien in Deutschland*, IW-Positionen 56, Institut der deutschen Wirtschaft, Köln Medien GmbH, 2012

Bardt Hubertus, Kempermann Hanno, *Folgen der Energiewende für die deutsche Industrie*, IW-Positionen 58, Institut der deutschen Wirtschaft, Köln Medien GmbH, 2013

Bardt Hubertus, Chrischilles Esther, *Marktwirtschaftliche Stromerzeugung und Energiewende*, IW-Positionen 64, Institut der deutschen Wirtschaft, Köln Medien GmbH, 2014

Bardt Hubertus, Chrischilles Esther, *Energiewende-Radar, Fortschritte beim Umbau der Stromversorgung in Deutschland von 2000 bis 2012, Gutachten für die Initiative Neue Soziale Marktwirtschaft*, Institut der deutschen Wirtschaft, Köln Medien GmbH, 2012

Bardt Hubertus, Chrischilles Esther, Fritsch Manuel, Grömling Michael, Puls Thomas, Röhl Klaus-Heiner, *Die Infrastruktur in Deutschland zwischen Standortvorteil und Investitionsbedarf*, Institut der deutschen Wirtschaft, Köln Medien GmbH, 2014

Bartosch Ulrich, Hennicke Peter, Weiger Hubert (Herausgeber), *Gemeinschaftsprojekt Energiewende, Der Fahrplan zum Erfolg*, Oekom Verlag, München, 2014

Bassam Fattouh, Lutz Kilian, The *Role of speculation in Oil Markets: What Have We Learned so Far ?*, Center for Economic Policy Research, Discussion Paper n° 8916, March 2012

Bausch Camilla, Duwe Matthias, Görlach Benjamin, *La politique climatique et énergétique du gouvernement fédéral allemand, Contribution au dialogue franco-allemand*, Note n° 114 du Comité d'Etudes des Relations Franco-Allemandes, Institut Français des Relations Internationales, Paris, 2014

Bayocq Pascal, Charlez Philippe, *Gaz et pétrole de schiste... en questions*, Éditions Technip, Paris, 2014

Bekolo Claude, Biwolé Fouda Jean, *La réforme de l'électricité en Afrique a-t-elle permis un développement durable de cette industrie ? Une analyse dans le cas du Cameroun*, Revue de l'Energie, n° 600, mars-avril 2011, pp. 108-116, Les Éditions techniques et économiques, Paris

Bertau Martin, Gutzmer Jens, Kausch Peter, Matschullat Jörg, *Energie und Rohstoffe, Gestaltung unserer nachhaltigen Zukunft*, Spektrum Akademischer Verlag, Heidelberg, 2011

Bertau Martin, Gutzmer Jens, Kausch Peter, Matschullat Jörg, *Strategische Rohstoffe – Risikovorsorge*, Springer Spektrum Verlag, Heidelberg, Berlin, 2014

Boillot Marc, *Les distributeurs d'énergie électrique au cœur des smart grids*, ISTE Editions, Londres, 2015

Bontrup Heinz-J., Marquardt Ralf-M., *Die Energiewende, Verteilungskonflikte, Kosten und Folgen*, Papyrossa Verlag, Köln, 2015

Boudellal Méziane, *La pile à combustible, L'hydrogène et ses applications*, Éditions Dunod, Paris, 2012

British Petroleum, *BP Statistical Review*, London, 2015

British Petroleum, *BP Energy Prospects 2035*, London, 2015

Bruckner Thomas, Edenhofer Ottmar, Götz Mario, Knopf Brigitte, Kondziella Hendrik, Pahle Michael, *La sortie du nucléaire en Allemagne : scénarios de politique énergétique*, Note n° 93 du Comité d'études des relations franco-allemandes, Institut Français des Relations Internationales, Paris, février 2012

Brüning Christoph, Seltene Erden, *Der wichtigste Rohstoff des 21. Jahrhunderts*, Börsenmedien AG, Kulmbach, 2013

Chalmin Philippe (sous la direction de), *Encyclopédie Cyclope*, Éditions Economica, Paris, 2015

Charon Guillaume, *Gaz de schiste, la nouvelle donne énergétique, Enjeux techniques, économiques, écologiques et géostratégiques*, Éditions Technip, Paris, 2014

Chevassus-au-Louis Nicolas, *Mystères de guerre, Pourquoi Hitler n'a pas eu la bombe atomique ?*, Éditions Economica, Paris, 2013

Cruciani Michel, *Le coût des énergies renouvelables*, Centre Energie, Institut Français des Relations Internationales, Paris, 2014

Debreu Jerely, Guibert Claire, *Livre blanc des énergies durables en Afrique, Guide des bonnes pratiques*, MKF Éditions, Beauvais, 2013

Diez Willi, *Die internationale Wettbewerbsfähigkeit der deutschen Automobilindustrie*, Oldenburg Wissenschaftsverlag, Munich, 2012

Dubresson Alain, Jaglin Sylvy, *Eskom, Électricité et pouvoir en Afrique du Sud*, Éditions Karthala, Paris, 2015

Energy Intelligence Administration, *International Energy Outlook*, Washington, 2014

Fraunhofer-Institut für Solare Energiesysteme, *Aktuelle Fakten zur Photovoltaik in Deutschland*, Fraunhofer Verlag, Freiburg, 2015

Fraunhofer-Institut für Windenergie und Energiesystemtechnik, *Windenergie Report, Deutschland, 2013*, Fraunhofer Verlag, Stuttgart 2015

Glamotchak Marina, *L'enjeu énergétique dans les Balkans, Stratégie russe et sécurité européenne*, Éditions Technip, Paris, 2013

Goldman Marshall, *The Enigma of Soviet Petroleum: Half-Full or Half-Empty ?*, George Allen & Unwin Editors, London, 1980

Goldman Marshall, *Petrostate - Putin, Power, and the New Russia*, Oxford University Press, Oxford, 2008

Grand Emmanuel, Veyrenc Thomas, *L'Europe de l'électricité et du gaz, Acteurs, Marchés, Régulateurs*, Éditions Economica, Paris, 2011

Greggio Rodolphe, Mafféï Benoît, *Le pétrole - le troisième choc et la malédiction pétrolière*, Éditions Economica, Paris, 2014

Guerassimoff Gilles, Nadia Maïzi (coordination), *Smart Grids, Au-delà du concept, comment rendre les réseaux plus intelligents*, Presses des Mines, Paris, 2013

Hahn Lothar, Radkau Joachim, *Aufstieg und Fall der deutschen Atomwirtschaft*, Oekom Verlag, München, 2013

Hamilton James D., *The changing Face of World Oil Markets*, Working Paper 20355, National Bureau of Economic Research, 2014

Henderson James, Pirani Simon (edited by), *The Russian Gas Matrix: How Markets are driving Change*, Oxford University Press, Oxford, 2014

Hennicke Peter, Welfens Paul J.J., *Energiewende nach Fukushima, Deutscher Sonderweg oder weltweites Vorbild*, Oekom Verlag, München, 2012

Hennicke Peter, *Energierevolution, Effizienzsteigerung und erneuerbare Energien als neue globale Revolution*, Oekom Verlag, München, 2010

Heuraux Christine, *L'électricité au cœur des défis africains*, Éditions Karthala, Paris, 2010

Heuraux Christine, *Croissance africaine : y croire et s'impatienter*, Éditions L'Harmattan, Paris, 2014

Hladik Jean (sous la direction de), *Les énergies renouvelables aujourd'hui et demain*, Éditions Ellipses, Paris 2011

International Energy Agency, *World Energy Outlook*, OECD, Paris, 2014

Jung Najeeb (edited by), *The Political Economy of Energy and Growth*, Oxford University Press, Oxford 2014

Kapseu César, Djongyang Noël, Elambo Nkeng George, Petsoko Maturin, Ayuk Mbbi Egbe Daniel, *Energies renouvelables en Afrique subsaharienne*, Éditions L'Harmattan, Paris, 2012

Keller Sarina, *Die deutsche Windindustrie auf dem internationalen Markt, Erfolgsfaktoren für Unternehmen*, Wuppertaler Schriften zur Forschung für eine nachhaltige Entwicklung, Band 4, Oekom Verlag, München, 2014

Kempert Claudia (Herausgeber), *Energiewende in Deutschland – Chancen und Herauforderungen*, Deutsches Institut für Wirtschaftsforschung, Dunker & Dumblot Verlag, Berlin, 2013

Labouret Anne, Villoz Michel, *Energie solaire photovoltaïque*, Éditions Dunod, Paris, 2009

Lapeyre Michel (sous la direction de), *Les nouvelles régulations électriques I, régulations du monopole et de la concurrence*, Collection Electronique-Génie électrique-Microsystèmes, Hermès Science Publications & Éditions Lavoisier, Cachan, 2012

Lapeyre Michel (sous la direction de), *Les nouvelles régulations électriques II, productions, réseaux et demande*, Collection Electronique-Génie électrique-Microsystèmes, Hermès Science Publications & Éditions Lavoisier, Cachan, 2012

Laughin Robert B., *Powering the Future*, Perseus Books Group, New York, 2011

Lemale Jean, *La géothermie*, Éditions Dunod, Paris, 2012

Lévêque François, *Nucléaire On / Off*, Éditions Dunod, Paris, 2013

Maddison Angus, *The World Economy, A Millenial Perspective*, OECD, Paris, 2001

Maubach Klaus-Dieter, *Energiewende, Wege zu einer bezahlabaren Energieversorgung*, Springer Fachmedien, Wiesbaden, 2013

Misser François, *La saga d'Inga, L'histoire des barrages du fleuve Congo*, Cahiers Africains n° 83, Éditions L'Harmattan, Paris, 2013

Mitrova Tatiana, *Russian LNG : The Long road to Export*, Russie.Nei.Reports n° 16, Institut Français des Relations Internationales, Paris, 2013

Radtke Jörg, Hennig Bettina (Herausgeber), *Die deutsche « Energiewende » nach Fukushima, Der wissenschaftliche Diskurs zwischen Atomausstieg und Wachstumdebatte*, Beiträge zur sozialwissenschaftlichen Nachhaltigkeitsforschung Band 8, Metropolis Verlag, Marburg, 2013

Rifkin Jeremy, *L'économie hydrogène, Après la fin du pétrole, la nouvelle révolution économique*, Éditions La Découverte, Paris, 2002

Sachverständigenrat für Umweltfragen, *Wege zur hundertprozentige erneuerbaren Stromversorgung, Sondergutachten*, Erich Schmidt Verlag, Berlin 2011

Schindler Jörg, Yanagihara Hiromichi, Zerra Martin, Zittel Werner, *Aufbruch, Unser Energiesystem im Wandel*, Finanzbuch Verlag, Frankfurt, 2011

Sovacool Benjamin K., *The Dirty Energy Dilemma : What is Blocking Clean Power in the United States*, Westport, Praeger Publishers, 2008

Thane Gustafson, *Wheel of Fortune, The Battle for Oil and Power in Russia*, Cambridge, The Belknap Press of Harvard University Press, 2012

Valentine Scott Victor, *Wind Power, Politics and Policy*, Oxford University Press, Oxford, 2015

Willame Jean-Claude, *Zaïre, L'épopée d'Inga, Chronique d'une prédation industrielle*, Éditions L'Harmattan, Paris, 1986

Liste des tableaux

Liste des encadrés

Dépôt légal : février 2016
IMPRIMÉ EN FRANCE

Achevé d'imprimer le 10 février 2016
sur les presses de l'imprimerie *La Source d'Or*
63039 Clermont-Ferrand
Imprimeur n° 18475

PEFC
PEFC/10-31-2008

Dans le cadre de sa politique de développement durable,
La Source d'Or a été référencée IMPRIM'VERT®
par son organisme consulaire de tutelle.
Cet ouvrage est imprimé - pour l'intérieur -
sur papier offset standard 80 g
provenant de la gestion durable des forêts,
produit par des papetiers dont les usines ont obtenu
les certifications environnementales ISO 14001 et E.M.A.S.

GÉOPOLITIQUE

Nos titres de référence

APRÈS LA COP21

Géopolitiques de la transition énergétique

BENOÎT MAFFÉÏ

RODOLPHE GREGGIO

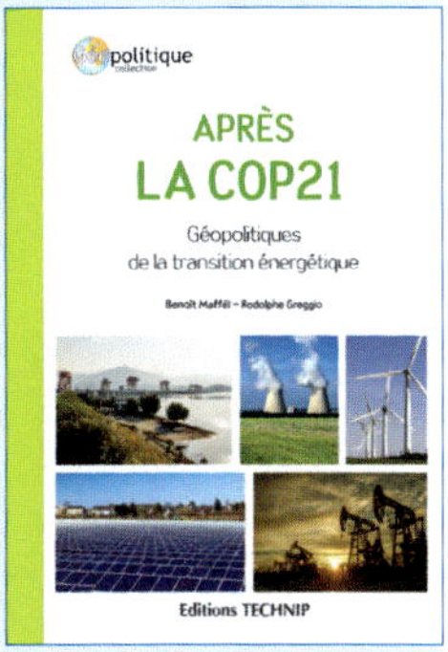

978-2-7108-1174-9

broché, 16,5 x 23,5 cm, 376 p.

45 €

La transition énergétique est l'un des principaux défis auxquels l'humanité sera confrontée tout au long du XXIe siècle. Elle répond à un double impératif : trouver des sources alternatives d'énergie permettant de remédier à l'épuisement des énergies non renouvelables et limiter le recours aux énergies carbonées afin de diminuer tendanciellement les émissions de gaz à effet de serre. C'est un processus long, très complexe et à l'issue incertaine, dont l'avenir de l'humanité est tributaire.

Établissant le constat que la seconde mondialisation, comme la première un siècle plus tôt, n'a été rendue possible que par un recours accru au charbon, **l'ouvrage étudie les perspectives s'offrant au pétrole et au gaz naturel**, traite de l'essor des énergies renouvelables, met en évidence les limites à l'électrification des systèmes productifs et logistiques, analyse les stratégies énergétiques de l'Allemagne (pionnière de la transition énergétique) et de l'Afrique, s'intéresse enfin aux énergies du futur, tout en refusant l'amalgame entre science et fiction.

Les deux auteurs, parfaitement indépendants, présentent un diagnostic raisonné de la transition énergétique qui ne verse ni dans un pessimisme porteur de désespoir, ni dans un optimisme dénué de fondement.

Au lendemain de l'importante étape franchie en décembre 2015 à Paris, l'adoption d'un accord global non contraignant par la COP21, une grande part du chemin reste à parcourir : cet ouvrage en dresse la feuille de route.

Professeur d'histoire économique en classes préparatoires**, Rodolphe Greggio** a publié des ouvrages sur l'automobile et, en collaboration avec Benoît Mafféï, sur l'économie pétrolière.

Ancien directeur de recherche à l'EDHEC, **Benoît Mafféï** est l'auteur de plusieurs ouvrages étudiant le processus de la mondialisation dans une perspective transdisciplinaire.

www.editionstechnip.com

une
pour
les enjeu
et géo
du mond

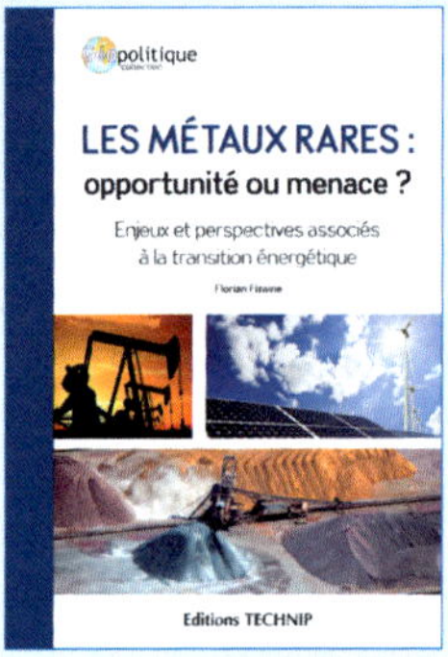

LES MÉTAUX RARES : OPPORTUNITÉ OU MENACE ?

Enjeux et perspectives associés à la transition énergétique

FLORIAN FIZAINE

978-2-7108-1156-5

broché, 17 x 24 cm, 192 p.

45 €

L'auteur se propose d'analyser les problématiques économiques, techniques, financières et géopolitiques liées aux métaux (rares) dans le contexte d'un développement massif des énergies vertes. Il dresse au travers d'une argumentation chiffrée et documentée, un large tableau des risques amenés par une transition énergétique trop axée sur la décarbonisation du mix énergétique à l'échelle mondiale.

Cet ouvrage s'adresse à la fois à un large public désireux de comprendre les enjeux liés au versant matières premières de la transition énergétique et à un public averti (étudiants, professeurs, chercheurs, décideurs...) souhaitant approfondir ses connaissances sur le sujet.

L'AFRIQUE : NOUVELLE FRONTIÈRE DE LA CROISSANCE

Comprendre, investir et entreprendre

Ouvrage collectif
sous la direction de Bouchra Rahmouni Benhida

978-2-7108-1163-3

broché, 16,5 x 23,5 cm, 144 p.

28 €

Cette mise en perspective de l'actualité économique et géopolitique de l'Afrique contemporaine offre une grille de lecture pertinente à court et à moyen terme. **L'ouvrage permet de comprendre les évolutions et les transformations rapides d'une Afrique complexe**, en mettant en avant les lignes essentielles et les grandes problématiques. **Cet ouvrage suscitera ou confirmera votre envie d'entreprendre en Afrique.**

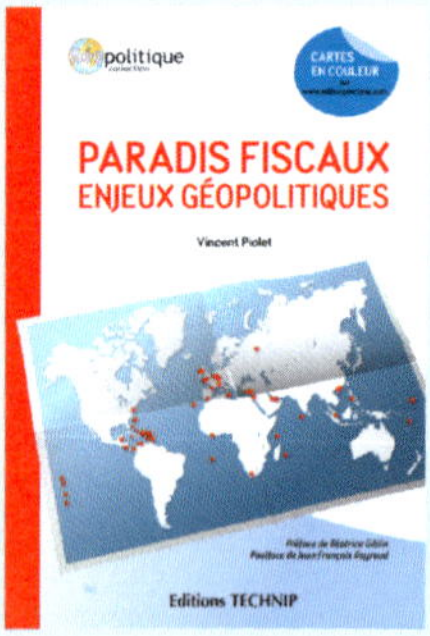

PARADIS FISCAUX. ENJEUX GÉOPOLITIQUES

VINCENT PIOLET

978-2-7108-0989-0

broché, 16,5 x 23,5 cm, 120 p.

16 €

Les **paradis fiscaux** sont le nouveau grand jeu des rivalités de pouvoir géopolitique entre puissances impliquant aussi certains lobbies industriels et financiers. C'est donc sous l'angle inédit de la géopolitique que l'auteur traite de ce sujet. Destiné au plus grand nombre et illustré de cas concrets, l'ouvrage satisfera le lecteur curieux et le connaisseur souhaitant un éclairage nouveau.

t 1, rue du Bac • 75007 PARIS • FRANC
Tél. 33 (0)1 45 78 33 80 • Fax 33 (0)1 45 75 37 1

on
ndre
étiques
iques
nporain

ATLAS GÉOPOLITIQUE DES ESPACES MARITIMES

Frontières, énergie, transports, piraterie, pêche et environnement

D. Ortolland, J.-P. Pirat

978-2-7108-0947-0

broché, 21 x 29,7 cm, 352 p.

64 €

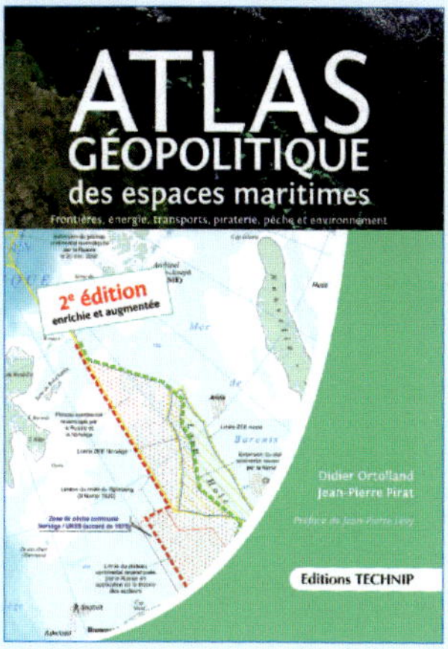

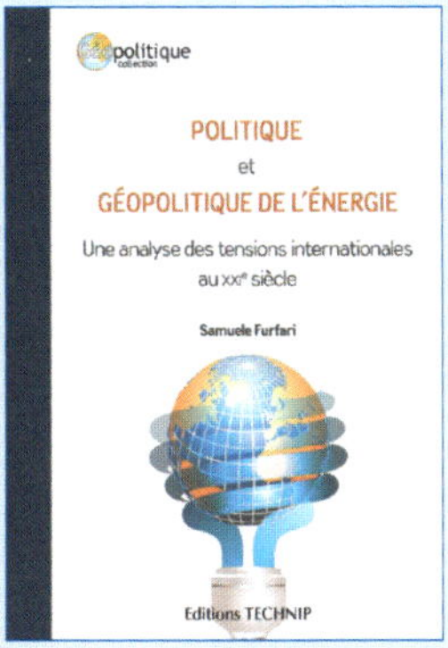

978-2-7108-0988-3 - 456 p. - 30 €

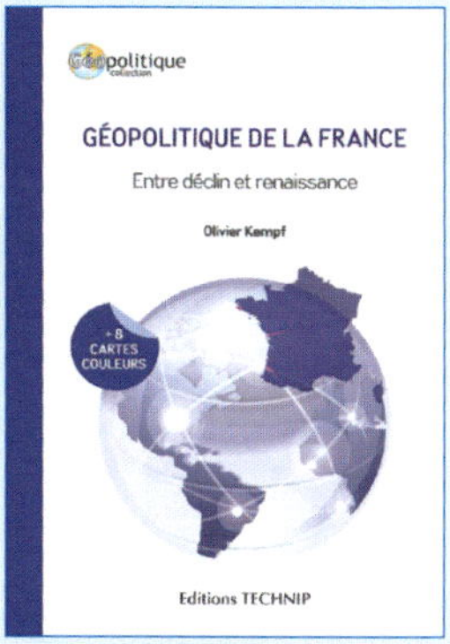

978-2-7108-1000-1 - 220 p. - 25 €

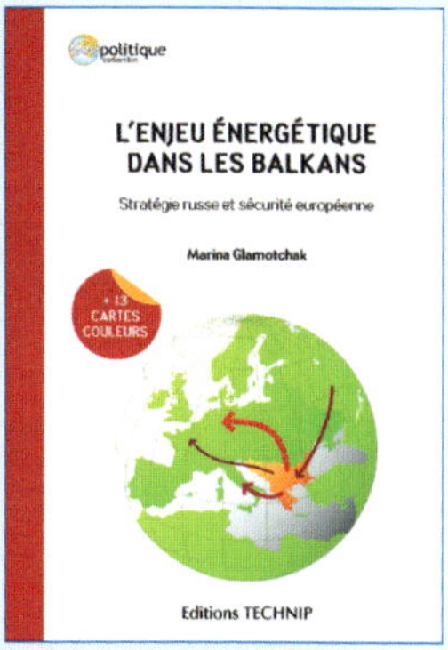

978-2-7108-1033-9 - 208 p. - 35 €

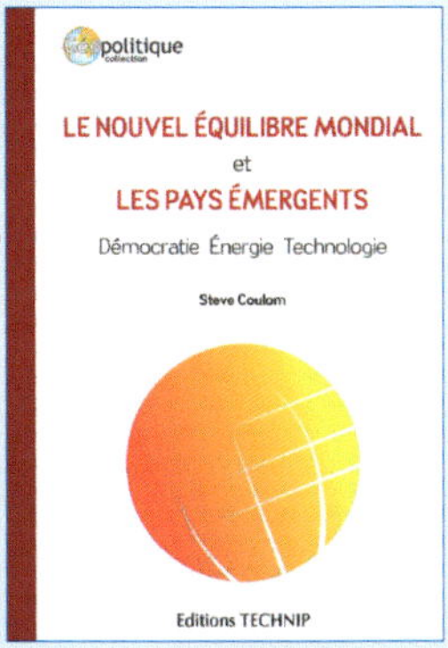

978-2-7108-0979-1 - 216 p. - 22 €

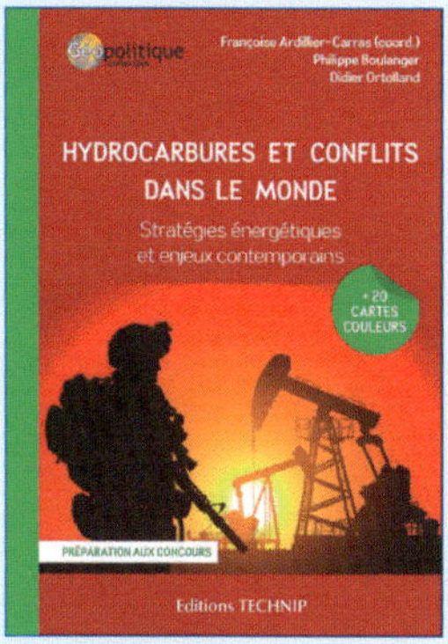

978-2-7108-1018-6 - 272 p. - 25 €

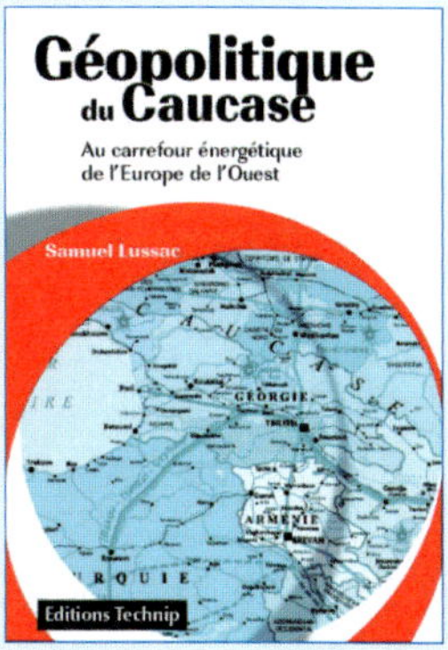

978-2-7108-0939-5 - 208 p. - 25 €

nfo@editionstechnip.com
www.editionstechnip.com

BON DE COMMANDE

ISBN	Titre	Prix	Qté	Total
978-2-7108-1174-9	Après la COP21	45 €		
978-2-7108-1156-5	Les métaux rares. Opportunité ou menace ?	45 €		
978-2-7108-1163-3	L'Afrique : nouvelle frontière de la croissance	28 €		
978-2-7108-0989-0	Paradis fiscaux : enjeux géopolitiques	16 €		
978-2-7108-0947-0	Atlas géopolitique des espaces maritimes	64 €		
978-2-7108-0988-3	Politique et géopolitique de l'énergie	30 €		
978-2-7108-1000-1	Géopolitique de la France	25 €		
978-2-7108-1033-9	L'enjeu énergétique dans les Balkans	35 €		
978-2-7108-0979-1	Le nouvel équilibre mondial et les pays émergents	22 €		
978-2-7108-1018-6	Hydrocarbures et conflits dans le monde	25 €		
978-2-7108-0939-5	Géopolitique du Caucase	25 €		

Cette commande ne peut être honorée que si elle est accompagnée du réglement ou d'un bon de commande officiel d'une société ou d'un organisme.
le montant total de la commande doit être augmenté de 6 € pour frais de port.

Frais de port + 6 €

TOTAL

☐ Règlement par chèque à l'ordre des Editions Technip & Ophrys

☐ Règlement par carte de crédit ☐ Visa / C.B. ☐ MasterCard EuroCard

N° de la carte

Précisez les 3 derniers numéros au dos de votre carte

Date d'expiration (MM/AA):

Nom du porteur :

Date :

Signature :

Nom :

Société / Organisme :

Adresse :

E-mail :

Numéro d'immatriculation TVA :
(Pays de l'UE uniquement)

Nos prix sont susceptibles de modification en cours d'année.
Les commandes seront facturées aux prix en vigueur.

Editions TECHNIP
1, rue du Bac - 75007 Paris - France
Fax: 33(0)1 45 75 37 11
Tél: 33(0)1 45 78 33 80
E-mail : info@editionstechnip.com
www.editionstechnip.com